水产养殖生物学

刘焕亮 等 编著

本著作系财政部、教育部《质量工程》"水产养殖学专业人才培养模式创新实验区"2007072项目研究成果

科学出版社

北 京

内 容 简 介

本书共分七章：第一章阐述水产业及其养殖业的概念与发展概况，水产养殖生物学的定义、内容及应用；第二至六章，分别叙述鱼类、棘皮动物、虾蟹类和贝类等主要养殖动物，以及海蜇和经济两栖动物、爬行动物的分类地位与主要形态特征及分布、栖息习性和对环境条件的适应，以及摄食、生长和繁殖生物学；第七章阐述海水栽培大型藻类的分类地位、形态特征及分布，繁殖及生活史，栖息习性、生长发育及其对环境条件的适应。

本书可作为从事水产养殖研究及其经营工作的科技工作者的参考书；也可作为水产养殖学专业及相关专业教师和高年级学生的参考书；还可供水产行政管理人员及其他科技工作者参考。

图书在版编目（CIP）数据

水产养殖生物学 / 刘焕亮等编著. —北京：科学出版社，2014.6
ISBN 978-7-03-041059-7

Ⅰ. 水⋯　Ⅱ. ①刘⋯　Ⅲ.①水产养殖–生物学–研究　Ⅳ.①S96

中国版本图书馆CIP数据核字（2014）第125139号

责任编辑：李秀伟　侯彩霞　王　静 / 责任校对：李　影
责任印制：吴兆东 / 封面设计：北京铭轩堂广告设计有限公司

科 学 出 版 社 出版
北京东黄城根北街 16 号
邮政编码：100717
http://www.sciencep.com
北京厚诚则铭印刷科技有限公司印刷
科学出版社发行　各地新华书店经销
*
2014 年 6 月第　一　版　　开本：720 × 1000 1/16
2025 年 1 月第六次印刷　　印张：20 3/4
字数：400 000
定价：98.00 元
（如有印装质量问题，我社负责调换）

《水产养殖生物学》编著者名单

（以姓氏笔画为序）

王吉桥 大连海洋大学 教授（大连水产学院 养殖系 原主任）

刘焕亮 大连海洋大学 教授（大连水产学院 原院长）

张泽宇 大连海洋大学 教授（大连水产学院 原副院长）

郝振林 大连海洋大学 博士

黄樟翰 中国水产科学研究院 珠江水产研究所 研究员（所水产学学科 首席科学家）

常亚青 大连海洋大学 教授（大连海洋大学 水产与生命学院 院长）

前　　言

本书共分七章：第一章简述水产业及其养殖业的概念及其发展，以及水产养殖生物学的定义、内容与应用；第二至六章分别叙述鱼类、棘皮动物、虾蟹类和贝类等主要养殖动物，以及海蜇和经济两栖动物、爬行动物生物学原理；第七章阐述海水栽培大型藻类生物学原理。

撰写本书的旨意希望在以下三个方面贡献微薄之力：一是建立水产养殖生物学内容体系，提升水产养殖界学术理论水平；二是推广水产养殖生物学研究成果，推动水产养殖业发展及其科技进步；三是助推水产养殖研究生系统掌握本学科坚实而宽广的专业理论知识。

本书运用辩证唯物主义观点和综合比较方法，理论联系实际，紧密结合养殖生产及其科学研究，以及当前水产养殖专业研究生教育的实际情况，从生物学理论高度系统总结新中国成立以来水产养殖应用基础理论方面的主要研究成果。

本书编著者是水产养殖界长期从事高等教育及其科学研究工作的专家，教育教学工作经验丰富，研究成果卓著，教学水平和学术水平较高，对其编著质量给予了有力的保证。

本书的命名及其内容结构体系实属首次尝试，加上编著者的综合水平有限，难免有不足之处，敬请读者批评指正。

刘焕亮

2013 年 10 月

于大连市黑石礁

目　录

第一章 绪 论

第一节 水产业及其养殖业

水产业又称渔业,包括捕捞业和养殖业。捕捞业是利用各种渔具(拖网等网具、延绳钓、标枪等)、船只及设备(探渔器等)等生产工具,在海洋和淡水自然水域中捕获鱼类、虾蟹类、棘皮动物、贝类和藻类等水生经济动、植物的生产事业。捕捞业的主要组成部分是海洋捕捞。海洋捕捞业是我国捕捞业的主体,它具有距离远、时间性强、鱼汛集中、产品易腐烂变质及不易保鲜等特点,故需要有作业船、冷藏保鲜加工船、加油船、运输船等相互配合,形成捕捞、加工、生产及生活供应、运输综合配套的海上生产体系。

水产养殖业包括海水养殖和淡水养殖,是集生物学与化学等理学、土建与机械及仪器仪表等工学、医学、农学及管理学等五大学科门类的现代化科学技术,综合利用海水与淡水养殖水域,采取改良生态环境、清除敌害生物、人工繁育与放养苗种、施肥培养天然饵料、投喂人工饲料、调控水质、防治病害、设置各种设施与繁殖保护等系列科学管理措施,促进养殖对象正常、快速生长发育及大幅度增加数量,最终获得鱼类、棘皮动物、虾蟹类、贝类、藻类,以及腔肠动物、两栖类与爬行类等水产品的生产事业,并保持其持续、快速和健康的发展。

水产养殖业是水产业(渔业)的主要组成部分,也是农业的重要组成部分。21世纪的农业将由传统的淀粉农业逐步转变为淀粉与蛋白质并重的现代农业,特别是随着人类食物营养结构的优化及蛋白质比例的不断提高,动物性蛋白质在农业产品中的比例必然会不断增大。水产养殖业的产品是人类食品的优质蛋白质,又是一项快速、高效增加水产资源的重要途径。因此,水产养殖业是新世纪具有重大发展潜力的第一产业。

水产养殖业的经营方式概括分为粗放型、精养型和集约型。

(1)粗放型经营方式,包括淡水湖泊渔业开发、水库渔业开发和海水港湾养殖。其主要特点是水域较大,养殖生态环境条件不易控制,苗种的放养密度稀,一般不施肥、不投饵,人工放养对象主要依靠天然肥力与饵料生物进行生长发育,人工调控程度较低,管理措施较粗放,因此,单位水体产量与经营效益较低。

(2)精养型经营方式,其代表类型是我国传统池塘养殖模式,即静水土池塘高产高效养殖方式。水域面积或体积较小,养殖生态环境条件较好且易控制,苗种放养密度大,人工施肥与投饵,养殖对象主要依靠人工肥力与饵料进行生长发育,人工调控程度较高,管理措施较精细,单位水体产量与经营效益较高。

(3)集约型经营方式,包括围栏养殖、网箱养殖和工厂化养殖。前者的生态环境条件好,即围栏和网箱内的水体与外界相通,人工投饵,放养密度大,产量高;后者在室内进行养殖生产,水体流动、循环使用,节约用水并不污染水域环境,占地面积少,养殖优质水产动物,单位水体放养量大,鱼产量高,养殖周期短,设施及技术措施的现代化和自动化程度高,生产方式工厂化,人工调控程度高,管理措施精细,是一种高投入与高产值的生产方式。

水产养殖业与农业的性质相似,同属于第一产业,但由于它是在水域中进行养殖生产活动,养殖的对象又具有独特的生物学特性,而且其生产方式与方法以及关键技术与难度等,都与种植业和畜牧业有很大不同,因此,具有鲜明的特色。水产养殖业与农业、林业,以及机械、电子、建筑、饲料等工业发生密切联系;与国民经济其他行业相比,其投资较少,周期较短,见效较快,效益和潜力都较大。

第二节　中国水产业及其养殖业的发展概况

近 20 多年来,世界渔业和中国渔业均呈现出持续、稳定、高速的发展趋势。世界水产品总产量由 1991 年的 9737.6 万 t 增加为 2011 年的 15 400 万 t,年均增长量达 283.12 万 t;其中,捕捞产量由 8254.9 万 t 增加到 9040 万 t,养殖产量由 1482.8 万 t 增加到 6360 万 t。我国水产品总产量由 1991 年的 1572.99 万 t 增加到 2011 年的 5603.21 万 t,年均增长量达 201.51 万 t;其中,捕捞产量由 777.09 万 t 增加到 1579.95 万 t,养殖产量由 795.9 万 t 增加到 4023.26 万 t。2011 年,中国水产品总产量占世界产量的 36.38%,养殖产量占世界养殖产量的 63.26%。

一、水产业的发展

自中华人民共和国成立以来,水产业得到长足发展,渔业产量逐年增长,但由于多种原因,各个历史时期发展很不平衡,可概括分为恢复发展阶段、波浪式缓慢发展阶段和持续快速发展阶段等三个发展时期(表 1-1)。

表 1-1　1949~2012 年我国渔业产量变化情况统计分析

年度	总产量			捕捞量				养殖产量			
	产量/万 t	年均增长		产量/万 t	占总产量/%	年均增长		产量/万 t	占总产量/%	年均增长	
		增长量/万 t	增长率/%			增长量/万 t	增长率/%			增长量/万 t	增长率/%
1949 1957	52.40 346.89	36.81	29.06	41.40 269.04	81.06	27.14	25.47	11.00 77.85	18.94	8.36	18.82
1958 1981	310.76 529.04	7.92	2.18	240.67 347.46	75.85	3.27	1.46	70.09 181.58	24.15	4.32	4.64
1982 **2012**	590.24 5907.68	200.74	9.71	382.95 1619.32	46.25 **(27.41)**	59.04	6.79	207.29 4288.36	53.75 **(72.59)**	141.64	12.86

恢复发展阶段(**1949~1957 年**):历经 9 年,水产业的起点低,基础较薄弱,总产量的基数少,发展速度较快,水产品总量的年均增长量为 36.81 万 t,年均增长率高达 29.06%。捕捞业发展速度较快,年产量占水产品总量的 81.06%,年均增长量为 27.14 万 t。养殖业发展速度较慢,养殖产量占总产量的 18.94%,年均增长量为 8.36 万 t。

波浪式缓慢发展阶段(**1958~1981 年**):历经 24 年之久,其突出特点是发展速度缓慢,年均增长量低(7.92 万 t)且不稳定(呈波浪式),年均增长率仅为 2.18%。捕捞产量在总产量中仍占很大比例(75.85%),但年均增长量较低(3.27 万 t)。养殖业的发展速度快于捕捞业,年均增长量为 4.32 万 t,养殖产量在总产量中的比例有所增大(24.15%)。

持续高速发展阶段(**1982~2012 年**):历经 31 年之久,水产业发展的突出特点:①持续高速,年均增长量高达 200.74 万 t,年均增长率达 9.71%,2012 年产量达 5907.68 万 t,占总产量 72.59%。②总产量的结构发生明显变化,捕捞产量在总产量中的比例逐年下降,年均比例为 46.25%,2012 年产量为 1619.32 万 t,占 27.41%;养殖业发展速度很快,养殖产量在总产量中的比例逐年大幅上升,年均增长量高达 141.64 万 t,自 1988 年以来持续 25 年超过捕捞产量,2012 年产量达 4288.36 万 t,占总产量 72.59%。

二、水产养殖业的发展概况

自新中国成立以来,水产养殖业的发展历程也明显分为三个阶段(表 1-2)。

表 1-2 1949~2012 年海、淡水养殖产量变化情况统计分析

年度	海水养殖				淡水养殖			
	产量/万 t	占养殖总产/%	年均增长		产量/万 t	占养殖总产/%	年均增长	
			增长量/万 t	增长率/%			增长量/万 t	增长率/%
1949 1957	1.00 21.37	31.24	2.26	23.94	10.00 56.48	68.76	5.16	29.21
1958 1981	14.70 80.17	35.73	2.44	7.12	55.39 101.41	64.27	1.87	5.29
1982 **2012**	86.57 1643.81	40.26 (**38.33**)	58.83	12.99	120.72 **2644.54**	59.77 (**61.67**)	82.82	12.95

恢复发展阶段(**1949~1957**):养殖业的发展速度较快,海水养殖产量在养殖总产量中所占比例较低;海、淡水养殖种类皆较少。

海水养殖产量由 1 万 t 增长为 21.37 万 t,占养殖总产量的 31.24%,年均增长量为 2.26 万 t,年均增长率为 23.94%;海水养殖面积由 1.67 万 hm^2 扩大为近 10 万 hm^2;养殖种类较少(10 多种),主要为牡蛎等少数滩涂贝类和海带等 2 种

藻类。淡水养殖产量由 10 万 t 增长为 56.48 万 t，占养殖总产量的 68.76%，年均增长量为 5.16 万 t，年均增长率为 29.21%；淡水养殖面积由不足 20 万 hm² 增长为 105.59 万 hm²；养殖种类限于鲢、鳙、草鱼、青鱼、鲮、鲤等少数几种鲤科鱼类和鲑科的虹鳟。

波浪式缓慢发展阶段（1958~1981 年）：该阶段养殖业的发展速度较缓慢，而且年产量不够稳定且呈波浪式，在 24 年中有 7 年为负增长，年均增长率低，海水养殖增长速度略快于淡水养殖，淡水养殖产量在养殖总产量中的比例略有下降，但仍然占较大比重，海水养殖种类的增加多于淡水养殖。

海水养殖产量由 14.70 万 t 增长为 80.17 万 t，占养殖总产量 35.73%，年均增长量为 2.44 万 t，年均增长率为 7.12%；海水养殖面积由 10 万 hm² 左右扩大为 13.81 万 hm²；养殖种类由 10 余种增加到近 30 种，除牡蛎、海带外，尚有贻贝、缢蛏、花蛤、栉孔扇贝、紫菜、裙带菜、石花菜、中国对虾、锯缘青蟹，开始港湾养殖鲻、梭鱼和网箱养殖鲷、黑鲷等少数珍贵鱼类。淡水养殖产量由 55.39 万 t 增长为 101.41 万 t，占养殖总产量 64.27%，年均增长量为 1.87 万 t，年均增长率为 5.29%；淡水养殖面积由 105.59 万 hm² 扩大为 288.17 万 hm²，养殖区域由长江与珠江流域扩展到华北、东北、西北地区；研究成功鲢、鳙等家鱼人工繁殖技术，总结出"水、种、饵、密、混、轮、防、管"八字养鱼经验，养殖种类增多，除上述传统养殖种类外，尚移植开发和引进几种新种类，如团头鲂、细鳞斜颌鲴、虹鳟和罗非鱼等。

持续快速发展阶段（1982~2012 年）：该阶段养殖业的突出特点是持续飞跃式发展，在 30 年中有 20 年的增长量超过 100 万 t，其中 10 年超过 200 万 t；淡水养殖的增长速度快于海水养殖；养殖种类迅速增加，名优种类逐年增多，养殖方式多样化并向集约化方向发展。

海水养殖产量由 1982 年的 86.57 万 t 增长为 2012 年的 1643.81 万 t，平均占养殖总产量的 38.33%。其中，贝类产量为 1208.44 万 t，占海水养殖总产量的 73.51%；甲壳类产量为 124.96 万 t，占海水养殖产量的 7.60%；藻类产量 176.47 万 t，占海水养殖产量的 10.74%；鱼类产量则较低（102.84 万 t），仅占海水养殖产量的 6.26%（花鲈 12.58 万 t、鲆类 11.36 万 t、大黄鱼 9.51 万 t）。海水养殖面积由 1981 年的 13.81 万 hm² 增加到 2012 年的 218.09 万 hm²。海水养殖种类增至 40 余种，除贝类、藻类与虾类外，尚增加 10 余种名贵鱼类。在养殖方式上，除池塘、港湾与网箱养鱼外，尚兴起工厂化养殖牙鲆、大菱鲆、河鲀、大黄鱼、石斑鱼等集约型养殖方式。鱼、虾和鲍、海参、扇贝等海珍品，在海水养殖产量中的比重逐年增大。

淡水养殖产量由 1982 年的 120.72 万 t 增长为 2012 年的 2644.54 万 t，年均占养殖总产量的 61.67%。鱼类养殖产量高达 2334.11 万 t，占淡水养殖总产量（2644.54 万 t）的 88.26%（池塘养鱼产量占淡水养鱼产量的 77.14%），虾蟹类、爬行类与其他的养殖产量仅占 11.59%；养殖产量占前三位的为：草鱼 478.17 万 t、鲢 368.78 万 t 和鲤 289.70 万 t。淡水养殖面积由 1981 年的 288.17 万 hm² 增长到 2012 年的 590.75 万 hm²。淡水养殖种类增加至 50 余种，鳜、鳗鲡、尼罗罗非鱼、加州鲈、鲇等肉食性鱼类和中华绒螯蟹、中华鳖等名优水产品占淡水养殖产量的比重逐年增大。养殖方式向多样化和集约化方向发展，除池塘、湖泊、河道、水库等传统型养殖方式外，尚开展网箱、围栏、工厂化等集约化养殖。

近几年来，我国的海水养殖业发展较快，根据世界海水养殖主要类别（藻类、贝类、虾蟹类、鱼类）发展的先后顺序（趋势），今后海水鱼类养殖业必将得到迅速发展。

第三节 水产养殖生物学

水产养殖生物学以养殖群体为研究对象，包括鱼类、棘皮动物、虾蟹类、贝类、海水大型藻类，以及经济腔肠动物、两栖动物和爬行动物；研究内容包括：各养殖群体主要种类的形态特征，栖息习性及对环境条件适应，摄食、生长和繁殖生物学。

水产养殖生物学内容（理论）体系：养殖种类（自然种、杂交种和品种）的分类地位及主要形态特征，以及自然分布与养殖区域分布；栖息水域类型（海水、淡水、半咸水）、栖息水层与场所（静水、流水等）、活动特性、洄游与定栖、肥育与越冬场所等栖息习性；对水温、溶解氧、盐度、pH、水质肥度和底质等生态环境条件的适应；摄食方式、摄食器官形态结构、对食物选择性、摄食量及食物组成等摄食生物学；个体大小、生长基本规律（再生）、年生长以及影响生长主要因素等生长生物学；性成熟年龄与雌雄鉴别、生殖器官及其细胞形态结构与发育、与性腺发育成熟相关器官、产卵生物学、精子和卵子生物学、受精生物学、胚胎发育和生活史等繁殖生物学。

水产养殖生物学是一门应用基础理论科学，按照由高到低的分类顺序和传统生物学内容体系，运用综合比较方法，理论联系实际，紧密结合养殖生产及其科学研究，以及水产养殖高级专门人才应当掌握的专业基础理论，从生物学理论高度系统总结新中国成立以来水产养殖生物学的科研成果。

水产养殖生物学应用于养殖生产诸环节，有利于选择和优化养殖种类，科学繁育和培养苗种，促进养殖对象生长发育，提高生产效率；应用于研究生教育，有利于学生掌握坚实宽广的基础理论和独立从事创造性科学研究工作的能力。

目前，我国水产养殖学科（专业）研究生的本科学历呈多元性，非水产养殖学专业的占有一定比例或较大比例。水产养殖生物学有利于非水产养殖学专业的本科毕业生，在较短时间内掌握水产养殖学专业基本内容，较准确地确定学位论文题目，顺利开展有关学科实验研究工作；有利于水产养殖学专业本科毕业生，从理性高度上考虑学位论文的范围、深度及其研究内容，准确地确定学位论文命题，很好把握研究工作的广度与深度。

（刘焕亮）

参 考 文 献

陈爱平. 1996a. "八五"水产科技成果介绍（一）. 中国水产，(6): 39~40
陈爱平. 1996b. "八五"水产科技成果介绍（二）. 中国水产，(7): 38~40
邓景耀，赵传纲. 1991. 海洋渔业生物学. 北京：农业出版社: 1~18
第九届全国人民代表大会常务委员会第十八次会议. 2000. 中华人民共和国渔业法. 中国水产，
　　(11): 6~9
丁晓明. 1989. 我国淡水养殖 40 年成就. 中国水产，(6): 7~9
冯瑞峰. 1998. "八五"水产科研重要进展. 农业部渔业局
宫明山，涂逢俊. 1991. 当代中国的水产业. 北京：当代中国出版社
关锐捷. 1989. 水产业 40 年发展综述. 中国水产，(12): 10~11
关歆，姚国成. 2013. 世界农业. 世界渔业总产量发展分析，(1): 60~63
国家自然科学基金委员会. 1997. 水产学. 北京：科学出版社
贾建三. 1993. 中国水产科学研究报告集. 农业部水产司
刘焕亮，黄樟翰. 2008. 中国水产养殖学. 北京：科学出版社: 1~26
农业部渔业局. 1993. 国家"七五"重点科技（攻关）项目——中国水产科学研究报告集
农业部渔业局. 1998a. 国家重点科技（攻关）项目——"八五"水产科研重要进展
农业部渔业局. 1998b. 历年全国水产品产量新旧标准统计对照表. 中国水产，(9): 6
农业部渔业局. 2002. "九五"科技攻关计划渔业重点项目——研究成果报告集
农业部渔业局. 2013. 中国渔业统计年鉴. 北京：中国农业出版社
孙喜模. 1989. 海水养殖 40 年发展成就. 中国水产，(11): 6~8
肖亚. 1996. "八五"渔业科技项目执行情况综述. 中国水产，(8): 39~40
中共中央国务院. 1985. 关于放宽政策，加速发展水产业的指示. 中国水产，(4): 2~5
中共中央文献研究室. 1982a. 中国共产党第十一届中央委员会第三次全体会议公报. 三中全会
　　以来重要文献选编（上）. 北京：人民出版社: 1~15
中共中央文献研究室. 1982b. 中国共产党中央委员会关于建国以来党的若干历史问题的决议.
　　三中全会以来重要文献选编（下）. 北京：人民出版社: 788~846
中华人民共和国农业部渔业局. 1998. 历年全国水产品产量新旧标准统计对照表. 中国水产，(9): 60
中华人民共和国农业部渔业局. 1998~2012. 中国渔业统计年鉴

第二章　养殖鱼类生物学

鱼类养殖业是水产养殖业的第一重要组成部分。2012 年，我国鱼类养殖产量达 2436.93 万 t，占养殖总产量的 56.82%；在养殖鱼类产量中，淡水鱼类（2334.11 万 t）占 95.78%，海水鱼类（102.82 万 t）仅占 4.22%。在淡水养殖产量中，鱼类占 88.41%；在海水养殖产量中，鱼类只占 6.26%。

鱼类肉味鲜美、营养丰富、价值高，是人类喜欢且经常食用的优质食品。鱼产品富含人类生长发育所需要的主要营养物质（蛋白质等），优于禽畜食品，是优质食物蛋白源，而且其蛋白质更易消化吸收。鱼产品的必需氨基酸含量及其组成都优于禽畜食品，而且符合人类膳食蛋白质的模式（人体消化吸收的最适必需氨基酸比值），是人类理想的完全蛋白质（含有人类所需的各种必需氨基酸）；而且其赖氨酸、精氨酸、谷氨酸、天门冬氨酸、丙氨酸、甘氨酸等呈味氨基酸的含量高于牛肉、羊肉和猪肉。

鱼产品富含人类所需要的必需脂肪酸，即多不饱和脂肪酸或高度不饱和脂肪酸（HPUFA）的含量较高，占总脂肪量的 20%~50%（畜类肌肉则低于 11%）；特别是二十碳五烯酸（$C_{20}:5n-3$，EPA）和二十二碳六烯酸（$C_{22}:6n-3$，DHA）的含量很高，分别为 2.7%~20.4% 和 1.3%~33.7%（禽畜类肌肉则几乎不含）。这对人类的生长发育尤为重要，因为 EPA 和 DHA 在人体内可转化为亚油酸（$C_{18}:2n-6$）、亚麻酸（$C_{18}:3n-3$）和花生四烯酸（$C_{20}:4n-6$）等必需脂肪酸。因此，它不仅是优质食物，还是保健营养品。EPA 和 DHA 具有很强的生理活性，能够抗血栓，防止血小板聚合，增加高密度蛋白质胆固醇，降低低密度蛋白质胆固醇，从而降低血液黏度，使血压下降。所以，EPA 和 DHA 可用于预防与治疗心肌梗死、冠心病、脉管炎、脑动脉硬化等多种疾病。同时，DHA 能促进脑细胞的生长发育，经常吃鱼类食品，可有效活化人体大脑神经细胞，改善大脑机能。

另外，鱼类肌肉的胆固醇含量较低，是优良的健康食品。

养殖鱼类生物学是制定养殖技术的依据，也是发展鱼类养殖业的重要理论基础；其主要内容包括：养殖种类与分布、栖息习性、对环境条件的适应、摄食、生长、繁殖生物学特征。

第一节　养殖种类及其分布

一、分类地位及主要形态特征

鱼类（pisces）是脊椎动物（vertebrata）的一大类群。目前，我国淡、海水养殖的硬骨鱼类(Osteichthyes)近 90 种,其中淡水养殖种类 50 多种,海水养殖种类近 40 种,分别隶属于 13 个目。

1. 鲟形目(Acipenseriformes)

鲟形目鱼类的内骨骼为软骨无椎体,尾鳍为歪型尾,无前鳃盖骨和间鳃盖骨,吻长,口腹位,有动脉圆锥,肠具螺旋瓣。目前,我国养殖 6 种鲟类,其中隶属鲟科(Acipenseridae;体被硬鳞或骨板 5 行,背部一行,体侧和腹侧各 2 行,吻须 2 对)的 5 种,即施氏鲟和中华鲟为我国土著种类,俄罗斯鲟(*Acipenser gueldenstaedti* Brandt)、西伯利亚鲟(*Acipenser baeri* Brandt)和小体鲟(*Acipenser ruthenus* L.)引自俄罗斯和德国;隶属白鲟科(Polyodntidae;体无鳞、完全裸露,吻须 1 对)的仅 1 种,即匙吻鲟,引自美国。

(1)施氏鲟【*Acipenser schrenki* Brandt】(图 2-1) 吻端至口部中线上约有 7 个瓣状突出物,故称七粒浮子,背部硬鳞棘发达且第一硬鳞大,鳃耙数 31~48。

(2)中华鲟【*Acipenser sinensis* Gray】(图 2-2) 头背部硬鳞光滑,头部皮肤布有梅花状的感觉器——陷器,鳃耙数 25。

图 2-1　施氏鲟(伍献文等,1963)　　　　图 2-2　中华鲟(伍献文等,1963)

(3)匙吻鲟【*Polyodon spathula* Walb】(图 2-3) 吻长且呈桨状,为全长的 1/3,吻须 2 条(3~4mm),体表无鳞,口下位;1994 年引自美国。

2. 鼠鱚目(Gonorhynchiformes)

鼠鱚目遮目鱼亚目(Chanidei;各鳍均无鳍棘,背鳍 1 个,偶鳍基部有腋鳞,腹鳍腹位,圆鳞)遮目鱼科(Chanidae)仅遮目鱼(*Chanos chanos* Forskål)(图 2-4)一种,体侧扁,圆鳞,口小,无齿,尾为正尾且叉深。我国台湾省、福建省养殖遮目鱼历史悠久。

图 2-3　匙吻鲟　　　　图 2-4　遮目鱼(中国科学院动物研究所等,1962)

3. 鲑形目（Salmoniformes）

鲑形目的多数种类背鳍后方具一脂鳍，各鳍无鳍棘，腹鳍腹位，圆鳞。我国养殖的鲑形目鱼类有：鲑亚目（Salmonoidei；体无发光器，有脂鳍，侧线鳞完全，鳃盖条 10~20）鲑科（Salmonidae；背鳍短，鳍条在 17 个以下）的虹鳟与金鳟、山女鳟、白斑红点鲑和高白鲑；胡瓜鱼亚目（Osmeridei；有脂鳍，侧线鳞完全或不完全，鳃盖条 4~7）香鱼科（Plecoglossidae；体被细鳞，侧线完全）的香鱼，胡瓜鱼科（Osmeridae；体被细鳞，侧线不完全）的池沼公鱼和亚洲公鱼，以及银鱼科（Salangidae；体无鳞而透明）的大银鱼和太湖新银鱼等 9 种。

（1）虹鳟【曾用名 *Salmo gairdneri* Rlchardson；1988 年改名 *Oncorhynchus mykiss* Walbau】（图 2-5）　体鳟形，口大，上下颌齿发达，背部藏青色或棕色并有无数黑色小斑点，性成熟个体沿侧线中部有一条宽而鲜艳的彩虹带，故得名虹鳟。1959 年自朝鲜引入我国。

道纳尔逊氏虹鳟系美国 Donaldson 经过 23 年选育的品种，生长速度比朝鲜、日本养殖的虹鳟快 1 倍，20 月龄的体重达 2.3kg。

金鳟系虹鳟的体色突变，人工选择定向培育成身体呈金黄色的虹鳟品系，1996 年自日本引进。

（2）山女鳟【*Oncorhynchus masou*（Brevoort）】　系日本樱鳟（细鳞大麻哈鱼）的遗传型陆封种（日本驯化养殖种），体形较小，体形似大麻哈鱼，幽门盲囊 80 个以下，尾鳍末端微凹，有黑色小斑点，背鳍有黑色斑块，体侧有 8~10 个终身不消失的深色小块状横斑，侧线下有深色圆形斑点。

（3）白斑红点鲑【*Salvelinus leucomaenis*（Pallas）】　目前，我国养殖的白斑红点鲑系 1996 年自日本引进的地方变异种，又称日光白点鲑，体形似虹鳟，口较大，鳞很小，侧线鳞 200~250，体色呈深灰色，有白斑点，侧线下有许多淡黄色斑点。

（4）高白鲑【*Coregonus peled*】　体长而侧扁，体形较高（体高占体长的 31.4% 左右），头小，吻尖，圆鳞，鳞小，有脂鳍并与臀鳍后部相对，外鳃耙 51~59 条，梳状。1998 年自俄罗斯引进。

（5）香鱼【*Plecoglossus altivelis* Temminck et Schlegel】（图 2-6）　体被细鳞，上下颌具宽扁可活动的齿，口底有一对大型褶膜。

图 2-5　虹鳟　　　　　　　　图 2-6　香鱼（朱元鼎等，1963）

(6)池沼公鱼【*Hypomesus olidus*(Pallas)】(图2-7)　犁骨左右各一块，口小，上颌后端不伸达眼中央的垂直线，腹鳍位于背鳍起点以前；鳞片圆形，侧线鳞53~58，腹鳍位于背鳍起点之前；幽门盲囊为0~3个，鳔管开口于鳔前端1/3~1/5处。

亚洲公鱼【*Hypomesus transpacificus nipponesis* Mcallister】　又名西太公鱼，外形与池沼公鱼相似，但个体较大；鳞片圆形，幽门盲囊为4~7个，鳔管开口于鳔前端。

图2-7　池沼公鱼　　　　　　　图2-8　大银鱼(中国科学院水生生物研究所和
　　　　　　　　　　　　　　　　　　　　　　　上海自然博物馆，1982)

(7)大银鱼【*Protosalanx hyalocranius*(Abbott)】(图2-8)　体细长而透明，前部近圆筒形，后部侧扁；无鳞，仅雄鱼臀鳍上方有一行前大后小的鳞；头平扁，吻尖突；口裂大，前颌齿1行，下颌齿2行；眼小，下侧位；背鳍后基部位于臀鳍起点前方。

(8)太湖新银鱼【*Neosalanx taihuensis* Chen】　前颌骨和下颌骨各具齿1行，齿小而少；背鳍后基部位于臀鳍起点上方。

4. 鳗鲡目(Anguilliformes)

我国养殖的鳗鲡目鱼类隶属于鳗鲡科(Anguillidae)的日本鳗鲡(*Anguilla japonica* Temminck et Schlegel)(图2-9)、欧洲鳗鲡(*Anguilla anguilla*)和美洲鳗鲡(*Anguilla rostrata*)三种，其体延长呈蛇形，齿细小而尖，鳞细小且埋于皮下，背鳍、臀鳍基底均很长且与尾鳍相连。三者的主要区别：上颌前缘至肛门间的距离、肛门至尾鳍末端的距离和躯干长各占全长的比例不同，即日本鳗鲡分别为39%、61%和26.9%，欧洲鳗鲡为44%、56%和31%~32%，美洲鳗鲡为46%、52%和31%~32%。

5. 鲤形目(Cyprinifomes)

鲤形目鱼类均为淡水种类。主要特征为体被圆鳞或裸露，无骨板，上下颌一般无齿，下咽骨有齿，各鳍无硬刺或具分节的硬刺，鳔有管，具韦伯器。我国主要养殖种类14种，分别隶属于鲤亚目(Cyprinoidei；绝大多数)和脂鲤亚目(Characinoidei；仅一种)。

脂鲤亚目的主要形态特征是下咽骨不特别扩大，上颌骨有齿，口不能伸缩。

1982 年自南美洲引入我国台湾省养殖的为短盖巨脂鲤，又名淡水白鲳。

鲤亚目的下咽骨特别扩大呈镰刀形，着生咽齿 1~3(4)行，无颌齿，口多少能伸缩。本亚目的养殖种类隶属鲤科(Cyprinidae)和鳅科(Cobitidae)。前者吻部无须或有 1 对须，主要养殖种类多达 13 种和 6 个品种及 6 个杂交种；后者吻部具 2 对或更多对须，养殖种类仅泥鳅一种。

(1)短盖巨脂鲤【*Colossoma brachypomum* Cuvier】(图 2-10)　体形扁而椭圆(似银鲳)，头小，背部至腹由银灰色渐变为橙红色，体具黑色斑点，鳍呈紫红色，脂鳍较小，鳞细小。

图 2-9　日本鳗鲡　　　　图 2-10　短盖巨脂鲤(姚国成，1998)

(2)鲢【*Hypophthalmichthys molitrix* Cuv. et Val.】(图 2-11)　又名白鲢、鲢子、胖头鱼(东北)，体银白色，侧扁，稍高，腹棱自胸鳍下方直到肛门，胸鳍末端未超过腹鳍基部；鳃耙长且相互交错，呈筛膜状；咽齿 4/4，齿面有细纹和小沟。

(3)鳙【*Aristichthys nobilis*(Richardson)】(图 2-12)　又名花鲢、胖头鱼(江、浙一带)、黑鲢，体色棕灰具黑点，体形似鲢，头较鲢大，腹棱较鲢短(自腹鳍基部至肛门)；胸鳍较鲢长(末端超过腹鳍基部)；鳃耙长但比鲢少，无筛膜；咽齿 4/4，齿面光滑，无细纹和沟。

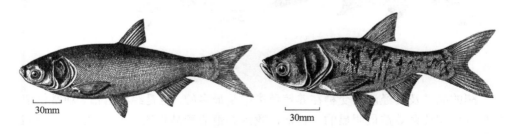

图 2-11　鲢(伍献文等，1964)　　　　图 2-12　鳙(伍献文等，1964)

(4)草鱼【*Ctenopharyngodon idelus* Cuv. et Val.】(图 2-13)　又名鲩(两广)、草根子(东北)，体棕黄色，体形近圆柱状，尾部侧扁；咽齿二行，2.4~5/4~5.2~3，梳状。

（5）青鱼【*Mylopharyngodon piceus*（Rich.）】（图2-14）　又名黑鲩（两广）、青根鱼（东北），外形似草鱼，体色青黑；咽齿1行，4/5，齿粗大且短，呈臼状，咀嚼面光滑。

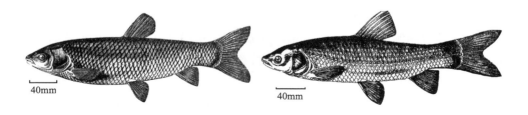

图2-13　草鱼（伍献文等，1964）　　　图2-14　青鱼（伍献文等，1964）

（6）鲮【*Cirrhinus molitorella*（Cuv. et Val.）】（图2-15）　又名土鲮，上唇与颌完全分离，吻须和颌须各1对；体形稍侧扁，腹部圆且稍平直，胸鳍基部后上方有8~12个鳞片的基部有黑色，聚成似菱形斑块；咽齿3行，2.4.5/5.4.2。

（7）鲤【*Cyprinus carpio* Lin.】（图2-16）　又名鲤拐子、鲤子，为了与人工培育的品种相区别，也称野鲤；体为纺锤形（体高为体长的29.0%~34.0%），腹略圆；口角有须2对；背、臀鳍第三刺状鳍条具锯齿；咽齿3行，1.1.3/3.1.1，呈臼状，齿面有沟纹2~5道。

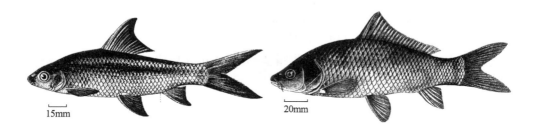

图2-15　鲮（伍献文等，1977）　　　图2-16　鲤（伍献文等，1977）

鲤的品种及其经济杂交种在养殖鱼类中是最多的，也是经济价值、观赏价值、育种价值和社会效益最明显的。目前，我国养殖的鲤品种约8种，经济杂交种若干种。

A. 品种

品种是运用常规育种方法（选育和杂交）、雌核发育等生物技术途径及综合育种方式育成的；具有明显的优良性状且多代遗传稳定，而且数量较多，分布区较广。

建鲤：该品种是运用杂交［荷包红鲤（♀）与元江野鲤（♂）杂交种］和雌核生殖

综合育种方法，经过 6 代(20 年)定向选育育成的新品种，体形为长型(略高于野鲤，体高占体长的 34.6%~37.3%)，全鳞，灰青色；具有生长快、抗病力和适应性强、易起捕、性温顺等优点，遗传稳定性及一致性达 99.5%；生长速度比荷包红鲤、元江野鲤和荷元鲤分别快 49.75%、46.8%和 28.9%。

高寒鲤：该品种是运用黑龙江野鲤与荷包红鲤的杂交种(♀)，再与德国散鳞镜鲤(♂)杂交的三杂交后代，结合雌核生殖方法，经 5 代(15 年)定向选育育成的新品种，体形分为高型(体高为体长的 43.5%)和长型(体高为体长的 35.0%)两种，全鳞，灰青色，性状遗传稳定；抗寒能力(冰下越冬成活率为 97.6%)及抗病力强，生长速度比亲本快 30%，比当地养殖野鲤快 91%。

荷包红鲤【*Cyprinus carpio* var. *wuyuanensis*】(图 2-17)：该品种原产于江西省婺源县，经过 6 代(连续 10 年)定向选育育成的品种，体形短而高，呈荷包状(体高为体长的 43%~50%)，全鳞，橘红色(全红个体占 89.6%)，优良性状遗传较稳定，生长速度快(当年达 800g)；具有重要育种价值。

荷包鲤抗寒品系：该品种是黑龙江野鲤(♀)与荷包红鲤(♂)的杂交二代经三代强化选育育成的荷包红鲤品系，其体形与典型荷包红鲤相同，全鳞、红色(体色全红率为 91.5%)，抗寒力(冰下越冬成活率)为 95%以上，生长速度比亲体快 10%。

兴国红鲤【*Cyprinus carpio* var. *singuonesis*】(图 2-18)：该品种原产于江西省兴国县，是通过连续 6 代(13 年)选育而成的育成品种，体形似野鲤，体高为体长的 29.6%(25.1%~35.0%)，全鳞，橘红色，生长速度比亲本快 12.7%，具有重要育种价值。

图 2-17 荷包红鲤(中国科学院水生生物   图 2-18 兴国红鲤(李思发等，1998)
　研究所和上海自然博物馆，1982)

散鳞镜鲤(图 2-19)：该品种是原苏联和德国定向选育育成的新品种，身体每侧有 3 列鳞(背侧、侧线和腹侧各 1 列)，鳞大而不规则；体形较野鲤高(体高为体长的 35.0%~37.0%)，青灰色；生长快，当年鱼(幼鱼)体重增长比野鲤和荷包红鲤分别提高 31.2%和 35.6%，2 龄鱼体重增长比野鲤和荷包红鲤分别提高 33.4%和 38.6%。

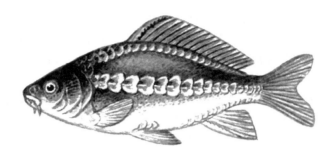

图 2-19　散鳞镜鲤

鳞鲤：该品种是原苏联通过杂交、定向选育育成的新品种，母本为散鳞镜鲤，父本为黑龙江野鲤，体形较野鲤高（体高为体长的 35.0%~36.0%），青灰色，全鳞；生长较快，2~3 龄体重增长比黑龙江野鲤快 30% 以上，抗寒能力较强。

锦鲤（图 2-20）：该品种是日本育成的鲤品种，20 世纪 70 年代初引入我国，身体具有鲜艳似锦的色彩，躯体雄健，色彩光润、浓厚、纯正，图案边缘清晰，质感好，属于大型观赏鱼类（最大个体 150cm、50kg），种类多达 100 余种。

图 2-20　锦鲤

B. 经济杂交种

经济杂交种是运用杂交方式获得的 F_1 代，具有生长快、抗逆性和抗病力强、起捕率和成活率高等多种杂种优势。

丰鲤：丰鲤是兴国红鲤（♀）与散鳞镜鲤（♂）的杂交一代，体形介于双亲之间，全鳞，青灰色。丰鲤的杂交优势明显，生长速度比双亲快，在鱼种阶段比母本快 42%~50%，比父本快 140%；成鱼阶段比母本快 32% 以上，含肉率也高于母本；全国均可养殖。

荷元鲤：荷元鲤是荷包红鲤（♀）与元江野鲤（♂）的杂交一代，体形介于双亲之间，全鳞，青灰色。荷元鲤的杂种优势明显，生长速度比母本快30.05%~38.57%，较父本快21.2%~23.2%；适应性和抗病力较强，起捕率较高；全国均可养殖。

岳鲤：岳鲤是荷包红鲤（♀）与湘江野鲤（♂）的杂交一代，体形较野鲤高，比荷包红鲤低，全鳞，青灰色。岳鲤的杂种优势明显，生长速度比母本快25%~50%，比父本快50%~100%；全国均可养殖。

颍鲤：颍鲤是散鳞镜鲤（♀）与鲤鲫移核鱼 F₂（♂）的杂交一代，体形较野鲤高，全鳞，青灰色；杂种优势明显，当年鱼比双亲快47.0%，2龄鱼比双亲快60.1%；含肉率（74.58%）高于亲本（鲤鲫移核鱼61.7%、散鳞镜鲤72.21%）；可以多代遗传，制种简便，故又可称为品种。

三杂交鲤：三杂交鲤是荷元鲤（♀）与散鳞镜鲤（♂）的杂交一代，体形介于双亲之间，全鳞，青灰色；杂种优势明显，生长速度比母本快15.69%~27.27%，比父本快48.1%~51.2%。

芙蓉鲤：芙蓉鲤是散鳞镜鲤（♀）与兴国红鲤（♂）的杂交一代，体形略高于野鲤，全鳞，青灰色；杂交优势明显，生长速度快，比母本快40%左右，比父本快60%左右。

(8) 鲫【*Carassius auratus* Lin.】（图2-21A）　又名鲋鱼、鲫瓜子（东北），形似鲤，但身体较高（体高为体长的 35.7%~47.6%），分低型（<40%）和高型（>40%）两种类型，无须；咽齿1行，4/4，齿体侧扁，鳃耙37~54。

(9) 银鲫【*Carassius auratus gibelio*（Bloch）】（图2-21B）　银鲫是鲫的亚种，与鲫的主要区别是：体色银白，侧线鳞比鲫多2~3个（29~33个，平均30.4个），体形较高，体高为体长的46.3%（40.8%~52.6%），第一鳃弓的外侧鳃耙数较多（43~53个）。

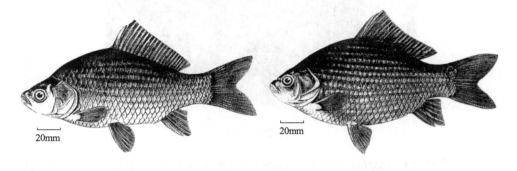

图 2-21A　鲫（伍献文等，1977）　　　　图 2-21B　银鲫（伍献文等，1977）

方正银鲫：分布于黑龙江方正县双凤水库的银鲫，个体大，生长快，具有重要育种价值。黑龙江银鲫是具有双倍性特征的多倍体（3n）群体，精巢能够发育成熟(产生正常精子)。

异育银鲫：利用方正银鲫(♀)与兴国红鲤或红鲫(♂)进行雌核发育，人工杂交育成的异精雌核发育子代，统称为异育银鲫。与兴国红鲤精子受精的银鲫卵，其子代(全雌)生长较银鲫快 34.7%(12.9%~64.4%)；与红鲫精子受精的银鲫卵，其子代生长较银鲫快 19.3%(15.8%~22.5%)

松浦鲫：系人工选育的黑龙江银鲫新品系；从方正银鲫(♀)与其生理雄性(方正银鲫♀×鳞鲤♂的全雌后代——雌核发育)的杂交后代中选育的侧线上下鳞皆为 7 且遗传稳定的个体，体形较高(占体长的 42.6%)，尾柄较宽(占体长的 12.7%)，染色体数(156)与银鲫相同，生长速度与方正银鲫相近。

彭泽鲫(*Carassius auratus pengzesis*)：系江西省彭泽县丁家湖等自然水域土著鲫经过人工多代选育而成(F_6)，个体大，体形较宽，生长较快(比选育前生长速度快 56%)。

金鱼：金鱼是鲫的品种(图 2-22)。我国是养金鱼历史最悠久的国家，至少早在宋朝(公元 960~1276 年)即已家养，出现黑色、花色、金色、白色、银白色及三尾、龙睛或无背鳍等变异，经过不同变异相互杂交、长期选择和自繁定型已形成 125 个以上的金鱼品种，包括常见的具三叶拂尾的"纱翅"，戴绒帽的"狮子头"，以及眼睛突出且向上的"望天"。

图 2-22　金鱼

(10)白鲫【*Carassius carassius cuvieri* Temminck et Schlegel】　1976 年引自日本，体形比鲫大，高而侧扁，前背部隆起较明显，头稍小，尾柄细长，体银白，鳃耙长而密(100~120 枚)。

(11)团头鲂【*Megalobrama amblyocephala* Yih】(图 2-23)　又名武昌鱼、团头鳊，体侧扁而高，呈菱形，体高为体长的 43.5%~52.6%，腹棱自腹鳍至肛门，咽齿 3 行，2.4.5/4.4.2。

(12) 鳊【*Parabramis pekinensis*(Bas.)】 又名草鳊、长春鳊、鳊花(东北)，体形似团头鲂，较低(体高为体长的 34.5%~40.0%)，腹棱自胸鳍至肛门，咽齿 3 行，2.4.5(4)/5(4).4.2，齿细长而侧扁，顶端稍呈钩状。

(13) 细鳞斜颌鲴【*Plagiogonathops microlepis*(Bleekew)】(图 2-24) 口下位，下颌前端具锐利的角质缘，体侧扁稍长，鳞细小，腹棱自腹鳍至肛门，咽齿 3 行，2.4(3).6/7(6).4.2。

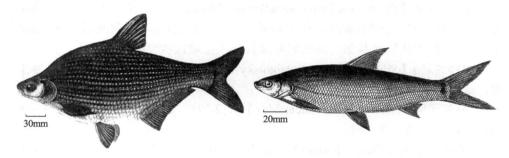

图 2-23 团头鲂(湖北省水生生物研究所 　图 2-24 细鳞斜颌鲴(伍献文等，1964)
　　　　　鱼类研究室，1976)

银鲴(*Xenocypris argentea* Günther)体形似细鳞斜颌鲴，腹部通常无腹棱。

(14) 泥鳅【*Misgurnus anguillicaudatus*(Cantor)】(图 2-25) 又名鳅，体呈圆筒状，尾部侧扁，口下位，呈马蹄形，口须 5 对，上颌 3 对较大，下颌 2 对，一大一小；鳞小埋皮下，体呈灰黑色并有小黑斑点，尾鳍圆形，咽齿 1 行，13/13。

6. 鲇形目(Siluriformes)

鲇形目鱼类绝大多数为淡水种类，主要特征除具有韦伯器外，上颌骨退化，两颌具齿，口须 1~4 对，体裸露。我国养殖的主要种类计 10 种，分别隶属于鲇科(Siluridae)3 种(鲇、大口鲇、六须鲇)、胡子鲇科(Clariidae)3 种(胡子鲇、革胡子鲇、斑点胡子鲇)、䱻科(Pangasius)1 种(苏氏圆腹䱻)、鲿科(Bagridae)2 种(长吻鮠、黄颡鱼)、叉尾鮰科(Ictaluridae)1 种(斑点叉尾鮰)。

鲇科的主要形态特征是无脂鳍，臀鳍长，2~3 对须；胡子鲇科无脂鳍，背、臀鳍长，4 对须；䱻科具脂鳍，背鳍短，臀鳍长，2 对须；鲿科具脂鳍，臀鳍中等长，脂鳍与尾鳍不相连，4 对须；叉尾鮰科具脂鳍，臀鳍中等长，须 4 对，脂鳍不与尾鳍相连。

(1) 鲇【*Silurus asotus* Lin.】(图 2-26) 又名土鲇，口裂较大，但末端仅与眼前缘相对，口须 2 对，下颌须达胸鳍末端，胸鳍刺前缘有明显的锯齿。

图 2-25　泥鳅(湖北省水生生物研究所鱼类　　　图 2-26　鲇(湖北省水生生物研究所鱼类
　　　　研究室，1976)　　　　　　　　　　　　　　研究室，1976)

　　(2)大口鲇【*Silurus soldatovi meridionalis* Chen】　又名南方大口鲇、河鲇、叉口鲇、鲇巴朗，个体比鲇大，外形与鲇相似，口裂大(末端达到或超过眼中部的下方)，上颌须达胸鳍基部，胸鳍刺前缘具 2~3 排颗粒状突起。

　　(3)六须鲇【*Silurus soldatovio* Nikolsky et Soin】　又称怀头鲇，口大似大口鲇，成鱼口须 3 对。

　　(4)胡子鲇【*Clarias fuscus*(Lacépède)】(图 2-27)　背鳍(58~62)、臀鳍(39~43)均很长，无脂鳍，须 4 对。

　　(5)革胡子鲇【*Clarias leather*】　又称埃及塘虱，体形较大，头长而扁平，体表灰黑色间有黑色斑点，须 4 对，背鳍鳍条 65~76，臀鳍鳍条 52~55，鳃耙达 52~90 枚。1981 年自埃及引入我国。

　　(6)斑点胡子鲇【*Clarias macrocephalus* Günther】　体形较小，身体细长，体侧有白色小点。1982 年自泰国引入我国。

　　(7)苏氏圆腹鲢【*Pangasius sutchi* Fowier】(图 2-28)　俗称淡水(白)鲨，体长而侧扁，腹部圆，没有腹棱，体侧有几条纵长斑带，背鳍短，臀鳍鳍条 30~32，具脂鳍，2 对须，颌须可达胸鳍基部。1978 年引入我国。

图 2-27　胡子鲇(湖北省水生生物研究所　　　图 2-28　苏氏圆腹鲢(姚国成，1998)
　　　　鱼类研究室，1976)

　　(8)长吻鮠【*Leiocassis longirostris* Günther】(图 2-29)　又名江团、肥沱、鮰鱼，体粉红色，背部稍带灰色，腹部白色，头较尖，吻特别发达，显著突出，须短 4 对，眼小，胸鳍刺前缘光滑，后缘有小锯齿，脂鳍肥大。

　　(9)黄颡鱼【*Pseudobagrus fulvidraco*(Richardson)】(图 2-30)　俗称嘎牙子、黄嘎、黄腊丁等，体黄色带黑灰斑块，背部稍带灰色，须短 4 对，上颌须长，末端达到或超过胸鳍基部，胸鳍比背鳍刺长，前、后缘均具锯齿，脂鳍较短。

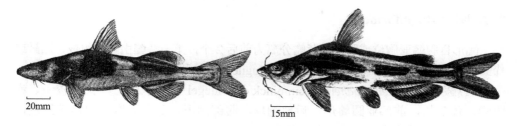

图 2-29 长吻鮠(湖北省水生生物研究所　　　图 2-30 黄颡鱼(湖北省水生生物研究所
　　　　　 鱼类研究室，1976)　　　　　　　　　　　 鱼类研究室，1976)

(10)斑点叉尾鮰【*Ictalurus Punctatus* Rafinesque】(图 2-31)　又名沟鲇，口须 4 对，其中上颌 1 对，下颌 2 对，上颌骨的两端 1 对(较长)，体背部青灰色或橄榄色，腹部白色，两侧具斑点，大鱼(大于 0.5kg)无斑点。

7. 刺鱼目(Gasterosteiformes)

刺鱼目腹鳍腹位或亚胸位，无鳔管，养殖种类属于海龙亚目(Syngnathoidei；无腹鳍，鳃孔小)海龙科(Syngnathidae；体长形，全身被环状骨片)海马属的日本海马、斑海马、管海马(*Hippocampus kuda* Bleeker)3 种，无腹鳍，鳃孔小，体被骨板，无尾鳍，尾端卷曲，育儿囊成囊状。

(1)日本海马【*Hippocampus japonicus* Kaup】　为小型海马(体长 40~90mm)，药用价值较小；背鳍 16~17，体环 11+37~38。

(2)斑海马【*Hippocampus trimaculatus* Leach】(图 2-32)　为大型海马(体长 170~190mm)，药用价值高，背鳍 20~21，体环 11+40~41。

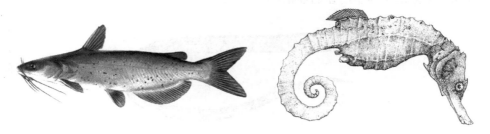

图 2-31 斑点叉尾鮰　　　　　　图 2-32 斑海马(中国科学院动物
　　　　　　　　　　　　　　　　　　　　　　研究所等，1962)

(3)管海马【*Hippocampus kuda* Bleeker】　背鳍 16~18，胸鳍 15~17，体环 11+(35~38)，体长可达 200mm 左右；有人认为是大海马(*Hippocampus kelloggi*

Jordon et Snyder)的同物异名。

8. 鲻形目（**Mugiliformes**）

鲻形目腹鳍亚胸位或腹位，背鳍分离为前后2个，第一背鳍由鳍棘组成，圆鳞或栉鳞。我国养殖的鲛和鲻隶属于鲻亚目（Mugiloidei）鲻科（Mugilidae）鲛属和鲻属。

（1）鲛【*Liza haematocheila*（Temminck et Schlegel）】（图2-33）　又名梭鱼、赤眼鲻，体延长，前部亚圆筒形，后部侧扁，腹部圆形，头短而宽，眼稍带红色，脂眼睑仅存于眼的边缘，胸鳍基部无腋鳞。

（2）鲻【*Mugil cephalus* Lin.】（图2-34）　又名普通鲻，体形似鲛，眼黄白色，脂眼睑发达，遮覆眼上，胸鳍基部有腋鳞。

图2-33　鲛(中国科学院动物研究所等,1962)　图2-34　鲻(中国科学院动物研究所等,1962)

9. 合鳃目（**Synbranchiformes**）

合鳃目的身体呈鳗形，鳍无棘，背鳍、臀鳍及尾鳍均连在一起，无胸鳍。我国只产黄鳝一种，属于合鳃科（Synbronchidae），是淡水养殖对象。

黄鳝【*Monopterus albus*（Zaieuw）】（图2-35）　又名鳝鱼，体呈蛇形，尾尖细，头圆，唇发达，上下颌有细齿，左右鳃孔在腹面相连，体色棕黄带斑点，无鳞，无偶鳍，奇鳍退化为不明显的皮褶。

图2-35　黄鳝(伍献文等，1963)

10. 鲈形目（**Percifomes**）

鲈形目鱼类的腹鳍胸位且鳍条少于6枚，背鳍分离成2个，第一背鳍由棘组成，无脂鳍，多为栉鳞。我国海、淡水养殖的鲈形目鱼类，分别隶属于鲈亚目（Percoidei；背鳍前方无游离小棘，左右下咽骨不愈合，丽鱼科除外）11个科（27种）、攀鲈亚目（Anabantoidei；第一鳃弓上有由上鳃骨扩大而成的鳃上器官）1个科（1种）和鰕虎鱼亚目（Gobioidei；左右腹鳍愈合成吸盘）1个科（1种），计13个科（29种）。

　　（a）鲈亚目①鮨科（Serranidae；犁骨和腭骨具齿）的花鲈、鳜、青石斑鱼、赤点石斑鱼；②石首鱼科（Sciaenidae；额骨和前鳃盖骨黏液腔发达，耳石大）的大黄鱼、眼斑拟石首鱼、鮸状黄姑鱼、鮸；③鲷科（Sparidae；两颌侧方具臼齿）的真鲷、黑鲷、平鲷、黄鳍鲷；④丽鱼科（Cichlidae；左右下咽骨愈合，头两侧各具鼻孔2个）的尼罗罗非鱼、奥利亚罗非鱼、红罗非鱼、莫桑比克罗非鱼；⑤军曹鱼科（Rachycentridae；背鳍具分离鳍棘，始于头后上方）的军曹鱼；⑥狼鲈科（Moronidae；臀鳍无游离鳍棘）的美洲条纹鲈；⑦锯盖鱼科（Centropomidae；前鳃盖下缘具若干小棘）的尖吻鲈（有的学者将其列入尖吻鲈科或鮨科的尖吻鲈亚科）；⑧石鲈科（Pomadasyidae；前鳃盖后缘具锯齿）的花尾胡椒鲷、斜带髭鲷；⑨笛鲷科（Lutianidae；侧线上方鳞片一般斜行）的红鳍笛鲷、紫红笛鲷；⑩鲹科（Carangidae；臀鳍前有2游离鳍棘）的卵形鲳鲹、杜氏鰤；⑪太阳鱼科（Centrarchidae）的加州鲈、蓝鳃太阳鱼。（b）鳢亚目鳢科（Channidae；体延长，背鳍、臀鳍基部甚长，具鳃上器官）的乌鳢。（c）鰕虎鱼亚目塘鳢科（Eleotridae；左右鳍间距狭小，体无侧线）的中华乌塘鳢。

　　（1）花鲈【*Lateolabrax japonicus*（Cuv. et Val.）】（图2-36）　又名板鲈、鲈鱼，体延长，侧扁，被栉鳞，口大，上下颌齿发达呈绒毛状，有锯齿，其下端有几枚尖端向前的棘，鳃盖骨后角有1枚棘，背部灰色，腹部银白，两侧与背鳍上具黑色斑点，尾鳍叉形。

　　（2）鳜【*Siniperca chuatsi*（Bas.）】（图2-37）　又名鳌花、季花鱼、胖鳜、桂鱼，体被细小圆鳞，尾鳍圆形，体侧扁，较高，背部隆起，口大，口腔各骨皆有小齿，鳃盖骨后部有2个棘，体色棕黄，腹部灰白，自吻端通过眼部至背鳍前部有一黑色条纹，体侧具有许多不规则的斑块和斑点，奇鳍有棕色斑点连成带状。

20mm

图2-36　花鲈（朱元鼎等，1963）　　图2-37　鳜（湖北省水生生物研究所鱼类研究室，1976）

(3)石斑鱼属【*Epinephelus*】 又名鮨、过鱼(广东、福建、浙江)、石斑,前鳃盖骨后缘具锯齿,下缘光滑,鳃盖骨具 1~3 棘,体被细小栉鳞,常隐埋皮下,色彩鲜艳,变化很大。我国产 36 种,主要养殖对象 4~5 种。

赤点石斑鱼【*Epinephelus akaara*(Temminck et Schlegel)】(图 2-38) 长椭圆形,侧扁,头长大于体高,全身布有赤色斑点。味鲜美。

青石斑鱼【*Epinephelus awoara*(Temminck et Schlegel)】 又名泥斑,体形似赤点石斑鱼,体褐色,体侧有 5 条横带,各鳍灰白褐色;味稍次于赤点石斑鱼。

(4)大黄鱼【*Pseudoseciaena crocea*(Rich.)】(图 2-39) 又名红口、黄鱼、黄花,体长而侧扁,头上有发达的黏液腔,颐部小孔甚小,不明显,体侧在侧线下方各鳞具一金黄色皮腺体,背鳍鳍条部和臀鳍具多行小鳞,尾柄长为尾柄高的 3 倍以上(小黄鱼为 2 倍以上)。

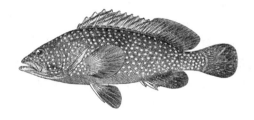 

图 2-38　赤点石斑鱼(中国科学院动物　　　图 2-39　大黄鱼(中国科学院动物
　　　　　研究所等,1962)　　　　　　　　　　　研究所等,1962)

(5)眼斑拟石首鱼【*Sciaenops ocellatus*(L.)】(图 2-40) 又名美国红鱼、红拟石首鱼、眼斑拟石首鱼、黑斑红鲈、黑斑石首鱼,体形呈纺锤形,与大黄鱼、鮸、黄姑鱼相似,腹部以上的体色微红,基部上方有 1~4 个较大的黑色斑点。

(6)鮸状黄姑鱼【*Nibea miichthioides* Chu, Lo et Mu】 又名鮸鲈,体形呈纺锤形,与大黄鱼相似,颐部 6 个小孔明显,背鳍鳍条部和臀鳍基部有 1 行鳞鞘。

(7)鮸【*Miichths miiuy*(Basil.)】 体形似鮸状黄姑鱼,背鳍鳍条部和臀鳍上至少 1/3 被鳞。

(8)真鲷【*Chrysophrys major*(Temminck et Schlegel)】(图 2-41) 又名红加吉(山东)、立鱼(广东),体侧扁,椭圆形,头大,口小,端位,两颌等长,上下颌分别具 4 枚和 6 枚犬齿,并具臼齿 2 列,后鼻孔椭圆形,体淡红色,布有稀疏的蓝绿色斑点,尾鳍具暗黑色边。

(9)黑鲷【*Sparus macrocephalus*(Bas.)】(图 2-42) 又名黑加吉(山东)、黑立(广东),体形似真鲷,青灰色或灰褐色,具有黑色横带数条,上下颌犬齿各 6 枚,臼齿分别为 4~5 行和 3 行,后鼻孔裂缝状,臀鳍第二棘最强大,侧线鳞 50 以上,侧线鳞上方鳞 7 枚。

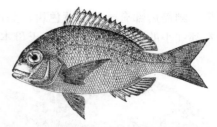

图2-40　眼斑拟石首鱼　　　图2-41　真鲷(中国科学院动物研究所等,1962)

(10)黄鳍鲷【*Sparus latus* Houtt.】(图2-43)　广东俗称黄脚鱼、黄丝鲹,体形似黑鲷,但侧线鳞50以下,侧线鳞上方鳞5枚,而且体色为青灰带黄色,腹鳍、臀鳍的大部及尾鳍下叶黄色。

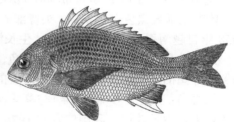

图2-42　黑鲷(中国科学院动物　　　　图2-43　黄鳍鲷(中国科学院动物
研究所等,1962)　　　　　　　　研究所等,1962)

(11)平鲷【*Rhabdosargus sarba*(For.)】　似真鲷,头钝,上下颌各3个犬齿,上颌臼齿4行,第3行最后1个臼齿肥大,下颌细齿3行,体暗银灰色,两侧有数行纵向黄褐色小点。

(12)罗非鱼　丽鱼科罗非鱼属的鱼类,左右下咽骨愈合,头两侧各具鼻孔2个,体侧扁,背高,被栉鳞,侧线折断,呈不连续两行,尾鳍末端呈钝圆形。引入我国的主要养殖种类有3种(尼罗罗非鱼、奥利亚罗非鱼和莫桑比克罗非鱼),各种类及其杂交种的主要特点及不同点简述如下。

尼罗罗非鱼【*Oreochromis nilotica*】(图2-44):体侧、背鳍、臀鳍和尾鳍上有9~13条垂直黑色斑点条纹。1978~1999年先后多次自苏丹青尼罗河和埃及尼罗河引入我国。

奥利亚罗非鱼【*Oreochromis areus*】(图2-45):鳃盖后部有一明显蓝色斑,尾鳍上的斑点呈不规则的排列,所有斑点较尼罗罗非鱼的斑点粗大。1984年和1999年先后自美国和埃及引入我国。

尼奥鱼:系尼罗罗非鱼(♀)与奥利亚罗非鱼(♂)杂交一代,雄性率达90%以上,生长速度比父本快17%~72%,比母本快11%~24%;体色近似于父本(体表有黑带，鳃盖后部有一明显蓝色斑，头部比较绿，尾鳍上有呈波浪状不连续的比父母本都细小的斑点），体形近似于母本（体尺参数等）。

图 2-44　尼罗罗非鱼　　　　　　　　图 2-45　奥利亚罗非鱼

莫桑比克罗非鱼【*Oreochromis mossambicus*】：体形似奥利亚罗非鱼，个体较小，体表无垂直黑色斑点条纹，头背部的外廓呈凹形（奥利亚罗非鱼则呈直线形）。1958 年自越南引入，由于个体小，生长慢，肉质较差，在我国已很少养殖。

红罗非鱼：又称彩虹鲷，身体红色，为莫桑比克罗非鱼红色突变个体与正常尼罗罗非鱼的杂交种，经定向选育而成的品种。

福寿鱼：系尼罗罗非鱼（♀）与莫桑比克罗非鱼（♂）杂交一代，具有杂交优势，个体较大，生长较快。我国广东省 1978 年引进台湾省的技术。

（13）军曹鱼【*Rachycentron canadum* (Linn.)】（图 2-46）　体延长，近圆筒形，稍侧扁，躯干部较粗，至尾部逐渐变细，体长为体高的 5.51~7.53 倍，第一背鳍为 8 个短粗鳍棘，体背部为黑褐色，腹部灰白，体侧有 2 条黑色纵带和 1 条浅褐色纵带，各带间夹有灰白色纵带。

（14）美洲条纹鲈【*Morone saxatilis*】（图 2-47）　又称条纹狼鲈、条纹石鮨，臀鳍具 3 棘，并无游离鳍棘，身体延长，梭形，吻较尖，全身呈醒目的浅银色，体背两侧有 7 条窄长黑色纵条纹。1997 年引自美国。

图 2-46　军曹鱼(中国科学院动物研究所等, 1962)　　　图 2-47　美洲条纹鲈

杂交条纹鲈：美洲条纹鲈（♀）×白鲈（*Morone chrysops*，♂）和白鲈（♀）×美洲条纹鲈（♂）的正反交后代（F₁），前者的体形似美洲条纹鲈，个体比后者大，生长也较快，生产上多采取正交；但后者在池塘中能够性成熟。我国自 1993 年引入广

东省，目前已推广至各省市。

（15）尖吻鲈【*Lates calcarifer*(Bloch)】（图2-48）　体延长，侧扁，吻较尖，具辅上颌骨，眼中等大，前鳃盖下缘具若干小棘，尾鳍圆形，体背部青灰色，腹部银白色，幼鱼有3~4条黑色斑带。

（16）花尾胡椒鲷【*Plectorhynchus cinctus*(Temminck et Schlegel)】（图2-49）俗名斑加级、打铁婆，前鳃盖后缘有锯齿，背鳍棘强并与鳍条部中间有缺刻，鳃耙短小，栉鳞较小，侧线下方鳞比上方鳞大，体背部灰褐色，体侧有3条黑色宽带，体侧背部、背鳍鳍条部和尾柄及尾鳍上皆有黑色斑点。

图2-48　尖吻鲈（中国科学院动物　　　　图2-49　花尾胡椒鲷（中国科学院动物
　　　　研究所等，1962）　　　　　　　　　　　　研究所等，1962）

（17）斜带髭鲷【*Hapalogenys nitens* Rich.】　俗称包公鱼，颏部具小髭，背鳍前方有一向前的倒棘，体侧也有3条黑色宽带，但体侧背部、背鳍鳍条部和尾柄及尾鳍上皆无黑色斑点。

（18）红鳍笛鲷【*Lutianus erthopterus* Bloch】（图2-50）　俗名红笛鲷、红鱼，眼中等大，体椭圆形，侧扁，呈粉红色或鲜红色，腹部稍浅，侧线上、下鳞皆向后倾斜排列，尾鳍末端截平略凹入。

（19）紫红笛鲷【*Lutianus argentimaculatus*(Forskål)】　又称银纹笛鲷，眼中等大，体呈紫红色，腹部银白，鳞片大，侧线上方鳞片前半部为平行，只在背鳍下方为斜行，幼鱼的颊部有1~2条蓝色纵条纹。

（20）卵形鲳鲹【*Trachinotus ovatus*(Linn.)】（图2-51）　前颌骨能收缩，侧线上无骨质棱鳞，体很侧扁，卵圆形，臀鳍（17~18条）和第2背鳍（19~20条）略相等，都显著比腹部长，身体和胸部鳞片多少埋于皮下，背部蓝青色，腹部银色。

（21）高体鰤【*Seriola dumerili*(Risso)】（图2-52）　又称杜氏鰤、鰤，前颌骨能收缩，侧线上无骨质棱鳞，体稍侧扁，臀鳍短于第2背鳍，体草绿带褐色，体侧有1黄色纵带，小鱼有5条暗色横带。

（22）加州鲈【*Microptrus salmoides*】（图2-53）　又称大口黑鲈、美洲鲈，似花鲈，体侧扁，呈纺锤形，较花鲈短而高；1984年自我国台湾省引入广东省。

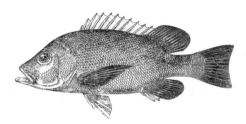

图 2-50 红鳍笛鲷（中国科学院动物
研究所等，1962）

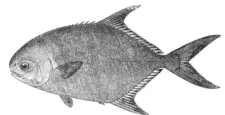

图 2-51 卵形鲳鲹（中国科学院动物
研究所等，1962）

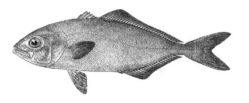

图 2-52 高体鰤（中国科学院动物
研究所等，1962）

图 2-53 加州鲈（姚国成，1998）

(23) 蓝鳃太阳鱼【*Leponus macrohirus rafinesqus*】（图 2-54） 体形为鲷形，鳃盖后缘有一深蓝紫色形似耳状的软膜，身体呈蓝绿色，头胸部至腹部为淡橙色或淡黄色，背部青灰色，体侧有 7~10 条暗黄色的彩条纹。1987 年和 1998 年先后两次自美国引入我国。

(24) 乌鳢【*Ophiocephalus argus* Can.】（图 2-55） 又名黑鱼，具鳃上器官，体细长，前部圆筒状，后部侧扁，体被圆鳞，腹鳍腹位，鳍无棘，全身呈灰黑色，体侧有许多不规则的黑色斑条，头侧有两条纵行黑色条纹。

20mm

图 2-54 蓝鳃太阳鱼

图 2-55 乌鳢（湖北省水生生物研究所
鱼类研究室，1976）

(25) 中华乌塘鳢【*Bostrichthys sinensis*（Lacépède）】（图 2-56） 俗称土鱼、乌鱼，腹鳍胸位，左右腹鳍互相接近，体多少呈延长，前部略呈圆柱状，后部侧扁，尾鳍后缘圆形，体呈褐色，尾鳍基部上端有一带白边的大形圆斑点。

11. 鲉形目（Scorpaenifomes）

鲉形目鱼类的第 2 眶下骨后延成一骨突与前鳃盖骨连接，头部具棘和棱，腭骨具齿，腹鳍胸位或亚胸位，胸鳍基部宽大。

(1) 许氏平鲉【*Sebastes schlegeli*(Hilgendorf)】（图 2-57）　俗称黑鱼、黑石鲈，体延长，侧扁，头较大，背鳍棘发达(13~14 枚)，棘部与鳍条部连接处有一深凹，体背部紫黑色，常见有 5 块大黑斑。

图 2-56　中华乌塘鳢(中国科学院动物　　　图 2-57　许氏平鲉(朱元鼎等，1963)
　　　　　研究所等，1962)

(2) 大泷六线鱼【*Hexagrammos otakii* Jordam et Starks】（图 2-58）　又名六线鱼，俗称黄鱼，体延长，侧扁，头较许氏平鲉小而稍尖，背鳍棘较细弱(19~20 枚)，棘部与鳍条部连接处有一凹，体黄褐色，体侧有大小不同、形状不规则的灰褐色云斑，背部凹处有一黑斑，各鳍有灰褐色云斑。

12. 鲽形目（Pleuronectiformes）

体甚侧扁，成鱼身体左右不对称，两眼位于头的左侧或右侧，口、齿、偶鳍均不对称，两侧体色不同，鳍无棘，背鳍与臀鳍的基底很长，腹鳍胸位或喉位。我国养殖的种类隶属于鲽形亚目(Pleuronectoidei；各鳍大多均无鳍棘，背鳍起点在头的前方，前鳃盖边缘多少呈游离状)鲆科(bothidae；两眼位于头的左侧) 2 种(牙鲆和大菱鲆)和鲽科(Pleuronectidae；两眼位于头的右侧) 4 种(石鲽、星鲽、黄盖鲽和高眼鲽)；鳎亚目(Soleoidei；前鳃盖骨边缘不游离)舌鳎科(Cynoglossidae；两眼位于头的左侧) 1 种(半滑舌鳎)。

(1) 牙鲆【*Paralichthys olivaceus*(Temminck et Schlegel)】（图 2-59）　又名偏口、牙片(山东、河北、辽宁)、比目鱼(江苏、浙江)，体长呈椭圆形，侧扁，两眼及有色侧均在左侧，口大，左右对称，鳞小，有眼侧被栉鳞，无眼侧为圆鳞，上下颌各有 1 行大而尖锐的牙。

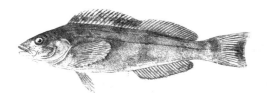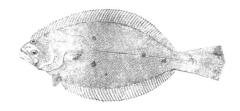

图 2-58 大泷六线鱼(朱元鼎等，1963)　图 2-59 牙鲆(中国科学院动物研究所等，1962)

(2)大菱鲆【*Scophthalmus maximus*】(图 2-60)　体侧扁呈菱形，双眼及有色侧位于左侧，有眼侧呈青褐色，布有黑色小斑点，无眼侧光滑呈白色，肉厚，比牙鲆可食部分大。1992 年自英国引进。

(3)石鲽【*Kareius bicoloratus*(Basil.)】(图 2-61)　俗称石夹、石板，口中等大，体长呈卵圆形，侧扁，眼及有色部均在右侧，上眼背缘接近头的背缘，牙小，体被鳞，埋在皮下，大部分鳞片在有色侧易为骨质突起或粗骨片(数纵行，一般 3 行)。

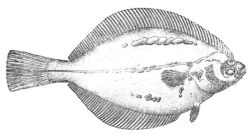

图 2-60　大菱鲆　　　　图 2-61　石鲽(张春霖等，1960)

(4)黄盖鲽【*Limanda yokohamae*(Günt.)】　又名小嘴(山东、辽宁)、沙盖，体形似石鲽，口小，斜形，左右不对称，牙小、粗壮，排列紧密，无眼侧牙发达，有眼侧被栉鳞，无眼侧为圆鳞。

(5)高眼鲽【*Cleisthenes herzensteini*(Schl.)】　又名长脖、高眼(山东、河北、辽宁)，体形较黄盖鲽长，口大，左右对称，上眼位于头部背缘正中线上，自无眼侧也可见到上眼的一部分。

(6)星鲽【*Verasper variegateus*(Temminck et Schlegel)】　俗称花片，体形似黄盖鲽，有色侧的背鳍、臀鳍和尾鳍分别有数个(4~6 个)圆形大黑斑。

(7)半滑舌鳎(*Cynoglossus semilaevis* Günt.)(图 2-62)　俗称龙利(广东)、鳎(浙江、江苏)、鳎板、牛舌(北方沿海)，体甚延长，呈舌状，两眼小均位于左侧，头部颇短，头长短于头高，口弯曲呈弓状，左右不对称，鳞小，有眼侧有 3 条侧线，褐色，无眼侧白色。

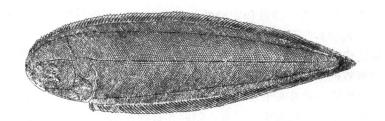

图 2-62　半滑舌鳎(朱元鼎等，1963)

13. 鲀形目 (Tetrodontiformes)

鲀形目鱼类体裸露或被以刺或骨板，口小，鳃孔小，腹鳍胸位，有气囊并能使胸腹部膨胀。我国养殖的主要有 3 种，隶属于鲀科(Tetraodontidae；上下颌齿板有中央缝，体光滑或具小刺)东方鲀属(*Fugu*)，体裸露光滑或具小刺，呈亚圆筒形，尾部正常，上下颌齿愈合成喙的齿板，鳃孔小，侧位，有鳔和气囊，气囊能吸气膨胀，用以自卫和浮到水面。

(1)红鳍东方鲀【*Fugu rubripes* (Temminck et Schlegel)】(图 2-63)　又称河鲀，俗称廷巴鱼，体背面及腹面具小刺，胸鳍上方有一黑色大斑，其后尚具黑色斑点，背侧无暗色横纹，臀鳍白色。

(2)暗纹东方鲀【*Fugu obscurus* (Abe)】(图 2-64)　又名暗色东方鲀，具胸斑，暗褐色，背侧具有暗色横纹(白缘)5~6 条，其上带有小白斑。

图 2-63　红鳍东方鲀(朱元鼎等，1963)　　图 2-64　暗纹东方鲀(朱元鼎等，1963)

二、自然分布与养殖区域分布

鲟形目的施氏鲟产于黑龙江、松花江、牡丹江、嫩江、乌苏里江及兴凯湖等水域，全国各地已广泛养殖。中华鲟为溯河性洄游鱼类，遍布于长江流域及其沿海，系国家一级保护动物，1983 年开始向长江放流人工繁殖幼鲟。俄罗斯鲟属溯河性鱼类，栖息于黑海、亚速海和里海水系中，亦有定居淡水的种群。西伯利亚鲟是溯河性鱼类，栖居于鄂毕河至科雷马河之间的西伯利亚各河中，亦有不降河的定居大湖(贝加尔湖等)中的类型。小体鲟栖息于原苏联和欧洲的淡水鱼类，也可进入咸淡水区域，有洄游性和定栖性两种类群。这三种鲟鱼已引入我国各地进行人工养殖。匙吻鲟产于美国东部淡水水域，已引入我国各地。

鼠鱚目的遮目鱼分布于印度洋和太平洋，我国产于南海和东海南部，为东南亚和我国台湾省的重要养殖对象。

鲑形目的虹鳟主要分布于北美洲墨西哥至阿拉斯加的各水域中，现已被引入大洋洲、南美洲、欧洲、东南亚、日本、朝鲜和我国各地（北自黑龙江、南到云南）。大麻哈鱼为溯河性鱼类，每年秋季由太平洋上溯至黑龙江、乌苏里江及图们江产卵。山女鳟分布于日本山区河川和中国黑龙江绥芬河。白点红点鲑分布于太平洋西岸自堪察加至日本北部。高白鲑分布于北纬 50°以北的俄罗斯及北美地区的江河、湖泊及水库中。香鱼产于太平洋沿岸，我国从辽宁至台湾、福建沿海直至广西东兴北仑河均有分布。池沼公鱼分布于北太平洋两岸和北冰洋东部沿岸水系，见于我国黑龙江水系、鸭绿江、图们江下游及大连地区水库；亚洲公鱼自然分布于日本北海道、中国黑龙江流域，这两种公鱼现引入全国各地。大银鱼分布于东海、黄海、渤海的近海及河口处和淡水水域，现引入全国各地的水库和湖泊中。太湖新银鱼分布于长江中、下游及附属湖泊，以太湖产量最多，现引入各地湖泊中。

鳗鲡目的日本鳗鲡属降河性洄游鱼类，主要分布于太平洋西部的沿海诸国，如中国、日本、朝鲜等的水域，在我国分布很广，南北均有。欧洲鳗鲡和美洲鳗鲡均属降河性洄游鱼类，分别产于大西洋沿岸的欧洲和美洲各国水域，20 世纪 90 年代以来先后引入我国。

鲤形目的主要养殖鱼类在我国天然水域中的分布区各具特点。鲫和泥鳅分布最广，除西部高原外，全国各地的淡水水域皆产此鱼。银鲫分布于黑龙江水系、呼伦湖和新疆额尔齐斯河。鲤分布也很广，遍布欧、亚、美等大洲，我国北至黑龙江、南至珠江，各江河、湖泊皆有分布。草鱼、青鱼、鲢、鳙天然分布于我国东部平原，北纬 22°~40°及东经 104°~122°，最北不超过北纬 51°，最南不到北纬 19°，最东不过东经 140°；分布的海拔最高高度，在黑龙江、黄河、长江三大水系分别为 200m、420m 和 500m；长江三峡以上仅分布有青鱼、草鱼，黑龙江水域未发现鳙；这四种鱼在封闭式湖泊和水库中没有自然分布。鲮仅分布于我国南部的珠江水系，南至海南岛，西南至云南的元江和澜沧江水系，北至福建。团头鲂原产湖北省的梁子湖、武昌东湖等中型湖泊和鄱阳湖，现移植于全国各地。鳊、三角鲂分布于我国各水系。细鳞斜颌鲴分布于长江、黑龙江及珠江。短盖巨脂鲤产于南美洲亚马孙河及中美洲各河流中。

鲇形目的鲇广布于亚洲东部地区，除青藏高原及新疆外，全国各地均产。大口鲇分布于长江、瓯江、灵江、闽江及珠江。六须鲇分布于黑龙江、松花江、嫩江、乌苏里江等黑龙江水系及辽河下游。长吻鮠分布于长江及辽河等水域。黄颡鱼广布于我国各地淡水域中。胡子鲇分布于长江及以南的各水域，是我国南方淡水养殖种类。革胡子鲇产于非洲尼罗河流域，现引入我国各地养殖。斑点胡子鲇主要分布于泰国各淡水水域，是广东和广西等南方各省的主要养殖鱼类。斑点叉尾鮰产于北美洲各国及美国密西西比河等淡水水域中，现移养于我国各地和东南亚及欧洲各国。苏氏圆腹𩷶分布于泰国湄公河等东南亚一带淡水水域中，现移入我国南方各省养殖。

刺鱼目的日本海马广泛分布于我国各地海域，斑海马和管斑海马产于东海和南海。

鲻形目的鲻和鲹分布广泛，为我国沿海习见鱼类；鲻南方为多，鲹北方为多。

合鳃目的黄鳝除西部高原外，全国各水域都有分布，是我国养殖产量较高的淡水鱼类。

鲈形目的尼罗罗非鱼、奥利亚罗非鱼、莫桑比克罗非鱼等分布于南美、中美、非洲，西南亚和印度，以中非洲的罗非鱼种类最多。花鲈分布广泛，我国沿海均产，是我国北方海水养殖的主要种类，年产量居全国海水养殖鱼类的第一位。鳜广布于我国南北各江河湖泊，是淡水养殖的主要名优种类。青石斑鱼等几种石斑鱼主要分布于舟山群岛以南的广东、广西、台湾、福建及浙江沿海一带。大黄鱼分布于我国南海、东海及黄海南部，是我国南方海水养殖的主要种类，年产量居全国海水养殖鱼类的第二位。眼斑拟石首鱼产于墨西哥湾和美国西南沿海，属暖水性、溯河性鱼类，我国南方已批量养殖生产。鮸状黄姑鱼和鮸分布广泛，是我国沿海常见鱼类。真鲷和黑鲷是我国沿海习见鱼类，是海水养殖的主要种类。平鲷和黄鳍鲷分布于红海、东南非、阿拉伯海、印度、日本、朝鲜、菲律宾和我国的东南沿海（黄海、东海和南海）。军曹鱼分布于地中海、大西洋、印度洋、太平洋（东太平洋除外）等热带水域，我国南方沿海也有分布，但数量较少。美洲条纹鲈原产于美国东海岸，现移入美国西部和世界各国。尖吻鲈分布于太平洋西部和印度洋的广大海域，是我国华南沿海和东南亚河口水域的习见鱼类。花尾胡椒鲷和斜带髭鲷分布广泛，我国各海区均产，但以南海为多。红鳍笛鲷和紫红笛鲷属热带及亚热带鱼类，在我国产于南海及东海南部海区。卵形鲳鲹和杜氏鰤属暖水性鱼类，广泛分布于太平洋、大西洋和印度洋海域，我国南海、东海和黄海有一定资源量。加州鲈和蓝鳃太阳鱼产于北美洲江河和湖泊中，现广泛移入世界各地。乌鳢分布广泛，除西藏高原地区外，广布于全国各淡水水域。中华乌塘鳢分布于印度、泰国、日本、澳大利亚等国家，在我国产于南海和东海。

鲉形目的许氏平鲉和大泷六线鱼分布于我国渤海、黄海和东海，以及朝鲜、日本、俄罗斯东部沿海。

鲽形目的牙鲆分布于北太平洋西部，我国各海域均产，黄海和渤海的产量较多。大菱鲆分布于大西洋东北部，北起冰岛，南至摩洛哥附近的欧洲沿海，盛产于北海、波罗的海及冰岛和斯堪的纳维亚半岛附近沿海。高眼鲽分布于东海北部和黄渤海。黄盖鲽产于渤海、黄海、东海，以黄渤海产量较多。石鲽分布于黄渤海，但东海北部也产。星鲽分布于我国渤海、黄海、东海和日本。半滑舌鳎分布于各海区，渤海产量较多且个体较大。

鲀形目的红鳍东方鲀分布于渤海、黄海、东海和朝鲜半岛及日本沿海。暗纹东方鲀分布于我国各海区及通海的江河下游，并可在淡水中生长发育。

第二节　栖息习性和对环境条件的适应

一、栖息习性

养殖鱼类栖息习性包括栖息的水域类型(海水、淡水、半咸水)、水层与场所(静水、流水等)、活动特性、洄游与定栖、肥育与越冬场所等。

1)鲟形目养殖种类的栖息习性

施氏鲟、小鲟和匙吻鲟为淡水定栖型鱼类，栖息于江河干流沙砾底质处，喜欢在底层活动，很少进入浅水区。中华鲟、俄罗斯鲟和西伯利亚鲟为溯河性海洋鱼类，性腺发育成熟个体进行溯河生殖洄游，在江河上游沙砾底质段产卵，仔鱼当年降河在海洋中肥育。中华鲟平时生活在我国沿海的大陆架地带，产卵场分布在金沙江下游和长江上游，幼鱼在河口地区肥育，体长 80~100cm 时游至浅海生长；后两种鲟也有定栖淡水类型。鲟类属底层鱼类，活动能力中等，性情较温和，喜栖清爽水域，冬季在深水区越冬。

2)遮目鱼的栖息习性

遮目鱼为暖水性海洋鱼类，平时栖息外海，生殖时游向近岸，性懦、活泼、善跳跃(可跳出水面数米高)，常栖息于中下水层。

3)鲑形目养殖种类的栖息习性

大麻哈鱼为秋季溯河性洄游鱼类，性成熟个体成群进入江河上游水流急的沙砾河床处产卵，溯河期停食，产卵后多数死亡，仔稚鱼在江河中肥育至 5cm 左右当年降河，在海洋中生长发育 4~5 年。山女鳟栖息于水质清澈、水流较急、水温较低的山涧溪流中。白斑红点鲑为陆封型，终身栖息于江河支流及溪流的清澈冷水域中。高白鲑也属冷水性鱼类，分为洄游、半洄游和湖泊型等三种生态类型。虹鳟为冷水性淡水定栖型鱼类，常生活在上中层水域，性情活泼，游泳迅速，喜欢清爽水域。香鱼为溯河性鱼类，春、夏季进入江河，栖息于水质清晰且具砾石处，继续生长发育至秋冬在上游沙砾处产卵，亲鱼产卵后死亡，仔鱼随水流漂流入海、越冬、索饵、肥育，幼鱼于翌年春天水温升至 12℃ 左右时开始上溯，经河口游至河川中肥育，并有占"地盘"的习性。大银鱼为海淡水广生种类，一般活动于水体上层；太湖新银鱼为淡水鱼类，生活于水体中上层。公鱼为淡水中上层鱼类，常生活在湖泊、水库和冷水小河中。

4)鳗鲡的栖息习性

鳗鲡为降河性洄游鱼类，春季幼鳗成群进入江河口，游进中上游的干流及与江河相通的湖泊、水库中，一般栖息于水体的中下层，善攀爬越跋，趋光性随生长发育逐渐减弱，成鳗喜夜间活动。

5）鲤形目主要养殖种类的栖息习性

鲢、鳙、草鱼、青鱼、鲮、鳊、鲂、细鳞斜颌鲴等在自然条件下栖息于江河及与江河相通的湖泊、水库中，与江河不通的湖泊、水库、池塘中无自然分布。鲤、鲫、泥鳅不仅栖息在江河中，而且也分布在与江河不相通的湖泊、水库、池塘中。鲢、鳙为中上层鱼类，鲢通常在水上层活动，性情活泼，善跳跃，能跳出水面1m多高，网捕时常跳出网外；鳙在水上中层活动，性情温驯，行动较迟缓，易捕获。鲢、鳙平时栖息在江河干流及其附属水体中肥育，刚孵出的鱼苗随水漂流，幼鱼主动游入河湾、湖泊中进行生长发育，产卵群体洄游至上中游产卵场，产卵后进入湖泊等食物丰富的水体中肥育；冬季，成熟个体到干流深处越冬，未成熟个体多数仍在湖泊等附属水体越冬。草鱼和青鱼分别在中下层和下层活动，草鱼比青鱼的性情活泼，一般在被淹没的浅滩草地、泛水区域及干流附属水体草丛带摄食肥育；青鱼则多在江河湾道、湖泊及附属水体螺蛳等底栖动物多的地带肥育，越冬等其他习性与鲢、鳙相似。鲮属于底层鱼类，性情活泼，善跳跃，喜活水，遇到新鲜水非常活跃，水温在14℃以下时便潜入深水处越冬，并具有产卵洄游习性。团头鲂、三角鲂、鳊喜栖息于静水多水草的敞水区中下层，生殖季节集群于有水流的场所产卵；鳊则在江河流水中产卵，冬季集中于深水区越冬。鲤、鲫、泥鳅为底栖性鱼类，喜欢栖息于水草丛生的浅水处，对外界不良条件适应力较强，特别是泥鳅，在天气寒冷且水又干涸的情况下钻入泥土中，依靠皮肤和直肠呼吸，翌年涨水时又出来活动。白鲫为中上层鱼类，有集群习性，对外界环境条件适应力强。鲤和泥鳅在网捕时都具钻泥潜逃能力，故网捕率低。短盖巨脂鲤为中下层鱼类，喜集群，性情温和，栖息于水草繁生处。

6）合鳃目黄鳝的栖息习性

黄鳝为底层生活的鱼类，喜栖息于河道、湖泊、沟渠及稻田中，日间喜藏在混浊的泥质水底的洞穴中（一般每穴1尾）或堤岸的石隙中，昼伏夜出，夜间外出觅食，口腔及喉腔的内壁表皮可直接呼吸空气，故离水后不易死亡。

7）鲻形目鲻、鲛的栖息习性

鲻、鲛为温带和亚热带浅海上中层鱼类，喜栖息于沿海近岸、浅海湾和江河口咸淡水地带摄食、肥育，幼鱼进入港湾及河口摄食，也常溯河入淡水水域，退潮后成群栖息在背风向阳、温度较高、饵料较丰富地带，冬季转入海中较深处越冬。

8）鲇形目主要养殖种类的栖息习性

鲇多栖息于江河、湖泊和水库等水域的中、下层，尤喜在缓流和静水中生活，白天隐居于水草丛生或洞穴中，黄昏和夜间外出觅食。大口鲇多栖息于江河缓流区，性凶猛，白天隐居于水底或潜伏于洞穴内，夜间猎食水生动物。六须鲇多栖息于江河及支流有水流的底层，性情似大口鲇。胡子鲇、革胡子鲇和斑点胡子鲇多栖息于江河、湖泊、田间沟渠等淡水水域，惧怕强光，底栖且具有钻穴习性，白天隐居洞穴内，并具有群居习性(斑点胡子鲇夜间常数十尾乃至数百尾聚居在 1 个洞穴中)，夜间四处活动觅食，耐低氧，但耐寒力较弱。苏氏圆腹鲇喜栖息于深水水流缓慢的阴凉处，特别喜欢生活在水生漂浮植物下面，性胆怯，怕惊扰，耐低温能力弱，但耐低氧。长吻鮠多栖息于江河的底部，性情温顺，冬季在多岩石的深水处越冬。黄颡鱼为底栖鱼类，多栖息于江河支流和湖泊中，尤喜生活在静水、水流缓慢的浅滩处、水草丛生处或淤泥的地方，白天潜入水底层，夜间活动，有掘坑筑巢习性。斑点叉尾鮰多栖息于江河、湖泊缓流区域的底层，喜欢生活在清凉、有沙砾的地方，日出、日落和夜间活动频繁。

9) 刺鱼目海马的栖息习性

海马是一种游泳力不强的浅海鱼类，喜栖息在石砾、岩礁或海藻丛生的海底，具有依环境变换体色的能力，尾部具有卷曲能力，缠卷在海藻或其他漂浮物上。

10) 鲈形目主要养殖种类的栖息习性

除尼罗罗非鱼、奥利亚罗非鱼、莫桑比克罗非鱼、鳜、大口黑鲈、蓝鳃太阳鱼、乌鳢是淡水鱼类外，其余的都属海水鱼类。尼罗罗非鱼属底层鱼类，对水质具有很强的耐受力，适宜在肥水中养殖，性情较凶猛，摄食能力强，白天多在中上层活动，黄昏至夜间喜在底层生活；网捕时具有钻泥潜逃的能力，网捕率较低。奥利亚罗非鱼的栖息习性与尼罗罗非鱼相似，但耐寒力较强和网捕率较高。鳜为中下层鱼类，栖息于静水或缓流水域，有在水底下陷处躺卧的习性，多在夜间活动觅食。大口黑鲈为淡水中层鱼类，喜栖息于缓流、水质清澈的水域和水草丛生处，经人工养殖驯化，可在稍肥沃的水质中生活，性情较凶猛，抢食能力强。蓝鳃太阳鱼属温水性中小型鱼类，性凶猛，喜成群栖息于湖泊、水库的水草丛中。乌鳢为底层鱼类，喜栖息于水草茂盛及水容易浑浊的泥底水域中，潜伏在浅水水草较多的水底，仅搅动其胸鳍以维持身体平衡，见到食物则猛冲过去捕食，性情凶猛，具有辅助呼吸器官，离水后可行呼吸功能，适应能力强。

花鲈为广温、广盐性浅海中下层鱼类，不作远距离洄游，喜栖息于沙砾底质、海藻丛生的海区和河口咸淡水处，亦可生活于淡水中，冬季在 20~50m 深水中越冬。青石斑鱼、赤点石斑鱼等为暖水性中下层鱼类，广盐性，常栖息于沿海珊瑚礁、岩礁、多石砾底质的海区，一般不结成大群，性凶猛，具地域性和穴居习性，无明显洄游现象。大黄鱼为暖水性上中层集群性、近海洄游鱼类，通常生活在 60m 以内沿岸浅海区域。眼斑拟石首鱼为近海暖水性和广盐性鱼类，喜集大群，洄游习性明显，游泳速度快。鮸状黄姑鱼和鮸属暖水性中下层鱼类，喜结群，游泳速度较慢，喜栖息于泥沙底质。真鲷、黑鲷、平鲷等鲷科鱼类属底层鱼类，喜栖息于水深 10~200m 的礁石、沙泥、沙砾、贝藻丛生的海区，特别喜欢在海底凹处停留，喜集群，游泳较迅速，洄游距离短或移动不大，幼鱼主要生活在浅水区。黄鳍鲷为浅海暖水、广盐性鱼类，能适应盐度剧变，无远距离洄游习性，但有明显的生殖迁移行为，成熟个体自近沿向深海移动，幼鱼则在咸淡水交汇处生长发育。军曹鱼为暖水性上中层鱼类，性凶猛，游泳速度快，不集群洄游，对低温适应能力差，常栖息外海深水区。美洲条纹鲈系广温、广盐、溯河性洄游鱼类，广泛栖息于海水、半咸水和淡水中，喜生活于缓流处。尖吻鲈是暖水性的降河性洄游鱼类，仔鱼在河口生活，稚、幼鱼在河流、湖泊中生长发育(在淡水中的生长速度比在海水中快)，成熟个体降河洄游至盐度 30~32 的海水中产卵。花尾胡椒鲷和斜带髭鲷系广温、广盐性的底层鱼类，喜栖息于岛屿附近和多岩礁水域，一般分散活动，移动范围不大。红鳍笛鲷是暖水性、中下层鱼类，喜栖息于岩礁和珊瑚礁区或附近，属于夜行性鱼类，具有群游和昼夜垂直移动的习性。紫红笛鲷系暖水性、广盐性的中下层海水鱼类，多栖息于近海低盐、清澈的流水中，在海、淡水中皆可养殖(在淡水和咸淡水中的生长速度比在海水中快)。卵形鲳鲹属于暖水性、洄游性的上中鱼类，喜集群，幼鱼多栖息于河口、海湾，成鱼生活在外海深处。杜氏鰤属于暖水性、洄游性的底层鱼类，亲鱼在南沙群岛、中沙群岛、西沙群岛产卵，稚、幼鱼向北作索饵洄游，成鱼秋末向南进行产卵洄游。中华乌塘鳢系暖水性、广盐性的浅海、咸淡水鱼类，主要栖息于河口、港湾区，喜生活于泥孔、洞穴中。

11) 鲉形目主要养殖种类的栖息习性

许氏平鲉和大泷六线鱼属于冷温性的底层鱼类，多栖息于水质清澈、岩礁和藻类丛生的水域及岛屿周围，不集群，不作长距离洄游；后者有护卵孵化的习性。

12) 鲽形目养殖种类的栖息习性

牙鲆、高眼鲽、黄盖鲽、石鲽和星鲽等几种鲆鲽鱼类为海水冷温性的底层鱼类，适盐能力较强，喜栖息于沙泥地带，一般白天潜伏沙中，夜间觅食，游泳力不强，洄游距离短，生殖季节游向近岸水域，冬季游向邻近的深水越冬。大菱鲆的栖息习性与牙鲆、石鲽等几种鲆鲽鱼类相似，耐低温能力较强，性格温顺。半滑舌鳎属于近海温水性的底层鱼类，喜栖息于泥沙底质的海区，不集群，游动慢，对高温的适应能力较冷温性鲽鲆类鱼类强。

13) 鲀形目主要养殖种类的栖息习性

红鳍东方鲀系近海(水深 40~50m)暖温性底层鱼类，多栖息于岛礁附近和沿岸沙底处，具生殖洄游习性，游泳能力较弱，春季由外海到近海，冬季移向外海。暗纹东方鲀为溯河性洄游鱼类，稚幼鱼在江河、湖泊索饵肥育，秋季或翌年春季入海(沿岸砂底处)进一步生长发育，性腺成熟个体于春末夏初成群游入江河产卵。

二、对环境条件的适应

水温、溶氧量、盐度、pH、水的肥度等主要环境因素，对养殖鱼类的生存、摄食、生长发育、繁殖及生理代谢活动有重要影响。

(一) 对水温的适应

水温是限制鱼类纬度分布和栖息水域的决定性因素，因此，在选择养殖及移植某种鱼类时，首先应该了解鱼类对水温的适应能力(特性)。鱼类对水温的适应性主要表现在致死温度、生存温度，以及摄食、生长适温和繁殖适温诸方面。致死温度是鱼类不能忍受而死亡的温度；生存温度是鱼类能够存活的温度，低于和高于该温度则会死亡；适宜温度是鱼类正常摄食和生长发育的温度；最适温度是鱼类摄食旺盛和快速生长的温度。

1. 适温类型及其种类

根据养殖鱼类对温度的适应能力，可将 72 种养殖鱼类概括分为冷水性鱼类、亚冷水性鱼类、温水性鱼类和暖水性鱼类 4 种类型。

冷水性鱼类 8 种：虹鳟与金鳟、山女鳟、白斑红点鲑、高白鲑、池沼公鱼、亚洲公鱼、石鲽、大银鱼。

亚冷水性鱼类 6 种：施氏鲟、西伯利亚鲟、大菱鲆、许氏平鲉、大泷六线鱼、牙鲆。

温水性鱼类 32 种：匙吻鲟、中华鲟、香鱼、日本鳗鲡、欧洲鳗鲡、草鱼、鲢、鳙、鲤、鲫、银鲫、鳊、细鳞斜颌鲴、泥鳅、鲇、大口鲇、斑点叉尾鲴、长吻鮠、黄颡鱼、黄鳝、鳛、鲛、蓝鳃太阳鱼、大口黑鲈、鳜、乌鳢、黑鲷、花鲈、花尾胡椒鲷、斜带髭鲷、美洲条纹鲈、半滑舌鳎。

暖水性鱼类 26 种：遮目鱼、短盖巨脂鲤、鲮、胡子鲇、革胡子鲇、斑点胡子鲇、苏氏圆腹鲩、尼罗罗非鱼、奥利亚罗非鱼、大黄鱼、斑海马、石斑鱼、赤点石斑鱼、真鲷、中华乌塘鳢、红鳍笛鲷、紫红笛鲷、卵形鲳鲹、杜氏鰤、尖吻鲈、军曹鱼、黄鳍鲷、眼斑拟石首鱼、鲵状黄姑鱼、红鳍东方鲀、暗纹东方鲀。

2. 对水温的适应能力

4 种类型鱼类对水温适应能力的差异，可综合归纳为三点。

1) 致死温度和生存温度的低限

(1) 冷水性鱼类、亚冷水性鱼类和温水性鱼类致死温度低限相似，皆为 0℃ 左右；暖水性鱼类则明显偏高(4~14℃)，如真鲷和眼斑拟石首鱼为 4~6℃，大黄鱼、胡子鲇和革胡子鲇为 6℃，鲮、奥利亚罗非鱼和暗纹东方鲀为 7℃，杜氏鰤、黄鳍鲷和红鳍东方鲀为 8℃，短盖巨脂鲤、石斑鱼、中华乌塘鳢和尖吻鲈为 10~11℃，尼罗罗非鱼和紫红笛鲷为 12℃、苏氏圆腹鲩为 13℃，卵形鲳鲹为 14℃。

(2) 冷水性鱼类和亚冷水性鱼类的致死温度高限较低(22~34.6℃)，如白斑红点鲑为 22℃、虹鳟和山女鳟为 25℃、石鲽和牙鲆为 27℃、公鱼和大菱鲆为 28~30℃、施氏鲟和大银鱼等为 33~34.6℃。

2)摄食和生长的适宜温度及最适温度

(1)冷水性鱼类最低,如大银鱼的摄食和生长的适宜温度及最适温度分别为 4~25℃和 10~23℃、石鲽为 4.2~19.9℃和 14~15℃、虹鳟为 6~20℃和 14~17℃、山女鳟和白斑红点鲑为 10~18℃和 17℃、公鱼为 10~22℃、高白鲑为 15~25℃。

(2)亚冷水性鱼类较低,如大菱鲆的适宜温度和最适温度分别为 7~22℃和 14~18℃、牙鲆为 13~23℃和 15~22℃、许氏平鲉为 11~20℃和 16.2℃、施氏鲟为 13~26℃和 20~25℃;温水性鱼类和暖水性鱼类则较高,而且两者的适温差异不大(均为 15~35℃),但其最适温度却有一定差异(温水性鱼类为 20~30℃,暖水性鱼类为 25~32℃)。

3)繁殖的适宜温度

(1)冷水性鱼类繁殖的适宜温度明显偏低,如高白鲑为 1~3℃、大银鱼 2~6℃、公鱼 4~6℃、石鲽 5~8℃、虹鳟 4~13℃、山女鳟 1~10℃。

(2)亚冷水性鱼类较低,如大泷六线鱼为 10~15℃、许氏平鲉为 13~16℃、牙鲆和大菱鲆为 10~20℃、施氏鲟为 18~20℃、西伯利亚鲟为 13~27℃。

(3)温水性鱼类和暖水性鱼类较高且相近,如香鱼、鲤、鲫、银鲫、鲇、泥鳅、梭鱼、真鲷、黑鲷、花鲈和红鳍东方鲀为 14(15)~24℃左右,鲢、鳙、草鱼、青鱼、鲮、黄颡鱼、黄鳝、鲻、加州鲈、半滑舌鳎、卵形鲳鲹、暗纹东方鲀、鮸状黄姑鱼和石斑鱼为 20(22)~26(28)℃,斑海马、尼罗罗非鱼、奥利亚罗非鱼、遮目鱼、短盖巨脂鲤、胡子鲇、红鳍笛鲷、尖吻鲈、军曹鱼和眼斑拟石首鱼为 22(23)~28(30)℃。

(二)对溶解氧的适应

鱼类对水中溶解氧的适应能力,主要表现在摄食活动、生长发育及其存活等三个方面。其评价指标包括:鱼类正常摄食及生长的溶氧量(适宜溶氧量)、浮头时的溶氧量(呼吸受抑制)及开始死亡时的溶氧量(窒息点或氧阈)。

综合分析溶氧量对 49 种养殖鱼类生长发育影响的实验数据,可以看出对溶氧量的适应能力与鱼类的适温性及其食性,以及对水质肥度的适应性密切相关,也与栖息水域的盐度有关。

(1)冷水性鱼类及亚冷水性鱼类、肉食性鱼类和长期生活在流水及水质清澈水域的淡水鱼类,以及海水狭盐性鱼类,对溶解氧的适应能力较弱。

也就是说,这些鱼类的适宜溶氧量和窒息点较高。如鲑鳟类与鲟类的适宜溶氧量和窒息点分别为 6~7mg/L 和 1.6~3.0mg/L,香鱼为 5.0mg/L 和 1.95mg/L,青鱼、草鱼和石斑鱼为 5~6mg/L 和 0.5~2.0mg/L，牙鲆和大菱鲆为 4~5mg/L 和 0.8~2.0mg/L(溶氧量为 3.0~3.5mg/L 时生长已受抑制)，鲷类和鲀类为 5.0~5.5mg/L 和 1.5~2.5mg/L，大黄鱼为 4.0mg/L 和 1.5mg/L。

(2)温水性鱼类、暖水性鱼类和杂食性鱼类，以及生活在静水且水质较肥沃的淡水及咸淡鱼类，对溶解氧的适应能力较强。

也就是说，这些鱼类的适宜溶氧量和窒息点较低。如鲤、鳙和鲢的适宜溶氧量和窒息点分别为 4~5mg/L 和 0.2~0.79mg/L，尼罗罗非鱼和奥利亚罗非鱼为 4.0mg/L 和 0.28~0.81mg/L，鲻、梭鱼、革胡子鲇和斑点胡子鲇为 3.0mg/L 和 0.13~0.72mg/L，鲫为 2.0mg/L 和 0.1~0.59mg/L。

(三)对盐度的适应

盐度是限制鱼类栖息水域的决定性因素。淡、海水鱼类对盐度的适应范围分别以 0.5 和 35 为基准值。我国主要养殖鱼类对盐度的适应参数，包括致死盐度、生存盐度、生长适宜盐度和繁殖适宜盐度。

按照鱼类的自然产卵水域，可分为淡水产卵鱼类(含溯河性鱼类)和海水产卵鱼类(含降河性鱼类)。根据海、淡水产卵鱼类对盐度的适应能力，又可分别区分为狭盐性种类和广盐性种类。

淡水产卵鱼类的狭盐性种类(9 种)的生存盐度高限为 8~17：草鱼、鲢和斑点叉尾鮰为 8，团头鲂为 11.9，青鱼为 12.15，短盖巨脂鲤为 14，鲤为 15，池沼公鱼为 16，鲫为 17。广盐性种类(5 种)的生存盐度高限为 35~40：虹鳟、香鱼和美洲条纹鲈为 35，尼罗罗非鱼为 38，奥利亚罗非鱼和暗纹东方鲀为 40。

海水产卵鱼类的狭盐性种类(12 种)的生存盐度低限为 5~12：花尾胡椒鲷为 5，赤点石斑鱼为 11，大菱鲆为 10~12，杜氏鰤为 12。其广盐性种类(12 种)的生存盐度低限为淡水~4：鲻、梭鱼、花鲈、紫红笛鲷、遮目鱼和眼斑拟石首鱼为淡水，卵形鲳鲹为 3，红鳍东方鲀为 4。

也就是说，花鲈、鲻、鲮、遮目鱼等海水产卵的广盐性种类，能够在淡水中正常生长，但性腺不能发育和成熟。尼罗罗非鱼和虹鳟淡水产卵的广盐性种类，成鱼经过驯化可以在海水中正常生长。

虹鳟对盐度的适应能力随个体的成长而增强，稚鱼、当年鱼、1 龄鱼和成鱼分别可以在盐度 5~8、12~14、20~25 和 35 的水体中生活。鲤、鲫对盐度的适应能力也比其他淡水养殖种类强。施氏鲟能够长期在盐度 4~5 的水中生活，经 24~48h 驯化后还能生活在盐度 9~10 的水体中；体重 200g 幼鱼的鳃小片泌氯细胞数量随着水体盐度的增加而增多，在淡水生活时其细胞数量较少并表现出淡水型泌氯细胞特征(细胞中有网管和囊管，网管欠发达，囊管分布面积小，细胞表面有顶隐窝)；

经过 65d 海水（盐度 25）驯化后，其细胞数量明显增多并表现为典型海水型泌氯细胞特征（细胞中的网管颇发达，囊管丰富，顶隐窝扩大，表面有微绒毛），以排除体内过多的 Na^+ 和 Cl^-，调节体液渗透压与外环境保持平衡。

适当提高淡水盐度（7.5）可以改善某些淡水鱼类的肌肉品质。如用半咸水暂养草鱼和乌鳢，明显提高了食用口感。

（四）对水质肥度、pH 的适应

主要养殖鱼类对水肥度的适应与其对温度的适应、对溶氧量的适应，以及食性特点有密切关系。在一般情况下，冷水性鱼类（虹鳟等）和肉食性鱼类（鳜、真鲷、牙鲆等）喜欢栖息于清澈的水环境中，而浮游生物食性鱼类（尼罗罗非鱼、鲢、鳙）和某些温水性鱼类（鲤、鲫、鲮、鲴、鳗鲡等）喜欢栖息于肥水中。

淡水鱼类和海水鱼类对 pH 的适应能力差异较大。淡水鱼类对 pH 的适应能力（6.5~9.5）通常强于海水鱼类（7.0~8.7）。这与它们栖息水域的 pH 稳定性有关，即海水鱼类长期生活在 pH 较稳定（7.0~8.7）的海洋中，而淡水鱼类长期生活在 pH 昼夜变化较大的淡水中。淡水养殖水域的肥度较大，在夏季阳光充足时浮游植物的光合作用较强，经常使水体 pH 由早晨的 6.5~7.0 上升到中午的 9.5~10.0。

第三节　摄食生物学

一、成鱼摄食生物学

养殖鱼类摄食生物学，包括摄食方式、摄食器官形态结构、对食物的选择性、摄食量及食物组成等。

（一）摄食方式

各种养殖鱼类的摄食方式（捕食方式、取食方式）不同，而且在个体发育过程中通常发生规律性变化：仔鱼后期和稚鱼前期一般都是以吞食方式摄食浮游动物，稚鱼后期至幼鱼前期则逐渐向成鱼的摄食方式过渡。鱼类摄食方式特点是确定养殖饲料（饵料）的营养结构、形状与大小，以及投饲方法的重要依据。我国海、淡水养殖鱼类（成鱼）的摄食方式可综合归纳为下列 5 种类型。

1. 滤食方式

滤食性鱼类是利用鳃耙等滤食器官过滤水中的细微食物（浮游生物等），如鲢、鳙、匙吻鲟、尼罗罗非鱼、白鲫、遮目鱼、鲴、鲮、鲮等。其中鲢、鳙是典型的滤食性鱼类，滤食能力较强；后 7 种鱼类的滤食能力相对较弱，兼吞食。

2. 吞食方式

吞食性鱼类是利用口及上下颌直接摄取水中或底层的各种较大型的食物，包括动物、植物和有机腐屑等。大多数养殖鱼类的摄食方式是吞食，如鲟类(中华鲟幼鱼主要依靠嗅觉和触觉寻找食物)、草鱼、团头鲂、青鱼、鲫、鳊、鲂、短盖巨脂鲤、斑点叉尾鲴、鲇类、黄鳝、鲽鲆类、鲀类等，鳗鲡(仔鱼摄食方式为触碰后咬食)和海马的摄食方式属吸吞型。

3. 猎食方式

猎食性鱼类属于肉食性种类，分为伏击和追击两种类型。伏击型鱼类通常栖息于草丛中，暗中窥视食物，当发现食物时便突然迅速猛冲过去捕食之，如乌鳢、鲇和鳜(仔鱼期从饵料鱼尾部下口，以后都是从饵料鱼的头部下口)等。追击型鱼类的体形多为纺锤形，游泳迅速，在水中直接追击鱼、虾类等游泳动物，如虹鳟与大麻哈鱼等鲑鳟类、真鲷等鲷型类，以及花鲈、石斑鱼及大黄鱼等鲈型类。其中石斑鱼和大黄鱼吃食较缓慢(不如虹鳟、花鲈、真鲷等抢食速度快)，叼一口游走，吃完后再返回来吃，并喜欢吃软性食物。

4. 刮食方式

刮食性鱼类通常为底层鱼类，利用上下颌扁状颌齿和颌上的角质膜(软骨质的薄锋)刮食岩石和底层的底栖藻类等食物，前者如香鱼，后者如鲴类和鲮等。鲮尚兼营滤食方式。

5. 挖食方式

鲤是典型的挖食性鱼类，其前筛骨特别发达，与鼻骨和上下颌骨相互配合使口形成管状，并可向前方伸出，挖掘底泥中的水蚯蚓、摇蚊幼虫等底栖动物；在觅食时，可以把塘底挖成许多大小不一的深达数厘米的坑窝，并且由于不断翻动底泥，使池水呈浑浊状态。体长 90cm 的鲤可挖掘淤泥 12cm、砂泥 8cm、黏土 6cm。鲤的触须具有触觉和味觉功能。

(二)摄食器官形态结构特点

鱼类的摄食器官通常由口、颌齿、口腔齿、咽齿、鳃耙、腭褶、鳃上器官(鳃耙管)等组成。摄食器官的形态结构(特点)与摄食方式、食物组成密切相关，即不同摄食方式的鱼类，摄食器官的部件名称、形态结构及数量性状，以及食物组成都有很大差异(表 2-1)。

表 2-1　不同摄食方式鱼类的鳃耙数量性状、肠相对长度和食物组成

鱼名	摄食方式	全长/mm	鳃耙			肠长/体长	食物组成
			枚	长/mm	间距/μm		
鲢	滤食	395	1334	13.5	15~18	5.29~7.90	浮游植物、浮游动物、腐屑等
鳙		448	695	13.9	35~72	3.17~5.01	浮游动物、浮游植物、腐屑等
白鲫	滤食兼吞食	244	114	9.3	69~87	5.7~6.1	浮游植物、浮游动物、丝状藻
尼罗罗非鱼		223	30	1.88	325~375	7.1	浮游生物、鱼、虾、水生昆虫及幼虫等
遮目鱼			300	细长	排列密	3~12	底栖硅藻、绿藻、小型甲壳类
鲻、鮻			90~100			2.7~3.5	底栖藻类、有机腐屑、小型底栖动物等
鲮	吞食兼滤食		55~68		20~23	13.5	硅藻、绿藻、丝状藻、腐屑等
鲤	挖食兼吞食	422	22	5.2	1800~2500	1.6~2.5	摇蚊幼虫、水蚯蚓等底栖动物
鲫	吞食	248	51	5.8	250~280	2.5~4.9	丝状藻、植物种子、水草、腐屑、摇蚊幼虫
草鱼		425	17~19	4.2	1200~1500	2.0~3.0	各类水草等
青鱼		355	18	1.3	1100~1300	1.4~1.5	螺蛳、蚬、蚌等底栖动物
花鲈（追击）	猎食	18~25	短	稀		<1	鱼、虾、头足动物等游泳动物
鳜（伏击）		320	7	短具小刺	排列稀	0.50~0.62	各种鱼类、虾类等游泳动物
石斑鱼（伏击）			22~25	短	稀	<1	鱼、虾、头足动物等游泳动物
乌鳢（伏击）			10~13	短	稀	<1	鱼、虾等游泳动物

1. 滤食性鱼类的摄食器官

如表 2-1 所示，滤食性鱼类及滤食兼吞食性鱼类摄食器官的数量性状，其突出特点是鳃耙发达，细而长（1.88~13.9mm），数目多（30~1334 枚）且排列紧密（鳃耙间距 15~375μm）。以鲢、鳙为例，概述其滤食器官的形态结构。它们是典型的吃浮游生物的鱼类，滤食器官由鳃弧骨、腭褶、鳃耙和鳃上器官（鳃耙管）组成。

鳃弧骨：鳃弧骨是鳃耙和鳃丝的附着基础，也是构成鳃耙管的支架。鲢、鳙具有 4 对典型的鳃弧骨。每个鳃弧骨由咽鳃骨、上鳃骨、角鳃骨、下鳃骨和不成对的基鳃骨组成，第 5 对鳃弧骨特化为下咽骨。

腭褶：口腔顶部的黏膜突出形成 9 个纵嵴，称腭褶。腭褶的排列适与鳃弧相对立，每侧 4 个，中央 1 个。每个腭褶适嵌于与其相对应的鳃耙沟中，腭沟恰好夹着两相邻鳃弧的内外列鳃耙的尖端。每个腭褶向后部延伸，构成鳃耙管的管壁。腭褶上皮中分布有大量味蕾和黏液细胞。

鳃耙管：在头盖骨耳囊下方的软腭组织中有 8 个螺状鳃耙管，每侧 4 个。鳃耙管是由腭褶延伸部分、上鳃骨一部分和咽鳃软骨构成的。鳃耙管中也分布有较多的味蕾和黏液细胞。

鳃耙：鲢、鳙主要依靠鳃耙滤取浮游植物和浮游动物。两者的食性差异，是由鳃耙的形状、结构和排列致密程度不同所致。第Ⅰ、Ⅱ、Ⅲ、Ⅳ鳃弧背缘两侧都附有两列鳃耙，内外两列鳃耙成锐角排列，中间的空隙称鳃耙沟，与其相对应的腭褶适嵌于其中。各列鳃耙都沿着上鳃弧进入鳃耙管中。

鳙的鳃耙比鳃丝略长或略短。体长42.7cm鳙的第Ⅰ外列鳃耙计695条（3.2~7.0条/mm），两相邻鳃耙的平均距离（耙间距或耙间隙）为57~103μm。鳃耙相互分离，呈佩刀状，分基部、颈部和杆部。鳃耙的基部为三角形，是附着鳃弧骨的部分；颈部细而短；杆部呈刀形，一边加厚，称背部（向鳃耙沟的一面），另一边薄，称刃部。鳃耙杆部分为宽窄两种，第Ⅰ列鳃耙中段，每隔3~6条窄鳃耙有一条宽鳃耙。鳃耙杆部的两侧各有一列突起，称侧突起；第Ⅰ外列鳃耙中段的侧突起的平均密度为16.3~17.3个/mm，突起间距为33.70~41.25μm。

鲢的鳃耙比鳃丝长，两者比值是1：（0.82~0.83）；宽约为鳙的1/2。一条体长36cm的鲢，第Ⅰ外列鳃耙共1781条（10.1~16.8条/mm），耙间距均值为33.75~56.25μm；背侧也有侧突起，第Ⅰ外列鳃耙中段的平均密度为30.0~30.3个/mm，突起间距为18.75μm，约为鳙的1/2。鲢鳃耙的排列方式、宽窄两种类型的比例，以及在鳃弧骨上的分布规律，都同鳙的相似，但形状与鳙的不同。

鲢的鳃耙不是分离的，各鳃耙之间用横联结连成特殊的网。鳃耙刃部把各个宽鳃耙连在一起的横联结称宽鳃耙网或筛膜，位于每列鳃耙的外侧，又称外鳃耙网；连接窄鳃耙的较窄的横联结，称窄鳃耙网，位于宽鳃耙网的内侧，又称内鳃耙网。内、外鳃耙网之间也以结缔组织相连系着。外鳃耙网很厚，联结宽鳃耙刃部并呈板状，鳃耙板的上半部有椭圆形穿孔。在筛膜穿孔处可以看到较细的内鳃耙网，其内持有薄骨片。每个横联结与窄鳃耙刃部的各个小齿相联结，并连接外鳃耙网和宽鳃耙。

鲢、鳙的鳃耙及其侧突起上都分布有大量的味蕾和黏液细胞，鳙的多于鲢的；鲢的鳃耙网上也有较多的味蕾和黏液细胞。

滤食器官的滤食机能：鲢、鳙的滤食器官，各部分相互配合、协调统一地完成滤食任务。在生活中，每个鳃弧的内外两列鳃耙不断张开和合拢。张开时，水和食物一起进入口腔，通过鳃耙、侧突起和鳃耙网，把一定大小的浮游生物等食物滤积在鳃耙沟中，比耙间隙更小的物体则穿过耙间隙从鳃孔流出体外。积留在鳃耙沟中的浮游生物等，被水流不断地向后冲击，加上腭褶的波动，使其沿鳃耙沟向咽喉移动。食物到了腭褶变低处（靠近咽喉底）时，鳃耙管壁肌肉收缩，从管中压出水流，把食物驱集一起而进入咽底。

由此可见，尽管鲢、鳙生活在同一个水域中，但由于两者的滤食器官形态结构不同，导致食物组成也不同。也就是说，鳙的鳃耙间距（57~103μm）和侧突起间距(33~41μm)都比鲢的(鳃耙间距 33~56μm，侧突起间距 11~19μm)大，滤取的食物颗粒也比鲢的大。鲢、鳙的鳃耙就像一片滤取浮游生物的筛绢，鲢的比鳙的约密一倍，许多浮游植物的体积小于鲢的鳃耙间距和侧突起间距，而大多数的浮游动物体积则大于鳙的鳃耙间距和侧突起间距，当浮游植物和浮游动物与水一起进入鳙口腔时，体积小于鳃耙间距和侧突起间距(57μm×33μm)的大多数浮游植物被排出体外，而体积大于鳃耙间距和侧突起间距(103μm×41μm)的浮游动物被滤积在滤食器官中。所以，鳙肠管中的食物组成主要是浮游动物。与水一起进入鲢口腔中的浮游动物和浮游植物一起被滤积在鳃耙沟中。在一般情况下，水体中的浮游植物个数多于浮游动物(浮游植物个数：浮游动物个数为 248：1，体积相比也是浮游植物大)，因此，鲢肠管中的食物以浮游植物为主。

2. 吞食性鱼类的摄食器官

吞食性鱼类的摄食器官在形态结构方面的共性是鳃耙数目较少(17~51 枚)且较短(1.3~5.8mm)(表 2-1)(仅鳗鲡、泥鳅、鲀类少数种类无鳃耙)，口腔较大，口前位和下位(鲟类)，有的种类具咽齿(鲤科鱼类)，呈梳状(如草鱼，便于切割、嚼碎水草)或臼状(如青鱼，便于压破螺蛳等贝壳)；有的种类颌齿较发达(鲆鲽类)和特化为板状(鲀类)，便于摄取游泳动物(鱼类、虾类)和贝类。

3. 猎食性鱼类的摄食器官

猎食性鱼类的摄食器官形态结构的突出特点是鳃耙少(7~25 枚)且短而稀，口前位，口腔大，颌齿和口腔齿发达，肠较短(相对肠长<1)(表 2-1)。如乌鳢头尖而扁平，口大，上下颌骨、锄骨、口盖骨均具尖锐的细齿，鳃耙少(10~13 枚)且短；花鲈和石斑鱼口大，两颌骨、腭骨均具绒毛齿，鳃耙仅 18~25 枚和 22~25 枚，短且稀；鳜的鳃耙仅 7 枚，短且具小刺，相对肠长为 0.5~0.62。

4. 刮食性鱼类的摄食器官

刮食性鱼类的摄食器官特点是上下颌坚硬，颌齿形状便于铲刮食物。如鲴类的下颌前端具锐利的角质缘，用于在石面上或泥表刮取食物。香鱼的颌齿侧扁形，似梳状，每个齿由许多细长扁形的小齿合成，配合吻钩在水底岩石面上刮取食物(硅藻等)。

5. 挖食性鱼类的摄食器官

挖食性鱼类(鲤)的摄食器官形态结构与吞食性鱼类相似，鳃耙数目少(22 枚)而短(5.2mm)，其突出特点是口部结构很特殊(如上述)，能够前后伸长和缩短，从底泥中挖取食物。

（三）对食物的选择性

鱼类在摄食过程中对食物具有主动选择的能力，利用视觉、触觉、味觉等感觉器官对水环境中各类饵料生物或人工饲料的种类、形态和大小进行全面侦察，摄食（捕食）喜好食物，即选择摄食味道适宜、规格适口和形态中意的食物。上述5种摄食方式的鱼类，其中吞食性、猎食性、刮食性和挖食性鱼类对食物的选择性明显（如半滑舌鳎依靠侧线摄食，味觉在食物吞咽过程中起很大作用）；而滤食性鱼类对食物的选择具有一定局限性，即对均匀分布在水中的各种食物颗粒无主动选择能力，仅能利用鳃耙对食物大小进行被动性选择，但能够主动游向食物组成好且密度大的区域和水层进行摄食。例如，鲢、鳙主动集群在浮游生物和人工饵料较密集的水区或水层进行滤食，但不能完全有针对性地选择滤取某种或某几种浮游生物，而是把大于鳃耙间距的各种食物颗粒一起滤食到口腔和肠管中，因此，消化道中的食物组成与水中饵料生物组成基本相似。另外，虽然鲢、鳙不能消化具有纤维素、果胶质和几丁质外膜的蓝藻、绿藻和裸藻，但由于它们不能只挑选滤食可消化种类（金藻、隐藻、硅藻等），因而只得把可消化的种类和不易消化的种类一起过滤下来。

（四）摄食量

鱼类摄食量是确定投饲量的重要依据。通常以每日摄食质量占鱼体重的百分比表示摄食量。鱼类的摄食量与食性、发育阶段、食物营养组成、水环境条件等有密切关系。草食性和肉食性鱼类的摄食量大于滤食性和杂食性鱼类，幼鱼的摄食量大于成鱼。各种养殖鱼类的摄食量差异较大：草鱼日摄食水草高达70%~120%；鲇、花鲈和鳜等特别贪食，在食物（鱼类）充足情况下摄食量可达50%~80%；鲤、鲻、尼罗罗非鱼、鲫等杂食性鱼类的摄食量为10%~40%；鲢、鳙等滤食性鱼类的摄食量为6%~20%。人工养殖鱼类，日投饲量一般为2%~10%。

（五）食物组成

鱼类的食物组成与摄食方式具有一定的相关性。按照鱼类的食物组成，可将其分为浮游生物食性、草食性、杂食性、肉食性等4种类型。在通常情况下，滤食性鱼类为浮游生物食性，吞食性鱼类为杂食性和草食性，猎食性鱼类为肉食性，刮食性鱼类为底栖藻类食性，挖食性鱼类为底栖动物食性（表2-1）。主要养殖鱼类的食物组成概述如下。

1. 滤食性鱼类的食物组成

滤食性鱼类(鲢、鳙)和滤食兼吞食性鱼类(白鲫、尼罗罗非鱼、遮目鱼、鲻、鲮)的食物组成见表 2-1。匙吻鲟终生摄食浮游动物。鲢、鳙除滤食水中的浮游生物外，还滤食有机腐屑及附在其上的细菌。在池塘饲养条件下，它们也摄食人工投喂的饲料(饼渣、糠、糟、麸皮)和滤食人工撒在水中的豆浆颗粒。饲养在池塘和水库的匙吻鲟(体长 38.5~73.0cm)主要摄食虾、小鱼、水生昆虫和浮游动物等。

鲢、鳙消化器官缺少分解纤维素、果胶质和几丁质的消化酶，因此不能消化蓝藻、细胞衰老的绿藻、裸藻及具有几丁质外膜的浮游动物卵，但可以消化金藻、隐藻、硅藻和部分甲藻、黄藻、绿藻、裸藻、蓝藻，以及浮游动物、细菌等。生产实践证明，鲢、鳙在富含金藻、隐藻、硅藻等易消化种类的池塘中生长快、体质好，而在含有铜绿微囊藻等蓝藻的池塘中生长缓慢，体质差。

谢平(1991)和董双林(1992)研究结果说明，鲢、鳙的咽喉齿与咽磨垫能够相互研碎小环藻、栅藻等藻类的细胞壁。谢平(2003)认为，鲢对小环藻的破坏率高达 67%，其中 52%发生在食道内，15%被肠消化；鳙对小环藻的破坏率达 79.5%，其中 58.5%发生在食道内，21%被肠消化。

2. 猎食性鱼类的食物组成

我国海、淡水养殖猎食性鱼类的种类较多，主要食物组成包括鱼类、虾蟹类、水生昆虫和头足类等游泳动物。虹鳟、鳜、乌鳢、加州鲈、蓝鳃太阳鱼、美洲条纹鲈、尖吻鲈、花鲈、石斑鱼、大黄鱼、眼斑拟石首鱼、鮸状黄姑鱼、鮸、花尾胡椒鲷、斜带髭鲷、红鳍笛鲷、紫红笛鲷、卵形鲳鲹、杜氏𫚔等的食谱以鱼类为主，其次为虾类和水生昆虫。真鲷、黑鲷、黄鲷、红鳍鲷、平鲷、黄鳍鲷则以贝类、底栖甲壳类和鱼类为主要食物。军曹鱼主要摄食虾蟹类、头足类和鱼类。

3. 刮食性鱼类的食物组成

刮食性鱼类香鱼和鲴类的食物组成，以底栖藻类(硅藻、蓝藻和丝状藻)为主，其次为有机碎屑和水生昆虫等。

4. 挖食性鱼类的食物组成

挖食性鱼类(鲤)的食物组成以螺蛳、摇蚊幼虫、水蚯蚓等底栖动物为主，其次为植物种子、有机腐屑等。

5. 吞食性鱼类的食物组成

海、淡水养殖鱼类中吞食性鱼类的种类较多，其摄食方式也各有特点，因此各自的食物组成差异较大。施氏鲟、中华鲟、俄罗斯鲟、西伯利亚鲟、小体鲟等属于底栖性鱼类，口腹位，以摇蚊幼虫、水蚯蚓、毛翅目幼虫等底栖动物和小鱼虾为主要食物。匙吻鲟为滤食性鱼类，终生以浮游生物为食，也吃昆虫类、水蛭类和鱼类。草鱼、团头鲂属于草食性鱼类，以各种水草为主要食物，也吃水生昆虫等无脊椎动物。鲫、鳊、鲂、尼罗罗非鱼、奥利亚罗非鱼、红罗非鱼、莫桑比克罗非鱼属于杂食性鱼类，其食物组成以植物性(丝状藻类、硅藻类等)为主，其次为水生昆虫、底栖动物等。斑点叉尾鮰、短盖巨脂鲤、胡子鲇、革胡子鲇、斑点胡子鲇、泥鳅和中华乌塘鳢等也属于杂食性鱼类，但食物组成以动物性(食底栖动物、浮游动物、水生昆虫等)为主，其次为水生植物、有机腐屑等。苏氏圆腹鲢、长吻鮠、黄颡鱼、鳗鲡和黄鳝，以及大泷六线鱼、许氏平鲉属于肉食性鱼类，主要食物为小鱼、虾蟹、水生昆虫、蛙及蝌蚪等。鲆鲽和鲀类属于肉食性鱼类，食物组成包括鱼类、虾类、贝类、多毛类等。海马的主要食物为桡足类、虾类幼体、糠虾类等浮游动物和小型游泳动物。

二、仔鱼、稚鱼摄食生物学

仔鱼是养殖界俗称的鱼苗，稚鱼是小规格鱼种(淡水养殖称夏花鱼种，海水养殖称前期鱼种)，幼鱼是大规格鱼种(淡水养殖称秋花鱼种和春花鱼种，海水养殖称后期鱼种)。

仔鱼和稚鱼具有独特的摄食生物学特点，其自然成活率很低，人工养殖成活率也较低。因此，仔鱼、稚鱼的数量和质量是制约我国养鱼业持续、快速、健康发展的"瓶颈"。仔鱼、稚鱼摄食生物学原理，是制定鱼苗、鱼种科学措施的基础理论依据。

(一)仔鱼的分化特点及其游动方式

1. 分化特点

硬骨鱼类的胚胎发育并不像两栖类那样，胚胎出膜后具有一个变态期(蝌蚪)；更不同于爬行类、鸟类和哺乳类的胚胎发育，胚胎离开卵壳或胎盘后就成为幼体，其形态和组织结构基本上已与成体相似。

初孵仔鱼的各种器官，有的尚未发生，有的已发生但发育不完善，如消化系统、呼吸系统、循环系统和运动器官(鳍)等都有待于进一步发生和发育；而且各种仔鱼的长度和分化程度有很大差异。

2. 游动方式

各种养殖鱼类仔鱼的游动方式不同。这与卵的大小、孵化期长短和环境条件密切相关(殷名称，1995a)。

浮游型：①产浮性卵(卵径小，孵化期短)的海水鱼的初孵仔鱼，身体短小(全长 1.5~3.6mm)，卵黄囊(含油球)较大，口、肛门、眼色素和鳍等均未形成，浮于水面，随波逐流，血管网不发达(海水溶氧量较高)；早期游动方式为阵发性并伴有较长时间的间歇，一般持续 1~2d，也有持续 4~7d 的，并逐渐具有摄食能力。②敞水性产卵鱼类(鲢、鳙、草鱼、青鱼等)的受精卵吸水膨大，孵化期较短，初孵仔鱼较长(全长 5.0~7.4mm)，卵黄囊也较大，鳃、血液循环、鳔和鳍等器官都有待发生和发育，浮于流动的水层中；早期游动方式也为阵发性，一般持续 1~2d，并逐渐具有摄食能力(4~5d)。

吸附型：产黏性卵鱼类(鲤、鲫、团头鲂等卵径较大，孵化较长)的初孵仔鱼全长 3.5~5.6mm，头部具有分泌黏液的腺体，黏附在水生植物等物体上，有时阵发性摆动身体，一般持续 1~2d，并逐渐具有摄食能力(3~4d)。

潜伏型：在石砾或沙砾中产卵的鲑鳟类(大麻哈鱼、虹鳟等)，卵径大，孵化期长(11.0~62.5d)，初孵仔鱼全长 15~20mm，尽管卵黄囊也较大，但各鳍已出现鳍条，血管系统明显并具有血液，潜伏在水底石砾之间生活。

(二)仔鱼的摄食特性及其影响因素

鱼类早期发育阶段成活率低，这与其营养方式和摄食特性，以及避敌能力较弱密切相关。

1. 仔鱼的营养方式及其消化器官发育

营养方式：初孵仔鱼(仔鱼前期)都是以卵黄为营养(内源性营养)；随着仔鱼的生长发育，一边吸收卵黄，一边摄食外界食物(混合性营养)；当卵黄囊消失，仔鱼的生长发育则完全依靠摄食外界饵料生物(外源性营养)。

消化器官发育：前期仔鱼的消化器官正处于分化和形成时期，消化管已分化为口、咽、食道和肠；肝脏及胰脏等消化腺初步形成，但分泌机能很弱。混合营养期的仔鱼，消化器官进一步分化，肠管前后打通；口腔黏膜中形成许多味蕾，咽部黏膜中出现大量黏液细胞和味蕾，咽壁形成括约肌层，开始出现咽喉齿和咽磨垫，肠内形成皱襞和肌肉层。进入外营养期的仔鱼至稚鱼期，消化器官不断完善，机能逐渐加强，口腔开始形成肌肉层，逐渐出现鳃耙管(鲢、鳙)和肠襻，肝脏、胰脏进一步发育，并开始分泌胰蛋酶、淀粉酶等消化酶，能够消化吸收蛋白质、脂肪、淀粉等营养物质；但消化器官尚不完善，如口腔黏膜的黏液细胞、颌齿(鳜等肉食性鱼类)、鳃耙、鳃耙网(鲢)、鳃耙管和腭褶(鲢、鳙)、肠襻等仍在继续发育。

2. 仔鱼的摄食效率

摄食效率(effctiveness of feeding)或捕食成功率，即仔鱼捕到食物的次数占捕食总次数的百分率。仔鱼的摄食效率随身体的长大而逐渐提高。影响仔鱼摄食效率的主要因素是自身的摄食能力和相关的外界生态条件。随着鱼体感觉器官(眼睛、侧线等)、游泳器官(鳔、鳍等)和摄食器官(口、上下颌及其齿和鳃耙等)的发生、发育和完善，捕食能力不断增强，摄食效率逐渐提高(殷名称，1995a，1995b)。因此，稚鱼、幼鱼的捕食成功率要比仔鱼高得多。

3. 仔鱼的"不可逆点"和临界期

"不可逆点"和临界期，是从不同角度评判鱼类早期发育成活率的两个生态学概念。

"不可逆点"(the point of no return，PNR)：又称饥饿"不可逆转点"，系指初次开口仔鱼未能及时吃到食物，饥饿至身体消瘦、虚弱，甚至50%的仔鱼面临死亡而不能再恢复摄食能力(当给饥饿仔鱼提供适口的优质饵料生物时也无力吞食、继而死亡)的时间临界点；以仔鱼孵化后天数(日龄)表示。"不可逆点"也用来判断各种仔鱼耐受饥饿的能力。这说明，仔鱼在卵黄囊完全吸收之后，必须适时得到足够的外营养源，否则，便处于饥饿状态继而进入不可逆点。

仔鱼抵达 PNR 的时间(天数或时数)，不仅依种类而异，还与卵的大小、孵化时间、卵黄容量及水温等密切相关。一般来说，孵化时间长、卵径大、卵黄容量大、水温低，PNR 出现晚；相反，则出现早。综合分析已发表的试验数据，可得出下列几点结论：①几种产浮性卵鱼类的仔鱼，开口摄食时间都较短(2~4d)，唯有大西洋鲱开口时间较长(6d，受低温影响)。②温度对大口鲇(18~28℃)、鲤(18~23℃)、鳙、草鱼、鲢 5 种仔鱼 PNR 的影响明显，变幅为 5~11d。③它们具有摄食能力的时间都较短，仅 3~6d。④温度不仅对仔鱼 PNR 有影响，而且对饥饿仔鱼致死时间的影响也相当明显，即 5 种饥饿仔鱼 50%死亡时间(半致死时间)：大口鲇(18~29℃)为 10.8~12.0d，鲤、鳙、草鱼和鲢(18~23℃)分别为 10.4~12d、9.6d、8.8d、7.3d。⑤鲤、草鱼、鲢 3 种主要淡水养殖鱼类的饥饿仔鱼对温度(20~29℃)的适应能力不同，鲤>草鱼>鲢。

临界期(critical period)：系指仔鱼从内营养转变为外营养时期，由于器官发育不完善、身体尚脆弱，以及对外界条件的适应能力很弱，在缺乏适口饵料的情况下，出现大量死亡(50%或100%死亡)的一个早期发育阶段。这是鱼类发育的内在危险期。

在自然水域条件下，仔鱼的死亡率远远高于稚鱼和幼鱼。影响仔鱼"不可逆点"和临界期的表露，或影响鱼类早期发育成活率的因素较多，如鱼类的种类、卵的大小、孵化时间和卵黄容量，以及水温、溶氧量、pH、盐度、饵料生物、敌害生物等多种生态因子。

在水质等环境条件较好的情况下，饵料生物是影响仔鱼成活的重要因素，在鱼苗、鱼种培育过程中，特别是在鱼苗培育早期更要重视仔鱼的 PNR 和临界期等；在仔鱼开口摄食时和在 PNR 之前，需提供优质且适口的饵料，并采取抑制临界期表露的相应措施。如在池塘培育鱼苗时，采用鱼苗适时下塘措施，可大幅度提高鱼苗培育的成活率。实际上，这就是避免仔鱼 PNR 出现和抑制临界期表露的有效措施。

(三)主要养殖鱼类开口仔鱼的规格及其开口饵料

养殖鱼类的出膜仔鱼(与鱼卵大小呈正相关)及开口仔鱼的规格和开口饵料的种类与规格各不相同。这是确定鱼苗培养方式的重要依据。综合归纳 56 种养殖鱼类的有关数据，可将开口仔鱼规格和开口饵料概括分为 4 种类型。

(1)鲟类和虹鳟的卵径大(2.5~5.4mm)，出膜仔鱼和开口仔鱼的规格也大，全长分别为 8.0~18.0mm 和 18.0~30.0mm；开口饵料为水蚯蚓和水蚤等大型浮游动物。

(2)鲻、鲛和石斑鱼类、笛鲷类等产浮性卵的鱼类，卵径小(0.6~1.1mm)，出膜仔鱼和开口仔鱼的规格也小，全长分别为 1.6~3.5mm 和 2.4~4.0mm；开口饵料为贝类幼虫和小型轮虫等小型浮游动物。

(3)真鲷、黑鲷、大黄鱼、鮸状黄姑鱼、眼斑拟石首鱼、牙鲆、大菱鲆、半滑舌鳎、许氏平鲉、大泷六线鱼等海水养殖鱼类的卵径较小(0.95~2.00mm)，出膜仔鱼和开口仔鱼的规格也较小，全长分别为 1.94~6.50mm 和 2.79~8.20mm；开口饵料为轮虫和桡足类幼体。

(4)鲢、鳙、草鱼、青鱼、鲤、鲫、长春鳊、团头鲂、泥鳅、鲇、黄颡鱼、长吻鮠、斑点叉尾鮰、鲴、大口鲇、尼罗罗非鱼等大多数淡水养殖鱼类的卵径为 1.5mm 左右，出膜仔鱼和开口仔鱼的规格分别为 3.0~7.0mm 和 4.0~10.0mm；开口饵料为轮虫、无节幼虫和小型枝角类等浮游动物。

(四)肉食性养殖鱼类仔鱼、稚鱼的残食现象及其解决措施

自残现象：肉食性鱼类仔、稚鱼全长达到一定长度而且在身体大小出现一定差异时，便会出现相互残食现象，严重影响其成活率。各种鱼类开始残食时身体长度和残食程度有所不同，在缺乏饵料生物的情况下，淡水养殖鱼类中，鳜仔鱼在开口摄食时就会残食同种仔鱼，鲇和大口鲇开始摄食后(开口仔鱼的口径较大)不久便出现相互吞食现象，加州鲈全长达 11~15mm 开始捕食同种鱼苗，乌鳢和黄鳝全长 15~20mm 和 100mm 左右出现残食现象。海水养殖鱼类中，牙鲆在全长

15~50mm 期间大小相差 5mm 便相互自残，全长 16~30mm 期间残食严重；红鳍东方鲀全长 5~6mm 开始残食，7~8mm（牙齿形成）自残加剧，10~30mm 残食最为严重；许氏平鲉全长 10.25mm 开始自残，11.47mm 时残食严重；大黄鱼、赤点石斑鱼和军曹鱼开始自残的规格分别为 14mm、25mm 和 24mm；花鲈全长 10~30mm 的仔、稚鱼自残严重。

自残原因分析：①利用混凝土池和水槽等小型水体培育肉食性鱼苗，放养密度过大，个体生长速度不同，大小规格参差不齐，便出现相互残食现象。②缺少适口食物或饵料生物密度过小，鱼苗因饥饿而相互残食。③养殖水体透明度过大，加剧相互残食。

防止和减少残食的措施：放养密度要适当，严防密度过大；适时、适量投喂适口饵料生物，避免出现饥饿状态；适当调控水体混浊度（适量添加小球藻等），以尽量减少残食；定期进行鱼种规格筛选，同一规格分池培养。

规格筛选：定期进行规格筛选，按同一规格进行分池培育，这是降低残食率的重要措施。根据各种肉食性鱼类仔、稚鱼出现残食的具体规格（长度区间），前期 7~10d 筛选一次，后期 10~15d 筛选一次；一般采用半球形鱼筛（竹制）进行筛选，也可用方形或长方形鱼筛（钢丝制）进行分选鲽鲆类：鱼苗伏底后全长达 16~23mm 进行第一次筛选，以后每隔 8~10d 筛选一次。一般采用手工操作，个体长度规格整齐度的差值应小于 5mm。

（五）海水养殖鱼类仔鱼和稚鱼的死亡高峰期

鱼类早期发育存在"不可逆点"和临界期（危险期）。养殖鱼类鱼苗培育常出现一个和几个死亡高峰期，综合原因包括：仔鱼质量差、饵料缺乏或不足、变态期、食性转变期，以及相互残食等。

（1）大菱鲆仔、稚鱼培育期间出现 4 个死亡高峰期：①开口初期死亡率为 10%~20%，与受精卵质量较差和开口饵料不足有关；②孵化后第 8~12 天，此时死亡率有时高达 60%~80%，与开鳔是否正常、水质好坏和饵料质量有关；③孵化后第 16~18 天，死亡率为 10% 左右，与变态、饵料质量、环境条件和操作等因素有关；④孵化后第 22~25 天死亡率有时很高，与变态发育、各种器官进一步发育和环境恶化有关。

（2）花鲈仔、稚鱼培育期间出现 3 个死亡高峰期：①孵化后第 10~20 天为第 1 高峰期，与饥饿有关；②孵化后第 35~45 天为第 2 高峰期，全长 10~14mm，黑瘦型，与饵料数量、质量和水质有关；③孵化后第 60 天左右为第 3 高峰期，与饵料不足、密度过大和相互残食有关。

（3）赤点石斑鱼仔、稚鱼培育期间出现 3 个死亡高峰期：①孵化后第 5~10 天为第 1 高峰期(开口期)，与饥饿和开口饵料适口性有关；②孵化后第 20~25 天为第 2 高峰期(死亡率很高)，与桡足类等饵料供应不足有关；③孵化后第 30~40 天为第 3 高峰期，与相互残食有关。

(4)许氏平鲉仔、稚鱼培育期间出现 3 个死亡高峰期：①在孵化后第 6~10 天(开口期至鳍发生期)出现第 1 个死亡高峰，死亡率达 27.03%，与仔鱼营养方式转变(内源营养转为外营养)和饵料不足有关；②当背鳍原基形成并由食轮虫转食卤虫时死亡率也较高；③第 3 个死亡高峰出现于孵化后第 20~30 天(稚鱼期)，与幽门盲囊等消化系统逐渐完善和残食严重有关。

第四节　生长生物学

鱼类的生长速度与个体大小是选择养殖鱼类的主要参数，也是评定其养殖价值的重要指标；它不仅直接决定养殖生产效率，而且是确定养殖周期的重要依据。至今为止，国内外学者对主要养殖鱼类生长生物学进行了较系统的研究工作，并取得许多重要成果。

一、养殖鱼类的个体大小

鱼类的个体大小系指每种鱼一生中最终达到的最大规格(体重)，通常以克(g)、千克(kg)表示。我国 76 种主要养殖鱼类在天然水域中发现的最大个体(规格)，按照体重的大小分为小型鱼类(<1kg)、中型鱼类(>1~10kg)、大型鱼类(>10~100kg)和巨型鱼类(>100kg)4 种类型。

(1)小型鱼类 8 种：包括山女鳟、香鱼、中华乌塘鳢、斑点胡子鲇、泥鳅、斑海马、公鱼、大银鱼等。

(2)中型鱼类 33 种：包括高白鲑、白点鲑、鲮、三角鲂、团头鲂、鳊、细鳞斜颌鲴、银鲫、黄颡鱼、黄鳝、鳜、加州鲈、尼罗罗非鱼、乌鳢、大黄鱼、真鲷、黑鲷、斜带髭鲷、花尾胡椒鲷、赤点石斑鱼、紫红笛鲷、尖吻鲈、鮸、蓝鳃太阳鱼、鮸状黄姑鱼、半滑舌鳎、星鲽、石鲽、高眼鲽、黄盖鲽、大泷六线鱼、许氏平鲉、暗纹东方鲀等。

(3)大型鱼类 30 种：包括匙吻鲟、虹鳟、大麻哈鱼、遮目鱼、短盖巨脂鲤、青鱼、鳙、鲤、草鱼、鲢、鲇、大口鲇、六须鲇、革胡子鲇、斑点叉尾鮰、长吻鮠、苏氏圆腹鯰、鳗鲡、鲻、鲮、眼斑拟石首鱼、美洲条纹鲈、军曹鱼、杜氏鰤、花鲈、真鲷、卵形鲳鲹、大菱鲆、牙鲆、红鳍东方鲀等。

(4)巨型鱼类 4 种：包括中华鲟、西伯利亚鲟、施氏鲟、俄罗斯鲟等。

鱼类的个体大小是由遗传性决定的，是物种的主要属性之一。个体大小与其生长速度密切相关，通常是体形大的种类生长速度比体形小的快。

小型鱼类虽然身体小、生长速度又慢，但有的是肉味特别鲜美，如香鱼、公鱼、银鱼、泥鳅等；有的是可药用，如海马。

绝大多数养殖种类都属于中型、大型和巨型鱼类。它们在人工饲养条件下当年体重一般都可达到 50~200g，2 年可达商品规格(500~1000g)；其中有些种类，如鲤、短盖巨脂鲤等当年就可达到商品规格(>500g)，养殖周期仅为 1~2 年。施氏鲟的生长速度更快，在人工饲养条件下 1 周年平均体重可达 615g(最大个体 1040g)，2 周年平均体重 2500g(最大 4000g)，3 周年最大个体体重达 5900g。

二、养殖鱼类生长基本规律

(1)鱼类在一生中不停地生长(终生不断生长)，但性成熟前的绝对生长速度比性成熟后快；体重生长曲线呈不对称的"S"形，拐点一般出现在性成熟期；拐点年龄(性成熟)前生长呈上升趋势，拐点年龄后则逐渐下降。因此，在一般情况下，鱼类养殖生产的适宜周期恰好是性成熟前的 3 个生长发育期(仔鱼、稚鱼至幼鱼)。

(2)外界生态条件对鱼类生长的影响明显大于哺乳动物。这些条件包括水域类型、地理纬度和海拔、水温、营养条件、水质(溶氧、pH、盐度等)，以及人工养殖方式(粗放养殖、集约化养殖等)和多种养殖措施(调控水温、营养条件、水质和密度等)。它们是决定养殖周期的重要因素。

三、主要养殖种类的年生长

各种养殖鱼类的年生长速度(各龄体重或体长)差异很大，各自受制于物种的遗传性和生态环境条件。根据国内外已发表的有关数据，可将我国主要养殖鱼类生长特性综合归纳如下几点。

(1)不同鱼类的年绝对生长速度与体形大小成正相关，在同样条件下，巨型(鲟类)、大型、中型和小型 4 种类型鱼类的年生长速度逐渐递减，因此，在可能的情况下应尽量选择体形大的种类作为养殖对象。同种鱼类的不同体形，生长速度也不同，如高型鲫(体高占体长的 40%以上)的生长速度比低型鲫(<40%)快，彭泽鲫(厚型鲫)的生长也快于普通鲫。

(2)同一种鱼类的不同地理种群的生长速度明显不同，如长江鲢、草鱼的生长速度比珠江和黑龙江的快，黑龙江地理种群的生长速度最慢。

(3)大多数种类的雌性生长速度比雄性快，如半滑舌鳎、鲻、星鲽、鲇等；有的种类雌、雄个体差异不大，如大黄鱼等；少数种类雄性个体的生长速度比雌性快，如罗非鱼类。极少数鱼类的雌雄个体生长速度在一生中发生规律性变化，如鳜在相同饲养条件下体重小于 170g 的雌、雄生长无显著差异，170~800g 的雌鱼生长明显快于雄鱼，大于 800g 的雄鱼生长快于雌鱼；1kg 以内的雌鱼大于雄鱼，1kg 以上的一般雄鱼大于雌鱼。

(4)广温性种类在生长适温范围内,生长速度随温度的升高而加快。同一种鱼在南方的生长速度比在北方的快,如河南省养殖的俄罗斯鲟生长比北京的快,武汉水库放养的匙吻鲟生长比俄罗斯的快,广东池塘养殖的花鲈生长比长江口区和黄、渤海的快;广东、武汉和哈尔滨池塘养殖的斑点叉尾鮰,生长速度由南向北逐渐递减;日本海和福建沿海的鲻,生长明显快于黄海、渤海的。

(5)冷水性、亚冷水性、温水性和暖水性鱼类的生长速度,在生长适温范围内,皆随温度的升高而加快,如冷水性虹鳟在14℃时生长明显比9℃时快,亚冷水性牙鲆的生长速度20℃时比15℃时快,温水性鲢、草鱼的生长在25~30℃时比15~20℃时快,暖水性大黄鱼的生长在25~35℃时比17~22℃时快。

(6)同种鱼类在不同的生态环境中生长速度不同,如长江鲢、鳙、草鱼在江河(淌水)中生长速度比在湖泊(静水)中快;同种鱼类一般在人工养殖条件下的生长速度比在自然条件下快,如工厂化养殖的牙鲆比辽宁沿海的生长快,福建网箱养殖的大黄鱼生长比东海沿海的快。

(7)经济杂交种的生长速度比亲本快,如丰鲤生长速度比双亲快,在鱼种阶段比母本快42%~50%,比父本快140%,成鱼阶段比母本快32%以上;荷元鲤生长速度比母本快30.05%~38.57%,较父本快21.2%~23.2%;岳鲤生长速度比母本快25%~50%,比父本快50%~100%;颖鲤当年鱼生长速度比双亲快47.0%,二龄鱼比双亲快60.1%;三杂交鲤生长速度比母本快15.69%~27.27%,比父本快48.1%~51.2%;芙蓉鲤生长速度比母本快40%左右,比父本快60%左右。

第五节　繁殖生物学

繁殖生物学系阐述繁殖技术生物学原理,内容包括主要养殖鱼类性成熟、生殖器官及其细胞发育、产卵,以及胚胎与胚后发育生物学。

一、性成熟年龄与雌雄鉴别

(一)性成熟年龄及规格

主要养殖鱼类的性成熟年龄多数为2~4龄(一般雄性早一年),但巨型鱼类(鲟类)10龄左右才成熟,而香鱼、公鱼、银鱼和海马等小型鱼类及革胡子鲇则1龄成熟。

各种鱼类的性成熟规格差异较大,与鱼类的个体大小密切相关。巨型和大型鱼类的性成熟规格大,如施氏鲟4~6kg、中华鲟30~109kg、匙吻白鲟11~25kg、军曹鱼7~8kg。小型鱼类的性成熟规格小,如香鱼0.1~0.15kg、公鱼0.002~0.003kg。中型鱼类一般为0.5~10kg,如海水养殖鱼类大黄鱼0.25~0.5kg、牙鲆0.35kg、暗纹东方鲀 0.3~0.5kg、真鲷 0.5~1.0kg、大菱鲆 2~3kg、红鳍东方鲀 2~3kg 等；淡水养殖鱼类鲫 0.2~0.5kg、尼罗罗非鱼 0.25kg、鲇 0.5kg、鲢和草鱼 5kg、鳙 10kg、青鱼 15kg 等。

雌雄亲鱼的适宜年龄和规格(长度和重量)的选择标准，应略大于性成熟年龄和性成熟规格。每种亲鱼的具体适宜年龄与规格依鱼的种类及其分布区域而异。同一种亲鱼的年龄和规格，一般南方的比北方的略小一些，如草鱼亲鱼的年龄与规格(kg/尾)，华南、华中和东北分别为 2~3 龄与 2kg/尾、2~4 龄与 3kg/尾和 5~6 龄与 5kg/尾。

(二)副性征与雌雄鉴别

性成熟的雄鱼在生殖季节出现副性征；雌鱼一般无副性征，但个别鱼类也有副性征，如短盖巨脂鲤雌体腹部的颜色鲜艳。不同鱼类的副性征各不相同：大麻哈鱼和虹鳟的副性征，上下颌骨或下颌骨变形呈钩状且长而尖(鳄)；鲤、鲫、鲮、鳊、团头鲂、青鱼、草鱼、泥鳅等鲤科与鳅科鱼类的头部、胸部、胸鳍与尾柄两侧的表皮特化(角质化)，呈颗粒状小白点("追星")，用手摸有粗糙感，香鱼全身具追星；有的鱼类体表出现婚姻色，如真鲷和乌鳢雄鱼的体色加深变黑，罗非鱼雄鱼的体色特别鲜艳。

大多数养殖鱼类在非生殖季节雌雄鱼难于鉴别，只有少数种类的雄鱼易与雌鱼区分。如大银鱼臀鳍上方有一排臀鳞(雌鱼无臀鳞)；鲢雄鱼胸鳍前面几根鳍条上各长一排骨质小栉齿，手摸具明显粗糙感；鳙雄鱼胸鳍前面几根鳍条上缘生成向后倾斜的骨质锋口，如刀刃状，用手触摸有割手的感觉；鲇雄鱼的尾叉比雌鱼深，达尾鳍长的 1/2 以上(雌鲇的尾叉深度为尾鳍长的 1/3 左右)。大多数养殖鱼类雄鱼尿孔与生殖孔合一，故腹部两个孔(泄殖孔和肛门)，而雌鱼则三个孔(尿孔、生殖孔和肛门)。

各种养殖鱼类的雌雄个体在生殖季节较易区分，雌鱼腹部明显膨大；雄鱼的腹部相对较小，稍压腹部有乳白色精液流出。

二、生殖器官及其细胞的形态结构与发育

鱼类的生殖器官称性腺。绝大多数养殖鱼类的稚、幼鱼性腺已能分清雌雄，但少数种类的性腺在个体发育过程中则出现性转移现象，如石斑鱼等少数种类。

(一)性腺及性细胞的形态结构

1. 卵巢与精巢

1)卵巢

卵巢(ovary)是产生卵子的器官，一般成对，位于体腔背壁、鳔的腹面。养殖

鱼类的卵巢有封闭卵巢和游离卵巢两种类型。

封闭卵巢（closed ovary）：绝大多数养殖鱼类的卵巢为封闭卵巢或被卵巢（cystarin），卵巢外覆盖一层腹膜（卵巢膜），形成卵巢囊，其后端延伸为输卵管，成熟卵细胞落入卵巢囊中，并直接经输卵管从生殖孔排出体外。因此，人工挤卵时可顺利地把卵巢囊中的第Ⅴ期卵全部挤出。

游离卵巢（free ovary）：施氏鲟等鲟类的卵巢为游离卵巢或裸卵巢（gymnoarin），卵巢裸露，外面无腹膜或卵巢囊，不与输卵管（较长）连接，成熟卵细胞先从卵巢落入腹腔中，然后再从输卵管前端喇叭口（位于腹腔中部）进入管内，最后从泌尿生殖孔中排出体外。因此，在进行人工授精挤卵时，不能顺利地把腹腔中的第Ⅴ期卵全部挤出体外。

虹鳟、大麻哈鱼等鲑科鱼类和鳗鲡、泥鳅等少数养殖种类的卵巢外面也有腹膜（卵巢膜），属封闭型卵巢，但输卵管短小或退化，成熟卵细胞落入腹腔后再从生殖孔排出体外。因此，在进行人工授精挤卵时，腹腔中的第Ⅴ期卵能够全部挤出体外。

卵巢膜薄且具弹性，由一层平滑肌和结缔组织构成。卵巢膜向卵巢腔延伸，把卵巢隔成一间间小室，称蓄卵板或产卵板。卵细胞着生在产卵板上。

卵巢中分布有血管和神经。血管的作用是为卵细胞输送营养，排出废物。神经的作用是调控卵巢的生理机能。

卵巢中的蓄卵板是很多的，每个蓄卵板上产生并着生不同大小的卵细胞。每个卵细胞被1~2层滤泡细胞包围，称滤泡膜，它的作用是保护卵细胞和调控其生理活动。

2）精巢

主要养殖鱼类的精巢成对，位于鳔的腹部两侧，呈囊状，依其显微结构可分为壶腹型及辐射型两种类型。

鲟类、鲤科及大多数养殖种类的精巢属壶腹型，由许多圆形或长形排列不规则的壶腹组成，壶腹间充满结缔组织。壶腹由许多精细小管（精胞、精小囊）构成，精细小管中充满发育一致的雄性生殖细胞。精细小管之间有一层很薄的滤泡细胞。壶腹群的中央是空腔，当精子形成时，精细小管壁消失，精子进入壶腹腔中。两侧精巢外膜上皮层及结缔组织在末端合成一管状，称输精管，开口于体外，其开口称生殖孔或尿殖孔。成熟精子经输精管，通过生殖孔排出体外。

鲈形目鱼类的精巢属辐射型，精巢由许多叶片状精小叶呈辐射状排列而成，精小叶之间充满结缔组织。精细胞着生于精小叶，精巢外膜及其管道结构与壶腹型相似。

鲇类与鳅类精巢的外形呈不规则分支状，精细胞数量较少。

2. 卵子与精子

1) 卵子

淡、海水主要养殖鱼类的卵子多数为圆球形。成熟卵由卵核、卵质及卵黄和卵膜 3 部分构成。

卵核(细胞核):卵核呈球形,位于细胞中央(发育后期移向一端),由核质和核膜构成。核膜在早期发育阶段明显,后期(成熟卵细胞)则逐渐消失。核质中有染色质,在成熟分裂时集中形成染色体。核中有一个折光较强的核仁(发育早期有多个核仁)。卵细胞核相对大小(占卵细胞比例)随细胞发育而逐渐变小。未成熟的卵细胞核呈泡状结构,称为胚泡。

卵质(细胞质):早期卵细胞质(原生质)与体细胞相同,随后出现卵黄,由于卵黄增多,卵质相对减少,发育后期逐渐向一端(动物极)移动、集中。

卵黄物质:随着卵细胞的发育,卵质中出现卵黄,体积不断增大。随着卵质向动物极移动、集中,卵黄则相对集中于另一端(植物极)。根据卵质与卵黄在细胞中分布的特点,可把主要养殖鱼类的卵分为质黄卵和端黄卵。鲟类的成熟卵为质黄卵,卵黄不与卵质分开,动物极的卵黄比植物极少;其他养殖鱼类的成熟卵为端黄卵,卵黄与卵质分开,卵质集中于动物极,卵黄周围仅有一薄层卵质。卵黄的化学成分较复杂,主要有蛋白质、脂肪、肝糖和维生素等,呈半液体或液体,是胚胎发育的营养物质。

卵膜(细胞膜):养殖鱼类的卵膜由内向外综合分为 5 层,即质膜、放射膜、包卵膜和两层滤泡膜。

质膜:又称卵黄膜,由卵本身的外围原生质凝胶化而成的柔软薄膜,紧贴卵质。

放射膜:是质膜与滤泡细胞之间非细胞结构的膜,厚而韧,随着卵母细胞发育而加厚,它是卵细胞在卵巢发育过程中形成的。膜中有许多放射状排列的小沟管,血液中的营养物质通过放射小沟管进入卵细胞。放射膜在卵母细胞的动物极构成一漏斗状的膜孔通向卵质,称受精孔(多数养殖鱼类仅有一个受精孔;而鲟类则有 3~15 个;尼罗罗非鱼无受精孔)。精孔细胞在受精孔处形成。各种鱼类的放射膜厚薄不同,浮性卵的放射膜比沉性卵的薄,这与胚胎发育的生态条件有关。

卵产入水中后,迅速吸水膨大,放射膜与质膜间出现一个大空腔,称围卵腔。膨大的放射膜又称受精膜,该膜的形成和受精孔的封闭可阻止过多的精子进入卵中。胚胎通过质膜、围卵腔和放射膜与水环境进行正常的物质交换,以保证胚胎进行物质代谢。

包卵膜:黏性卵和沉黏性卵在放射膜外面有一层包卵膜,遇水呈黏性。包卵膜也是由滤泡细胞分泌形成的。浮性卵和漂流性卵无包卵膜。

滤泡膜:滤泡膜由内外两层滤泡细胞构成,包围在卵母细胞放射膜外边,外层呈梭形，内层近圆形（具有分泌性激素的机能），成熟卵细胞从放射膜层与滤泡层分离而排出体外（尼罗罗非鱼的放射膜不与滤泡膜分离，而与卵体分离，即产出的成熟卵不带放射膜）。因此，排到水中的鱼卵不带滤泡膜，严格讲滤泡膜不是真正的卵膜。

2）精子

成熟的精细胞（精子），形状很像鞭毛虫，称"精虫"。典型的精子大体上可分为头部、颈部（中段）和尾部；总长：草鱼 38.2μm、牙鲆 40.8μm、大菱鲆 45.0μm、鲤 45.5μm、团头鲂 45.6μm、红鳍东方鲀 48.0μm、施氏鲟 25μm（头长 6.5μm、头前端 1.0μm、头后端 1.5μm、颈 0.5μm、尾 16μm）、中华鲟 50.0μm。

头部：头部由顶器和细胞核组成，前端的顶器又称穿孔器（溶酶体，与精虫钻入卵子有关，鲟类精子有顶器；硬骨鱼类精子没有顶器，但原生质浓缩变厚，有利于受精作用）；细胞核是头部的主体，呈圆球形和椭圆长柱形（鲟类、暗纹东方鲀），四周由一层很薄的原生质所包围。

颈部：紧接头部后端的是颈部（不明显），稍狭而短（暗纹东方鲀的精子颈部较头部略粗），自近端的中心粒（前结）开始到远端的中心粒（后结）终止。

尾部：尾部细长，其长度超过头部许多倍，分成中段、主段和末段。中段（间节）短而粗，起自后结而终于环状中心粒（端环），并具有盘旋的螺旋丝，其后端终于端环，围绕在轴丝的外面，此即线粒体。主段最长，由轴丝和原生质鞘构成，是运动器官。末段为赤裸的轴丝，短而细。

（二）性细胞与性腺发育

1. 卵及卵巢发育

1）卵细胞发生与发育

A. 卵细胞发生

鱼类卵细胞的发生与其他脊椎动物相似，卵原细胞来源于卵巢壁上的生殖上皮，卵原细胞构成卵索，卵索中央的大型细胞形成卵母细胞，其边缘的小型细胞形成滤泡细胞。卵细胞从卵原细胞经过卵母细胞发育为成熟卵子，分为繁殖期、生长期和成熟期 3 个时期。

卵原细胞繁殖期（分裂期）：原始的卵原细胞进行频繁的有丝分裂，细胞数目显著增多；其体积很小，圆形，细胞核较大，细胞质少，卵黄膜开始形成，无卵黄物质，呈透明状。卵原细胞的繁殖能力决定鱼类怀卵数量的多少。

卵母细胞生长期：卵原细胞停止分裂后，开始进入生长期，细胞长大，形成初级卵母细胞。生长期分为小生长期和大生长期。

小生长期：初级卵母细胞的原生质增长，细胞体积增大，但细胞核体积几乎不增大。因此，该期又称原生质生长期。该期的后期，卵母细胞外面出现一层滤泡膜。

大生长期：初级卵母细胞的细胞质中开始形成并大量积累卵黄，细胞体积显著增大，该期又称营养质生长期。大生长期开始，在卵母细胞的原生质中出现液泡，随后出现卵黄粒。这时，卵黄膜逐渐增厚，滤泡膜由一层逐渐增长为两层；同时，在卵黄膜与滤泡膜之间出现一层放射膜。卵母细胞充满卵黄，体积长到最大时，大生长期便结束。

产漂流性卵的敞水性产卵鱼类（鲢、鳙、草鱼、青鱼、鲮、短盖巨脂鲤等）及不能在人工条件下（大黄鱼等）或在静水池塘产卵的鱼类，其卵细胞发育到大生长期末期便停滞不前，必须对其注射外源性激素，才能进入成熟期。

成熟期：初级卵母细胞中充满了卵黄，体积不再增大，细胞核进行一系列变化，并进行两次成熟分裂，即减数分裂和均等分裂。成熟期开始时，卵黄粒彼此融合，核及其周围的原生质（卵质）向卵膜孔（受精孔）方向（动物极）移动，进而出现极化现象（核位移到卵膜孔的一端）；同时，核仁向核中央移动并溶解于核质中，随后，核膜溶解，进行第一次成熟分裂，产生一个体积与初级卵母细胞差不多大的次级卵母细胞和一个只含有极微量原生质的小细胞第一极体（细胞核产生均等分裂，细胞质产生不均等分裂）。紧接着，次级卵母细胞进行第二次成熟分裂，产生一个体积与次级卵母细胞差不多大的卵子（只含有半数染色体）和一个小细胞第二极体。也就是说，由一个初级卵母细胞经过两次成熟分裂，产生一个体积大的成熟卵细胞和三个体积很小的极体。极体的位置总是在卵的动物极上方附近处（细胞核附近），附在卵的表面，直到囊胚期或原肠胚期才脱落消失。

次级卵母细胞于第二次成熟分裂中期产出体外（看不见细胞核），受精后放出第二极体，结束成熟期。

排卵后的成熟卵子在鱼体中的时间长短，对卵的质量（受精率）起决定性的作用，即时间过短，则鱼卵尚未得到充分的发育，尚未达到能接受精子的程度；时间过长，则会过度成熟。因此，进行人工授精时，必须把握好催情后的效应时间，才能取得较好效果（受精率高）。

B. 卵细胞发育时相

以鲢、鳙、草鱼、青鱼、鲤和鲟、大黄鱼、暗纹东方鲀等为代表，综合阐述养殖鱼类的卵细胞发育各时相的主要指标。养殖鱼类的卵细胞发育分为六个时相。

Ⅰ时相：系卵原细胞向初级卵母细胞过渡的阶段；细胞较小，细胞质少，核较大（占细胞的一半），核内染色质为细线状，结成稀疏网。

Ⅱ时相：系初级卵母细胞小生长期；细胞呈圆形，体积增大，但核仍占较大比例，核内缘排列很多核仁。在近核处出现卵黄核（核旁体），这是控制原始生殖细胞（PGC）向雌性分化的标志，直接或间接影响卵黄形成。质膜外有一层滤泡膜。

Ⅲ时相：初级卵母细胞进入大生长期，细胞质中出现液泡并开始形成及积累卵黄（大黄鱼、石斑鱼等产浮性卵的鱼类，卵具油球，从Ⅲ时相开始卵质中尚出现小脂肪滴，并逐渐向细胞质扩增为数层，同时在细胞膜内缘出现细小的卵黄粒），随着卵黄的增加，细胞体积增大；核也增大，但相对体积减小；细胞外出现放射膜和1~2层滤泡。近细胞质的边缘出现一层小型液泡，随着细胞增大，液泡逐渐增大，数目不断增多，液泡被挤到细胞的边缘（金鱼的液泡可伸到核周围）。

Ⅳ时相：初级卵母细胞仍处于大生长期，细胞体积达到最终大小，营养物质积累到此结束。卵黄充满细胞（具有油球鱼类的卵，Ⅳ时相卵质中的小脂肪滴融合成小油球，并不断增大），只有核周围和近细胞膜边缘有一些卵质，液泡被挤到细胞膜内缘。细胞膜的结构同第Ⅲ期。核体积增大，呈不规则圆形，最初位于卵母细胞的中央，后来向动物极方向移动（具有油球鱼类的卵，核在Ⅳ时相末期移到有油球的动物极一侧），核仁从核内缘移向中央并消失（核本身也溶解）。根据卵母细胞的大小和核的位置，本期又可划分为早（卵径500μm）、中（卵径约800μm）、末（卵径约1000μm，核偏位）三个时期。

初级卵母细胞发育到Ⅳ期末，细胞核已极化，对外源激素反应敏感，即所谓达到生长成熟。在这之前，人工注射外源激素（催情）是没有效果的。

Ⅴ时相：本时相是初级卵母细胞经过成熟分裂向次级卵母细胞过渡的阶段，是临界成熟的卵粒。细胞质中的卵黄颗粒开始融合（具有油球鱼类的卵，本期的小油球融合成单个大油球），核极化，核膜消失（溶解），进入第一次成熟分裂，排出第一极体，继而进入第二次成熟分裂期。这时卵粒从放射膜与滤泡膜间脱离，落入卵巢腔中，即排卵。该期卵能够正常接受精子而完成受精作用，称生理成熟。

在静止水域中生长的鲢、鳙、草鱼、青鱼等敞水性产卵鱼类和大黄鱼的卵母细胞，只有经人工注射外源激素（催情）后才能发育到该期；鲤、鲫等草上产卵和牙鲆等产浮性卵的鱼类的卵母细胞则可自行发育到该期。

Ⅵ时相：系卵母细胞开始退化的时期。当第Ⅳ期卵母细胞体积达到最大时，核极化，即生长成熟之后经历一定时间（20d左右），产漂流性卵鱼类（在静水域中）如不进行人工催情，或其他产卵类型鱼类外界产卵条件不具备，就会趋向生理死亡或自然退化。退化过程中的Ⅵ期卵母细胞易与Ⅳ期卵细胞相区别，前者卵核溃散、卵黄液化、放射膜增厚、滤泡细胞活跃。

鲢、鳙、草鱼、青鱼的卵母细胞自第Ⅰ时相发育到第Ⅳ时相，体积显著增大。第Ⅰ时相至第Ⅳ时相的卵细胞直径平均为15μm、150μm、400μm、900μm；卵的体积比例，大约为1:1000:20 000:200 000。换言之，一个第Ⅳ时相的卵母细胞相当于20万个第Ⅰ时相的卵母细胞，相当于2万个第Ⅱ时相的卵母细胞，相当于1000个第Ⅲ时相的卵母细胞。

2) 卵巢发育分期

根据卵细胞的形态学、生理学特征及卵巢本身的形态组织学特点，把卵巢的整个发育过程划分为 6 个时期。用肉眼观察，从外形上划分卵巢发育时期的主要指标，包括卵巢大小、颜色、血管分布情况、卵粒大小和颜色、成熟系数等；用显微镜观察，从组织切片上划分卵巢发育时期的主要依据是，在切片上占面积最大的一期卵细胞，即把卵巢中体积最大的一期卵细胞作为划分卵巢发育时期的标志。

第 I 期：卵巢呈细线状，灰白色（鲟为黄色），半透明，紧贴在鳔的膜上，肉眼分不出雌雄。卵巢切片仅有第 I 时相卵细胞。幼鱼的卵巢仍旧属于 I 期。鱼类在一生中只出现一次第 I 期卵巢，产过卵的个体无此期卵巢。

第 II 期：鲤科鱼类的卵巢呈扁带状，宽 1cm 左右，肉白色（大黄鱼和暗纹东方鲀为浅红肉色、鲟为橙黄色），半透明，表面血管不明显，撕去卵巢薄膜显出花瓣状的纹理（一片片的蓄卵板）。肉眼看不清卵粒，从其颜色、宽度和结构很容易将其与精巢区别开来（II 期精巢白色，结构结实，宽度仅为卵巢的 1/5 左右）。成熟系数（卵巢重量占鱼体空壳重的百分数）为 0.5%~2%。组织切片中有第 I、第 II 时相卵母细胞，第 II 时相占优势。

一次性产卵鱼类的未成熟个体，如 1~2 龄的斜带石斑鱼与 2~3 龄的鲢、鳙、草鱼，以及 3~5 龄的青鱼处于第 II 期卵巢；多次产卵类型的鱼类（尼罗罗非鱼等）终生只出现一次 II 期卵巢。产过卵的个体，一次产卵类型的卵巢由第 VI 期转变为 II 期。II 期卵巢对外界环境条件适应力强，如果条件不好则停滞发育，但不会退化。

第 III 期：四大家鱼的卵巢呈青灰色（鲟为黄褐色、暗纹东方鲀为浅黄色），血管密布，且有纵向较大的血管，肉眼可看清卵粒，成熟系数为 3%~5%。组织切片中有第 I、II、III 时相卵母细胞，而第 III 时相的占优势。一次性产卵鱼类的 III 期卵巢是由 II 期卵巢发展而来的，持续时间较 II 期卵巢短。四大家鱼等淡水主要养殖鱼类的成熟个体，此期卵巢处于秋末春初。这一特点可以作为选留亲鱼的依据，秋末春初解剖亲鱼，其卵巢达到 III 期，只要进行精心培育，当年可以成熟产卵。III 期卵巢对外界环境条件的适应力较弱，当条件不好时（如营养条件差）则可能退化为 II 期卵巢。

第 IV 期：卵巢体积明显扩大，宽度达 4~5cm 以上，充满体腔；卵巢皱褶增大增厚表面血管粗而清晰，卵粒清晰可见；四大家鱼的呈青灰色或灰绿色，鲤、鲫和大黄鱼、石斑鱼的则呈橙黄色，暗纹东方鲀为浅灰色和米黄色，鲟为深褐色；卵粒大而明显，容易分离，成熟系数为 4.95%~28%（不同种类和个体的差异很大）。组织切片中有多个时相的卵母细胞，但第 IV 时相的占优势。

卵巢由第 III 期过渡到第 IV 期时显示出种的特异性。一次性产卵鱼类，当卵母细胞的卵黄开始沉积后，第 III 时相的卵母细胞在很短时期内同步发育为第 IV 时相卵母细胞,并等时性长大,因此第Ⅳ期卵巢只有第Ⅰ、Ⅱ、Ⅳ时相的卵母细胞,而没有过渡类型的第Ⅲ时相卵母细胞。多次性产卵鱼类(鲤、鲫、大黄鱼、尼罗罗非鱼等)的情况则完全不同,其第Ⅲ时相的卵母细胞不是同步性地过渡到第Ⅳ时相(卵巢中的第Ⅲ时相卵母细胞不是等时性长大),而是分批转化为第Ⅳ时相,因此,第Ⅳ期卵巢中不仅有第Ⅰ、Ⅱ、Ⅳ时相的卵母细胞,还有第Ⅲ时相卵母细胞。如果是春季产卵的鱼类,则产卵后卵巢中的第Ⅲ时相卵母细胞,在秋季已转化为第Ⅳ时相,并进一步成熟、产卵。多次产卵鱼类,如尼罗罗非鱼各次产卵的数量不同,第一批最多,第二、三批依次减少。在淡水主要养殖鱼类中,鲢、鳙、草鱼、青鱼等属一次产卵鱼类,春季初第Ⅲ期卵巢便向第Ⅳ期转化,从第Ⅲ期到第Ⅳ期末需 60d 左右;鲤、鲫(多次产卵)的卵巢于冬季已发育到第Ⅳ期。在海水养殖鱼类中,许多产浮性卵的种类(眼斑拟石首鱼、大黄鱼、鲵状黄姑鱼、军曹鱼、尖吻鲈、紫红笛鲷、红鳍笛鲷和花尾胡椒鲷等)属多次性产卵鱼类,其第Ⅳ期卵巢中具有Ⅰ、Ⅱ、Ⅲ、Ⅳ时相卵母细胞。卵巢发展到第Ⅳ期末时人工催情才有效,否则,催情是没有用的。

第Ⅴ期:卵粒已从蓄卵板脱落到卵巢腔中,因此,此期卵巢处于流动状态。卵粒由不透明转为透明。此时,把鱼从水中取出(或轻压腹部),卵粒即可从生殖孔流出。组织切片中有大量的第Ⅴ时相卵母细胞。一次性产卵鱼类的卵巢中仅有第Ⅰ、Ⅱ时相卵母细胞,多次性产卵鱼类的卵巢中除有第Ⅰ、Ⅱ时相卵母细胞外,还有第Ⅲ时相卵母细胞。

卵巢从第Ⅳ期过渡到第Ⅴ期的时间很短(仅十多小时),并要求一定的生理和生态条件,如内部脑垂体排出促性腺激素(或人工注射外源激素),外部要有一定的水温、水流及雄鱼。人工培养的四种家鱼和大黄鱼,只有注射了催情药物之后才能取得第Ⅴ期卵巢,否则,卵巢只发育到第Ⅳ期末为止,然后就退化了。

第Ⅵ期:卵巢中卵子大部产出,体积大大缩小,卵巢松软,表面充血,出现紫红色淤血现象,部分未排出的第Ⅳ时相卵细胞已过熟呈浊白色斑点。组织切片中有大量的空滤泡和未产出的退化卵。退化卵无核,部分卵黄粒胶液化,卵黄膜萎缩至发生皱褶,最后断裂而消失。一次产卵鱼类的Ⅵ期卵巢中有第Ⅰ、Ⅱ时相卵母细胞,多次产卵鱼类的Ⅵ期卵巢中则有第Ⅰ、Ⅱ、Ⅲ、Ⅳ时相卵母细胞。

产卵后的第Ⅵ期卵巢和四大家鱼未经催情的第Ⅳ期卵巢,在水温 30℃以上时就开始退化,南方(湖南)自 6 月中旬开始退化,7、8 月为退化盛期,少数推迟到 9、10 月才退化;北方鱼类退化时期较晚,在 8~10 月。退化后的卵巢过渡到第Ⅱ期。

卵巢发育过程中形态学和组织学特征综合列入表 2-2。

表 2-2　四大家鱼各期精巢和卵巢的主要形态特征

性腺发育分期 \ 器官	精巢	卵巢
I	性腺呈细线状，灰白色，紧贴在鳔下两侧的腹膜上，肉眼不能区分雌雄	性腺呈细线状，灰白色，紧贴在鳔下两侧的腹膜上，肉眼不能区分雌雄
II	精巢为细带状，白色半透明，血管不明显，肉眼已能分出雌雄	卵巢肉白色，扁带状，比同体重的雄鱼精巢宽 5~10 倍，半透明，表面血管不明显，撕去卵巢膜显出花瓣状的纹理，肉眼看不见卵粒
III	精巢白色，表面较光滑，似柱状，挤压腹部挤不出精液	卵巢体积显著扩大，呈青灰色或褐灰色，肉眼可见小卵粒，但不易分离脱落
IV	精巢已不是光滑的柱状，宽大出现皱褶，乳白色，早期阶段挤不出精液，晚期阶段则能挤出精液	卵巢体积扩大充满体腔，呈青灰色或灰绿色，有的则呈黄色，表面血管粗而清晰，卵粒大而明显，较易分离脱落
V	精巢乳白色，充满精液，轻压腹部有大量较浓精液流出	卵巢处于流动状态，卵粒由不透明转为透明，在卵巢腔内呈游离状态，提起鱼体卵粒能从生殖孔流出
VI	精巢排精后体积缩小，由乳白色变为粉红色，局部有充血现象	大部分卵粒排出体外，卵巢体积显著缩小，卵巢膜松软，表面充血，部分未挤出的卵粒处于退化收缩状态

2. 精细胞与精巢发育

1)精细胞发生

鱼类精子的发生分为 4 个时期，即繁殖期、生长期、成熟期和精子形成(变态)期。

繁殖期：初级精原细胞(spermatogonium I)进行多次有丝分裂而成为大量的次级精原细胞(spermatogonium II)。精原细胞进行的有丝分裂比卵原细胞旺盛，因此，产生数目也多。精原细胞近圆形，核大而圆，同一来源的大型精原细胞彼此很靠近，直径为 9~12μm。

生长期：次级精原细胞的体积略增大，变为初级精母细胞(spermatocyte I)。初级精母细胞的形状和精原细胞相近，但核内染色质变为线状，准备进入成熟分裂。

成熟期：初级精母细胞体积增大后，进行两次成熟分裂，第一次为减数分裂，产生两个体积较小的次级精母细胞(spermatocyte II，直径 4~5μm)。次级精母细胞的染色体数目减少一半；第二次为有丝分裂，次级精母细胞分裂产生两个体积更小的精细胞(spermatid，直径 3μm)。一个初级精母细胞进行两次成熟分裂，产生 4 个精细胞，精细胞的体积比初级精母细胞小得多。

精子(sperm)变态期：这是雄性生殖细胞发育中特有的时期，整个过程是相当复杂的，先是精母细胞的核变成椭圆形，然后大部分原生质逐渐向细胞核的后面聚集，以便将来形成细长的尾部。

2)精巢发育分期(表 2-2)

鱼类的精细胞发育比卵细胞发育简单些，故不区分时相，按精巢发育顺序称呼，也分为 6 个时期。

第 I 期：精巢呈细线状，肉色，紧贴在鳔腹面两侧，肉眼不易区分性别；组织切片可见精原细胞(外包有精囊细胞)，圆形或椭圆形，分散在结缔组织之间，体积较大(直径 12~16μm)，核大(9μm)。石斑鱼的该期精巢处于性转变早期，性腺中尚有较多卵母细胞，但以精原细胞和精母细胞为主。鲟、大黄鱼和暗纹东方鲀等的该期精巢具有类似特点。四大家鱼一龄鱼和其他鱼类的稚、幼鱼处于该期，终生出现一次。

第 II 期：精巢为细带状，宽 3~4mm(大黄鱼的为细线状)，白色半透明(鲟的为灰色或肉红色)，血管不明显，肉眼已能分出雌雄。组织切片中可见精原细胞增多，排列成束进而增多成群，构成实心的精细小管雏形，管间为结缔组织所分离。石斑鱼的该期精巢尚出现较多的初级精母细胞和次级精母细胞。2 龄四大家鱼的精巢均处于这个时期，且是由 I 期精巢发展而来的，其他鱼类的幼鱼属于该期精巢。II 期精巢终生只出现一次。

第 III 期：精巢白色或淡红色(鲟的为白色或灰色)，表面较光滑，似柱状(大黄鱼的为扁带状)，宽 5mm 以上，挤不出精液。组织切片中可见精细管中央出现管腔，由一层至多层同型的、成熟等级一致的精母细胞组成(细胞的等级相同)，管外为精囊细胞包围。大黄鱼的精小叶呈明显辐射状排列，而且和鲟类及石斑鱼类似的还出现初级精母细胞、次级精母细胞和精细胞。2~3 龄家鱼的精巢处于该期，是由 II 期精巢发展而来的；历产的个体 III 期精巢是由 VI 期精巢或 IV 期精巢转化而来的。各种鱼类性成熟个体才具有第 III 期精巢。

第 IV 期：精巢已不再是光滑的柱状，而是宽大且出现皱褶的扁柱形，乳白色(暗纹东方鲀的为淡黄色)，表面血管粗大且分枝明显。此期精巢的组织学特点是初级精母细胞(体积较大，染色较浅)分裂为次级精母细胞(体积较小，染色较深)，次级精母细胞又分裂为精细胞(体积更小，染色更深)。此期精巢是初级精母细胞、次级精母细胞和精细胞群的综合体，以上各种细胞群各自分别聚集于精细小管的管壁上。当管腔中出现为数不多的精子时，表明精巢的发育已到 IV 期末。

四大家鱼等春季产卵的性成熟雄鱼，精巢在冬季已进入此期，但是，用手挤压腹部仍无精液。

第 V 期：精巢充分成熟，体柔软，乳白色(暗纹东方鲀的呈浅红色)，轻压腹部有精液流出。组织切片中可见精细小管被精子所充满，精细小管之间的界限不明显。精巢背中部的壶腹内储存着无数精子，精细管壁主要由精细胞及其变态走向精子组成。性成熟雄鱼的精巢，在繁殖季节属于该时期。

第 VI 期：精巢中的精子已大量排出，体积大大缩小，由乳白色变为粉红色，局部有充血现象，精管壁只剩下结缔组织及少量的初级精母细胞和精原细胞，管腔及壶腹中尚有残留的精子。

多次产卵的鱼类，其雄性生殖细胞的成熟也显出先后参差不齐的情况。精巢各部成熟的次序是后端比前端先成熟。

3. 性周期

鱼类自性成熟到衰老前，性腺发育出现周期性变化，称性周期。一生只产一次卵且产卵后即死亡的鱼类，如大麻哈鱼、银鱼、公鱼、香鱼等，只有一个性周期。大多数养殖鱼类一生中具有多个性周期，但性周期的时间长短因种而异：鲟类为 2~4 年，四大家鱼、花鲈、鲆鲽类等为 1 年，鲤、鲫、革胡子鲇、尼罗罗非鱼等为 1~4 个月。性周期为一年的鱼类称一次产卵类型，性周期短的鱼类(一年产多次卵)称多次产卵类型。

一次产卵类型的性周期变化：四大家鱼等以Ⅲ期卵(Ⅳ期精巢)越冬，春季发展为Ⅳ期，5~6 月达到Ⅳ期末(生长成熟持续 20~25d)；注射外源激素后进入Ⅴ期(排卵)；若不在有效时间内进行人工催产，则退化为Ⅱ期；秋季进入Ⅲ期。

多次产卵类型的性周期变化：以Ⅲ期和Ⅳ期初卵巢越冬，尼罗罗非鱼于 4~9 月产卵多次(具体产卵次数依温度而异)；鲫、鲤于 4~6 月产卵 2~3 次，夏季卵巢进入Ⅵ、Ⅱ期，秋季发展为Ⅲ期、Ⅳ期初；大黄鱼的卵巢 11 月至翌年 2 月处于重复发育的Ⅱ期，在生殖前的 20d 左右才进入Ⅲ期，然后很快进入Ⅳ期，经人工注射外源激素后才进入Ⅴ期。

4. 环境条件对鱼类性腺发育、成熟的影响

鱼类的性腺发育、成熟及其繁殖习性等生命活动，不仅受制于体内有关器官的调控，还受外界生态因子如光照、温度、营养、溶氧量、流水、盐度等多种因素影响。

1)光照对性腺发育、成熟的影响

光照是影响鱼类性腺发育、成熟的重要因子。光周期直接影响鱼类的生殖周期。在温带地区，长光照产卵类型的温水性鱼类一般在春季或春夏之交产卵；短光照产卵类型冷水性鱼类(虹鳟和大麻哈鱼等)则在秋、冬季产卵。光周期信息通过眼睛传递到脑，促使脑神经细胞分泌乙酰胆碱、羟色胺、儿茶酚胺等神经介质；这些神经介质传递给松果体和下丘脑，直接影响脑垂体分泌促性腺激素释放激素(gonadotropin release hormone，GnRH)或促性腺激素释放激素的抑制激素(gonadotropin release-inhibitory hormone，GRIH)，调节其分泌促性腺激素(gonadotropic hormone，GtH)的昼夜节律，促使性腺发育成熟、排卵、产卵。

延长光照时间可抑制脑垂体促黑色素激素(melanotropic stimulating hormone，MSH)的分泌，促进 GtH 的分泌；相反，缩短光照可抑制 GtH 的分泌，促进 MSH 的分泌。对于春季或春夏之交产卵的鱼类，只要延长光照时间，就可促进其性腺发育，使其提早成熟，提前产卵，如牙鲆在冬季采取长光照诱导措施，可提前 2 个月产卵；大菱鲆在光照 200~600lx 条件下，光照时间由 8h/d 延长为 18h/d 和水

温由 8℃提高为 14℃，连续 2 个月，可使其分批成熟，一年中每月都有亲鱼产卵；眼斑拟石首鱼在 17~30℃条件下，冬季光照时间延长为 16h/d，夏季则缩短为 9h/d，则可将其生殖周期缩短为 90~150d。与此相反，秋、冬季产卵鱼类，缩短光照时间则能促进性腺发育和提前产卵，如虹鳟在长–短模拟光照周期作用下，可提前 4 个月产卵；在冬季和春季突然延长光照时间也会加速虹鳟排卵。

2）温度对性腺发育、成熟的影响

温度是影响变温动物（鱼类等）性成熟年龄、性腺发育、成熟、产卵、性周期等生命活动的主要因子。分布于不同纬度的同一种鱼类，由于其生存温度不同，其性成熟年龄也不同。如分布于广西、广东、江苏、黑龙江等省（自治区）的鲢，性成熟年龄的差异较大，分别为 2 龄、2~3 龄、3~4 龄、5~6 龄，但性成熟期的总热量（摄氏度·日，℃·d）却相似，分别为 19 584℃·d、20 625℃·d、20 230℃·d、18 315℃·d，即 18 000~25 000℃·d。

冷水性、亚冷水性、温水性和暖水性鱼类对水温的适应和产卵及孵化的适宜温度各不相同，繁殖适温分别为：5~15℃、10~20℃、14~28℃、17~30℃；同时，性腺发育不同时期对水温的要求也有差异，当温度过低或过高时性腺就停止发育或退化。例如，生产实践和科学实验证明（刘筠，1993）：人工催产四大家鱼的适宜温度（外源激素启动脑垂体 GtH 细胞分泌 GtH 和滤泡细胞分泌类固醇激素的适宜温度）为 20~30℃，最适水温为 20~26℃；水温<20℃或>30℃，这种启动机制就会受阻，即水温在 18~20℃和 29~30℃时，人工催产成功率只有 50%~60%；17℃以下或 31℃以上就很难达到催产目的。

人工调控水温可以改变鱼类的生殖周期和产卵季节。我国北方地区利用发电厂等工业余热提高水温培育四大家鱼，可适当提早性腺成熟和提前产卵。如以每日水温上升 1℃的幅度，使池水温度在 1~2 月、3 月、4 月和 5 月分别为 5℃、10℃、20℃和 23℃，则可提前产卵 30~50d。

3）营养物质对性腺发育、成熟的影响

营养物质是鱼类性腺发育和产卵后恢复身体的物质基础。鱼类维持生命的正常代谢、身体成长和性腺发育都需要从外界摄取营养物质。当营养物质能够满足需要时，鱼类的生长与性腺的发育都很正常；若营养物质不能满足需要时，则性腺发育首先受影响，或停止发育，或退化。在一般情况下，鱼类生命活动对营养物质的支配，首先用于维持生命的正常代谢，其次用于生长，最后才用于性腺发育。

无论培养哪种亲鱼，都应该重视其产前和产后的营养供给。以四大家鱼为例，在亲鱼培育过程中，春、秋两季对营养的需求最强烈。春季至夏初，亲鱼的卵巢处于III期向IV期发展的时期，成熟系数（鲢）由 3%~5%增加为 15%~25%（增长12%~20%），需要从外界摄食大量营养物质；秋季至冬初，亲鱼处于产后体质恢复期和卵巢由 II 期向 III 期过渡的时期，同样需要摄取大量营养物质以满足恢复身体健康和性腺发育的需要（卵巢成熟系数由 0.5%~2%增至 3%~5%）。如果亲鱼在春季和秋季缺乏营养或营养不足，其性腺就不会正常发育成熟和产卵。因此，春、秋两季应加强亲鱼培育工作，首先是保证饲料充足和营养全面。

亲鱼饲料营养成分直接影响繁殖效率和卵的质量。在大菱鲆亲鱼饲料中添加 2%n–3HUFA、0.2%（2000mg/kg）V_E，或提高乌贼粉的比例，可有效提高繁殖效率；以高质量蛋白源（乌贼粉等）饲养真鲷，其性腺发育好，卵入水后的上浮卵可达 98%。

4）溶氧量对性腺发育、成熟的影响

池水溶氧量充足是鱼类正常摄食和性腺发育的重要条件。各种鱼类正常生长发育的适宜溶氧量为 4~6mg/L 以上，当低于 2~3mg/L 时鱼类摄食不旺盛，性腺发育和成熟受到严重影响。因此，在亲鱼培养过程中不仅需要注意营养条件，还应保持溶氧充足。

5）水流对性腺发育、成熟的影响

水流对溯河性鱼类（鲑鳟、暗纹东方鲀等）和敞水性产卵鱼类的性腺成熟和产卵具有极为重要的作用。性腺发育处于早期（II~III）和中期（III~IV）时，营养是重要条件，而不一定需要水流，因此，四大家鱼在湖泊、水库、池塘的静水条件下，卵巢能够发育到第IV时相；但卵巢由IV期过渡到V期则必须有水流条件，或通过流水刺激。四大家鱼在天然条件下，繁殖季节成熟个体集群向江河中、上游洄游，当山洪暴发、水位猛涨、流速骤然加大时，瞬间大量产卵。这说明水流对鱼类的发情、产卵具有促进作用。因此，在人工培养条件下，在亲鱼培育后期应定期注水或微流水，以刺激卵巢正常成熟。生产实践证明，人工培育亲鱼后期采取微流水刺激措施，催产率一般都高达 95%以上。注射外源激素的亲鱼在进入效应期以后适当进行流水刺激，可以促使集中大量产卵。

6）盐度对性腺发育、成熟的影响

海水产卵鱼类和淡水产卵鱼类对盐度的要求不同，广盐性种类和狭盐性种类对盐度的适应能力也不同。盐度不仅影响鱼类的生存与生长，而且对其性腺发育、成熟、排卵与产卵，以及受精和胚胎发育都有明显影响。海水产卵鱼类的性腺发育、成熟与产卵的适宜盐度低限一般为 14~20；而淡水产卵鱼类的盐度高限一般小于 1.4~3.0。

三、与性腺发育、成熟的相关器官

与鱼类性腺发育、成熟的相关器官，主要有下丘脑和脑垂体。它们分泌各种激素，对鱼类的性腺发育、成熟和产卵起着重要的生理调节作用。

(一)下丘脑

下丘脑是脑的重要组成部分，位于丘脑下部，通过垂体柄与脑垂体相连，控制脑垂体的生理活动。下丘脑含有视前核(nucleus preopticus，NPO)和侧结节核(nucleus lateral tuberis，NLT)等大量的神经元核团，对脑垂体分泌促性腺激素(gonadotropic hormone，GtH)有直接作用。

视前核是一对位于第三脑室前端两侧的神经元分泌细胞群，分为大细胞部和小细胞部，各自成区域分布，分别分泌大小两种神经分泌颗粒(neurosecretory materials，NsM)。

神经分泌颗粒中含有促性腺激素释放因子(gonadotropin release factor，GnRF)或促性腺激素释放激素(GnRH)和促性腺激素释放的抑制因子(gonadotropin release-inhibitory factor，GRIF)或促性腺激素释放激素的抑制激素(GRIH)，通过神经分泌纤维(neurosecretory fibres，NF)传递到脑垂体，分别刺激和抑制其 GtH 细胞的分泌。

促性腺激素释放激素是一种十肽的促黄体素释放激素(luteinizing hormone releascing hormone，LH-RH 或 LRH)，其基本结构为：焦谷-组-色-丝-酪-甘-亮-精-脯-甘 NH_2(Glu-His-Thp-Ser-Tyr-Gly-Leu-Arg-Pyo-Gly-NH_2)。1974 年已能人工合成 LRH，1975 年，我国学者又合成九肽的 LRH 类似物(LRH analogue，LRH-A)，其基本结构是：以 D-丙氨酸代替十肽中的甘氨酸，并去掉第 10 位的甘氨酰胺，即依次为焦谷-组-色-丝-酪-D-丙-亮-精-脯乙酰胺。LRH-A 的优点是注射方法简单，效价高。1980 年又合成十肽 LRH-A_3，把第 6 位甘氨酸换为 D-色氨酰胺、第 9 位脯乙酰胺改为脯氨酸，增加第 10 位甘氨酰胺，效果更好，效应时间缩短 1~2h。

多巴胺是促性腺激素释放激素的抑制激素(GRIH)的一种，可抑制鱼类脑垂体促性腺激素(GtH)的分泌。

下丘脑的神经分泌细胞与性腺发育密切相关，随着性腺的发育亦发生规律性变化。鱼类成熟后，下丘脑的神经分泌细胞在一年中发生周期性变化：如鲢等四大家鱼，4~5 月为恢复期，呈多核胞体，没有分泌颗粒；5~6 月产卵前为充满期，细胞体积增大，细胞单核，细胞中充满分泌颗粒；10 月上旬为排空期，细胞大小同充满期相似，细胞膜完整，分泌颗粒排离胞体，胞质呈空腔，尚残存少量分泌颗粒；10 月下旬至翌年 4 月为衰退期，细胞体积缩小，呈圆形或不规律菱形。这种周期性变化基本上与性腺周期变化和脑垂体间叶细胞的变化相吻合。

（二）脑垂体

脑垂体(pituitary gland)是内分泌腺最重要的腺体。鱼类脑垂体的位置和高等脊椎动物一样，位于间脑腹面，由漏斗柄连于第三脑室的底部。鱼类的漏斗柄不发达，因此，它与间脑的联系显得更为密切。硬骨鱼类脑垂体也由神经部和腺体部(前叶、间叶、后叶)组成。

神经部：是下丘脑的神经向垂体延伸所形成，包括通向漏斗柄、前叶、间叶及过渡带的神经分支，由神经胶质及神经纤维所组成。

前叶(anterzor lobe)：构成脑垂体的背部，离间脑最近相当于高等脊椎动物垂体的结节部。前叶虽然位于神经的中部，但却很少有神经分支到里面去，即使有也不会深入。细胞排列较密，相互并列，具有分泌催乳激素(prolactin hormone，PtH)和促肾上腺皮质激素(adrenocorticotropic hormone，ActH)的两种细胞。

间叶(intermediate lobe)：相当于哺乳动物的前叶，位于垂体的中部，约占本器官的1/2，组织中贯穿最大的神经分支，神经在此控制间叶的分泌机能。在神经分支的周围及间叶内部均有微血管分布，负责细胞的营养及分泌物的运输。间叶细胞大，紧密堆集，具有分泌促生长激素(somatotropic hormone，StH)、促甲状腺激素(thyrotropic hormone，TsH)和GtH的3种分泌细胞，分别呈嗜酸性、嗜碱性和嫌色性。促性腺细胞分泌两种大小不同的颗粒，其分泌活动与性腺发育相关。

后叶(posterior lobe)：又称过渡带，是离间脑最远的一块，细胞呈多核体状，被密布的神经分支、微血管及结缔组织分割成类似回文的小叶组织，称为假小叶。此叶的细胞终年可见其分泌，其机能与色素细胞的收缩和分泌TsH有关。

脑垂体具有分泌GtH、ActH、PtH、StH、TsH和促黑色素激素(melanotropic stimulating hormone，MSH)等6种激素。高等脊椎动物的GtH分泌细胞分泌促卵泡激素(follicle-stimulating hormone，FSH)和促黄体生成激素(luteinizing hormone，LH)两种促性腺激素。关于鱼类脑垂体分泌一种还是两种促性腺激素，虽然目前在生物化学和生理学方面的研究工作已取得一定成果，但尚需进行深入研究才能得出明确结论。

刘筠(1993)的比较实验表明，草鱼和青鱼中只存在一种GtH分泌细胞，但分泌2种大小不同的分泌颗粒，小颗粒(300~750nm)称为分泌颗粒，大颗粒称为分泌小球(1200~2000nm)。Suzukit与Kawauchi(日本)、Swanson(美国)、van Der Kraak(加拿大)、Tanaka与Kawauchi及Koide(日本)等学者，分别从大麻哈鱼、银大麻哈鱼、鲤、真鲷和鲟等鱼类脑垂体中分离纯化出GtHⅠ和GtHⅡ两种GtH分子，其化学成分都是糖蛋白，但化学结构不同；生理功能与哺乳类的FSH和LH相似。

有研究者用 LRH-A 刺激虹鳟，观察其 GtH 分泌活动，实验表明：在早期注射可促使脑垂体释放 GtH Ⅰ，但对 GtH Ⅱ 的分泌无作用；相反，在性腺发育成熟时注射，则脑垂体大量释放 GtH Ⅱ，但 GtH Ⅰ 的释放量则很少。

鱼类脑垂体间叶细胞的分泌活动与性腺发育相关，也具有季节性变化。四大家鱼在产卵后一个月之内，性腺由第Ⅵ期转入第Ⅱ期，脑垂体间叶细胞多数是界线不清的嫌色细胞，无分泌物；在秋季性腺由Ⅱ期向Ⅲ期转化时，垂体间叶出现大量嗜酸性细胞，可被酸性染料（偶氮卡红）染成红色，细胞界线明显；以后随水温降低，性腺发育到Ⅲ期时，间叶中嗜碱性细胞增多，细胞质中充满了分泌物，可被一种碱性染料（苯胺蓝）染上蓝色，细胞较大，界线清楚；冬末春初时性腺由第Ⅲ期向第Ⅳ期发展，垂体间叶细胞增大，分泌物增多，有蓝色和红色颗粒；春末夏初时（繁殖季节），性腺向第Ⅳ期末发展，间叶细胞中分泌物达到顶峰，在产卵和排精时，分泌物随之排出，之后细胞界线不清，出现很多空腔。产后性腺回复到第Ⅱ期，间叶细胞又以嫌色性细胞为主，随后进入第二次周期性变化。

鲤、鲫、尼罗罗非鱼等多次产卵鱼类，在第一次产卵（春季）时，其脑垂体中的促性腺激素被释放、排出，但还留有一部分，同时，随着性腺的发育，脑垂体继续分泌促性腺激素；秋季第二次产卵时，脑垂体中的促性腺激素又被大量排出；10~11 月时，间叶中的促性腺激素含量最低。冬季和春季脑垂体分泌促性腺激素的情况与鲢、鳙等一次性产卵鱼类相同。

由于脑垂体间叶分泌促性腺激素具有季节性变化，因此，应在间叶中 GtH 量较多时（冬季、春季及繁殖季节前）采取脑垂体，夏季和秋季采取的鲤、鲫脑垂体也可以用，但效果没有其他季节采的好，特别是不要采用刚产过卵的鱼类脑垂体。

促卵泡激素能促进卵泡生长、发育和成熟，在雄体则促使精细胞生长、发育和成熟；促黄体激素可促使排卵及黄体形成，在雄体则刺激排精和精巢间隙细胞分泌。尽管目前尚未有从鱼类垂体中分离出 FSH 和 LH 的直接证据，但在鱼类人工繁殖催产实践中证明，鱼类的 GtH 具有 FSH 和 LH 的双重功能。人类绒毛膜促性腺激素（human chorionic gonadotropin，HCG）的化学结构和生理功能近似于 LH。

由脑垂体间叶的嗜碱性细胞分泌的促性腺激素的化学成分是糖蛋白，它不溶于丙酮等有机溶剂，而溶于水。因此，用丙酮和乙醇脱水、脱脂的脑垂体中的促性腺激素不会被溶解，而 GtH 在水中则很快分解失效。

（三）性腺

性腺不仅是产生雌雄配子的生殖器官，也是内分泌腺体，具有分泌激素的功能。性腺分泌的性激素为性类固醇激素，其基本化学结构是由 4 个碳环组成，形成"甾"字，故又称性甾体激素。卵巢产生的性类固醇称为雌性激素，精巢产生的性类固醇称为雄性激素。

鱼类卵巢中包被卵母细胞的两层滤泡细胞（外层为扁平状，内层为立方体形状）都具有分泌性激素的功能，其分泌能力依种类而异，鲤的外层细胞分泌能力强，而鲫的内层细胞分泌能力强。雌性激素主要为 17-β-雌二醇（分泌量大，活性强），其次是雌酮。

鱼类精巢中精细小管间的间质细胞分泌雄性激素。雄性激素的主要成分是睾丸酮，其中 11-酮基睾酮（11-ketotestosterone，11-KT）是硬骨鱼类的主要雄性激素。

鱼类的性腺类固醇激素对性分化、卵巢和精巢发育与成熟都具有重要作用。鱼类在胚胎发育早期肾管出现时就形成生殖嵴。生殖嵴的原始生殖细胞受性激素影响而向雌性或雄性方向发育。试验证明：在仔鱼期口服雌性激素和雄性激素可以诱导尼罗罗非鱼、革胡子鲇及其他养殖鱼类性转变。

性激素能够刺激未成熟鱼的脑垂体 GtH 细胞的发育与分泌，雌性激素可促进性成熟鱼的卵巢发育、成熟和排卵、产卵，以及产卵管的形成与伸长（鳑鲏的副性征）；雄性激素（甲基睾丸酮等）对各级精细胞生长发育、排精、性行为和副性征（追星、婚姻色等）的形成等都有直接、明显的作用。

（四）下丘脑、脑垂体和性腺的机理关系

下丘脑的视前核（NPO）和侧结节核（NLT）发出的神经轴突纤维与脑垂体发生直接的组织学接触，说明生物体内远距离的细胞间联系是依靠神经纤维传导的。下丘脑与性腺、脑垂体与性腺无组织学的直接接触，它们之间的联系是由 GnRH、GtH 和性类固醇激素通过血液和淋巴系统，按照物理、化学编制程序运输到靶器官的特殊部位，由此对激素作出反应和应答。

下丘脑负担承上启下的作用，由视觉等感觉器官把光照、温度等外界因素传到下丘脑，启动 NPO 和 NLT 分泌 GnRH 或 GRIH，控制脑垂体 GtH 细胞的分泌，GtH 细胞分泌的 GtH 诱发性腺生成并释放性类固醇激素，促进生殖细胞生长发育、成熟和配子形成。性类固醇还可通过反馈作用调节控制下丘脑和脑垂体的分泌活动，在繁殖季节还可刺激亲鱼发情和自然交配。人工注射 LRH-A（作用于脑垂体）和 GtH（作用于性腺）的最终目的都是通过性腺分泌性类固醇激素，以促使性细胞发育、成熟、排卵和排精（图 2-65）。

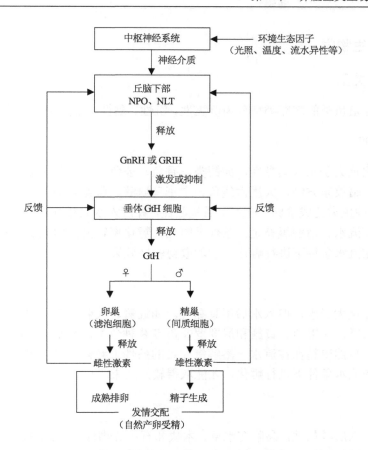

图 2-65　鱼类下丘脑-垂体-性腺之间的机理关系(刘筠，1993)

　　鱼类这种内环境的协调关系和受外环境因素制约的机理，分别是在细胞水平和通过生态学观察做出的解释。关于激素作用原理，目前尚处于假说和推理之中。上述三类激素的化学性质分别为氨基酸衍生物、糖蛋白激素和甾体激素。不同激素的受体各异，其作用机理也各不相同，细胞生物学的普遍理论是细胞膜和细胞质中都有激素受体，当靶细胞受到激素刺激时，便产生相应的生理反应。1963 年，Surtherland 提出，肽类激素和促性腺激素(糖蛋白)作为第一信使，环腺苷酸(cAMP)为第二信使，第一信使与靶器官细胞膜上的特殊受体相结合，刺激并激活细胞质内邻近的腺苷酸环化酶，在此酶的作用下使三磷酸腺苷(ATP)转变为 cAMP，然后由它为媒介，激发细胞内某些酶(碱性磷酸酶 AKP 和酸性磷酸酶 ACP)的活性和细胞的通透性，最终导致卵母细胞成熟、排卵和精细胞成熟、排精。

四、产卵生物学

(一)产卵类型

主要养殖鱼类的产卵类型分为沉黏性、沉性、黏性、浮性和漂流性 5 种类型。

1. 沉黏性卵

卵的比重大于水且具黏性。如鲟类、香鱼、公鱼、斑点叉尾鲴、加州鲈、红鳍东方鲀、暗纹东方鲀、大泷六线鱼、中华乌塘鳢、蓝鳃太阳鱼、黄鳝、斑点胡子鲇等 12 种鱼类的成熟卵,产入水后呈黏性,并沉入水底相互黏结成块状物。自然受精卵在流水、溶解氧充足的条件下孵化,孵化率较高;但人工授精卵则需进行脱黏或在流水条件下进行孵化,才能取得较好效果。

2. 沉性卵

卵的比重大于水,但入水后不具黏性。如虹鳟、大麻哈鱼、白斑红点鲑、高白鲑、山女鳟、大银鱼、黄鳝和尼罗罗非鱼等 8 种鱼类,在水底产卵,无黏性,相互分离。自然受精卵在流水、溶解氧充足的条件下孵化,孵化率较高;人工授精卵则需在流水条件下进行孵化,才能取得较好效果。

3. 黏性卵

卵产入水后具黏性,黏附在水草、木块和石块等物体上。如鲤、鲫、团头鲂、三角鲂、细鳞斜颌鲴、泥鳅、鲇、大口鲇、长吻鮠、革胡子鲇、苏氏圆腹鲢等 11 种鱼类,卵产入水中呈黏性,附着在水草、树根等物体上。人工繁殖这些鱼类时需要提供相应的附着物(人工鱼巢)。

4. 浮性卵

卵的比重小于水,依靠油球浮于水表面。如遮目鱼、鲻、鲅、鳗鲡、鳜、花鲈、真鲷、黑鲷、石斑鱼、大黄鱼、乌鳢、鲵、鲵状黄姑鱼、眼斑拟石首鱼、蓝鳃太阳鱼、花尾胡椒鲷、斜带髭鲷、红鳍笛鲷、紫红笛鲷、卵形鲳鲹、杜氏鰤、尖吻鲈、军曹鱼、黄鳍鲷、美洲条纹鲈、牙鲆、大菱鲆、星鲽、半滑舌鳎等 29 种鱼类的成熟卵具油球,产入水后浮于表面,对产卵条件要求较低。人工繁殖这些鱼类时不需提供附卵物。黄鳝卵的比重虽大于水,但附于 "泡沫团"(亲鱼口腔分泌的泡沫)上而浮于水面。

5. 漂流性卵

卵的比重大于水，但吸水后围卵腔明显增大，可漂流在流水层中，在静水中则下沉水底。如鲢、鳙、草鱼、青鱼、鲮、长春鳊、短盖巨脂鲤等 7 种养殖鱼类，自然界只能在江河有急水流的区域产卵。人工繁殖这些鱼类必须注射外源激素才能使其产卵。

在养殖鱼类中，只有海马和许氏平鲉的产卵类型特殊。海马的受精卵在雄性育儿囊中发育并孵化为仔鱼才产出体外；许氏平鲉则为卵胎生。

上述 5 种产卵类型的鱼类计 67 种，其中产沉黏性卵的鱼类占 17.9%，主要是鲟类等淡水鱼类；产沉性卵的占 11.9%，主要是鲑鳟类和罗非鱼等在淡水中产卵的鱼类；产黏性卵的占 16.4%，主要是鲤形目和鲇形目等在淡水中产卵的鱼类；产浮性卵的种类最多（占 43.3%），主要是海水鱼类；产漂流性卵的占 10.4%，主要是在江河淌水产卵的鱼类。

(二)产卵场生态条件和人工催情

1. 天然产卵场生态条件

不同产卵类型的鱼类对产卵场环境条件的要求不同。产沉黏性卵和沉性卵的鱼类，通常在江河中上游沙砾底质处产卵，产黏性卵的鱼类一般在多水草的静水和微流水处产卵，产漂流性卵的鱼类汛期在江河上中游急流处产卵，产浮性卵的鱼类通常在湖泊等静水水域和海水微流处产卵。进行鱼类人工繁殖工作，应该根据各种鱼类所要求的生态条件提供相应的环境条件。

2. 人工催情的必要性及其原理

鲢、鳙、草鱼、青鱼、鲮和短盖巨脂鲤等敞水性产卵鱼类，在人工条件下性腺发育只能达到第Ⅳ期，必须进行人工催情才能继续发育至第Ⅴ期(产卵)；鲫、鲇等产黏性卵的鱼类和鳜、乌鳢、真鲷、牙鲆等产浮性卵的鱼类，以及产沉性卵与沉黏性卵的鱼类在人工条件下能够自行产卵，但亲鱼群体的产卵时间不集中，通过催情可以促使其大多数个体在几小时内大批集中产卵，以提高产卵效率。所以，鱼类人工繁殖多采用催情措施，当然，成熟较好的非淌水产卵鱼类也可不进行人工催情。

如上所述，鱼类性细胞在下丘脑、脑垂体(PG)、性腺三种器官分泌的不同激素(GnRH、GtH、性类固醇)调控下进行规律性发育成熟。人工注射的绒毛膜促性腺激素(HCG)、脑垂体(PG)促性腺激素(GtH)和促黄体素释放激素(LRH)及其类似物(LRH-A、LRH-A$_2$、LRH-A$_3$)等外源激素(催情剂)，同样是促使生殖细胞发育、成熟和排卵(排精);但它们在鱼体内的作用途径不同:HCG 和 GtH 直接作用于性腺(靶器官),促使生殖细胞成熟、排卵(排精);而 LRH-A 直接作用于脑垂体,促使其分泌 GtH,通过血液运送到性腺进而影响生殖细胞成熟、排卵、产卵。另外,实践证明,多种催情剂适量混合使用效果更好。

根据各种鱼类自然产卵所要求的条件,在采取自然产卵方式时需要提供亲鱼产卵的适宜条件。如对淌水性产卵的四大家鱼和产浮性卵的真鲷、牙鲆等鱼类,提供一定的水流;对鲤、鲫、鲇、团头鲂等产黏性卵鱼类,提供附卵物质(鱼巢);在尼罗罗非鱼等产沉性卵的产卵池中,提供泥砂质池底;对加州鲈和斑点叉尾鮰等产沉黏性卵的鱼类,分别提供卵的附着物和产卵巢。也就是说,在产漂流性卵和浮性卵的鱼类发情产卵时应向产卵池中冲微量水;在鲤、鲫、鲇等产黏性卵的鱼类发情前夕应有计划地放一定数量的鱼巢(棕榈树皮或 20 目塑料布),供附卵用(鲇类卵的黏性低,池底也要铺满鱼巢);加州鲈和斑点叉尾鮰具有作巢产卵的习性,在产卵池壁四周应分别铺干净卵石(厚度达 10cm),放木制产卵箱(80cm×65cm×15cm,每隔 1.5m 放一个)和竹篓、旧木桶、铁皮桶、瓦罐等作产卵巢(一端开口,另一端用尼龙纱布封口,每隔 5~6m 放一个,一端系绳子固定池边)。

(三)产卵季节及其水温

我国主要养殖鱼类的大多数温水性和暖水性种类是在春季和夏初(长日照季节)产卵,水温幅度为 14~30℃;少数种类在秋季产卵,如眼斑拟石首鱼秋季产卵,属分批产卵类型。

冷水性和亚冷水性种类,如中华鲟、虹鳟、大麻哈鱼、山女鳟、白斑红点鲑、高白鲑、香鱼、大银鱼、花鲈、大泷六线鱼等鱼类是在秋、冬季(短日照季节)产卵,水温幅度为 1~20℃。

(四)产卵周期与年产卵次数

主要养殖鱼类多数种类的产卵周期为一年,每年只产 1 次卵;少数种类(鲟类)间隔 2~5 年才产 1 次卵;鲤、鲫、三角鲂、长春鳊和泥鳅等鲤形目鱼类,革胡子鲇、斑点胡子鲇和黄颡鱼等鲇形目鱼类,以及乌鳢、尼罗罗非鱼、大口黑鲈、鳜、眼斑拟石首鱼、蓝鳃太阳鱼、尖吻鲈、军曹鱼、美洲条纹鲈和几种暖水性鲷类等鲈形目鱼类则每年产卵数次(2~6 次)。

(五)怀卵量与卵的结构及规格

养殖鱼类的绝对怀卵量和相对怀卵量与产卵类型和卵的结构及大小密切相关。产沉黏性卵的鲟类和产沉性卵的鲑鳟类,卵径大(4~5mm)、无油球,其绝对怀卵量和相对怀卵量(2~20 粒/g 体重)少或较少；产浮性卵的鲻、鲅、花鲈、石斑鱼、鲷类、鲆等数十种海水鱼类，卵径小(1mm 左右)，单油球，其怀卵量大(相对怀卵量 96~2000 粒/g 体重)；产漂流性卵的鲢、鳙、草鱼、青鱼和产黏性卵的鲤、鲫及鲇、大口鲇等种类的卵径较小(1.2~1.7mm)，其怀卵量处于上述两类鱼类之间，相对怀卵量为 30~200 粒/g 体重，一般为 70~100 粒/g 体重。

(六)产卵行为

鱼类在发情产卵时有明显的求偶现象，雄鱼兴奋地追逐雌鱼，并常用头部冲撞雌鱼腹部，行动迅速，甚至跃出水面，尾部击水成浪花，声响在 20m 以外都能听到；有时雌、雄亲鱼生殖孔相对仰浮，胸鳍和尾部急剧抖颤；有时雌、雄鱼的尾部相交，持续近 1min 之久，当追逐激烈并达高潮时，便产卵排精，精卵在水中瞬间受精。

淡水主要养殖鱼类在发情产卵时，鲢、草鱼多在水体上层产卵，称"浮排"；鳙、青鱼通常在水体下层产卵，称"闷散"。鲤、鲫产卵时一般 2~3 尾雄鱼追逐一尾雌鱼，雄鱼不时冲撞雌鱼腹部，相互摩擦，雌鱼腹部侧向水草进行产卵，雄鱼随之射精。鲇在产卵时雄鱼的尾部紧紧地缠绕雌鱼的胸腹部，并不断颤动，缠挤腹部的卵巢，当卵被挤到生殖孔时雄鱼将尾部松开，从雌鱼身上滑下，此时雌鱼便迅速产卵。

少数鱼类的产卵行为很特殊，如大麻哈鱼、罗非鱼、斑点胡子鲇和黄颡鱼，产卵时分别在水底挖穴、筑巢，将卵产到巢穴中。大麻哈鱼产卵后用沙砾覆盖之，罗非鱼则将卵吞入口中孵化；斑点胡子鲇和黄颡鱼产卵后有护卵习性(在鱼巢周围守护)。

五、精子和卵子生物学

(一)精子生物学特性

养殖鱼类的精液中含有大量精子，如鲢 5 亿个/ml，草鱼更多，虹鳟 200 亿个/ml。

1. 精子的活动能力与寿命

精子在精液中是不动的，遇水后由于雄配子素 I 扩散并消失，以及受溶解氧的激活，便开始激烈运动(20~30s)，不久便死亡。精子寿命在水中活动所持续的时间：鲢、草鱼精子的寿命一般为 50~60s，鲤的略长一些，真鲷和黄鳍鲷的精子在盐度 8 时为 1min，匙吻鲟的为 4.4~6min，中华鲟的精子寿命更长一些(5~40min)。精子在水中时大部分能量消耗在调节渗透压方面，用于运动方面的能量较少。

2. 影响精子活动和寿命的主要生态因子

1) 盐度对精子寿命的影响

鲢、鳙、草鱼等淡水鱼类的精子，在淡水中持续运动的时间为 30~36s（草鱼最长、鲢最短）。三种鱼类精子在盐度 3.0、0.03 和 7.0 时的持续运动时间分别为 40~55s、20~30s 和 0~25s；鲤精子在盐度 5.0 时寿命最长（1min30s）；激活黄鳍鲷、平鲷、真鲷和斜带石斑鱼精子的最适盐度分别为 21、22、25 和 33。

2) 水温对精子活动和寿命的影响

各种鱼类的精子都要求一定的适宜温度，四大家鱼精子寿命在水温 22℃时最长（50s），30℃和 0℃时分别为 30s 和 20s；真鲷精子活力在 18.2℃时最高，<13.7℃则失去快速运动能力；黑鲷精子在 20.6℃时活力最强；平鲷精子活力，在 15.1~20℃内随温度上升而增强。鱼类精子寿命在一般情况下随温度下降而延长，如鲤精子寿命在 26~29℃、22~23℃、0~2℃条件下分别为 6~9h、14h 和 15h，故低温保存精液可取得好的效果（陈松林等，1992a，1992b，1992c）。低温保存精液分为低温短期保存和超低温冷冻保存。

低温保存精液的生物学原理：精子个体很小，贮存的能量很有限，在精液中基本不运动，入水后便剧烈运动（15~30s），很快将能量耗尽而停止运动，失去受精能力。

低温（0~4℃）保存精液可以降低精子代谢水平，延长精子存活时间和受精能力，但其生理代谢并未完全停止，仍在消耗能量，因此，保存的时间有限（5~10d）。

超低温保存精液的基本原理是根据精子在低温条件下的生物学特性，即在 –196℃的液氮条件下，其代谢活动完全停止，处于"假死"状态，精液的水分子停止运动，保持原来的无序状态，形成坚硬、均质的团状结构，称"玻璃化"。处于玻璃化状态的精子，细胞结构完整，原生质未脱水，解冻后精子可恢复运动能力和受精能力。

精子冷冻损伤及二甲亚砜（DMSO）抗冻保护机理：在冷冻过程中，精子膜由于受水分子有序状态冰晶损伤，线粒体谷草转氨酶（GOT）逸入精液中，致使精细胞呼吸链的酶系统失调，能量来源断绝，导致精子死亡。而精液中添加 10%抗冻剂 DMSO 可升高精子渗透压（1540mOsm）和降低冰点（–4.6℃），从而可大幅度减轻冷冻对精子的损伤效应。因此，在超低温保存精液和解冻时，采用适当的冷冻速度，添加一定的稀释液和防冻剂，避开水分子形成有序状态冰晶的温度区（–60~0℃，以免机械损伤精细胞），迅速进入无序状态的玻璃化状态（–130℃以下），并保存在液氮（–196℃）中以达到长期保存的目的。

3) pH 对精子活动和寿命的影响

鱼类精子在弱碱性水中活动力最强、寿命最长。如鲤精子在 pH7.2~8.0 的水中活动力最强、寿命最长；金鱼精子在 pH6.8~8.0 时受精率最高；真鲷、黑鲷、花鲈、牙鲆活动力最强和寿命最长(最适)的 pH 为 7~8。

4)氧和二氧化碳对精子活动和寿命的影响

鱼类精子活力在缺氧和多二氧化碳的条件下受抑制,寿命长。干法受精就是利用精子这一生理学特点,使精子在无水缺氧条件下均匀分布于卵表面,以延长寿命;当加水后精子便强烈运动钻进卵中,以提高受精率。

5)阳光对精子寿命的影响

紫外线和红外线对精子具有杀伤作用。鲤精液经阳光直接照射 10~15min,精子死亡率高达 80%~90%,但白天的散射光对精子无不良影响。因此,人工授精时应避免阳光直射。

(二)卵子的生物学特性

大多数鱼类的卵属于端黄卵,有一定极性,核和极体在动物极(原生质较多),植物极富含卵黄。由于卵黄重于原生质,因此,卵在水中植物极一般在下面。

淡水鱼卵含盐量约 0.5%,卵产于低渗环境的淡水(盐度 0.01~0.02)中,水不断地向卵内渗入;海水鱼卵含盐量 0.7%~0.75%,卵产于高渗环境的海水(盐度为 30)中,水不断地从卵中渗出。但由于卵膜与卵黄外周原生质具有调节渗透压的机能,因此,淡水鱼卵在淡水中不会吸水胀坏,海水鱼卵在海水中也不会失水干死。

细胞膜和原生质层调节渗透压的能力是有限的,如鲢的受精卵在盐度较大(盐度 2)的水体中,其膨胀后的卵径(3.5~4mm)比在纯淡水(4.5~5mm)中的小。淡水鱼卵有阻止外界水进入卵的能力,而没有防止卵失水的能力,所以只能在低渗液(淡水)中正常发育,而不能在高渗液(海水)中发育。也就是说,淡水鱼只能在淡水中繁殖,而不能在海水中繁殖。海水鱼卵具有阻止失水的能力,而不能防止水进入卵内,因此,只能在海水(高渗液)中发育,而不能在淡水(低渗液)中正常发育。也就是说,海水鱼只能在海洋中产卵繁育,而不能在淡水中繁殖。至于溯河性鱼类(大麻哈鱼等)和降河性鱼类(鳗鲡等)能够分别在淡水和海水中产卵、繁育。这是因为它们的受精卵具有调节渗透压的机能。

六、受精生物学

卵子和精子的结合称受精。受精作用是精子在雄配子素Ⅱ(溶解卵膜)和雌配子素Ⅰ(吸引精子)、雌配子素Ⅱ(破坏多余精子)作用下,通过卵膜及其表层原生质与卵核结合的一系列过程。受精的结果是形成一个具有双倍染色体的新细胞,称为受精卵或合子。养殖鱼类(含鲟类)和其他脊椎动物一样,卵子是在第 2 次成熟分裂中期接受精子,单个精子从受精孔入卵,一般只有头部进入,尾部留在受精孔外,单精受精。

（一）受精卵的形态学及生理学变化（以鲢为例）

受精膜和受精锥的形成：精卵接触后3~5min，卵体收缩，卵表面的放射膜向外举起，形成一层透明膜称为受精膜。受精膜在精子入卵处先举起，并迅速扩展到全卵（通常在1min以内完成），受精膜与质膜之间的腔隙称为围卵腔或卵黄围隙。随着受精膜向外扩展，围卵腔逐渐增大，直到受精卵分裂成8~16细胞期才完全定型，此时最大卵径为5mm左右。受精膜扩展膨大的速度是鉴别卵质量的标准。质量好的卵膨胀得快、体积大，质量差的卵膨胀慢且小（在纯淡水中）。

受精锥：卵细胞质在精子头部接触处形成的一个透明的小突起。

胚盘形成：精子入卵后（水温24~26℃，25~30min），细胞质（原生质）向动物极方向流动、集中，形成较透明的小盘状，称为"胚盘"（未受精卵入水受刺激后也形成非典型胚盘）。胚盘是未来胚体的基础。

卵的排泄：卵子在发育过程中积累了大量营养物质，积存了不少代谢废物。这些废物如不及时排出就会使卵中毒、衰老、退化而死亡。精子入卵后，刺激卵子急剧收缩，将废物排到围卵腔中，使卵体积缩小（较原来缩小约1/4）。卵完全排出废物要经过30min左右。卵的废物正常排出后，其代谢作用增强，表现为耗氧增高、渗透能力增强和氨的排泄量增加，这就使卵子脱离了中毒危险。

精子星光、精原核与卵原核：精子入卵后，头部与尾部断裂并立刻转动180°，头端由向卵子内部转为向着卵的表面，而有中心粒的一端（颈部）转向卵的内部。几分钟后，在中心粒周围出现一个星光（星体），称为"精虫星光"。

受精20min左右，精核膨大，核内染色质由密集变得稀疏，渐渐恢复成普通细胞核的构造和形状，即形成精原核。星光逐渐扩大至雄原核四周，移向胚盘中央和深处，发生成对的星光。在此期间，卵子逐渐完成第二次成熟分裂，开始出现第二极体；卵核逐渐恢复而形成普通细胞核的形状，称为卵原核。

两性原核结合：受精后30min左右，原来的中心粒和"星光"分裂为二，卵原核和精原核互相靠拢，位于胚盘中央的两个中心粒和"星光"之间，并开始融合（结合）；不久，两性原核的界线逐渐模糊不清楚，最后完全结合为一个细胞核或称合子核。合子核的染色体为双倍体。当两性原核开始靠近和结合时，"精虫星光"就逐渐萎缩并向四周退却。

第一次有丝分裂：受精作用结束后不久，合子核内重新出现染色体，核膜消失，纺锤体出现并连于两层星体之间，形成第一次卵裂图形；受精50min出现第一次卵裂；以后，约每隔10min分裂一次。

大菱鲆受精过程的细胞学变化：精子入卵后，卵子被激活，第2次成熟分裂继续进行，同时发生皮质反应；受精后，15min出现精子星光，20min雄原核早于雌原核形成，然后两性原核逐渐靠拢，30min 两原核的结合线清晰，40min 两原核结合成合子，之后核膜消失；受精后 50min 开始第一次卵裂，60min 第一次卵裂完成(吴莹莹等，2006)。

　　自精子入卵到第一次卵裂所需时间约 5 倍于以后每次卵裂相隔的时间。由此可见，受精卵从受精到第一次卵裂之前的一段较长时间里，需要进行一系列形态学和生理学变化。

(二)人工授精

　　人工授精分为干法和湿法两种方法。干法授精系指成熟卵子与精液在无水情况下接触、受精；精、卵充分均匀接触，随后加清水搅动 10~20s，使受精卵吸水膨胀，再用清水清洗 1~2 次，然后转入孵化容器中。湿法授精系指精、卵在有水的情况下接触、受精，即先将精液挤入盛有水的容器中，随即将精、卵同时挤入水中，精、卵在水中瞬间受精。该法效果好，操作必须迅速且准确；因为，精子在水中时间超过 20~30s 受精率降低，60s 后就会丧失受精力(中华鲟精子受精力可持续 3~5min)。

(三)影响受精的因素

1. 精子及卵子质量对受精率的影响

　　精、卵质量是决定受精率的主要因素。优质精液呈乳白色，较浓，入水后很快扩散(精子迅速强烈活动的表现)；未成熟精液挤出后呈牙膏状，遇水不扩散；过熟精液呈灰白色，浓度稀，遇水扩散慢。优质卵子(家鱼)晶莹透亮，饱满均匀，略带青色和黄色，具有较好的黏滞性，入水后膨胀快，卵膜弹性强；过熟的卵子(成熟卵在卵巢腔中时间过长)呈灰白色，无光泽，黏滞性差(浓度稀)，入水后膨胀慢，卵膜弹性小；未成熟的卵子(卵母细胞尚未进入生长成熟阶段，在外源激素作用下排出的卵)透明度小，色素不够鲜明，卵径小且不均匀，入水后膨胀慢，卵膜弹性亦较差。优质精液和卵子的受精率高，一般达 95%以上，胚胎发育正常，孵化率高达 90%以上；过熟卵和未成熟卵的受精率和孵化率都较低，具体效果依过熟或未成熟的程度而异。

2. 外界环境因子对受精率的影响

　　pH、日光、温度、盐度等生态因子对精子和卵的影响，直接影响受精率(见精子和卵子生物学)。

七、胚胎发育

(一)主要养殖鱼类的胚胎发育分期

　　养殖鱼类的胚胎发育期是指受精卵在卵膜中进行发育的时间，其具体时间取决于种的遗传性和外界生态条件(温度等)。浮性卵和漂流性卵的胚胎期较短(20~40h),黏性卵的胚胎期较长(50~100h),沉性卵的胚胎期最长(数十天)。各种类型卵的胚胎期都受制于水温,随温度增高而缩短。

　　鱼类胚胎发育国际尚未有统一的分期标准及其名称。现以鲤科鱼类草鱼为例,根据器官发生及其形态特点,将胚胎发育至下塘仔鱼(鱼苗)分为 6 个阶段和 34 个分期(刘筠,1993)(图 2-66)。

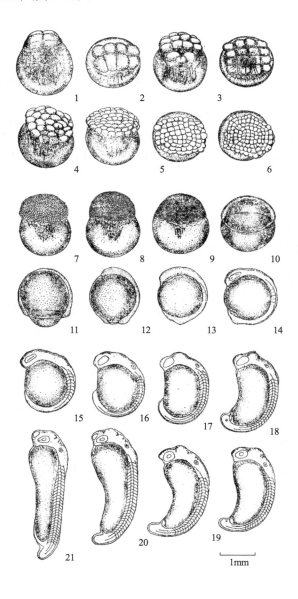

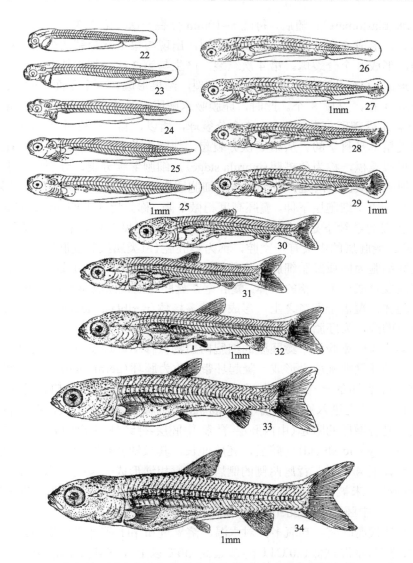

图 2-66　草鱼的胚胎发育和仔鱼发育过程(湖北省水生生物研究所，1976)

1.4 细胞期；2.8 细胞期；3.16 细胞期；4.32 细胞期；5.64 细胞期；6.128 细胞期；7.桑椹期；8.囊胚早期；9. 囊胚中期；10. 原肠早期；11. 原肠晚期；12.神经胚期；13.肌节出现期；14.眼基出现期；15.嗅板期；16.尾芽期；17.听囊期；18.尾芽出现期；19.眼晶体形成期；20.肌肉效应期；21.心脏原基期；22.胸鳍原基期；23.鳃弧期；24.眼黄色素期；25.鳔雏形期；26.鳔一室期；27.卵黄囊吸尽期；28.背鳍褶分化期；29.鳔前室出现期；30.腹鳍芽出现期；31.背鳍形成期；32.臀鳍形成期；33.腹鳍形成期；34.鳞片出现期

　　第一阶段：卵裂和囊胚期　卵受精后细胞质继续不断向动物极集中，在卵黄上方形成一盘状突起，称胚盘(blastodisk)。不久出现第 1 次分裂，形成 2 个相等的分裂球(blastomere);随后,每隔 8~10min 分裂一次,第 2 次分裂沟与第 1 次分裂沟垂直,形成 4 个分裂球。第 3 次纵裂,出现与第 1 次分裂沟彼此平行的 2 个分裂沟,形成 8 个分裂球。第 4 次纵裂,产生与第 2 次分裂沟彼此平行的两个分裂沟,形成 16 个分裂球。第 5 次还是纵裂,结果形成在一个平面上的 32 个分裂球,分成 4 排,每排 8 个。此时,卵膜吸水膨胀至最终大小(膜径 5.5mm,卵径 1.5mm)。未受精卵可发育到 8~16 个分裂球,所以,自 16~32 个细胞的卵裂期开始计算受精率是科学的。从第 6 次分裂起,细胞由单层变成多层,堆叠在卵黄上端,外形似桑椹,称为桑椹期(morula stage)。细胞继续分裂,分裂球越小,用肉眼看,细胞界限已不清楚,整个胚体的细胞团高举于卵黄上,称为高囊胚期(high blastula);随后,细胞层下伸,囊胚高度稍微下降,称为囊胚中期(middle blastula),随着囊胚细胞继续下延,覆盖卵黄的面积增大,高度更低,称为低囊胚期(low blastusa)。囊胚层的中央有一空腔,称为囊胚腔(鱼类属狭腔囊胚)。

囊胚细胞为同质胚胎细胞,将其细胞核植到去核的同种鱼或异种鱼的卵子里去都可能发育成一个完整的个体;囊胚壁在囊胚晚期或原肠早期,细胞迅速增生,出现合胞体,覆盖于卵黄之上,形成卵黄多核体(periblast nucleus),分泌可溶解卵黄颗粒的酶,为胚胎提供营养物质。

第二阶段:原肠期 囊胚壁的细胞向植物极移动,逐步包围卵黄囊,至胚体二分之一处胚壁细胞前沿形成一隆起环带,称为胚环(germ ring)。在胚环区相当于胚体背面后端的一个地点由于细胞内卷而产生一新月形缺口,称为原背唇(dorsal lip),这是进入原肠胚期(gastrula stage)的标志之一。不久,在背唇的正上方出现一显著增厚的隆起(由内胚层-脊索-中胚层-神经外胚层组成的细胞集团),称胚盾(embryonic shield)。随后,胚盾伸长,其长轴就是胚胎的主轴。细胞层继续下包卵黄至 4/5 时,背唇两侧的侧唇与腹唇相继形成一圆孔,称为胚孔或原口(blastopore),未被包被的卵黄,称为卵黄栓(yolk plag)。原肠期产生了外胚层(ectoderm)、中胚层(mesoderm)和内胚层(entoderm)三个胚层。

原肠期代谢旺盛,耗氧多,对水温、溶氧量和 pH 等外界环境因素的变化敏感,为敏感期。水温过低(20℃以下)或过高(30℃以上),溶氧量不足(4mg/L 以下),pH 过低(6.6 以下)或过高(9.5 以上)都会造成大批死亡。

第三阶段:神经胚期 卵黄栓完全被包围,原口封闭即进入神经胚期(neural stage)。在胚体的终端有一个脊索,中胚层和内胚层组成的混合细胞团为胚胎尾芽原基,称为末球(terminal knob)。胚体逐渐伸长,胚盾明显分化为脊索及其两侧的中胚层和这两者下方的内胚层。脊索上方的外胚层分化为神经板,继而形成神经管。到神经胚晚期,整个胚胎呈一"C"字形匐状在卵黄上面,此期产生神经管、脊索和体节等中轴器官。

第四阶段:器官形成期 器官形成期(organogenetic stage)是在神经胚期三胚

层分离的基础上发生的。鱼类胚胎发育过程中的器官发生是以神经管的正常发育和分化为基础的。胚胎畸形多发生于该期。神经管分化为前脑、中脑和后脑，随后，在前脑部位产生一对视泡，出现 2~3 对体节(somite)，以后视泡变成视杯，晶体嵌于其中，构成眼睛。体节由中胚层分化而来，体节以外的中胚层分化为侧板中胚层和血细胞与血管系统原基。体节出现后，继而在胚体尾部出现突出的细胞团，称为尾芽(tail bud)或尾芽期(tail-bud stage)。由于尾芽的增生，胚体不断增长，体节分化出生肌细胞，使胚体开始缓慢抽动，其速度由慢到快，称为肌肉效应期。在这之前已出现耳囊，继而出现心脏、心脏搏动和血液循环，称为心脏搏动期。此时，肾管生殖腺原基、消化管与消化腺等器官亦逐渐出现。

第五阶段：孵化期(incubation stage)　心脏搏动开始形成血液循环，胚胎头部两眼周围的表皮细胞分化形成单细胞腺，分泌孵化酶(黏蛋白多糖酶)溶解软化卵膜，胚胎频繁转动，先后用尾尖穿破卵膜而孵出，称为脱膜孵化期，持续4h 左右(24~26℃)。刚孵出的胚体全长 5.5mm，体节达最终数目 46 对，单细胞腺的分泌机能逐渐减弱乃至腺细胞完全萎缩。破碎的卵膜在 3h 左右被孵化酶溶解而消失。

大多数鱼类的孵化腺分布于胚胎头部、卵黄囊和口腔等处，前半部多于后半部；大麻哈鱼、虹鳟、金鱼等鱼类的孵化腺分布于全身。各种鱼类孵化腺开始形成及分泌酶的时间不同，大多数鱼类在血液循环期开始形成孵化腺，出膜期开始分泌孵化酶。草鱼在肌肉效应期开始形成孵化腺，但尚未有分泌活动，出膜期才开始分泌活动，体循环期开始消失；其孵化酶的分泌活动与温度有关，适宜水温为 20~29℃，低于 18℃时则无分泌活动，这与胚胎不能进行正常发育有关。

第六阶段：仔鱼期　刚出膜的仔鱼，内部的消化、循环、呼吸器官和外部色素及鳍等器官尚不完善，相继出现心脏(呈节奏性跳动)，血球在背腹血管中清晰流动，称为血液循环期；仔鱼头部和躯干部出现黑色素，称为体色素形成期，此时已出现鳃丝并建立鳃循环；随后形成尾循环，仔鱼由侧卧转为腹部平贴于水底，具有向前游动的能力；胸鳍后方出现鳔管，称为鳔管形成期，继而形成可以控制沉浮的鳔，胸鳍活动自如，仔鱼可在水中自由运动；消化管最前端的咽部向外开口，称为口形成期，口自头的腹面移到身体前端，可以吞食外界的食物；肠后端也与外界相通，卵黄囊逐渐被吸收，由圆形变为梨形直至被完全消耗，称为卵黄耗尽期，此时，仔鱼的器官已基本形成，可以下塘培育。

在胚胎发育过程中，由于受内外多种因素影响，常出现各种畸形胚胎：在卵裂期分裂球大小不均；在原肠期囊胚壁细胞不能下包，卵黄裸露；在神经胚期神经管不能正常分化为脑和脊髓；在孵化期的畸形胚胎为弓背和弯尾，卵黄囊膨大。各种畸形胚胎在发育进程中逐步死亡。

(二)生态因素对胚胎发育的影响

精卵质量对受精率和胚胎发育的影响是一致的。未成熟卵和过熟卵不仅受精率低，而且胚胎发育畸形多，死亡率高，只有适当成熟卵的受精率和孵化率才能达到理想程度。四大家鱼卵细胞适当成熟的持续时间很短，仅 2 个多小时(水温 26~28℃)。

影响胚胎发育的外界环境因素比较多，包括光照、水温、盐度、溶氧量、pH 和敌害生物等。

1. 光照对胚胎发育的影响

光照通过刺激或抑制鱼类孵化酶的释放，加快或延缓鱼类胚胎发育速度。如牙鲆、真鲷和黑鲷等产浮性卵鱼类的胚胎在强光条件下比在弱光时发育速度快；相反，大麻哈鱼等产沉性卵鱼类的胚胎期在有光条件下比在无光时延长 4~5d。因此，在孵化鱼类受精卵时，应根据卵的生态类型采用不同光照周期。

2. 水温对胚胎发育的影响

温度是影响鱼类胚胎发育的重要因素。不同适温性鱼类的胚胎，对水温的适应能力不同：冷水性和亚冷水性鱼类胚胎发育的适宜温度较低(4~20℃)，温水性和暖水性鱼类胚胎发育的适宜温度较高(18~30℃)；前者的胚胎期较长(384~1500h)，后者的胚胎期较短(20~100h)。

鱼类胚胎发育对温度的适应程度分为：存活温度、适宜温度和最适温度。四大家鱼胚胎发育的存活温度为 18~30℃，适宜温度为 21~29℃，最适温度为 24~26℃ (鲢、草鱼)与 25~27℃(鳙、青鱼)；鲤、鲫的最适温度为 20~22℃；真鲷产卵的适宜温度为 16~17℃，胚胎发育(孵化或育苗)的适宜温度为 18~23℃，最适温度为 18~19℃；大口鲇胚胎发育和初孵仔鱼的最适温度为 24.1℃。

受精卵的发育速度在适温范围内，随着水温升高而加快，而且其影响程度与具体温度有关：如四大家鱼的胚胎期在水温 18℃时为 61h，在 22℃时为 35h，即水温相差 4℃，胚胎期缩短 26h；在水温 27℃时为 19h10min，在 30℃时为 16h10min，即水温升高 3℃，胚胎期仅缩短 3h。也就是说，水温对四大家鱼胚胎发育速度的影响，在接近存活温度下限时比较明显，在接近存活温度上限时则较小。

水温不仅对鱼类胚胎发育速度有明显的影响，而且对其发育质量及成活率的影响也较大。在最适水温条件下，四大家鱼受精卵的孵化率和成活率可高达 90%以上；水温低于 18℃和高于 30℃，以及突然下降 5℃以上时，胚胎便会出现大量畸形而死亡。真鲷在水温高于 23℃和低于 13℃时受精率低，胚胎和仔鱼的畸形率高。

3. 溶解氧对胚胎发育的影响

溶解氧对鱼类胚胎发育的影响程度并不次于温度。各种养殖鱼类对溶解氧的适应参数值有一定差异。养殖水域和人工孵化用水的溶氧量一般应保持在 $4\sim6mg/L$ 以上，不低于 $2mg/L$，否则，胚胎发育停滞、出现畸形或死亡。

不同生态类型的受精卵对水中溶解氧的适应能力不同，浮性及漂流性卵的适应力比黏性卵及沉性卵的低。在鱼类胚胎发育全程中，各个时期的耗氧量不同，其中囊胚期、原肠期、神经胚期、肌肉效应期和孵化期耗氧量较高，尤以原肠期和孵化期的最高；其耗氧量一般是随胚胎发育进程逐渐增大，仔鱼期的耗氧量高于胚胎期的各个时期。因此，在鱼类人工孵化工作中，应按照不同鱼类及其不同发育时期的需氧量特点采取相应供氧措施；尤其是在原肠期、神经胚期、孵化期和仔鱼期的溶氧量，不能低于 $4\sim6mg/L$（瞬间溶氧量不低于 $2mg/L$）。

4. pH 对胚胎发育的影响

海、淡水鱼类胚胎发育的适宜 pH 为 7.0~9.0，最适 pH 为 7.5~8.5；pH 低于 6.4 和高于 9.5 时卵膜早溶而引起鱼类大量死亡。在淡水鱼类人工孵化工作中，采用池塘水作为水源（循环使用）时要注意防止出现两种现象：一种是水中有机物质过多（逐渐积累），pH 过低（逐渐降低至 6.4）；另一种是由于浮游植物数量过大（日光充足、光合强度大），pH 迅速增高（9.5~10.0 以上），造成胚胎大量死亡或全部死亡。

5. 盐度对胚胎发育的影响

盐度对鱼类胚胎发育和仔鱼质量的影响也很明显。淡、海水鱼类的胚胎发育对盐度的适应能力不如成鱼强，广盐性种类的适应能力比狭盐性种类强。淡水鱼类中，四大家鱼的胚胎只能在淡水中正常发育，而鲤、鲫胚胎可在盐度 2~3 的水中正常发育，罗非鱼则可在盐度<18 的水体中发育；海水鱼类中，大菱鲆、真鲷等狭盐性种类只能在盐度>28~30 的水域中产卵与发育，而鲻、中华乌塘鳢等广盐性鱼类可在盐度<15 的水体中繁殖发育。

真鲷的胚胎发育速度，在盐度 27~41 比在盐度 10 的慢，仔鱼成活率在盐度 33 时最高。花鲈受精卵的存活盐度为 13~31，最适盐度为 22~25；盐度>25 时孵化率明显低。大黄鱼胚胎发育的适宜盐度为 20~32，最适盐度为 21.3~29.2（孵化率为 87%~95%），<16.3 和>34.7 均不能孵化。赤点石斑鱼胚胎发育对盐度的适应范围窄得多，适宜盐度为 24.0~33.5；盐度为 24 时，畸形率为 21%~28%；盐度<21 时，畸形率明显增大；盐度 21、18 和 15 的畸形率分别为 69.2%、71.2% 和 74.5%。

花尾胡椒鲷胚胎发育的适宜盐度为 11.2~45.7，最适盐度为 26.5~38.0。

6. 敌害生物对胚胎发育的影响

敌害生物对淡水鱼类胚胎发育的危害有时相当严重。其主要种类有剑水蚤、虾苗、蝌蚪、小鱼和细菌、真菌等。水霉菌是鲤、鲫、虹鳟等胚胎的主要敌害。水霉菌在水温低于 20℃时大量繁生，危害鱼类胚胎，应采用相应药物消毒、防治。

浮性受精卵和漂流性受精卵的敌害生物除疾病菌外，直接伤害卵膜、胚胎与仔鱼表皮的主要敌害生物是剑水蚤、虾苗。蝌蚪和小鱼直接吞食胚胎与仔鱼。剑水蚤是四大家鱼胚胎和仔鱼最常见的敌害生物，而且危害性很大，其危害程度与接触胚胎和仔鱼的时间长短，以及密度有关。剑水蚤对仔鱼（出膜 3d 内）的危害程度比对胚胎更大，即每 2.5ml 水中有 1 个剑水蚤对胚胎才有不利影响，每 4ml 水中有一个剑水蚤就会对仔鱼产生不利影响。虾苗、蝌蚪和小鱼等对胚胎的危害也是极其严重的，5 个体长 1.5cm 的虾苗在 10h 内能把 20 个胚胎全部弄伤致死，10 尾蝌蚪在 6h 内能把 200 个胚胎全部吃光，35 尾 3cm 的麦穗鱼在 5h 30min 内能把 200 个胚胎全部吃光，90 尾蝌蚪一个晚上把网箱中近十万尾刚孵出的鲤鱼苗几乎全部吃光（蝌蚪胃肠中充满鱼苗和鱼苗残体）。因此，应当严格进行过滤孵化用水，以滤取各种危害胚胎和仔鱼的敌害生物。

海水鱼类受精卵的孵化用水（海水育苗）一般都经过过滤和消毒，很少有敌害生物，原则上不会出现上述现象。

八、胚后发育

(一)发育分期

鱼类的个体发育（生命周期），分为胚前期、胚胎期和胚后发育期。胚前期是性细胞发生、发育和成熟的时期。胚胎期是指从精卵结合（受精）开始到胚胎出卵膜（鱼苗孵出）的时期。胚后发育期是指从孵出的仔鱼（鱼苗）到衰老死亡的时期。胚后发育期又分为下列 5 个时期。

仔鱼期：鱼苗身体具有奇鳍褶（仔鱼器官）的时期。该期又分为仔鱼前期和仔鱼后期。

仔鱼前期：系胚胎刚从卵膜内孵出到开始摄食外界食物的鱼苗，即以卵黄为营养的时期；发育持续的时间（3~5d）、长度和分化程度，依种类而异，全长一般为 1.5~8mm，四大家鱼全长 3.5~7mm。

仔鱼后期：系卵黄囊消失，开始从外界摄取食物，奇鳍褶分化为背、臀和尾三部分，并分别形成背鳍、臀鳍和尾鳍，出现腹鳍；大多数养殖鱼类全长为 10mm 左右，四大家鱼为 8~17mm。鳒鲽类牙鲆的仔鱼后期，全长为 4.5~10mm，4.6~4.8mm

时背鳍褶前缘出现三角形冠状幼鳍原基(大菱鲆无冠状幼鳍)，然后冠状幼鳍加长、分化为 4 根、末端游离(7mm)；全长 10mm 时冠状幼鳍增加为 6~7 根，游离端分化出鳍条，右眼开始上升。石斑鱼类的仔鱼，如赤点石斑鱼的突出特点是具有较长的背棘、腹棘，长度为体长的 50%左右。

稚鱼期：奇鳍褶完全消失，体侧开始出现鳞片以至侧线明显、全身被鳞。该期的四大家鱼全长为 17~70mm；牙鲆全长 10~16mm，右眼上升头顶至完全移到左侧，冠状幼鳍显著缩短，已不超过背鳍前缘高度(后期)，尾柄基部的鳍褶尚未完全消失，转入底栖生活。

幼鱼期：全身被鳞，侧线明显，胸鳍条末端分枝，体色、斑纹及生活习性已与成鱼相似，性腺处于Ⅰ期。

未成熟期：具有成鱼的形态结构，性腺未成熟(Ⅱ期)。

成鱼期：形态结构和生活习性稳定，性腺已发育成熟；第一次性成熟至性机能衰退前的整个时期。

上述各期的具体规格和年龄因种类而异。鱼苗和鱼种培育期正处于鱼类胚后发育的仔鱼期、稚鱼期和幼鱼期。这是鱼类一生中生长发育最旺盛的时期，其形态结构和生态生理学特征都发生一系列的规律性变化。

(二)发育阶段

鱼类胚后发育期具有明显的阶段性，通常是逐渐的量变与较迅速的质变相交替。两个质变之间的量变时期称发育阶段。每个发育阶段变化较为缓慢，其形态构造、生态和生理学特性没有质的变化。从一个阶段转变为另一个阶段的时间较短，但在形态、生态和生理特性等方面都发生明显的、质的变化。每个发育阶段所持续的时间有长有短，早期发育阶段比晚期的短，如仔鱼阶段只有几天，而幼鱼、成鱼阶段可能长达数年。每个发育阶段的长短还受外界条件(营养、温度、水质等)的影响。如营养不足时，发育阶段的持续时间就拖长。每个发育阶段要求一定的生态条件，如果条件不具备就会停止发育，如温度过低和缺乏食物，便停止发育以至死亡。不同发育阶段对外界条件的适应能力也有差异，如早期发育阶段对水温变化的适应力低于晚期各阶段。发育阶段通常与体长有密切关系，当营养和水温条件不好时，生长发育则变慢；在一般情况下，长度未达到应有的长度时则不能转入下一个发育阶段。

20 世纪 50~60 年代，我国和原苏联学者曾对鲢、鳙、草鱼、青鱼和鲤等鲤科鱼类的胚后发育阶段进行过较系统研究。根据 B.B.Bаснецов 和 C.Г.Крыжановский 关于划分鱼类发育阶段的原则和标准，并结合这几种鱼类胚后发育的形态(口、卵黄囊、鳍褶、鳍、鳔、肠、鳃耙、各部位长度的比例等)和生态习性(游动方式、食性、生长和栖息场所等)等变化规律,将仔鱼期至稚鱼期划分为 8~9 个阶段。它们的亲缘关系比较近,发育阶段的特征比较相似,但也有一定的特异性。发育阶段Ⅷ~Ⅸ以后,除性腺进一步发育成熟和身体继续增长外,其形态、生态和生理特征都保持相对稳定。其他养殖鱼类的胚后发育规律也有相似之处。

(刘焕亮　黄樟翰)

参 考 文 献

鲍宝龙, 苏锦祥, 殷名称. 1998. 延迟投饵对真鲷、牙鲆仔鱼早期阶段摄食、存活及生长的影响. 水产学报, 22(1): 33~38

毕宁阳, 王福强, 赵兴文, 等. 1998. 真鲷耗氧率及能量代谢的研究. 上海水产大学学报, 7(增刊): 154~158

蔡述明. 1991. 洪湖水体生物生产力综合开发及湖泊生态环境优化研究. 北京: 海洋出版社

蔡焰值, 陶建军, 葛雷, 等. 1991. 斑点叉尾鮰胚胎和幼苗发育的观察. 水产学报, 15(4): 308~316

曹振东, 谢小军. 2002. 温度对南方鲇饥饿仔鱼的半致死时间及其体质量和体长变化的影响. 西南师范大学学报, 27(5): 746~750

陈纪春. 1984. 长潭水库鲢、鳙生长及放养量的初步研究. 水利渔业, (1): 53~57

陈敬存, 林永泰, 伍掉田. 1978. 长江中下游水库凶猛鱼类的演替规律及种群控制途径的探讨. 海洋与湖沼, 9(1): 49~58

陈宁生. 1956. 太湖所产银鱼的初步研究. 水生生物学集刊, (2): 324~334

陈松林, 刘宪亭, 鲁大椿, 等. 1992a. 家鱼冷冻精液激活、授精方法的研究. 水产学报, 16(4): 337~345

陈松林, 刘宪亭, 鲁大椿, 等. 1992b. 鲤、鲢、鳙精子低温短期保存研究. 淡水渔业, (3): 3~7

陈松林, 刘宪亭, 鲁大椿, 等. 1992c. 鲢、鲤、团头鲂和草鱼精液冷冻保存的研究. 动物学报, 38(4): 413~423

陈曾龙. 1999. 我国鲟类生物学概述. 淡水渔业, 29(7): 20~22

陈真然. 1963. 白鲢幼鱼早期发育的形态特征. 武汉大学学报(自然科学版), (2): 48~64

大连水产专科学校养殖系. 1975. 我国几个水域鲫鱼的主要形态性状和生长的比较. 淡水渔业科技杂志, (4): 9~15

戴定远. 1964. 白洋淀鲫鱼的几项生物学资料. 动物学杂志, (1): 22~24

邓景耀, 赵传纲. 1991. 海洋渔业生物学. 北京: 农业出版社: 111~518

邓利, 张波, 谢小军. 1999. 南方鲇继饥饿后恢复生长. 水生生物学报, 23(2): 167~173

邓岳松, 林浩然. 2001. 鳗鲡繁殖生物学和人工育苗研究概况. 湛江海洋大学学报, 21(2): 77~82

董崇智, 李怀明, 牟振波, 等. 2001. 中国淡水冷水性鱼类. 哈尔滨: 黑龙江科学技术出版社

董存有, 张金荣. 1992. 真鲷窒息点与耗氧率的初步测定. 水产学报, 16(1): 75~79

董乐, 邱文, 龚新玲. 2002. 大银鱼人工授精技术研究. 水利渔业, 22(6): 14

董双林. 1992. 鲢、鳙鱼摄食生物学的实验研究. 青岛: 青岛海洋大学博士学位论文

樊海平, 曾占壮. 1998. 美洲鳗鲡对水温、盐度和 pH 值的耐受性试验. 浙江农业学报, 10(2): 94~96

冯昭信, 姜志强. 1998. 花鲈研究. 北京: 海洋出版社

福建省科学技术厅. 2004. 大黄鱼养殖. 北京: 海洋出版社

富丽静, 李勃, 刘义新. 1993. 中国沿海河口地区鳗苗食性的初步研究. 水利渔业, 13(4): 16~17

葛国昌. 1991. 海水鱼类增养殖学. 青岛: 青岛海洋大学出版社

韩妍妍, 王维娜, 王安利. 2002. 香鱼生物学特性及人工繁殖技术. 水产养殖, (10): 19~21

何林, 曹克驹, 王敏, 等. 1993. 乌鳢人工繁殖的初步研究. 水利渔业, (5): 32~34

何志辉. 1985. 从"看水"经验论养鱼水质的生物指标. 水生生物学报, 9(1): 89~98

何志辉. 1987. 再论白鲢的食物问题. 水产学报, 11(4): 351~358

何志辉. 2000. 淡水生态学. 北京: 中国农业出版社

何志辉, 李永函. 1975. 论白鲢的食物问题. 水生生物学集刊, 5(4): 541~548

何志辉, 李永函. 1983. 清河水库的浮游生物. 水生生物学集刊, 8(1): 70~84

何志辉, 李永函. 1983. 无锡市河埒口高产鱼池水质的研究 II. 浮游生物. 水产学报, 7(4): 287~299

洪万树, 张其永, 许胜发, 等. 1996. 花鲈精子生理特性及其精液超低温冷冻保存. 海洋学报(中文版), 18(2): 97~104

洪万树. 1998. 美洲鳗鲡生物学. 海洋科学, (2): 34~35

侯俊利, 陈立侨, 庄平, 等. 2006. 不同盐度驯化下施氏鲟幼鱼鳃泌氯细胞结构的变化. 水产学报, 30(3): 316~322

胡灯进, 朱小明, 杨圣云. 2005. 饥饿和摄食状态下大黄鱼幼鱼的能量收支. 厦门大学学报, 44(4): 51~55

湖北省水生生物研究所鱼类研究室. 1976. 长江鱼类. 北京: 科学出版社

湖北省随县桃园河水库管理处, 湖北省水生生物研究所鱼类遗传育种研究室引种驯化组. 1975. 细鳞斜颌鲴的养殖及其生物学研究. 水生生物学集刊, 5(4): 421~434

湖南师范学院鱼类研究小组. 1975. 青鱼性腺发育的研究. 水生生物学集刊, 5(4): 471~484

华元渝. 2004. 暗纹东方鲀健康养殖及安全利用. 北京: 中国农业出版社

黄炳椿, 刘宝群, 刘美玲. 1964. 鲢、鳙鱼种昼夜摄食强度和投饵关系. 动物学杂志, 6(4): 165~169

黄大明, 陈世群. 1997. 鳗鲡的生活史和人工育苗技术探讨. 动物学杂志, 32(3): 39~48

姜志强, 贾泽梅, 韩延波. 2002. 美国红鱼继饥饿后的补偿生长及其机制. 水产学报, 26(1): 67~72

姜志强, 梁兆川, 于向前, 等. 2001. 碧流河水库陆封型香鱼生物学特性的演变. 中国水产科学, 8(2): 36~39

姜志强, 吴立新, 冯昭信. 2005. 海水养殖鱼类生物学及养殖. 北京: 海洋出版社

柯鸿文. 1975. 一种优良淡水鱼——团头鲂(*Megalobrama amblycephala*)的繁殖和饲养. 水生生物学集刊, 5(3): 293~310

雷逢玉, 王宾贤. 1990. 泥鳅繁殖和生长的研究. 水生生物学报, 14(1): 60~67

雷慧僧. 1981. 池塘养鱼学. 上海: 上海科学技术出版社

雷霁霖. 2005a. 大菱鲆养殖技术(修订本). 上海: 上海科学技术出版社

雷霁霖. 2005b. 海水鱼类养殖理论与技术. 北京: 中国农业出版社

雷衍之, 董双林, 沈成钢. 1985. 碳酸盐碱度对鱼类毒性作用的研究. 水产学报, 9(2)171~183

黎祖福, 陈刚, 宋盛宪, 等. 2006. 南方海水鱼类繁殖与养殖技术. 北京: 海洋出版社

李勃. 1995. 温度、盐度对大银鱼胚胎发育的影响. 水产科学, (6): 3~5

李德尚, 董双林. 1996. 鲢、鳙滤食器官结构与功能的研究. 动物学报, 42(1): 10~14

李德尚, 朱述渊, 刘焕亮. 1993. 水产养殖手册. 北京: 农业出版社

李华, 刘焕亮. 1996. 青鱼消化器官数量性状胚后发育规律, 水产学报, 20(3): 203~208

李家乐. 2011. 池塘养鱼学. 北京: 中国农业出版社: 15~79

李思发. 1980. 鲢、鳙、草鱼摄食节律和日摄食率的初步研究. 水产学报, 4(3)275~284

李思发, 徐森林. 1988. 水库养鱼与捕鱼. 上海: 上海科学技术出版社

李思发, 等. 1990. 长江、珠江、黑龙江三水系的鲢、鳙、草鱼种质资源研究. 上海: 上海科学技术出版社

李思发, 等. 1998. 中国淡水主要养殖鱼类种质研究. 上海: 上海科学技术出版社

李思忠. 1988. 香鱼的名称、习性、分布及渔业前景. 动物学杂志, 23(6): 3~6

李思忠, 方芳. 1990. 鲢、鳙、青鱼、草鱼地理分布的研究. 动物学报, 36(3): 244~250

李小勤, 李星星, 冷向军, 等. 2007. 盐度对草鱼生长和肌肉品质的影响. 水产学报, 31(3): 343~348

李小勤, 刘贤敏, 冷向军, 等. 2008. 盐度对乌鳢(*Channa argus*)生长和肌肉品质的影响. 海洋与湖沼, 39(5): 505~510

李秀玉, 林小涛, 廖志洪, 等. 2005. 温度对黄颡鱼仔鱼摄食强度及饥饿耐受力的影响. 生态科学, 24(3): 243~245

李永函. 1978. 关于鱼苗下塘时池水水生生物指标问题的探讨. 淡水渔业, (1): 13~19

梁旭方, 谢骏, 王秋荣, 等. 2002. 日本鳗鲡仔鱼摄食机理及其营养策略. 水产学报, 26(6): 556~560

梁旭方, 何大仁. 1998. 鱼类摄食行为的感觉基础. 水产生物学报, 22(3): 278~284

梁彦龄. 1995. 草型湖泊渔业. 环境与渔业生态学管理(一). 北京: 科学出版社

林丹军, 张健, 骆嘉. 1992. 人工养殖的大黄鱼性腺发育及性周期研究. 福建师范大学学报(自然科学版), 8(3): 81~87

林鼎, 林浩然. 1984. 鳗鲡繁殖生物学研究: III. 鳗鲡性腺发育组织学和细胞学研究. 水生生物学集刊, 8(2): 157~163

林鼎, 林浩然, 黄奕华, 等. 1977. 鳗鲡 *Anguilla japonica* Temminck & Schlegel 繁殖生物学研究: I. 下海鳗鲡雌雄性状差异和鉴别. 水生生物学集刊, 6(2): 177~188

林浩然. 1981. 关于硬骨鱼类生殖内分泌的研究. 水生生物学集刊, 7(3): 426~442

林浩然. 1987. 鱼类生殖内分泌学研究的进展及其在渔业生产中的应用. 动物学杂志, 22(1): 44~52

林浩然. 1999. 鱼类生理学. 广州: 广东高等教育出版社

林利民, 李益云, 万瑞景, 等. 2006. 牙鲆早期发育阶段的摄食节律. 水产学报, 30(3): 329~334

刘焕亮. 1981. 鲢鳙的滤食器官. 大连水产学院学报, (1): 13~33

刘焕亮. 2000. 水产养殖学概论. 青岛: 青岛出版社: 202~320

刘焕亮. 2004. 中国养殖的两栖动物生物学研究进展. 大连水产学院学报, 19(2): 120~125

刘焕亮. 2005. 中国淡水爬行动物主要养殖种类生物学研究进展. 大连水产学院学报, 20(1): 61, 68

刘焕亮, 何幽峰. 1978. 鲢、鳙、草鱼苗和鱼种的摄食与生长. 全国淡水渔业学术研讨会

刘焕亮, 黄樟翰. 2008. 中国水产养殖学. 北京: 科学出版社: 285~424

刘焕亮, 崔和, 李立萍, 等. 1992. 鳙滤食器官胚后发育生物学的研究. 大连水产学院学报, 7(1): 1~10

刘焕亮, 丁守河, 杨云龙, 等. 1994. 尼罗罗非鱼摄食器官胚后发育生物学. 水产学报, 18(1): 8~17

刘焕亮, 李华, 翟宝香. 1990. 青鱼咀嚼器官胚后发育生物学的研究. 水生生物学报, 14(4): 310~320

刘焕亮, 李梦河, 李立萍, 等. 1993. 鲢滤食器官胚后发育生物学的研究. 大连水产学院学报, 8(2、3): 1~19

刘焕亮, 蒲红宇, 胡作文, 等. 1998. 鲇人工繁殖关键技术的研究. 大连水产学院学报, 13(2): 1~8

刘焕亮, 王吉桥, 赵兴文, 等. 1982. 鱼苗当年养成食用鱼. 大连水产学院学报, (1): 1~28

刘焕亮, 张秀梅, 杨文龙, 等. 1993. 白鲫摄食器官胚后发育生物学. 水产学报, 17(1): 36~44

刘建康, 何碧梧. 1992. 中国淡水鱼类养殖学. 3 版. 北京: 科学出版社

刘键, 赵德树. 2003. 香鱼的生物学特性及人工养殖技术. 水利渔业, 23(5): 23~24

刘筠. 1993. 中国养殖鱼类繁殖生理学. 北京: 农业出版社

刘筠, 陈淑群, 王义铣, 等. 1978. 草鱼产卵类型的研究. 水生生物学集刊, 6(3): 247~262

刘筠, 陈淑群, 王义铣. 1981. 三角鲂(*Megalobrama terminalis*)精子与青鱼(*Mylopharyngodon piceus*)卵子的受精细胞学. 水生生物学集刊, 7(3): 229~239

刘筠, 刘国安, 陈淑群, 等. 1983. 尼罗罗非鱼性腺发育的研究. 水生生物学集刊, 8(1): 17~32

刘筠, 刘素娴, 寿孝钟, 等. 1962. 草鱼性腺发育的研究. 湖南师范学院自然科学学报, (4): 1~23

刘淑梅, 倪信岳. 1996. 加州鲈不同发育阶段的食性. 水产科技情报, 23(5): 225~228

刘水泉. 1995. 欧鳗生物学特性及其饲养技术. 水利渔业, (2): 35~41

刘伟, 王昭明, 石连玉. 2000. 虹鳟、金鳟亲鱼成熟群体卵质比较研究. 水产学杂志, 13(2): 9~13

刘雄, 王昭明, 全国善, 等. 1990. 虹鳟养殖技术. 北京: 农业出版社

楼允东. 1996. 组织胚胎学. 北京: 中国农业出版社

卢迈新, 黄樟翰, 谢骏, 等. 1998. 养鳗池塘的浮游生物及其与鳗摄食关系的初步研究. 水产学报, 22(3): 223~229

陆伟民. 1994. 大口黑鲈仔、稚鱼生长和食性的观察. 水产学报, 18(4): 330~334

陆忠康. 2001. 简明中国水产养殖百科全书. 北京: 中国农业出版社

罗仙池, 徐天祥, 吴振兴, 等. 1992. 鳜鱼的胚胎、仔稚鱼发育观察. 水产科技情报, 19(6): 165~168

马爱军, 王新安, 庄志猛, 等. 2007. 半滑舌鳎(*Cynoglossus semilaevis*)与摄食行为相关的特定感觉器官研究. 海洋与湖沼, 38(3): 240~245

马荣和, 丁彦文, 李加儿. 1990. 赤点石斑鱼仔、稚、幼鱼的发育. 动物学杂志, 25(2): 6~9

马淑贤, 刘焕亮. 1992. 高产精养池塘中生态因素对鲢、鳙生长速度影响作用的研究. 大连水产学院学报, 7(2、3): 31~38

马旭洲, 王武, 甘炼, 等. 2006. 延迟投饵对瓦氏黄颡鱼仔鱼存活、摄食和生长的影响. 水产学报, 30(3): 323~328

麦贤杰, 黄伟健, 叶富良, 等. 2005. 海水鱼类繁殖生物学和人工繁殖. 北京: 海洋出版社

孟庆闻, 缪学祖, 秦克静, 等. 1989. 鱼类学(形态、分类). 上海: 上海科学技术出版社

孟庆闻, 苏锦祥. 1987. 鱼类比较解剖. 北京: 科学出版社

孟庆闻, 苏锦祥, 缪学祖. 1995. 鱼类分类学. 北京: 中国农业出版社

孟庆闻, 苏锦祥. 1960. 白鲢的系统解剖. 北京: 科学出版社

莫根永, 胡庚东, 周彦锋. 2009. 暗纹东方鲀胚胎发育的观察. 淡水渔业, 39(6): 22~27

尼科尔斯基 Г. В. 1958. 分门鱼类学. 缪学祖, 林福申, 田明诚译. 北京: 高等教育出版社

尼科尔斯基 Г. В. 1960. 黑龙江流域鱼类. 高岫译. 北京: 科学出版社

倪达书, 蒋燮治. 1954. 花鲢和白鲢的食料问题. 动物学报, 6(1): 59~71

农业部水产司. 1993. 中国水产科学研究报告集: 186~262

农业部渔业局. 1997. "八五"水产科研重要进展: 1~40

农业部渔业局. 2002. "九五"科技攻关计划渔业重点项目研究成果报告集: 199~225

农业部渔业局. 2013. 中国渔业统计年鉴. 北京: 中国农业出版社

曲秋芝, 孙大江, 赵明华, 等. 1995. 史氏鲟取卵技术的研究. 中国水产科学, 2(4): 94~96

任敬明, 李德尚, 周春生. 1993. 山东省大、中型水库鲢、鳙的生长与环境条件的关系. 青岛海
  洋大学学报, 23(4): 75~81

任慕莲. 1987. 中国名贵珍惜水生动物. 杭州: 浙江科学技术出版社

阮景荣. 1986. 武汉东湖鲢、鳙生长的几个问题的研究. 水生生物学报, 10(3): 252~264

山东省水产学校. 1980. 淡水鱼类养殖学. 北京: 农业出版社

沈俊宝, 刘明华, 范兆廷. 1997. 黑龙江银鲫. 哈尔滨: 黑龙江科学技术出版社

沈俊宝, 张显良. 2002. 引进水产优良品种及养殖技术. 北京: 金盾出版社

石志中, 方德奎, 张卫. 1976. 白鲢鱼种对螺旋鱼腥藻摄食量和利用率的研究. 水生生物集刊,
  6(1): 89~95

史为良. 2012. 内陆水域鱼类增殖与养殖学. 长沙: 湖南科学技术出版社

史为良. 1996. 内陆水域鱼类增殖与养殖学. 北京: 中国农业出版社

史为良, 毌全富, 蟹全胜. 1987. 我国池沼公鱼(*Hypomesus olidus*)和西太公鱼(*H. nipponensis*)
  的来源和比较. 水利渔业, (2): 5~14

史为良, 夏德昌, 董双林, 等. 1994. 大伙房和柴河两水库的环境因子同鲢鳙生长和产量的关系.
  海洋与湖沼, 25(1): 77~86

司亚东, 陈英鸿, 曾继参. 1995. 鳜鱼的耗氧率及其池塘养殖. 水生生物学报, 19(4): 327~332

宋苏祥, 刘洪柏, 孙大江, 等. 1997. 史氏鲟稚鱼的耗氧率和窒息点. 中国水产科学, 4(5):
  100~103

宋昭彬, 何学福. 1998. 饥饿状态下南方鲇仔鱼的形态和行为变化. 西南师范大学学报, 23(4):
  462~266

宋昭彬, 何学福. 2001. 南方鲇仔鱼饥饿致死时间的研究. 水利渔业, 21(5): 16~17

苏锦祥. 1995. 鱼类学与海水鱼类养殖. 北京: 中国农业出版社

孙大江, 曲秋芝, 吴文化, 等. 2000. 施氏鲟人工繁殖及养殖技术. 北京: 海洋出版社

孙进金. 1987. 鳜鱼人工繁殖和苗种培育的研究. 水利渔业, (6): 42~44

孙儒泳, 张玉书. 1982. 温度对罗非鱼生长的影响. 生态学报, 2(2): 181~188

孙晓明, 孟庆闻. 1992. 鲢、鳙滤食及消化器官的发育、构造与食性的关系. 水产学报, 16(3):
  202~211

唐宇平, 樊恩源. 1993. 鳜鱼消化器官的发育和食性的研究. 水生生物学报, 17(4): 329~336

唐作鹏, 解涵, 解玉浩, 等. 2000. 水丰水库亚洲公鱼和大银鱼种群生态的比较研究. 湖泊科学, 14(2): 152~158

万成炎, 高少波, 林永泰, 等. 1993. 鲂鱼种耗氧率与窒息点的研究. 水利渔业, 13(4): 7~9

万瑞景, 李显, 庄志猛, 等. 2004. 鳀鱼仔鱼饥饿试验及不可逆点的确定. 水产学报, 28(1): 79~83

万松良, 黄二春, 李懋, 等. 1997. 大口鲇鱼种耗氧率和窒息点的观测. 齐鲁渔业, 14(3): 22~23

汪锡钧, 吴定安. 1994. 几种主要淡水鱼类温度基准值的研究. 水产学报, 18(2): 93~100

王根林, 石文雷, 黄凤钦, 等. 1993. 盐度对青鱼、团头鲂鱼种生存、生长的影响. 淡水渔业, (6)8~11

王涵生. 1997. 海水盐度对牙鲆仔稚鱼的生长、存活率及白化率的影响. 海洋与湖沼, 23(4): 399~405

王吉桥, 赵兴文. 2000. 鱼类增养学. 大连: 大连理工大学出版社

王吉桥, 毛连菊, 姜静颖, 等. 1993. 鲤、鲢、鳙、草鱼苗和鱼种饥饿致死时间的研究. 大连水产学院学报, 8(2、3): 58~63

王吉桥, 谭克非, 张剑诚. 2006. 大菱鲆养殖理论与技术. 北京: 海洋出版社

王敏, 曹克驹, 常青, 等. 1997. 乌鳢的食性与摄食率的研究. 水利渔业, (5): 12~15

王清印. 2003. 海水健康养殖的理论与实践. 北京: 海洋出版社: 239~256

王蓉晖. 1997. 草鱼孵化腺超微结构及孵化酶形成与释放的研究. 水生生物学报, 21(1): 64~69

王武. 2000. 鱼类增养殖学. 北京: 中国农业出版社

王燕妮, 张志蓉, 郑曙明. 2001. 鲤鱼的补偿生长及饥饿对淀粉酶的影响, 水利渔业, 21(5): 6~7

王永生. 2002. 鱼类补偿性生长研究. 海洋水产研究, 23(3): 51~67

王永新, 陈建国, 孙帼英. 1995. 温度和盐度对花鲈胚胎及前期仔鱼发育影响的初步报告. 水产科技情报, 22(2): 54~57

王昭明. 2003. 鲑科鱼增养殖生物学简述. 2003 年中国水产学会学术年会论文汇编: 216~218

王昭明, 吴凡修, 沈希顺. 2004. 虹鳟鱼养殖. 北京: 中国农业出版社

文良印, 谭玉钧, 王武. 1998. 水温对草鱼鱼种摄食、生长和死亡的影响. 水产学报, 22(4): 371~374

吴庆龙, 郑柏年. 1993. 加州鲈鱼仔幼鱼口器结构与食性的研究. 生态学报, 3(3): 283~286

吴莹莹, 柳学周, 王清印, 等. 2006. 大菱鲆受精过程的细胞学观察. 中国水产科学, 13(4): 555~560

吴遵霖. 1987. 鳜仔鱼消化器官发育与摄食习性观察. 水利渔业, (3): 39~43

伍献文. 1964. 中国鲤科鱼类志(上册). 上海: 上海科学技术出版社

伍献文. 1977. 中国鲤科鱼类志(下册). 上海: 上海科学技术出版社

伍献文, 杨干荣, 乐佩琦, 等. 1963. 中国经济动物志——淡水鱼类. 北京: 科学出版社

夏连军, 施兆鸿, 陆建学. 2004. 黄鲷仔鱼饥饿试验及不可逆点的确定. 海洋渔业, 26(4): 286~290

肖雨, 刘红. 1997. 花鲈鱼种日摄食节律的初步研究. 水产科技情报, 24(3): 99~103

谢从新. 1989. 池养鲢、鳙摄食习性的研究. 华中农业大学学报, 8(4): 385~394

谢刚, 祁宝崙, 曹超, 等. 1995. 鳗鲡胚胎发育与水温和盐度的关系. 中国水产科学, 2(4): 1~7

谢刚, 祁宝崙, 余德光, 等. 2000. 鳗鲡胚胎和早期仔鱼的耗氧量. 大连水产学报学报, 15(4): 250~253

谢平. 2003. 鲢、鳙与藻类水华控制. 北京: 科学出版社

谢小军, 何学福, 龙天澄. 1996. 南方鲇的繁殖生物学研究: 繁殖时间、产卵条件和产卵行为. 水生物学报, 20(1): 17~23

解玉浩. 1996. 大银鱼的繁殖生物学及移植放流的主要措施. 水利渔业, (1): 6, 8

解玉浩, 李勃. 1993. 公鱼属鱼类及资源利用. 沈阳: 辽宁科学技术出版社

徐鹏飞. 2004. 香鱼的生物学特征及其养殖技术探讨. 现代渔业信息, 19(6): 14~16

杨锦昌. 2003. 香鱼的生物学特性及其养殖技术(上、下). 水产养殖, (13): 18, (14): 15

杨宇峰, 黄祥飞. 1992. 鲢鳙对浮游动物群落结构的影响. 湖泊科学, 4(3): 78~86

姚国成. 1998. 优质、高产、高效——淡水养殖技术与经验. 北京: 科学出版社

叶岩豹. 2004. 香鱼增养殖技术. 杭州: 浙江科学技术出版社

叶奕佐. 1959. 鱼苗、鱼种耗氧率、能需量、窒息点和呼吸系数的初步报告. 动物学报, 11(2): 112~135

叶奕佐. 1964. 青鱼胚后发育的初步研究. 水产学报, 1(1-2): 39~57

殷名称. 1991. 北海鲱卵黄囊期仔鱼期的摄食和生长. 海洋与湖沼, 22(6): 554~560

殷名称. 1995a. 鱼类生态学. 北京: 中国农业出版社

殷名称. 1995b. 鱼类仔鱼期的摄食和生长. 水产学报, 19(4): 335~342

臧维玲, 王武, 叶林, 等. 1989. 盐度对淡水鱼类的毒性效应. 海洋与湖沼, 20(5): 445~450

翟宝香, 丁守河, 白河. 1997. 尼罗罗非鱼摄食器官胚后发育的组织学研究. 水产学报, 21(4): 353~359

翟宝香, 刘焕亮, 李梦河, 等. 1992. 鲢消化系统胚后发育的组织学研究. 大连水产学院学报, 7(2): 19~30

翟宝香, 刘伟, 李华, 等. 1988. 青鱼咽齿和角质垫发生和发育组织学研究. 大连水产学院学报, (1): 23~35

翟宝香, 张秀梅, 张靖. 1997. 白鲫消化系统胚后发育组织学研究. 中国水产科学, 4(3): 23~29

张北平, 杨文荣, 张人铬. 2000. 赛里木湖移植的高白鲑(*Coregonus peled*)生长发育. 水产学杂志, 13(2): 36~41

张本. 1966. 鲩、鲢鱼种摄食强度变化的一些规律. 水产学报, 3(1)41~51

张波, 孙耀, 唐启升. 2000. 饥饿对真鲷生长及生化组成的影响. 水产学报, 24(3): 206~210

张波, 孙耀, 王俊, 等. 1999. 真鲷在饥饿后恢复生长中的生态转换效率. 海洋水产研究, 20(2): 39~41

张波, 谢小军. 2000. 南方鲇的饥饿代谢研究. 海洋与湖沼, 31(5): 480~484

张春霖, 等. 1960. 黄渤海鱼类调查报告. 3版. 北京: 科学出版社

张海明, 等. 1989. 鳜鱼摄食行为及其饵料鱼合理规格初探. 水利渔业, (6): 24~27

张开翔. 1981. 洪泽湖所产大银鱼生物学及其增殖研究. 水产学报, 5(1): 29~37

张开翔. 1992. 大银鱼胚胎发育观察. 湖泊科学, 4(2): 25~37

张开翔, 庄大栋, 张立. 1981. 洪泽湖所产大银鱼生物学及其增殖的研究. 水产学报, 5(1): 29~38

张培军, 等. 1999. 海水鱼类繁殖发育和养殖生物学. 济南: 山东科学技术出版社

张天荫. 1990. 鱼类的受精. 动物学杂志, 25(5): 38~42

张晓华, 崔礼存. 2000. 温度与鳜仔鱼饥饿耐力的关系. 安徽农业大学学报, 24(4): 391~393

张晓华, 苏锦祥, 殷名称. 1999. 不同温度条件对鳜仔鱼摄食和生长发育的影响. 水产学报, 23(1): 91~94

张新平, 杨文荣, 张人铭, 等. 2000. 赛里木湖移植的高白鲑生长发育. 水产学杂志, 13(2): 36~41

张修雷. 1983. 鱼用催产激素现状和问题的探讨. 水产科技情报, (4): 17~19

张扬宗, 谭玉均, 欧阳海. 1989. 中国池塘养鱼学. 北京: 科学出版社

张耀光, 谢小军. 1996. 南方鲇的繁殖生物学研究: 性腺发育及周年变化. 水生生物学报, 20(1): 8~14

章征忠, 张兆琪, 董双林. 1998. 鲢鱼幼鱼对盐、碱耐受性的研究. 青岛海洋大学学报, 29(3): 441~446

赵文. 2005. 鳗鲡的生物学及养殖技术. 大连: 大连海事大学出版社

郑宗林, 黄朝芳, 彭银宏. 2001. 饥饿对鱼类生长的影响. 江西水产科技, (4): 14~17

中国科学院动物研究所, 中国科学院海洋研究所, 上海水产学院. 1962. 南海鱼类志. 北京: 科学出版社

中国科学院海洋研究所. 1962. 中国经济动物志——海产鱼类. 北京: 科学出版社

中国科学院实验生物研究所发生理研究室. 1966. 家鱼人工生殖的研究. 北京: 科学出版社

中国科学院水生生物研究所, 上海自然博物馆. 1982. 中国淡水鱼类原色图集. 上海: 上海科学技术出版社

中国水产科学研究院. 2004. 淡水养殖实用全书. 北京: 中国农业出版社

钟麟, 赵继祖. 1963. 白鲢的生长发育和人工繁殖. 太平洋西部渔业研究委员会第五次全体会议论文集. 北京: 科学出版社: 54~65

钟麟, 赵继祖. 1965. 家鱼的生物学和人工繁殖. 北京: 科学出版社

钟麟, 赵继祖. 1966. 鲮鱼的生物学特性和人工繁殖. 太平洋西部渔业研究委员会第九次鱼体会议论文集. 北京: 科学出版社: 1~5

周永欣, 张甫英, 周仁珍. 1986. 氨对草鱼的急性和亚急性毒性. 水生生物学报, 10(1): 32~38

朱爱民, 梁银铨, 黄道明, 等. 2009. 匙吻鲟仔稚鱼开口规格及摄食选择的研究. 水生生物学报, 33(6): 1202~1206

朱成德. 1985. 太湖大银鱼生长与食性的初步研究. 水产学报, 9(3): 275~287

朱蕙, 邓文瑾. 1983. 鱼类对藻类消化吸收的研究(Ⅱ)鲢、鳙对微囊藻和裸藻的消化吸收. 鱼类学论文集, (3): 77~91

朱艺峰, 林霞, 吴望星, 等. 2006. 周期性饥饿下花鲈的形态变化与饥饿状态的相对差别分析. 中国水产科学, 13(1): 45~51

朱元鼎, 张春霖, 成庆泰. 1963. 东海鱼类志. 北京: 科学出版社

朱志荣, 林永泰, 方榕乐. 1976. 武昌东湖蒙古红鲌和翘嘴红鲌的食性及其种群控制问题的研究. 水生生物学集刊, 6(1): 36~52

庄平, 章龙珍, 罗刚, 等. 2008. 长江口中华鲟幼鱼感觉器官在摄食行为中的作用. 水生生物学报, 32(4): 475~481

庄虔增. 1996. 鲈生物学及池塘养殖技术. 齐鲁渔业, 13(2): 8~11

松井佳一. 1962. 南米チチカカ湖のニジマスについて. 日本水産學會誌, 28(5): 497~499

野村稔. 1976. 食鱒の研究. 東京: 綠書房: 1~4

野村稔. 1982. 淡水養殖技術. 東京: 恒星社厚生閣板: 1~52

Blancheton J. P. 2000. Developmengts in recirculation systems for Mediterrancan fish species. Aquacultural Engineering, 22: 17~31

Fang P. W. 1928. Notes on the gill-rakers and theire related structures of *Hypophthalmiehthys molitriix* and *H. nobilis*. Contrib. Biol. Lab. Soc. China, 4: 1~30

Phillips T. A., Summerfelt R. C., Clayton R. D. 1998. feeding frequency errects on water quality and growth of walleye fingerlings in intensive culture. The Progressive Fish–Cultureist, 60: 1~8

Summerfelt S. T., Holland K. H., Hankins J. A., et al. 1995. A hydroacoustic waste feed controller for tank system. Water Science Technology, 31: 123~129

Wang J. Q. 1989. Daily food consumption and feeding rhythm of silver carp (*Hypophthalmichthys molitrix*) during fry to fingerling period. Aquaculture, 83: 73~790

Wang J. Q. 1997. Influence of salinity on food consumption, growth and energy conversion efficiency of common carp (*Cyprinus carpio*) fingerlings. Aquaculture, 148: 115~124

Брагинская Р. Я. 1960. Зтапы развия культурного карпа. Труды института морфологии жзивотных ИМ. А. Н. северцова. Вып, 28: 129~149. Москва: Издательство академии наук СССР

Вовк П. С. 1976. Биология цальневосточных раститльноядых рых и их хозяйственное и спользование в водоёмах украина. Издательства 《НАУКОВА ДУМКА》

第三章 养殖棘皮动物生物学

我国棘皮动物(Echinodermata)养殖业是水产养殖业的新兴产业,主要养殖种类包括海参类(Holothuroidea)和海胆类(Echinoidea),属于经济价值极高的海珍品。2012年我国海参和海胆养殖产量分别为17.08万t和585.27t。

海参的体壁和海胆的生殖腺属于海珍品,味道鲜美,营养丰富,优质蛋白质含量较高,脂肪含量较低,但高度不饱和脂肪酸含量高,胆固醇含量很低,不仅是餐桌上的美味佳肴,也是一种良好的滋补品和优异的健康保健品,具有益智健脑、助产催乳、延缓衰老、消除疲劳和增强抵抗疾病的功能。

新鲜海参含水分77.1%(干品5.0%)、粗蛋白16.5%(76.50%)、粗脂肪0.2%(1.1%)、糖0.9%、灰分3.7%(4.2%);1kg干品含蛋白质774.14g、脂肪11.20g、胆固醇620mg、钙285mg、磷28mg;含有对人体有益的维生素 $A(V_A)$ 0.31mg、V_E 250.14mg、V_{B_1} 0.32mg、V_{PP} 9.23mg、V_{B_2} 1.10mg,以及微量元素 Mn 4.61mg、Cu 2.71mg、Zn 23.17mg、Se 1.42mg。

海参富含胶原蛋白和19种氨基酸(必需氨基酸占13.44%)、酸性黏多糖和海参皂苷(50多种),以及活性肽等多种活性物质:①海参多糖具有多种药理活性,包括抗凝血、抗血栓、抗肿瘤、免疫调节、促进纤维蛋白溶解、抑制肿瘤新生血管的形成等作用,其中粗多糖的抑瘤率高达73.56%;②多种海参皂苷具有抗肿瘤活性,以及抗真菌等抑菌活性。在抑制肿瘤细胞生长方面,广泛应用于各种癌症患者的术后疗养,是一种免疫增强剂。随着人们对海参生物活性物质及其作用的深入研究,海参将成为饮食、保健、药物、美容等方面的重要资源之一。

海胆的生殖腺营养价值高,每100g含蛋白质约12.25g、粗脂肪2.34g、灰分12.70g,特别是富含高度不饱和脂肪酸和多种磷脂(磷脂酰胆碱、磷脂酰乙醇胺和磷脂酸、溶血磷脂酰乙醇胺等),以及维生素A、维生素D等多种维生素和钙、磷、铁等多种微量元素和其他生理活性物质;不仅是餐桌上的美味佳肴,还可以制成盐渍海胆、酒精海胆、冰鲜海胆、海胆酱和清蒸海胆罐头等多种海胆食品。海胆的石灰质骨壳不仅能够制成精美的工艺品,还具有一定的药效功能,可治疗胃病及十二指肠溃疡、甲沟炎、中耳炎等,尤其对心血管病有较好的防治效果;还可制成工艺品。

海胆生殖腺味道鲜美,成熟性腺呈橘子瓣状,体积很大,几乎占据壳内的大部分空间。中国辽宁、山东、广东、福建和海南沿海历来有吃海胆生殖腺的习惯。在日本、马来群岛、南美和地中海沿岸的一些国家,如法国、意大利、希腊等国家也有吃海胆生殖腺的习惯，尤其是日本民众特别嗜好吃海胆生殖腺，不仅鲜食，还加工成各种制品，如海胆酱、海胆糜、酒精海胆等高档食品，价格比其他水产品高，年消费量极大，除本国的产量外，每年还需从美国、韩国、中国等地大量进口。

第一节　养殖种类及其分布

一、分类地位及主要形态特征

我国养殖的海参类和海胆类，隶属于棘皮动物门（Echinodermata）游移亚门（Eleutherzoa；无柄，自由生活）海参纲（Holothuroidea）和海胆纲（Echinoidea）。

全世界现存的海参 800~900 种，可食用的约 40 种，我国有 140 多种，可食用的约 20 种，经济价值较高的有 10 种左右；现存有海胆约 850 种，我国约有 100 种，经济种类近 30 种，能形成规模性渔业产量的不足 10 种，已开展人工育苗生产的仅两三种。

（一）分类地位

1. 海参类

我国养殖的海参类（Holothuria），主要种类有仿刺参、梅花参、花刺参、糙刺参、绿刺参和糙海参 6 种，隶属于楯手目（Aspidochirotida；触手楯形，数目 15~30 个，多数为 20 个；具呼吸树，但缺咽收缩肌；管足发达，具吸盘）；前 5 种隶属于刺参科（Stichopodidae；解手有坛囊，生殖腺 2 束，位于肠系膜两侧；骨片为桌形体，无扣状体，有 "C" 形体或双分枝杆状体），后 1 种隶属于海参科（Holothuriidae；触手 20~30 个，有坛囊，生殖腺 1 束，位于肠系膜左侧；骨片常为桌形体和扣状体，无 "C" 形体）。

2. 海胆类

我国海胆类的增养殖主要种类有虾夷马粪海胆、马粪海胆、光棘球海胆和紫海胆，隶属于正形目（Centrechinoidea；略呈半球形，辐射对称），前 3 种隶属于球海胆科（Strongylocentrotidae），后 1 种隶属于长海胆科（Echinometridae）。

（二）主要形态特征

1. 海参纲

海参纲体呈蠕虫状，典型体形为圆筒状（体壁厚，呈革状且黏滑），两侧对称，背腹略扁。背侧常有疣足（papillae；刺参科的疣足发达呈锥形肉刺），无吸盘。腹面有许多排列不规则的管足,末端有吸盘(由钙质小骨板支持)。疣足和管足与水管系统相通。口位于体前端,周围有围口膜(buccal membrane)和触手 10~30 个,数目一般为 5 的倍数,其形状与数目因种类而异。肛门位于体后端,周围常有不甚明显的小疣。内骨骼为微小的小骨片,埋在体壁组织内。食道周围围绕有石灰环。生殖腺一个,由分枝或不分枝的长细管构成,不呈放射对称,开口于身体前端背面的一个间步带。

(1)仿刺参【*Apostichopus japonicus* Selenka】(图 3-1)　北方产的品质最佳,产量最大,经济价值最高,是我国棘皮动物增养殖的重要对象。其体长一般约 20cm,最大达 40cm,直径约 4cm;体呈圆筒状,背面隆起上有 4~6 行大小不等、排列不规则的圆锥状疣足(肉刺);腹面平坦,管足密集,排列成不很规则的纵带。口偏于腹面,具触手 20 个,肛门偏于背面;呼吸树发达,但无居维氏器。体壁骨片为桌形体,其大小和形状随年龄不同而变化;成年个体桌形体退化,塔部变低或消失,变成不规则的穿孔板。体色变化很大,一般背面为黄褐色或栗皮褐色,腹面为浅黄褐色或赤褐色;此外还有绿色、赤褐色、紫褐色、灰白和纯白色的。

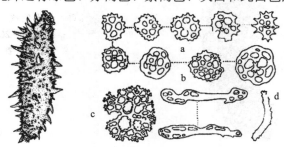

图 3-1　仿刺参(廖玉麟,1997)

a.桌形体退化为穿孔板;b.管足支持杆状体;c.泄殖腔的复杂骨片;d.触手支持杆状体

(2)梅花参【*Thelenota ananas* Jaeger】(图 3-2)著名的食用海参,是我国南方沿海最主要的经济种类,身体充分伸展后体长可达 90~120cm,外形略像凤梨,俗名"凤梨参",背面疣足成组,形成花瓣状,骨片为纤细的 X 形体或颗粒体。活体的背面为橙黄色或橙红色,散布着黄色和褐色斑点,腹面带赤色,触手为黄色,喜生活在暴露珊瑚礁缘外的沙底。

(3)花刺参【*Stichopus variegatus* Semper】(图 3-3)　我国南方沿海常见的食用种类,肉质厚嫩,俗名方参、黄肉、白刺参;体长一般为 20cm,最大者达 90cm,体稍呈四方柱状,背面散布许多小

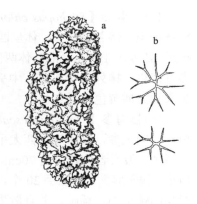

图 3-2　梅花参(廖玉麟,1997)

a.动物上面观;b.分枝杆状体

疣足，排列不规则，腹面管足排列为 3 纵带，中央带较宽。身体通常为深黄色，带有深浅不同的橄榄色斑纹；有的为灰黄色，带浅褐色网纹，或黄褐色带浓绿色斑纹，疣足末端常呈红色。

(4)糙刺参【*Stichopus horrens* Selenka】（图 3-4） 体形与花刺参相似，长 15~30cm，肉刺大而发达，呈钝圆锥状，沿着背侧面 2 个步带和腹侧面 2 个步带排列成 4 个不规则的纵行；间步带无肉刺。口大，偏于腹面具触手 20 个，周围有发达的疣襟部(papillae collar)。肛门靠近背面。腹面足管成 3 纵带排列，中央一带较宽。生活时背面为深橄榄绿色，并间杂有深褐色、灰色、黑色和白色。

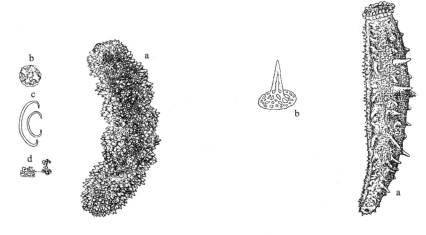

图 3-3　花刺参(廖玉麟，1997)

a.动物上面观；b.体壁桌形体上面观；c."C"形体；d.花纹样体

图 3-4　糙刺参(廖玉麟，1997)

a.动物侧面观；b.疣足内大型桌形体

(5)绿刺参【*Stichopus chloronotus* Brandt】（图 3-5） 是我国南方沿海重要的经济种类，俗名仿刺参。体呈四方柱状，长达 30cm 以上，背部的肉刺(圆锥形大疣足)高可达 10mm，沿身体两侧交互排列成两个双行，触手 20 个；腹面管足很多且密集，排列为 3 纵带，中央一带较宽；生活时全体为墨绿色或带青黑色，疣足末端为橘黄色或橘红色。

(6)糙海参【*Holothuria scabra* Jaeger】（图 3-6） 广东省和海南省俗名糙参、白参、明玉参，是印度—西太平洋区域普通的食用海参，体大肉厚，品质巨佳。大型种，最大者体长可达 70cm，一般体长 30~40cm，宽 8~10cm。身体表面粗糙。口小，偏于腹面，具触手 20 个。肛门偏于背面，周围有 5 组成放射状排列的细疣。背面的疣很小、稀疏、并且散生无规则。腹面的管足少，且变为疣状，排列也无规则。体色变化较大，通常为暗绿褐色，并散有少数黑色斑纹，疣足基部常为白色，背中部色泽较深，两边较浅，到了腹面则逐渐变为白色。

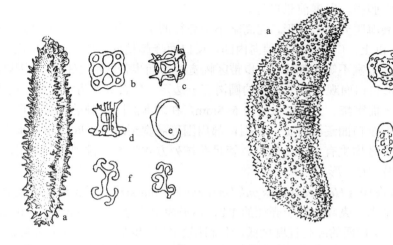

图 3-5　绿刺参(廖玉麟，1997)　　　　图 3-6　糙海参(廖玉麟，1997)
a.动物上面观；b.桌形体底盘；c.桌形体上面观；　　a.动物上面观；b.桌形体上面观；c.扣状体
d.桌形体侧面观；e."C"形体；f.花纹样本

2. 海胆纲

海胆纲(Echinoidea)体呈球形、盘形或心脏形，正形目的体形近于五辐射对称型，歪形目近于两侧对称型，无腕。内骨骼互相愈合，形成一个坚固的壳。壳上生有许多可活动的棘(spine)，形似刺猬。外壳为半球形，背面较隆起，顶系(apical system)及肛门生于背方；腹面较平坦，或稍向内凹，口生于腹面中央。口内具复杂的咀嚼器，其上具齿，可咀嚼食物；消化管长管状，盘曲于体内。生殖腺 5 对，呈放射对称悬挂在步带板内的体腔中，生殖季节几乎充满了整个体腔；生殖管由反口面的生殖孔通外。

壳板分三部：第一部最大，由 20 行多角形骨板，排列成 10 个带区，5 个具管足的步带区和 5 个无管足的间步带区，二者相间排列；各骨板上均有疣突及可活动的细长棘，有的棘很粗。第二部称顶系，位反口面中央，由围肛部和 5 个生殖板及 5 个眼板组成；生殖板上各有一个生殖孔，有一块生殖板多孔，形状特异，兼作筛板的作用；眼板上各有一眼孔，辐水管末端自孔伸出，为感觉器；围肛部上有肛门。第三部为围口部，位口面，有 5 对口板，排列规则，各口板上有一细长管状的管足(具有吸附、辅助运动、感觉、摄食等功能)；口周围有 5 对分支的鳃(围口鳃)，为呼吸器官。

(1)虾夷马粪海胆 【*Strongylocentrotus intermedius*】(图 3-7)　又称中间球海胆，1989 年自日本引入大连沿海，已成为我国最主要的增养殖种类，出口价格高于其他经济海胆类，发展前景良好。

虾夷马粪海胆壳体半球形，壳高略小于壳径的 1/2，体形中等，成体最大壳径可达 10.0cm 以上，口面平坦且稍向内凹，反口面隆起稍低，顶部比较平坦。步带区与间步带区幅宽不等，赤道以上步带区幅宽约为间步带区的 2/3，两区因隆起程度不同，壳形自口面观接近于圆形的圆滑正五边形。体表颜色为绿褐色、黄褐色。大棘针形，短而密集、尖锐、长度为 5~8mm，在幼海胆阶段棘的顶端呈白色。步带区由反口面至口面逐渐展宽，在围口部周围可展宽至略宽于间步带；步带区无孔部及间步带区均生有大疣 2 纵列。管足孔排列方式为 5 对排列成一个斜形弧，管足内的骨片"C"形。

(2) 马粪海胆【*Hemicentrotus pulcherrimus* A. Agassiz】（图 3-8）　海胆壳为低半球形，很坚固，壳高约等于壳径的 1/2，体形为中小型，最大壳径约 6.0cm。口面稍向内凹，反口面的隆起程度稍低，顶部比较平坦。步带区与间步带区幅宽相等，但膨起程度不同，间步带区的比步带区略高，壳形自口面观类似圆形的圆滑正五边形。成体壳面大多呈暗绿色或灰绿色，棘的颜色变化大，多为暗绿色，也有灰褐色、赤褐色、灰白色乃至白色。大棘短而尖锐，着生比较密集，长度仅有 5~6mm；步带区和间步带区的大棘多向两侧倾斜。每个步带区的中间部位常形成一条近似于裸露状的纵带（裸出带）。每片步带板上生有大疣 1 个、中疣 5~6 个、小疣若干个，顶系隆起较低，第 1 眼板和第 5 眼板与围肛部相接。生殖板及眼板上都密生着许多小疣。管足孔排列方式为每 4 对构成一个弧，管足内的骨片为"C"形。生殖腺色泽鲜艳、质量上乘，在日本被认为是制造"云丹"最优质的原料之一。

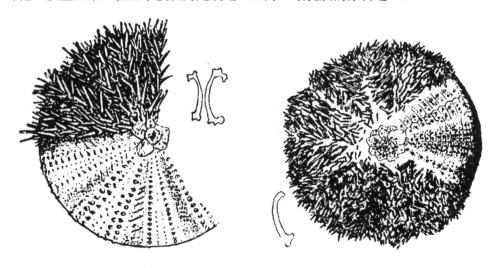

图 3-7　虾夷马粪海胆的外形及其骨片　　图 3-8　马粪海胆的外形及其骨片(张凤瀛等, 1964)

(3)光棘球海胆【*Strongylocentrotus nudus* A. Agassiz】（图3-9）　也称大连紫海胆，日文文献中称北方紫海胆，是中国北方沿海最主要的经济种类。

光棘球海胆外壳呈半球形，壳高略大于壳径的1/2，最大壳径可达10.0cm，口面平坦，围口部稍向内凹；反口面比较隆起，顶部呈圆弧形。步带区与间步带区幅宽不等，赤道部以上的步带区幅宽约为间步带的2/3，步带区至口面逐渐展宽，围口部周围其宽度可等于甚至略宽于间步带区。步带区与间步带区的膨起程度相似，壳形口面观为圆形。成体体表面及大棘的色泽均呈黑紫色，管足的色泽为紫色或紫褐色。大棘针形，较粗壮，表面带有极细密的纵刻痕，最大长度可达30mm以上。赤道部附近的每片步带板上生有大疣1个、中疣2~4个、小疣若干个；间步带板上生有大疣1个、大小不等的中疣和小疣15~22个，中疣和小疣在大疣的上方及两侧排列成半环状，大疣的基部生有疣轮。顶系稍隆起，第一眼板和第五眼板与围肛部近圆形，肛门稍偏于后方。管足孔的排列方式为每6~7对构成一个弧，管足内的骨片呈"C"形。体形属大中型，成熟季节生殖腺色泽淡黄色至橙黄色，质量较好，适于加工冰鲜海胆，是中国北方重要的出口海产品种类之一。

(4)紫海胆【*Anthocidaris crassispina* A. Agassiz】（图3-10）　太平洋北部海域习见种之一，也是我国南方沿海最常见和最重要的经济种类。体形为大中型，直径为6~7cm。外壳呈半球形，均呈黑紫色。大棘针形，末端尖锐，长度等于壳的直径；有时会出现两侧大棘不均等现象，一侧大棘比相对一侧大棘偏长。外形与光棘球海胆相似，但管足孔每7~9对排成一个弧（多为8对），管足内骨片呈弓形，两端细尖，背部常有1个突起。步带区至围口部稍微下凹（光棘球海胆稍微下凸），有孔带至围口部边缘渐渐扩宽成瓣状。大疣较少，步带区和间步带区各有大疣2列。成熟季节生殖腺的色泽为淡黄色至橙黄色，质量较好，是我国南方加工海胆制品的最主要种类。

图3-9　光棘球海胆的外形及其骨片
（张凤瀛等，1964）

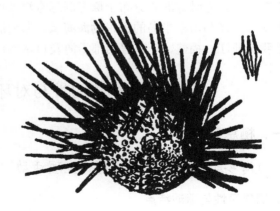

图3-10　紫海胆的外形及其骨片
（张凤瀛等，1964）

二、自然分布及养殖区域分布

(一)海参类

海参分布于世界各海,种类最多的是印度—西太平洋区,尤其是食用海参,大多分布在热带珊瑚礁内。我国北方只有一种食用海参(仿刺参),而海南岛和西沙群岛却产有十几种食用海参,大多生活于潮间带或浅海。深海甚至深渊也有海参分布,大多数是平足目海参;万米深海沟最普通的动物就是海参,但不能食用。食用海参多栖息于硬石底、珊瑚礁底或珊瑚砂底。

仿刺参分布于原苏联远东海和日本及朝鲜沿海,在我国分布于辽宁、山东、河北等北方沿海。梅花参分布于西南太平洋,产于我国海南、广东和西沙群岛等南方地区沿海。花刺参为印度—西太平洋区域的习见种类,产于我国西沙群岛、海南岛和雷州半岛沿岸浅海。糙刺参分布于菲律宾、夏威夷,南到大洋洲,是西沙群岛和海南岛的习见种。绿刺参广泛分布于印度—西太平洋区域,产于我国西沙群岛和海南岛南部。糙海参为典型的印度—西太平洋热带种,习见于西沙群岛、海南岛和广东西部。

(二)海胆类

虾夷马粪海胆产于日本北海道及以北沿海,在俄罗斯萨哈林岛等地也有分布,属于冷温水性种类,1989年自日本引入我国大连,适于辽东和山东半岛等北方沿海增养殖;目前,已成为我国最主要的增养殖种类之一。马粪海胆为中国及日本沿海的特有种,广泛分布于中国沿海,北从黄、渤海沿岸,南至浙江、福建沿岸均有分布。光棘球海胆分布于原苏联远东海及西北太平洋沿岸,在我国主要分布于辽东半岛和山东半岛的黄、渤海海域。紫海胆是太平洋北部海域习见种,分布于我国浙江、福建、广东等南部沿海及日本南部海域。

第二节　栖息习性与对环境条件的适应

一、栖息习性

(一)海参类栖息习性及其特殊生理活动

1. 栖息习性与运动特点

刺参通常生活在无淡水注入,波流静稳,水质清澈,海藻繁茂,表面富有沉积物的岩礁或沙泥底;属于潮间带动物,多栖息于潮间带下区至潮下带,水深一般为 3~5m,不超过 30m,少数可达 50 多米;一般是幼小体多生活在较浅水域(潮间带),大个体生活在较深水域,每到夏季水温高时有向深水移动的现象。

大多数海参营底栖生活,生性迟钝,移动范围很小。刺参有昼伏夜出的习性,夜间活动频繁,白天躲藏在阴暗处。刺参在平坦底质上的运动是偶然的,无方向性;在砂石、岩礁裂缝处等不平坦的地形上,则沿地形缓慢运动一段时间后,便转向另一个方向(Levin,2000)。因此,海参活动范围通常不超过几十平方米。尽管各种海参都是营底栖生活,但其生活生境各不相同,有的栖息在石底,有的隐藏在石下或珊瑚礁内,有的则蜷缩在石缝中,甚至在海藻分枝和珊瑚分枝中间也有小型种生活。在热带或亚热带的浅水区,常常有许多大型海参(楯手目)暴露于沙底,或稍微被贝壳或植物掩盖,如海参属、刺参属和辐肛参属的种类。枝手目、芋参目和无足目的很多种海参穴居于沙底或泥底,如海地瓜属(*Acaudina*)、尻参属(*Caudina*)、芋参属(*Molpadia*)和海棒槌属(*Paracaudina*)等。它们穴居在 30°~50°弯曲的孔穴中,前端朝下,尾部朝上,躯体紧贴穴壁上弯曲而栖,前端所在地上方有一凹陷,穴口有一堆沙丘。小型锚参穴居时姿势常呈"U"形,如把它们从洞穴中取出,放在沙面,便能靠触手和肌肉的收缩钻回洞内。芋海参和海棒槌有显著的向地性,前端弯向沙面,用触手把沙推开,然后再靠肌肉收缩,把身体埋入沙中。

有的种类管足很发达,依靠管足吸盘附着于其他物体上进行活动。特别是那些腹面呈足底状的种类,爬行能力和速度都较强,甚至能在光滑的玻璃壁或水泥池壁进行有效的爬行。爬行时可以看到从后端到前端的肌肉运动收缩波,姿势酷似"大毛虫"(gigantic caterpillar)的尺蠖运动。刺参的运动速度约为 1m/15min,多数枝手目海参穴居种类的移动能力很差,甚至不能移动。但锚参的运动是依靠触手抓住辅助物,收缩身体向前爬行。

用手触摸、摇动等机械方式刺激海参时,其身体便会缩短,体壁变硬,触手缩进口内,并从肛门排出大量水分。体壁厚的种类,收缩后的体壁变得十分坚硬,且具有很强的韧性。

2. 特殊生理活动

1)排脏

海参在受到损伤、遭遇敌害、过度拥挤、水质污染、水温过高、水中缺氧等刺激时,随即将消化道和呼吸树等内脏从肛门排出体外,称排脏(evisceration),俗称吐肠;排脏有时也称自切(autotomy)。刺参的排脏活动很典型。这是海参类动物抵御敌害及其对外界不良环境条件的一种自我保护措施。

2)再生

海参类的再生能力很强,在丧失某些器官后并不会死亡,能完整地再生出新的器官。刺参的触手、肉刺等切除后 25~30d 即可恢复,即使将刺参切成 2~3 段,其创口 5~7d 即可愈合。但无论是排脏还是再生，都会严重影响刺参的生长和成活，即使整体恢复后，其后期生长趋势也会滞缓。

3）夏眠

刺参有一个十分突出的生活习性，那就是在产卵后，当水温升高到 20℃ 以上就向深水移动，躲藏在水流静稳的岩石底下，身体缩小，消化道变薄、变细，停止摄食，基础代谢下降，进行约 100d 的所谓"夏眠"。一直到秋分，水温降低，再爬出来进行活动和摄食。夏眠期间，海参缩成一团。夏眠既是刺参的一种特殊的生理活动，也是对不良环境条件变化的一种适应。

我国学者曾对刺参夏眠期间的生态特点进行研究，将自然海区采捕的海参分为 1 龄组（5~85g）、2 龄组（86~160g）、2~3 龄组（161~250g）和 3 龄以上组（251g以上）等 4 个年龄组。研究表明，同一海区不同年龄组的刺参，进入夏眠的时间及其临界水温不同：①3 龄以上组群在水温 17~19℃ 时摄食极不正常，水温升至 20℃ 时大多数个体潜入石底和礁缝中隐蔽起来，水温升至 21.8℃ 时完全停止摄食，进入夏眠。②1 龄、2 龄、2~3 龄组群在水温 19~20.4℃ 时摄食不正常，摄食量明显下降，水温升至 23~24℃ 时多数不摄食；夏眠临界水温分别为 24.1℃、22.9℃、21.8℃。另外，体重小于 25g 的刺参，9 月份尚有 77.8% 的个体消化道无明显退化并继续摄食；少数个体消化道饱满，摄食强度达 20%~23%（接近最大值），无夏眠现象。

也有学者认为，刺参夏眠与水温变化无直接关系，主要受性活动制约。如结束性活动的 50 余头刺参，长期饲养在 16℃ 条件下仍然处于夏眠状态。

（二）海胆的栖息习性

海胆栖息水层的垂直幅度较大，从潮间带到 5000m 以下的深海。它们多生活在石下、石缝或珊瑚礁内。也就是说，无论是在岩礁和沙砾海底的石上或礁石间，还是在泥沙海底表面或泥沙层中，几乎都可以发现海胆的踪迹；有些种类还常集成大群。

正形目海胆一般都怕光，喜隐藏于阴暗处或石下。许多种海胆的反口面吸附有植物碎片、贝壳、小石子及其他物质，以避免光线的刺激。水族室里的海胆一般都爬到阴暗的角落里。有些海胆对光线的突然增强或减弱很灵敏，并立刻会把棘竖立起来。

有少数种类能用齿在岩礁上钻孔或凿洞并栖息其中，如斜长海胆（*Echinometra mathaei oblonga*）、梅氏长海胆（*Echinometra mathaei*）、石笔海胆（*Heterocentrotus mammillatus*）等。

二、对环境条件的适应

(一)海参对环境条件的适应

1. 对温度的适应

棘皮动物的迁移能力有限,不同种类对温度的适应能力及其特点与纬度分布及垂直(深度)分布密切相关。如分布于我国南方沿海的糙海参,对温度和盐度的适应范围较广,生存温度为16~35℃;热带海域的赛瓜参(*Thyone*)在37℃海水中3h不会死亡,灰蛇锚参(*Opheodesoma grisea*)甚至在烈日曝晒之下,皮肤几乎晒干成黑纸状,待潮水把身体淹没后,仍然会恢复正常活动。寒冷海域的海参从冰冻中苏醒过来仍然能够正常生活。

刺参分布于寒温带海域,温度对其生长发育的影响较明显。刺参生长的适宜温度为9~21℃,最适温度为15℃,24℃时生长停止;刺参(体重为25.24~59.11 g)"夏眠"的起始温度为22℃水温。也有人报道,稚参生长的适宜水温为20~25℃,高于25℃时停止生长,28~30℃时大量死亡;2cm幼参的生长温度为0.5~30℃,适宜温度15~23℃,最适温度19~20℃;5~15cm刺参生长的最适温度为10~15℃。刺参开始产卵的水温为15~17℃,产卵盛期的水温17~20℃。

关于刺参生长的适宜温度,各位学者发表的数据有一定差异:于东祥和宋本祥(1999)认为,刺参生长的适宜水温为5~17℃,最适水温10~15℃;有的学者则认为,刺参生长的最适水温为12~18℃,超过20℃则进入夏眠状态;也有人认为,14℃是刺参幼参生长的最适温度。

温度对海参耗氧量的影响也很明显。刺参在水温26℃左右时,随着水温的下降耗氧量逐渐减小,22℃时耗氧量达到最高值;随着水温的升高耗氧量逐渐增大,当温度上升到一定程度时耗氧量反而会减小。想必,这是导致海参夏眠的原因。

2. 对盐度的适应

大多数海参类是典型的狭盐性海洋动物,特别是对低盐度的适应能力较弱,盐度降低幅度过大会造成海参的死亡。糙海参对盐度的适应范围较广,生存盐度为20~40。

刺参也是狭盐性海洋动物,但对盐度的变化仍有一定的适应能力,适宜盐度为24~35,最适盐度28~32。陈勇等(2007)研究表明,刺参(原生活海域盐度为29~33)在盐度32时摄食旺盛,生长最快;盐度为23时,几乎不活动;王国利等的刺参实验表明,盐度30组的特定生长率和体重增长量最大;另有实验表明,刺参的耗氧率在盐度31.5时最低,高于或低于31.5的耗氧率均上升。刺参一般生活在盐度 26 以上的自然海域，但经过人工驯化，仍然能够较长时间生活在盐度 16 的海水中。

刺参从耳状幼体到成体，对低盐的耐受力逐渐增强；樽形、五触手幼体及稚参对盐度的耐受范围为 32~24，盐度低于 28，发育受到抑制。很多研究表明，刺参的适宜盐度为 29~35，各发育阶段对盐度的耐受下限值：浮游幼体为 20~30，0.4mm 稚参为 20~25，5mm 稚参为 10~15，成体为 15~20(22.8)；在 20℃ 以下时，水温越高海参对低盐度的抵抗力就越强。

刺参幼体对低盐度的抵抗力一般比成体弱。耳状幼体在盐度 10 的低盐水中，1h 后全部死亡；在盐度 20 以下时，12h 近半数个体死亡。体长 0.4mm 稚参，在水温 15℃、盐度 25 时未见有死亡个体，在 20 以下时则出现死亡个体；在水温 20~25℃ 和盐度 20 时，无死亡个体。体长为 5mm 的个体，在水温 15~25℃、盐度 15~20 的条件下，无死亡个体。

3. 对光照强度的适应

多数海参为昼伏夜行性动物，白天躲藏在阴暗处，夜晚进行摄食等活动；有的在夜间或黑暗条件下才充分伸展触手。

刺参长期生活在光线较弱的海底，喜欢弱光，遇到强光身体就会收缩；在半光照半黑暗且光照强度稳定的条件下，生长发育最好。关于刺参的适宜光照强度尚缺少科学实验数据。有人认为，刺参在 10lx 以下的环境下生活较好；也有人认为，幼体对光强的要求较严格，适宜光照强度为 500~1500lx。

刺参的耐低氧能力较强，成参和幼参的适宜溶氧量分别为 3.0mg/L 和 4.0mg/L；当水中溶氧量降至 1mg/L 和 3.3mg/L 以下时，它们才会出现缺氧反应，丧失附着能力，躯体萎缩，腹面朝上，呈现出麻痹状态。

刺参的适宜 pH 为 7~9。非离子氨对刺参耳状幼体的影响浓度为 0.07mg/L，对幼参的半致死浓度为 1.65mg/L。

(二)海胆对环境条件的适应

1. 对温度的适应

海胆类与海参类相似，其迁移能力有限，对温度的适应与其纬度分布密切相关。每种海胆都有一定的生存水温、生长及摄食适温和繁殖适温。分布于热带海域(水温较高且变幅较小)的海胆，属于狭温性种类，对温度的适应范围较窄，尤其是对低温的适应能力较差，如白棘三列海胆对低温的耐受能力极差。

分布于寒带和温带海域(水温年变幅较大)的海胆，多属于广温性种类，对温度的适应范围较广，特别是对低温的耐受能力较强。如生活于寒温带海域的虾夷马粪海胆的生存水温为–2~25℃，繁殖适温为 13~18℃，生长和摄食的最适温度为 15℃，高于 20℃时摄食量明显减少，水温持续高于 23℃时可导致大量死亡。常亚青等（2004）研究表明，虾夷马粪海胆幼胆摄食及生长的适宜温度为 10~25℃，最适温度为 19℃；成海胆生长的适宜温度为 10~22℃，最适温度为 16℃，超过 23℃则开始死亡。

生活于温带海域的光棘球海胆，其生存温度为 0~30℃，繁殖适宜温度为 18~23℃（受精卵发育温度为 5~26℃），生长和摄食适宜温度为 15~22℃，最适温度 20℃，25℃时摄食量显著减少；浮游幼体在温度低于 5℃和高于 24℃时生长速度锐减，畸形率剧增。同一种海胆的不同生长阶段，对水温的要求也不相同，其浮游幼体阶段对水温的适应能力最弱。

马福恒（2002）研究表明，虾夷马粪海胆在水温 21℃、盐度 25 时摄食量降低 50%，盐度降至 22 时很少摄食；在水温 20℃时，存活盐度下限为 19；水温 25℃时，存活盐度下限为 26；壳径 4.0cm 海胆能耐受 25℃高温 15d，但水温升至 28℃时 48h 全部死亡。

2. 对盐度的适应

海胆类属于狭盐性海洋动物，对盐度的变化反应敏感。孙勉英和高绪生（1991）报道，光棘球海胆的适宜盐度为 27~35，低于 23 时幼体便不能变态发育，成体的活力减低；其生长和摄食的适宜盐度为 25~35，最适盐度为 30，低限为 20，盐度升为 40 时虽然尚活着，但生长率和摄食率都很低。

虾夷马粪海胆的最适盐度为 30~34，高限为 36~41，低限为 23.5。常亚青和王子臣（1997）认为，虾夷马粪海胆生长和摄食的适宜盐度为 20~30.5，生长率和摄食率随着盐度的增高而提高。赵艳等（1998）报道，虾夷马粪海胆在盐度 30 左右时耗氧率最高，低于或高于该盐度其耗氧率下降。

日本学者认为，马粪海胆摄食与生长的最适盐度为 30~34，盐度低至 23.5 时会急剧丧失活力，降到 12.7 时则很快死亡。

海胆类一般生活在盐度较高的海域中，因此，在盐度较高的海水中对盐度变化的适应能力较强，在盐度较低的水环境中对盐度变化的适应能力很弱。

孙勉英和高绪生（1991）研究表明，大连紫海胆不同生长发育阶段对盐度的要求不同：受精卵至浮游幼体期的适宜盐度为 27~35，最适盐度为 31；盐度低于 27 和高于 35，生长缓慢，变态率低；低于 23 和高于 39 则不能变态发育。成海胆的最适盐度为 28~35，低于 28 和高于 35，其生长速度随盐度的递减和递增而逐渐变慢；盐度低于 22 和高于 40，生长锐减；低于 19 和高于 46 则很快死亡。

日本和我国都有过关于因洪水导致盐度降低而使大量海胆死亡的报道。如日本北海道曾发生因春季融雪及夏季大雨使沿岸盐度下降，导致虾夷马粪海胆大量死亡；冲绳岛也曾有由于干潮时降暴雨而导致白棘三列海胆大量死亡的报道。我国辽宁省长海县大长山岛北部海区养殖的虾夷马粪海胆，曾发生因河流泄洪致使盐度短期突然下降导致其死亡的事故。

光照强度对海胆的摄食有明显影响，高限为 5000lx，在自然海水中，光照强度变化不大，一般不会对海胆的正常生长及成活造成影响。

第三节　摄食生物学

一、海参类摄食生物学

(一)摄食方式

刺参口周围生有 20 个楯形触手，每个触手由触手柄和初级触手组成，初级触手又多次分叉，形成二级、三级，甚至四级分支。触手最远端的分支末端上具有槌形的乳突。摄食时乳突铺展在基质表面，触手不断地交互活动(扫和扒)，扫扒海底表层的食物，其触手先端乳突黏附饵料并送入口中。体长 2~3cm 的幼小刺参也能扒取表层 3~4mm 深的饵料。

春季海水温度上升，刺参便结队向饵料丰富区域匍匐移动，伸长口周围的触手而忙碌觅食，此时刺参的展开面也很宽，渔民有"春参肥"的说法；在海底礁石上、沙泥滩上、海藻丛中到处可见刺参的足迹和粪便。刺参摄食多在晚间进行，行动活跃，摄食量很大；白天一般不活动，摄食量也少。

(二)食物组成与选择性

海参的食物是混合在泥沙、沙砾、贝壳片中的藻类、菌类和有机物。消化道中的食物组成以底栖硅藻类为主，混有海藻碎片、苔藓虫、原生动物、螺类及双壳类的幼贝、桡足类、虾蟹类的蜕皮壳、大叶藻和细菌类等。幼小刺参的食性与栖息场所的条件密切相关，消化管内容物除含少量的泥沙外，大半是附着性底栖硅藻及有机碎屑等。

刺参摄食海底表层沉积物，食物种类繁多，主要是小型动植物，如小型的腹足类、双壳类、桡足类、底栖硅藻类、海藻碎屑及混在泥沙里的有机物质等；其消化能力很强，摄食时往往把食物连泥沙一起吞下，并能将直径 3mm 左右的碎海带和直径 6mm 左右的小型贝类吞下。刺参对食物种类及其质量都无选择能力。

检查 20 头刺参的胃含物，发现的生物包括 11 个类群 41 种，胃含物中动物多数为不易消化的苔藓虫和小型贝类，植物只有大叶藻残片可鉴别到，其余均为残体；在动物种类中，海绵 1 种、有孔虫 2 种、苔藓虫 17 种、软体动物 14 种、甲壳动物 3 种、棘皮动物 2 种。

（三）摄食强度

刺参的胃不明显，消化管是一条很长的管子，在体内回折两次，其摄食量与消化管长度及摄食强度有关；消化管内含物除食物外，还包括泥、砂泥、砂、沙砾等，因此，消化管内含物的重量不能准确反映实质性摄饵量。

刺参的摄食强度或摄食量具有季节性变化：6 月下旬（夏至以后），海水温度上升至 15℃以后，刺参的运动能力和触手的伸展能力明显减退，进入繁殖期后陆续产卵、排精，之后便进入"夏眠期"，不摄食，且消化管萎缩变得细小；10 月下旬（霜降以后），水温降至 18℃左右，结束夏眠，体内生长出新的肠道并重新活动和觅食，摄食量增大，但秋天刺参的活动能力和觅食劲头已远不如春天；摄食量最高值出现在 2~3 月。

一只体重 200g 的刺参，一年间可摄取泥沙量为 13.1kg，容积为 15 900ml；食物在消化管内排空的时间在 21h 以上。

二、海胆类摄食生物学

（一）摄食方式

海胆依靠管足与棘的配合进行移动，即运动是依靠透明、细小、数目繁多及带有黏性的管足和棘刺来进行的，管足在运动时抓紧岩石，棘刺则把身体抬起，以帮助身体随意地运动，并可随时以步带的方向作前导，当海胆被反转时，棘刺及管足可以把它翻正。海胆寻觅到适宜的海藻类等食物时，若食物丰富，每天可能只移动 10cm；若食物稀少，每天的移动距离则可超过 1m。

海胆的口器长在腹面中央位置，由五颗起角的牙齿所围绕，整个咀嚼器官称"亚里士多德提灯"，肛门在反口面（背面）中央，呈半球形；摄食时，用齿舌咬嚼食物送入食道，再绕着亚氏提灯的外围向后移动，进入呈管状的胃部，再沿着其硬质的内壁向上移动，进入位于反口面的肠子，经过肠子的消化吸收后再通往直肠，排泄物经肛门排出体外。

（二）食物组成及选择性

海胆属于杂食性动物，成体摄取的饵料种类相当广泛，包括水螅类、蠕虫类、棘皮动物类、矽藻类、海绵类、苔藓类、贝蚌类、甲壳类等水生动植物活体及其尸体、有机碎片和混于泥沙中的有机质碎屑，以及陆生植物的碎片等。不同种海胆的食性差异显著，肉食性的以蠕虫、软体动物或其他棘皮动物为食粮；草食性的主要食物是藻类及有机物碎屑、动物尸体等。正形海胆类和歪形海胆类均属杂食性动物，但两者的食性有一定差异，前者主要摄食大型海藻，后者主要摄食泥沙中的有机质。几种养殖海胆特别爱吃海带、裙带菜及浮游生物，也吃海草和泥沙。

高绪生等（1990）研究表明，大连海区光棘球海胆的食性属杂食性，主要摄食大型海藻类，食物种类组成具有季节性变化，6 月以褐藻类为主，绿藻类及红藻类次之，也摄食小鱼和幼贝碎壳；9 月则以绿藻类为主，红藻类及褐藻类次之，幼贝壳碎片量明显增多。这说明，海胆食物组成的季节性变化与栖息环境饵料生物种类的季节性变化及其数量消长情况密切相关。

日本北海道自然海区虾夷马粪海胆的食物组成，包括大型藻类、硅藻类、部分端足类、桡足类及贝类幼体和有机碎屑及砂粒等；8mm 以下的幼海胆主要摄食硅藻类，随着个体的增长，大型藻类在食物中的比例逐渐增大，1.0cm 以上的个体主要摄食海带等大型海藻类。

海胆类食性在个体发育过程中发生规律性变化，即浮游幼体期主要摄食浮游单胞藻类（牟氏角毛藻、盐藻等）；长腕幼体变态为底栖稚胆后主要摄食底栖硅藻类，并兼食附着单胞藻类、大型海藻配子体、小型孢子体及部分有机碎屑等；成体海胆摄食多种饵料生物，并因种类不同而有明显差异。

高绪生等（1990）室内饲育试验表明，光棘球海胆对饵料种类有明显的选择性，对海带和裙带菜的选择率高于其他藻类，对鱼类和贝类的碎肉等动物性饵料的选择率居中，对角叉藻等的选择率极低；虾夷马粪海胆对饵料种类也具有选择性，首先选食的是海带，其次是裙带菜，再次是石莼，最后是鼠尾藻。

有的学者认为，海胆对动物性饵料的摄食选择性高于植物性饵料；也有学者认为，海胆消化道内含物种类不一定真实反映喜欢吃什么，因为海胆在自然海区摄取什么食物，不仅取决于自身的摄食嗜好，还要受饵料生物的种类及其丰度等因子的制约。

（三）摄食量

海胆的摄食强度具有明显的季节变化，主要与水温变化及生殖腺发育有关。适温季节摄食量大，生长快；生殖期摄食量下降。性成熟个体的摄食量具有明显季节变化，幼体的摄食量则无季节性变化。

日本虾夷马粪海胆周年摄食量变化规律及生殖腺周年发育规律：壳径大于3.5cm（2 龄以上）个体，11 月至翌年 5 月为其外壳生长期，摄食量逐渐增加，3~5月摄食量为年间最大值；5 月之后伴随其生殖腺发育，摄食量逐渐减少，至 8~10月繁殖季节，摄食量降至全年的最低值，壳生长几乎停止。每个成体冬春季平均日摄食量为 3g 左右，5 月之后摄食量逐渐减少，至 8~9 月减少为 0.5g 左右。当年生的幼海胆，摄食量的季节性变化不明显。

高绪生等（1990）试验表明：在人工饲育条件下，光棘球海胆的日摄食量和日摄食率依饵料种类而异，即海带分别为 120.6g 和 6.2%，裙带菜为 31.6g 和 2.4%，石莼为 5.3~9.7g 和 1.6%~2.9%，鼠尾藻为 12.9g 和 1.2%。

光照强度昼夜变化是制约海胆日摄食活动的主要因素：虾夷马粪海胆放入金属笼里置于水深 3m 海底，其在日光充足的白天活动量急剧减少，整个白昼很少进行摄食，日落后活动量逐步增加，夜间进行摄食；在阴天，海胆在白昼和夜间都有摄食活动。室内试验表明，虾夷马粪海胆的摄食活动与光照强弱有关，在光照 12h 和黑暗 12h 的情况下，光照强度低于 $1.2×10^3 lx$ 的各试验组，海胆昼夜间摄食活动无明显差异；光照强度高于 $6.0×10^3 lx$ 的各试验组，海胆昼夜间摄食强度则差异显著，摄食活动多在夜间进行。光照强度高于 $5×10^3 lx$，可能抑制海胆的摄食活动。

第四节　生长生物学

一、海参类生长生物学

我国南北方海域增养殖的海参类，体形较大。如南方沿海梅花参体长一般为 60~70cm，最大者可达 90~120cm、12~13kg；花刺参体长一般为 20.0cm，最大可达 90cm；糙海参一般体长 30~40cm，最大可达 70cm；绿刺参体长达 30cm 以上；糙刺参体长 15~30.0cm。北方沿海仿刺参体长一般约 20.0cm，最大可达 40.0cm；大连长兴岛发现天然仿刺参体重达 2.0kg。于东洋等报道，日本本州发现的最大刺参体长为 40~43cm，体重 1.5~1.8kg。

我国南方沿海糙海参的生长速度很快，体长日增长约 0.5cm，体重日增长约 15g，6~12 个月即可长成 300~500g 的商品参；北方冷水性刺参生长速度较慢，一般 1 年半至 2 年才能长成商品参。前者加工成品率较高（10%），差不多是刺参的 2 倍。

原苏联学者曾报道，彼得湾刺参 1~7 龄的体重（g）依次为：27±9、75±21、135±27、184±21、32±25、272±11 和 305±13；相应的体壁重（g）依次为：23±9、57±17、100±13、133±12、160±11、180 和 195。另有原苏联学者报道，1~8 龄刺参的体重（g）依次为：71.0、135.5、188.5、213.5、273.5、306.5、334.5 和 358.5。

关于恒温和变温对刺参幼参（8.54~9.90g）生长影响研究表明：饲养 70d 后，恒温 12℃、15℃、18℃、21℃和 24℃实验组，分别增重（g）13.45、15.60、16.85、14.18 和 6.49；变温（昼夜波动±2℃）15℃、18℃、21℃试验组，分别增重（g）22.14、11.92 和 7.08。这说明，恒温和变温对刺参生长影响都很明显，其适宜温度为 12~21℃，最适温度为 15~18℃。

王吉桥和田相利(2012)在温度10~13℃条件下进行盐度对刺参幼参(2.4~3.5g/头)生长影响试验表明：饲养 60d 后，盐度 33、30、26 和 22 实验组分别增重(g)12.34、9.72、5.45 和–3.82。这说明，盐度对刺参生长的影响明显，其适宜盐度为 26~33，最适盐度为 33；盐度低于 22 时严重影响刺参生长。

国内外多位学者研究表明，刺参生长受水温、盐度和饵料等多种环境因素影响。因此，在不同纬度的海域和不同饲养条件下，其年生长差异较大(表 3-1)。

表 3-1　刺参体长和体重的年生长(刘焕亮和黄樟翰，2008)　[单位：cm(g)]

年龄				采集地点	测量年份	作者
1	2	3	4			
5.9(15.5)	13.3(122.5)	17.6(307.0)	20.8(472.5)	爱知县的江比间、桃取	1955~1956	崔相
(27±9)	(75±21)	(135±27)	(184±21)	彼得湾	1971~1973	Бреман
(71)	(135.5)	(188.5)	(213.5)		1971	Бирюлина 等
1~9(0.4~10)*	11~23(12.5~248)平均 15 (100)△			山东省后口大队(长岛县)	1973~1975	王兴智等
0.4~3.8	3.8~12.5	24.3~38.0	40~42	北戴河	1955	张凤瀛等
10~11(60~80)	10~17(100~150)	23~27(250~400)	—	大连黑石礁	1985~1986	隋锡林
8.6(32.5)	13.3(81.1)	20~25(250~400)	25~30	长海县海洋乡	1986~1987	隋锡林

*其数值为当年培育的大个体体长；△为室内培育两年的个体

关于研究海参寿命工作很少。原苏联学者曾报道，刺参的平均寿命为 7~8 年；多数学者认为，刺参的寿命为 5~6 龄，纬度分布越低的个体越大，生长越快。

二、海胆类生长生物学

我国增养殖的海胆类属于大中型的经济种类。如虾夷马粪海胆和光棘球海胆为大中型种类，最大壳径可达 10cm 以上；马粪海胆和紫海胆属于中型种类，最大壳径分别达 6cm 和 6~8cm。

海胆的生长指标包括壳径、壳高、体重、生殖腺重。壳径为海胆外壳的最大直径，壳高为海胆外壳背腹的最大高度，体重为个体的鲜活质量，生殖腺重为全部生殖腺鲜重。

生长速度的表示方法与鱼、虾相同，分为绝对生长和相对生长。绝对生长为每日、每月生长量或增重量；相对生长为壳径每日生长量占壳径全长的百分比；或体重每日增重占体全重的百分比。

影响海胆生长的因素有水温、饵料，以及自身的种类、年龄、发育时期等多种因子。海胆生长包括壳生长和生殖腺生长，两者的生长是交替进行的。非生殖腺发育季节，壳的生长加快；生殖腺发育季节，壳的生长显著下降，甚至停滞。同种海胆的不同年龄群，生长速度明显不同。低龄群的生长速度较快，随着年龄的增长，生长速度逐渐变慢。老龄群个体的生长极其缓慢，甚至基本上不生长(表 3-2)。

表 3-2　不同海区几种海胆各年龄群的壳径

种类	产地	各年龄群平均壳径/mm					
		1	2	3	4	5	6
马粪海胆	日本山口和久	16.4	26.6	34.4	40.4	44.9	
	福井娓浦	12.0	22.2	30.2	36.5	41.4	
	神奈川	13.8	23.5	30.5	35.4	38.9	
	山东荣成	12.0	22.2	30.2	37.1	41.4	
光棘球海胆	日本北海道余市	16.5	35.7	46.2	54.3	62.6	
	青森佐井	33.3	51.3	57.8	64.5	66.9	71.9
	易国 A	30.8	54.9	67.6	73.2	80.0	
	易国 B	19.5	32.6	40.3	41.6	41.9	
虾夷马粪海胆	北海道北利尻	9.1	31.4	47.7	54.9	67.3	
	井寒台	12.5	27.5	39.0	47.5	54.0	
	船泊	8.4	25.4	37.4	46.4	53.0	
	忍路 A	7.7	25.1	37.6	46.4	53.0	
	忍路 B	7.1	25.1	36.3	43.4	47.8	
	网走	10.1	24.6	36.6	48.8	51.8	

资料来源：隋锡林和高绪生，2004

在一定水温范围内，海胆的生长速度与水温成正相关。超出该范围，生长量都下降。海胆生长与饵料的关系也是比较复杂的：有些饵料对海胆的生长效果非常好，有些饵料对海胆的生长效果很差；有的饵料对壳生长效果较好，有的饵料对生殖腺生长效果较好。常亚青等研究表明，虾夷马粪海胆在大连海区生长速度比日本原生活海域提高一倍左右，以海带和裙带菜为饵料养殖 1.5~2.0 年便可达商品规格。

海胆的生长速度及其特点与纬度分布及垂直(深度)分布密切相关。由于不同海区的综合生态条件不同，因此，同一种海胆在不同海域中的同一年龄群的壳径也有一定差异(表 3-2)。

日本北海道南部沿海的虾夷马粪海胆自然种群 1~5 龄平均壳径(mm)分别是 15.7、33.1、42.6、49.2 和 54.9；人工饲育试验的分别为 14.8、35.7、43.0、48.9 和 55.5。根据 Bertalanffy 公式求得的该种海胆的生长式为：$D=69.200[1-e^{-0.331(t-0.219)}]$，由此求得 1~5 龄海胆的壳径(mm)分别为 16、31、42、45 和 55；两者数值是比较接近的。

日本岩屋光棘球海胆各年龄群(1~8 龄)的壳径(mm)分别为 25.9、41.8、56.9、58.6、65.3、67.3、68.1 和 71.4。

海胆的寿命因种类及其纬度分布而异，通常冷水性种类寿命比暖水性的长一些。如白棘三列海胆和杂色松海胆等暖水性海胆的寿命，大多数为 2~3 年；马粪海胆为 5~6 年，虾夷马粪海胆的寿命为 6~10 年，光棘球海胆为 14~15 年。

第五节　繁殖生物学

一、性成熟年龄与雌雄鉴别

(一)海参成熟年龄及其规格与雌雄鉴别

海参的性成熟年龄一般为 2~3 龄，如刺参的成熟年龄通常为 2 龄，但在人工调温条件下不足 2 龄的、体重达 250g 以上的个体，性腺也能发育成熟。

海参生物学最小型系指首次性成熟时的体重和体长。各种海参的生物学最小型差异较大，与其体形大小、适温性及栖息环境条件有关。刺参的生物学最小型为 110g，亲参体重一般为 250~300g 以上，体长为 20cm 以上，日本青刺参生物学最小型为 58~60g；梅花参亲参规格为 70~80cm、4.0~5.0kg；糙海参、花刺参和绿刺参的亲参规格通常为 30~40cm，糙刺参为 15~30cm。

海参为雌雄异体，从外形难于鉴别雌雄，随着个体生长发育生殖腺的颜色逐渐加深，成熟卵巢为橘红色，精巢为乳白色，易于鉴别雌雄；在排精和产卵时雄参喷射出的精子流呈一缕白色烟雾状，雌参喷射的卵子流则呈灰黄色绒线状，也易于确定雌雄。

(二)海胆性成熟年龄及其规格与雌雄鉴别

海胆的性成熟年龄，大多数为 2~3 龄，暖水性种类略早一些，冷水性种类则迟一些。如虾夷马粪海胆的性成熟年龄为 2 龄。

海胆的生物学最小型系指首次成熟海胆群体的平均壳径。不同种类海胆的生物学最小型不尽相同，如马粪海胆的生物学最小型一般为 2.5cm 左右，光棘球海胆为 4.0~4.8cm，紫海胆为 2.5cm，日本红海胆为 2.2cm，白棘三列海胆为 4.7~5.0cm 等。

各种养殖海胆人工繁殖选用的亲胆规格远大于生物学最小型，如虾夷马粪海胆为 3.5cm 以上，光棘球海胆为 5.0cm 以上，马粪海胆和紫海胆分别为 3.5~4.0cm 以上。

海胆为雌雄异体，从外形也难于鉴别雌雄，随着个体生长发育生殖腺的颜色逐渐加深，成熟卵巢为橘黄色，精巢为乳白色，则易于鉴别雌雄。在排精和产卵时更易鉴别雌雄，雌海胆排放的生殖产物呈淡黄色，离开生殖孔后很快分散成颗粒状，并逐渐下沉；而雄海胆排放的生殖产物呈乳白色，离开生殖孔后在短时间内仍然保持白色线条状，散开的速度相对较慢。

二、性腺发育

(一)海参性腺形态结构及其发育分期

1. 性腺形态结构

海参的性腺只有一个，位于食道悬垂膜的两侧，呈多歧分枝状(树枝状)，其主枝通常为 11~13 条，各分枝在包围食道的石灰环处汇聚成一总管，并形成 1 个膨大的结节，此后生殖总管变细通入生殖孔。生殖孔位于头背部距前端约 2cm 处并向内凹陷(生殖疣)，在生殖季节生殖疣颜色加深。

性腺各分枝，随着个体发育成熟而逐渐变粗，主分枝直径可达 1.5~3.0mm，个别大个体可达 3.0mm 以上(休止期为 0.1mm)，是次级分枝的 2~3 倍；成熟时主分枝长度可达 20~30cm，休止期不足 1cm，通常很难见到。

2. 性腺发育分期

根据多数学者的观点，采用肉眼和显微镜观察方法，从宏观和微观两个方面把卵巢和精巢的整个发育过程划分为休止期、增殖期、生长期、成熟期和排放期 5 个时期。

肉眼观察的分期依据：性腺大小及指数、粗细及饱满度、颜色及生殖管的清晰程度。显微镜观察的分期依据：滤泡的结构及其饱满程度，以及生殖细胞的大小、形状及最大一期细胞在滤泡腔中所占比例。以刺参性腺发育为例，简述各期特征如下。

(1)休止期(Ⅰ)：肉眼观察，性腺呈透明细丝状，重量在 0.2g 以内，难于辨认雌雄。显微观察，雌雄生殖上皮尚无出现褶皱，精巢生殖上皮由 1~3 层精原细胞乃至精母细胞组成；卵巢则多为一层，有时由两层卵母细胞组成，卵径约 10μm。

(2)增殖期(恢复期，Ⅱ)：肉眼观察，性腺多呈无色透明或略呈淡黄色，部分个体可辨认雌雄，重量一般 0.2~2g，性腺指数为 1%。显微观察，精巢生殖上皮显著生长，管壁出现凹凸皱褶，生殖腺上皮由 1~2 层精母细胞组成，精子尚未形成；卵巢管壁出现大小不一的凹凸皱褶，横切面呈花瓣状，卵母细胞直径为 30~50μm，大小虽差异不大，但靠近生殖上皮的卵母细胞较小，越向内侧越大，卵母细胞外包有少数滤泡，核大，核内有一个核仁。

(3)生长期(发育期，Ⅲ)：肉眼观察，性腺逐渐增粗，分枝增多，颜色逐渐加深，呈杏黄色或浅橘红色，可辨认雌雄，性腺重达 2~5g，性腺指数在 1%~3%，后期达 7%。显微观察，精巢生殖上皮由数层相同的精母细胞组成，管腔中出现精子,横断面可见许多褶沟向管腔内迂回曲折;卵巢充满卵母细胞,卵径为 60~90μm。

(4)成熟期(Ⅳ):肉眼观察,成熟期的性腺变粗,重量达 10g 以上的占 50%,性腺指数为 10%左右,精巢呈乳黄色,卵巢呈橘红色,肉眼可见卵粒。显微观察,精巢主枝肥大,腔内充满精子,生殖上皮多数仍有精母细胞;卵巢腔中充满卵母细胞,直径达 110~113μm,出现个别成熟卵。

(5)排放期(放出期,Ⅴ):肉眼观察,性腺充满精子,出现自然排精、产卵现象。显微观察,精子已大量排放,精巢腔中出现空腔,生殖上皮仍有一定厚度,由精母细胞组成;卵巢尚有未排出的卵子,残留卵子崩解、萎缩;随着水温升高,性腺迅速退化,进入休止期。

刺参的生殖周期为 1 年,以大连地区为例,从 9 月末开始,即排放后转入休止期,此期持续到 11 月末,生殖腺细小肉眼难以看清;从 12 月起,生殖腺逐渐发育进入增殖期,但部分个体的生殖腺仍细小,处于休止期;翌年 4 月中旬起,生殖腺逐渐变粗,发育至生长期,肉眼可辨别雌雄,大部分个体已发育到成熟期;7 月初至 8 月中旬,生殖腺极度发达,各分枝肥大饱满,进入排放期;8 月中旬以后,生殖腺由于排放而萎缩变细。各海区的水温不同,生殖腺发育进度也有一定差异。

棘皮动物的生长发育包括两个方面:体壁的生长和生殖腺的发育,这两者之间往往密切相关。一般动物的生长与发育,都是先积累营养物质,能源贮藏于身体某些器官,而后把累积贮存的能源转变为生殖腺,进行生殖。所以产卵前的"春参"体壁肥厚,而产卵后的"秋参"体壁薄瘦。

(二)海胆性腺形态结构及其发育分期

1. 性腺形态结构

海胆生殖腺分为 5 叶,呈辐射状,通常稍愈合,借助肠系膜束悬挂于间步带内侧。成熟的生殖腺呈叶状,很像橘子瓣,体积很大,几乎占据了壳内的大部分空间,从反口面中心延伸至亚里士多德提灯,生殖腺的每叶在其反口端变为一短的生殖管,开口于顶系生殖板上的生殖孔。生殖管紧密地与内神经系的反口环神经、反口环血窦及反口体腔窦结合在一起。

2. 性腺发育分期

目前,海胆性腺发育分期尚未有一个统一的标准,我国多采用日本学者富士昭(1969)分期法,根据海胆生殖腺的外部形态及其组织切片的细胞形态特征,将虾夷马粪海胆的雌雄生殖腺发育全程分为 5 个时期。

1）卵巢发育分期

恢复期（Ⅰ）：生殖腺消瘦，赤褐色或橘黄色，生殖腺指数为 12%~15%，雌雄不易区分；生殖滤泡基本上是一个空腔，滤泡上皮主要为一层卵原细胞，呈圆形或椭圆形，不规则的散布在生殖滤泡壁上，间有少量初级母细胞（卵黄前期卵母细胞），呈椭圆形或纺锤形，直径 6~10μm，细胞核较大（5~8μm）；初级卵母细胞直径为 15μm 左右。

生长期（Ⅱ）：卵巢体积增大，外观仍不饱满，生殖腺指数为 15%~18%，色泽仍呈较灰暗的杏黄色，雌雄尚难区分；卵原细胞数量明显减少，初级卵母细胞数量增多，体积增大，其一端已明显地突向滤泡腔，多数卵母细胞在滤泡壁连接处形成明显的卵柄，直径为 40~60μm。

成熟前期（Ⅲ）：生殖腺渐趋饱满，卵巢体积显著增大，色泽变为鲜艳的杏黄色，增长较明显，生殖腺指数在 20% 左右；次级卵母细胞呈西洋梨形，长径为 80~130μm，短径为 80μm，呈葡萄状附于滤泡壁上，少数卵母细胞脱离滤泡壁，本期末有少量游离的成熟卵母细胞。

成熟期（Ⅳ）：生殖腺饱满，是一年之中最丰满阶段，卵巢极度发达，碰之易碎，色泽鲜艳，生殖腺指数大都在 25% 以上；滤泡腔内充满成熟卵子，直径为 90μm，成熟指数达 20% 左右。

排卵期（Ⅴ）：生殖腺由丰满再度变为消瘦，色泽也由鲜艳再次变暗，生殖腺指数降至 10% 以下，卵排放后，雌雄难于区分；滤泡壁变薄，形状不规则且开始萎缩退化，滤泡间隙逐渐加大，卵巢滤泡腔空隙增大，结缔组织增生，残存少量卵细胞，出现伪足吞噬细胞及吞噬残存的卵细胞。

2）精巢发育分期

恢复期（Ⅰ）：滤泡壁以精原细胞为主，细胞近圆形，直径 5μm；有少量初级精母细胞，直径 3~5μm。

生长期（Ⅱ）：精原细胞及精母细胞数量急剧增加，细胞体积增大，但尚未有精子生成。

成熟前期（Ⅲ）：精母细胞及精细胞数量进一步增加，滤泡腔内开始出现精子团。精细胞约 3μm。

成熟期（Ⅳ）：滤泡内充满成熟精子，头部长 3~4μm，直径 2μm 左右。

排放期（Ⅴ）：滤泡内空隙增大，仅有少量残存精子。

影响海胆生殖腺发育的因素较多，包括水温、饵料、水深等生态因素和年龄、体质等内部因素。其中主要因素为水温和饵料。成熟良好的个体，生殖腺的重量占海胆总体重的 1/3 以上。随着海胆个体的老龄化，其生殖腺指数呈下降趋势。

三、繁殖季节

(一)海参繁殖期

海参类的繁殖期，不仅因种类而异，每种都有一定的繁殖期，每年在一定的月份里排放精卵，在温带海域多数在春季或夏季；而且与纬度分布及垂直分布也有密切关系。不同种类在同一海域，生殖季节不一定相同；同一种海参的生殖季节，一般是分布于低纬度的早于高纬度的，栖息于潮间带的早于潮下带的。

刺参产卵季节为 5 月到 8 月上旬，产卵适宜温度为 15~23℃，最适温度为 18~20℃ (17~22℃)。产卵期与纬度分布及其环境生态条件密切相关，山东半岛南部沿海的产卵期为 5 月底至 7 月中旬，山东半岛北部的为 6 月底至 7 月中旬；大连地区黄海水域的为 7 月上旬至 8 月中旬，渤海水域的为 6 月中旬至 7 月末。

梅花参繁殖期为 9~11 月，水温 18~24℃；糙海参产卵季节为 6 月下旬，南方的明玉参(*Holothuria scabra*)生殖季节在 7~8 月，平均水温在 27~28℃；花刺参产卵季节为 6 月下旬。

(二)海胆繁殖期

1. 虾夷马粪海胆繁殖期及生殖腺发育周期

繁殖期：虾夷马粪海胆产卵的适宜温度为 13~18℃，成熟期为 5~10 月，产卵期与纬度分布有关：大连海域的为 9 月下旬至 11 月上旬；山东青岛海域的为 2 月上旬至 4 月下旬，荣成海域的为 2 月中旬至 5 月中旬。

生殖腺发育周期：日本齿舞虾夷马粪海胆产卵盛期为 7 月下旬至 9 月上旬；4~7 月性腺指数平均值为 20%以上，7 月下旬个别的下降为 10%以下，9 月上旬 50%的个体急剧下降为 10%以下。日本根室湾虾夷马粪海胆产卵最适温度为 10℃，产卵期为 5 月下旬至 6 月下旬；性腺指数平均值 4 月下旬达 18.8%，5 月下旬增至 21.3%(性腺指数达 50%以上的个体高于 20%)，6 月下旬急剧降至 7.3%，70%的个体性腺指数在 10%以下。

2. 光棘球海胆繁殖期及生殖腺发育周期

繁殖期：光棘球海胆产卵适宜温度为 20~24℃，大连近海光棘球海胆的繁殖期为 7 月中下旬至 9 月中下旬，盛期为 8 月中下旬至 9 月上旬；山东荣成沿海的为 7~8 月；日本北海道南部福岛附近海域的为 9 月。

生殖腺发育周期：大连沿海光棘球海胆生殖腺发育的恢复期为排放后至翌年 3 月，生长期为 4~7 月，成熟前期为 7~8 月，成熟期为 8~9 月，排放后期为 9~10

月；山东省长岛县庙岛海域光棘球海胆生殖腺发育恢复期为排放后至翌年 2 月，生长期为 3~6 月，成熟期为 6~8 月，排放期为 8~9 月。

3. 马粪海胆繁殖期及生殖腺发育周期

繁殖期：山东省青岛沿海马粪海胆的繁殖期为 2 月下旬至 6 月上旬，荣成市沿海的为 3 月上旬至 6 月中旬；日本北海道南部沿海的为 4~6 月。

生殖腺发育周期：山东省威海市小石岛海域马粪海胆生殖腺发育周期，秋季至冬季为恢复期和生长期，翌年 2~3 月为成熟前期，4 月为成熟期，5 月为排放期，生殖腺指数下降，6 月底至 7 月降到最低点。

日本北海道南部沿海马粪海胆的生殖腺指数从 11 月开始急剧上升，12 月至翌年 3 月达到最大，4~6 月为繁殖期。

4. 紫海胆繁殖期

紫海胆繁殖期为 4~9 月，5 月下旬至 7 月下旬是繁殖盛期。

四、繁殖习性及繁殖力

(一)海参繁殖习性及其繁殖力

繁殖习性：亲参在人工饲养条件下，一般白天很少活动，大多数聚集在池底或池角处，有时 7~8 个亲参相互聚集在一起；晚上频繁移动，活动活跃，很少出现聚集在一起的现象。

刺参一般都在傍晚或夜间(21：00~24：00)产卵，产卵前活动频繁，爬到水面与空气交界处，多数集中在水池角落处，翻转身体，腹面朝上，身体前端抬起并徐徐地左右摆动，触手充分伸展，雄体先排精，精液流呈乳白色烟雾状，向下方延伸约 10cm，然后逐渐散开；随后 30~60min，雌体开始排放，卵子流呈灰黄色颗粒云烟状，向下延伸 3~4cm 便散开，排放持续时间约 30min。雌雄个体的排放姿势也不同：雄参身体前端(为身体 1/5~1/4)摆动的幅度较小，雌参身体前端(约为身体 1/2)摆动的幅度较大。

繁殖力：刺参怀卵量较大，平均每克卵巢含成熟卵 20 万粒左右，100g 卵巢怀卵量 1830 万~2630 万粒；体重 300g 以上的亲参一次排卵量为 600 万~700 万粒。在通常情况下，刺参的产卵量为 200 万~300 万粒，多者可达 400 万~500 万粒。雌参分批产卵，第一批卵数量多、质量好，人工育苗都是集中收集第一批成熟卵。

日本学者报道，青刺参生物学最小型体重为 58~60g，成熟期卵巢含卵量为22 万~29 万粒/g，体重 200~300g 的亲参怀卵量一般为 350 万~500 万粒。

(二)海胆繁殖习性及其繁殖力

海胆是群居性动物，具有独特的繁殖习性，生殖产物通常是集中排放，而且在繁殖季节某海域一旦有一只海胆的精子或卵子排到水里，就会诱发该海区的同种海胆所有性成熟个体集中大量排放生殖产物，俗称"生殖传染病"。同种海胆的繁殖温度和繁殖季节，基本上是一致的。

海胆产卵前活动较频繁，多数集中在水池底部匍匐爬行，多在夜间产卵；雌海胆排放的成熟卵为淡黄色颗粒状，离开生殖孔后很快散开而下沉水底，雄海胆随即排放乳白色精液，缓慢下降而混入卵粒中。

海胆繁殖力(产卵量)与种类和个体大小有关。壳径 4.5~6.8cm 虾夷马粪海胆产卵量一般为 10 万~2000 万粒，壳径 3.0~4.0cm 马粪海胆为 300 万~500 万粒，壳径 6.0~8.0cm 光棘球海胆为 400 万~600 万粒，壳径 4.0~5.0cm 紫海胆为 400 万~600 万粒；日本红海胆平均产卵量一般为 500 万~1000 万粒。

五、胚胎发育与幼体发育

(一)海参发育

海参个体发育要经过复杂的变态，其生活史是：受精卵→囊胚期→原肠期→小耳状幼体(auricularia)→中耳状幼体→大耳状幼体→樽形幼体(doliolaria)→五触手幼体(pentactula)→稚参(图 3-11)。现以刺参为例简述如下。

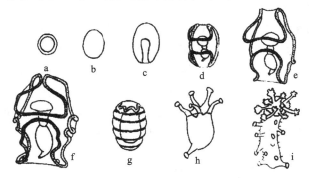

图 3-11　刺参的个体发育(生活史)

a.受精卵；b.囊胚期；c.原肠期；d.小耳状幼体；e.中耳状幼体；f.大耳状幼体；g.樽形幼体；h.五触手幼体；i.稚参

1. 胚胎发育

1)生殖细胞

刺参精子头部直径约 6μm，尾部细长，长达 52~68μm。卵为均黄卵，呈圆球形，透明，卵径 106~180μm，外被一层卵黄膜。梅花参卵径 205μm，精子直径 5μm。

2）受精

刺参成熟卵处于第一次成熟分裂中期排出体外，精卵在海水中受精；受精后，很快放出第一、第二极体，受精膜举起，吸水膨大后在受精膜与卵细胞之间出现卵黄周隙。受精卵略带浮性，在静水中沉于底部。

3）卵裂

刺参的卵裂属于典型的辐射型全等裂，经过 4 次纵裂分成 16 个完全相等的分裂球，第 5 次进行横裂，分裂球的排列非常整齐、规则；之后持续分裂多次，分裂球越分越小，越分越多，进而形成一个多细胞的囊胚。

4）囊胚期

卵裂细胞数达 500 个左右时，胚胎进入囊胚期，胚胎长约 190μm。刺参的囊胚属于腔囊胚，周围由一层分裂球组成，中央有一个囊胚腔，囊胚外复以纤毛。囊胚借周生纤毛的摆动开始在卵膜内转动，囊胚旋转的方向，从动物极看，以右旋为主，有时也会朝相反的方向转动。

5）原肠期（图 3-12）

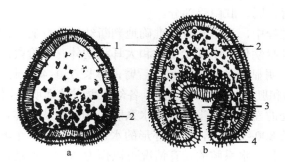

图 3-12　海参原肠胚（Hyman，1955）
a.原肠开始形成，从植物极分出间质；b.原肠形成
1.外胚层；2.间质；3.原肠；4.胚孔

整个胚胎按动物极、植物极方向逐渐拉长，接着植物极变为扁平，而后逐渐内陷形成原肠腔，进入原肠期；此时，胚体从卵膜内孵出。

刚孵出的胚体为椭圆形，体高约 220μm，宽约 170μm。多数胚体在水表面游动，随着胚体的成长，原肠延长，分裂腔内的间质增加，当原肠延长至胚体的一半时便在胚体中央稍上方处向腹面弯曲。原肠与其口陷相连接的部分成为食道，原肠平行于体轴的部分形成大而宽的胃和细长的肠；此时，胚孔变为幼虫肛门，其开口移向消化管的上方。

2. 幼体发育

刺参的幼虫发育包括：耳状幼体、樽形幼体和五触手幼体，然后变态为稚参。

1) 耳状幼体

原肠胚以后，胚体由原来的卵圆形逐渐变为背腹扁平，胚体表面的纤毛仅在身体两侧留下左右两条纤毛带，称纵列纤毛带。不久，两条纤毛带的前后端互相连接起来，分别称为口前环和肛门环，从胚体侧面观像人的外耳，因此称为耳状幼体。幼体长约 400μm，宽约 280μm。

耳状幼体纤毛带在口的上方弯曲，形成口前环(preoral loop)，在肛门前弯曲形成肛前环(preanal loop)，呈小环状弯曲。因此，被纤毛包围的腹面略呈 H 形。

在耳状幼虫发育过程中，由于胚体纤毛环的某些部分生长得特别快，因而在体表形成许多褶臂状突起，称幼虫臂；左右对称排列，共 6 对。按其所在位置不同，分别称为口前臂、前背臂、间背臂、后背臂、口后臂和后侧臂；其中，最早出现的是口前臂和口后臂，最为发达的是间背臂和后背臂。

随着耳状幼体的不断生长，消化道从原来的简单管状构造逐渐分化成界限分明的口、食道、胃、肠、肛门等部分。

在人工育苗过程中，为了及时且准确地判断幼体发育的正常与否，可以将耳状幼体又分为小耳状幼体、中耳状幼体和大耳状幼体三个阶段：①小耳状幼体，臂刚长出，其中最明显的是口前臂和口后臂，体长 350~400μm，消化道已明显分为口、食道、胃、肠和肛门；②中耳状幼体，各幼虫臂发达而明显，体长 410~460μm，在食道与胃交界处的左侧出现半环形的水系腔；③大耳状幼体，各幼虫臂发达、明显而粗壮，体长 800~900μm，在半环形的水系腔上长出 5 个囊状的初级口触手和辐水管。一般认为，水系腔的发育情况可以作为幼体发育是否正常的标志。

2) 樽形幼体

当水系腔形成初级口触手和副水管时，幼虫由原来的背腹扁平逐渐变为圆桶形，称桶形幼虫或樽形幼体；身体急剧收缩变小，缩短为 320~410μm，几乎缩小一半。

樽形幼体的左右纵列纤毛带(包括幼虫臂)很快失去了原有的连续性，变成许多独立的段落，即口前环和肛门环各保留三段，前背、中背、后背的各突起和间背及后背突起部之间的凹陷处两侧各保留 4 段，继而相互连接形成 5 条纤毛环。同时，口缘外胚层加厚，下陷为前庭(vestibule)，开口缩小。口的位置在樽形幼体早期位于自前向后排列的第二至第三纤毛环间；以后逐渐向前移，最后移至幼体前段的中央。

樽形幼体，起初多在水体上、中层活泼游泳；近末期，纤毛运动减弱，多数转入底层。樽形幼虫是整个发育过程中历时最短的幼虫期，在水温 20~24℃下，一般 1~2d 变成五触手幼体。

3）五触手幼体（图 3-13）

从樽形幼体的 5 条初级口触手伸出前庭开始，身体外形像"佛手柑"的果实——"佛手"，称五触手幼体。此期幼虫逐渐转入底栖生活，额区缩小，口几乎移到前端，纤毛环逐渐退化以至完全消失。

此期发生明显变化的特征包括：钙质骨片形成，X 字形的骨片数目增多，各骨片的分支部互相延伸愈合成骨板，逐渐形成具有种间特征的骨片，末期骨片几乎遍布整个体表；左右体腔愈合成体腔，把消化管包围在其中；消化管延伸到身体末端，对外开孔称肛门；神经位于口部初级触手基部，包括食道神经环和辅水管外侧 5 条辐神经。

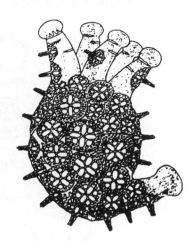

图 3-13　体表布满骨片的五触手幼体（Levin and Guadimova，2000）

五触手幼体的食性由浮游藻类转变为底栖硅藻；身体逐渐增长到 350~450μm，并在身体背面长出许多刺状突起（肉刺），在腹面后端、肛门下方生出第一管足，不久在第一管足前方偏右侧生出第二个管足，随着发育的进程管足数目逐渐增多。管足与触手是稚参的主要运动器官。

4）稚参

初期的稚参同五触手幼体无太大区别，但随着个体的生长，骨片形成也加快，具有种质特征的骨片数增多，同时次级触手和管足数目也不断增加。5 条初级触手相互连接处形成间膜，在触手和管足中也形成骨片。骨片有杆状体，穿孔板和桌形体混在一起，遍布整个身体。肛门齿发达，并围绕肛门。触手间形成的 5 个大形板状骨片进一步增大，呈楯状。疣足的数目也不断增加，稚参初期，身体前方左右各生出一个疣足，而后又在体中部偏后处左右各生出一个疣足。稚参的身体颜色逐渐加深为淡褐色、褐色和深褐色。

稚参继续发育，与触手对应的辅水管生出并向连接，数目不断增加，在发育成成体时各触手进一步分枝、增长和粗壮。

综上所述，刺参个体发育由受精、胚胎发育至稚参的时间为 13~20d，其中以耳状幼体时期的时间最长。

（二）海胆发育

海胆由受精卵发育至稚海胆经过胚胎阶段、浮游及幼体发育阶段和匍匐变态阶段 3 个不同的发育时期，具体包括：受精卵→囊胚→纤毛囊胚→原肠胚→棱柱幼体→长腕幼体→稚海胆等几个主要发育期(图 3-14)。

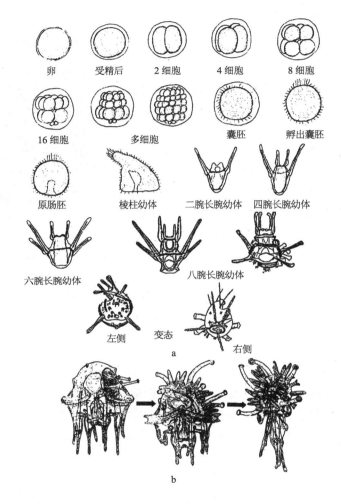

图 3-14 海胆的胚胎与幼虫发育及其原基形成(隋锡林和高绪生，2004)
a.海胆胚胎和幼虫各发育阶段的形态；b.海胆原基的形成过程

长腕幼体是棘皮动物门海胆纲和蛇尾纲特有的一种形态比较特殊的浮游体。大多数海胆在长腕幼体期还要依此经过二腕长腕幼体、四腕长腕幼体、六腕长腕幼体和八腕长腕幼体等 4 个不同的形态阶段。在八腕长腕幼体后期，开始分化出海胆原基，进而着底变态成为稚海胆。但是，也有少数种类还要经过十腕长腕幼体和十二腕幼体两个形态发育阶段。

1. 胚胎发育（图 3-14）

1）生殖细胞

海胆精子分头部、中段与尾部，全长 20~30μm。头部前端顶体尖锐；中段粗短，含有两个线粒体球；尾部由原纤维构成，呈鞭状，长约 15μm。

海胆卵为均黄卵、沉性卵，其大小依种类而略有差异，常见种类的卵径为 90~135μm：虾夷马粪海胆卵径为 90μm，马粪海胆的为 110~130μm，光棘球海胆的为 110~130μm。

2）受精

精卵在海水中受精；受精后很快举起受精膜，吸水膨大后受精膜与卵细胞之间出现卵黄周隙（围卵腔，perivit-elline space），厚约 10μm，卵径明显增大。如光棘球海胆卵径由 110~130μm 增至 162μm；虾夷马粪海胆卵径由 90μm 增至 117μm。受精卵略带浮性，在静水中沉于底部。

3）卵裂

海胆的卵裂属于全等裂，持续分裂多次，分裂球越分越小，越分越多，进而形成一个多细胞的囊胚。

4）囊胚期

卵裂后期，细胞数达 1000 个左右时便进入囊胚期，属于腔囊胚，周围由一层分裂球组成，中央有一个囊胚腔；进而囊胚外复以纤毛，称纤毛囊胚。囊胚借周生纤毛的摆动开始在卵膜内转动，不久囊胚体便从卵膜内孵出。

2. 浮游幼体和幼虫发育（图 3-14）

囊胚出膜后发育成具备游动能力的原肠胚而开始上浮，进入浮游幼体阶段。浮游幼体要经过棱柱幼体及长腕幼体两个主要阶段。

1）原肠期

囊胚孵出不久，球形的植物极细胞加厚、变平，成为植物板（vegetal plate），而后植物板逐渐内陷形成原肠腔，进入原肠期。

2）棱柱幼体

棱柱幼体的口叶突出，前端呈弧形，左右两侧的骨针已长大，消化道未开通，不能摄食，趋光性强，多密集于水表层。

3）长腕幼体

棱柱幼体进一步发育，生出一对幼体腕，称为早期长腕幼体；消化道已开通，可以从外界摄食。早期长腕幼体经过四腕长腕幼体、六腕长腕幼体进入八腕长腕幼体期。

3. 匍匐变态阶段（图 3-14）

长腕幼体后期，身体左侧出现海胆原基（echinus rudiment）或称为前庭复合体（vestibular complex），再由海胆原基分化出触手、棘、棘钳、骨板等；幼体的棘由体表伸出。

海胆原基中的 5 只初级管足也伸出体壁，成为幼体的运动器官。幼体的腕逐渐消失，转入底栖生活，进入匍匐变态阶段，再经过一系列变态发育过程，最终成为形态与成海胆基本相似的、营底栖匍匐生活的稚海胆。摄食习性也由摄食浮游单细胞藻类转向摄食底栖硅藻类。

海胆幼体发育速度因种类而异，同时受到环境条件的影响，主要是水温的影响（表 3-3）。

表 3-3　三种海胆的胚胎发育速度比较

发育阶段	光棘球海胆	马粪海胆	虾夷马粪海胆
	水温 23~24℃	14~17℃	15.2~18.5℃
	发育时间（受精后）		
2 细胞期	1h	2h	1h 30min
4 细胞期	1h 30min	3h 30min	1h 30min~2h 12min
8 细胞期	2h	4h 30min	3h
16 细胞期	2h 40min	5h	3h 48min
囊胚期	3h 30min	15h	—
上浮	10h	22h	11h 30min
原肠期	15h	26h	18h
棱柱幼体	24h	42h	30h
四腕长腕幼体	42h	66h	50h
八腕长腕幼体	6~7d	9~10d	12~13d
变态	19~20d	28~29d	18~21d

资料来源：廖承义和邱铁凯，1987；王子臣和常亚青，1997

（常亚青）

参 考 文 献

常亚青，相建海. 2002. 仿刺参（*Apostichopus japonicus*）多倍体诱导的初步研究. 大连水产学院学报，17（1）：1~7

常亚青，王子臣. 1997. 低盐度海水和饵料对虾夷马粪海胆的影响. 海洋科学，(3)：1~2

常亚青，丁君，宋坚，等. 2004. 海参、海胆生物学研究与养殖. 北京：海洋出版社

常亚青，王子臣，宋坚，等. 2000. 四种海胆杂交的可行性及子代的早期发育. 水产学报，24（3）：211~216

常亚青，王子臣，孙培海，等. 1999. 虾夷马粪海胆的海区度夏、室内中间培育及工厂化养成. 中国水产科学，6（2）：66~69

常亚青, 王子臣, 王国江. 1999. 温度和藻类饵料对虾夷马粪海胆摄食及生长的影响. 水产学报, 23(1): 69~76

常亚青, 于金海, 马悦欣. 2009. 海参健康增养殖实用新技术. 北京: 海洋出版社

陈勇, 高峰, 刘国山, 等. 2007. 温度、盐度和光照周期对刺参生长及行为的影响. 水产学报, 31(5): 687~691

樊绘曾, 陈菊娣, 林克忠. 1980. 刺参酸性粘多糖的分离及其理化性质. 药物学报, 5: 263~269

高绪生, 常亚青. 1999. 中国经济海胆及其增养殖. 北京: 中国农业出版社

高绪生, 孙勉英, 胡庆明, 等. 1993. 温度对光棘球海胆不同发育阶段的影响. 海洋与湖沼, 24(6): 634~639

高绪生, 孙勉英, 李国友, 等. 1990. 大连紫海胆食性的初步探讨. 水产学报, 14(3): 227~232

黄日明, 王宾, 刘永宏. 2009. 海参的化学成分及其生物活性的研究概况. 中成药, 31(8): 1263~1269

江静波. 1984. 无脊椎动物学(修订本). 北京: 高等教育出版社: 316~334

孔永滔, 程振明, 王琦, 等. 2002. 筏式养殖中间球海胆生殖腺发育周年变化. 水产科学, 21(2): 18~20

孔永滔, 王琦, 程振明, 等. 2002. 腌渍裙带菜代替海带投喂虾夷马粪海胆的研究. 齐鲁渔业, 18(6): 35~56

李玉珍, 宫问红, 周学家. 2000. 山东近海海胆的种类组成及生态分布的研究. 齐鲁渔业, 17(30: 30~31

李元, 王远隆, 李美芝. 1995. 马粪海胆的生态研究. 海洋湖沼通报, (2): 37~41

廖承义, 邱铁凯. 1987. 大连紫海胆人工育苗的初步研究. 水产学报, 11(4): 277~283

廖玉麟. 1982. 海胆生物学概况. 水产科学, (3): 1~8

廖玉麟. 1997. 中国动物志棘皮动物门海参纲. 北京: 科学出版社

廖玉麟. 2001. 我国的海参. 生物学通报, 35(9): 1~3

刘焕亮, 黄樟翰. 2008. 中国水产养殖学. 北京: 科学出版社: 835~852

刘凌云, 郑光美. 2009. 普通动物学. 4版. 北京: 高等教育出版社: 317~324

楼允东. 2009. 组织胚胎学. 北京: 中国农业出版社: 284~294

陆江海, 李瑞声, 张维汉. 1994. 海胆化学和药理学研究概况. 中国海洋药物, 50(2): 38~45

马福恒. 2002. 盐度和温度对中间球海胆摄食与存活的影响. 水产科学, 21(6): 1~3

聂竹兰, 李霞. 2006. 海参再生的研究. 海洋科学, 30(5): 78~82

牛宗亮, 王荣镇, 董新伟. 2009. 马粪海胆生殖腺营养成分的含量测定. 中国海洋药物杂志, 28(6): 26~30

农业部渔业局. 2013. 中国渔业统计年鉴. 北京: 中国农业出版社

曲漱惠, 李嘉泳. 1984. 动物胚胎学——海胆的发生. 北京: 高等教育出版社

苏秀, 娄永江, 常亚青, 等. 2003. 海参的营养成分及海参多糖的抗肿瘤的活性研究. 营养学报, 25(2): 81~82

隋锡林. 1985. 海参增养殖. 北京: 农业出版社

隋锡林, 高绪生. 2004. 海参海胆增养殖技术. 北京: 金盾出版社

隋锡林, 林祥辉, 刘兴盛, 等. 1991. 刺参人工种苗试验研究. 海洋与湖沼, 22(2): 86~91

隋锡林, 刘永襄, 刘永峰, 等. 1986. 刺参生殖周期的研究. 水产学报, 10(3): 22~25

隋锡林, 尚林宝, 胡庆明, 等. 1985. 刺参精子浓度及卵持续时间对受精的影响. 海洋科学, 5: 41~43

孙勉英, 高绪生. 1991. 盐度对大连紫海胆不同发育阶段的影响. 水产学报, 15(1): 72~81

孙勉英, 高绪生, 胡庆明. 1990. 大连紫海胆食性的研究II. 水产科学, 9(4)31~34

王吉桥, 田相利. 2012. 刺参养殖生物学新进展. 北京: 海洋出版社

王莹, 康万利, 辛士刚, 等. 2009. 鲍鱼、海参中微量元素的分析研究. 光谱学与光谱分析, 29(2): 511~514

王永辉, 李培兵, 李天, 等. 2010. 刺参的营养成分分析. 氨基酸和生物资源, 32(4): 35~37

王子臣, 常亚青. 1997. 经济海胆类增养殖研究进展及前景. 海洋科学, (6): 20~22

杨学明, 张立, 甘西. 2010. 热带海参养殖的优良品种——糙海参. 广西水产科技(广西水产研究所成立50周年庆典专栏): 19~21

于东祥, 宋本祥. 1999. 池塘养殖刺参幼参的成活率变化和生长特点. 中国水产科学, 6(3): 109~110

袁修宝, 曾晓起. 2004. 几种经济海胆生殖腺的研究进展. 海洋湖沼通报, (2): 95~100

袁秀堂, 杨红生, 周毅, 等. 2006. 盐度对刺参呼吸和排泄的影响. 海洋与湖沼, 37(4): 348~354

曾晓起, 尤凯, 陈大刚. 1997. 马粪海胆的摄食与吸收的初步研究. 海洋科学, 16(1)3~5

曾晓起, 袁修宝, 张鹏. 2005. 马粪海胆卵巢发育周年变化研究. 海洋科学, 29(12): 38~42

张凤瀛, 吴宝玲. 1957. 广东的海胆类. 北京: 科学出版社

张凤瀛, 廖玉麟, 吴宝玲, 等. 1964. 中国动物图谱——棘皮动物. 北京: 科学出版社

张凤瀛, 吴宝玲, 廖玉麟. 1957. 中国的海胆类. 生物学通报, (7): 18~24

张伟伟, 陆茵. 2010. 海参的抗肿瘤作用研究进展. 中华中医药杂志(原中国医药学报), 25(1): 105~108

张煜, 马志珍, 刘永宏, 等. 1992. 刺参稚参摄食生产的研究. 海珍品实用养殖技术, (3): 24~26

赵文. 2009. 刺参池塘养殖生态学及健康养殖理论. 北京: 科学出版社

赵艳, 童圣英, 张硕, 等. 1998. 温度和盐度对虾夷马粪海胆耗氧率和排氨率的影响. 中国水产科学, 5(4): 34~38

富士昭. 1969. 北海道のウニとその増殖. 東京: 資源協會

Andrew N. L., Agatsuma Y., Ballesteros E., et al. 2002. Status and management of world sea urchin fisheries. Oceanography and Marine Biology, 40 : 343~425

Astall C. M., Jones M. 1991. Respiration and biometry in the sea cucumber Holothuria farskali. J Mar Bio Ass U K, 71: 73~81

Chang Y. Q., Yu C. Q., Song X. 2004. Sea cucumber (Apostichopus japonicus) pond ployculture in Dalian, Liaoning Province, China. Beche-de-mer Information Bulletin, 19: 15~16

Hyman L. H. 1955. The Invertebrates, vol. IV. Echinodermata. New York: McGraw-Hill Book Company

John Miller Lawrence. 2003. Sea Urchin: Fisheries and Ecology. Puerto Varas, Chile DEStech Publications, Inc

Kang K. H., Kwon J. Y, Kim Y. M. 2003. A beneficial coculture: charm abalone Haliotis discus hannai and sea cucumber Stichopus japonicus. Aquaculture, 216: 87~93

Kashenko S. D. 2000. Acclimation of the sea cucumber Apostichopus japonicus to decreased slinity at the blastula and gastrula stages: Its effect on the dasalination resistance of larvae at subsequent stages of development. Russian Journal of Marine Biology, 26(6): 422~426

Lawrence. 2001. Edible Sea Urchins: Biology and Ecology. Department of Biology, University of South Florida

Leibson N L. 1992. Regeneration of digestive tube in Holothurians *Stichopus japonicus* and *Eupentacta fravdatrix*. Monogr Dev Biol Basel, Karger, 23: 51~61

Levin V. S, Gudimova E. N. 2000. Taxonomic interrelations of holothurians *Cucumaria frondosa* and *C. japonica* (*Dendrochiro*tida, Cucumariidae). S. P. C. Beche-de-mer Inf Bull, 13: 22~29

Moore H. B. 1966. Ecology of Echinoids. *In*: Boolootian R. A. Physiology of Echinodermata. New York: Wiley-Interscience

第四章　养殖虾蟹类生物学

虾蟹类养殖也称甲壳类养殖，是水产养殖业的重要组成部分。2012 年，我国甲壳类养殖产量达 359.26 万 t，是捕捞量的 1.57 倍，占水产养殖总产量的 8.38%；其中淡水产量占 65.22%，海水产量占 34.78%；在海水甲壳类养殖产量中，虾类占 80.48%，蟹类占 19.5%；在淡水甲壳类养殖产量中，虾类占 69.50%，河蟹占 30.50%。

虾蟹类身体色泽鲜艳，营养丰富，肉质鲜美，富含优质蛋白质、矿物盐和多种维生素及微量元素，是人们最喜欢吃的优质食品。每 100g 鲜品含蛋白质 17.5~18.3g；Ca 35~280mg、P 182~213mg；Fe 1.00~2.90mg、Zn 1.14~5.50mg、Se 19.10~91.00mg、V_A 121~389μg、V_{B_2} 0.11~0.30mg、V_E 0.92~6.09mg。

虾蟹类的经济价值高，应用价值广泛，对营养性水肿、跌打损伤等慢性消耗性疾病均有治疗或辅助治疗的作用，其壳中富含甲壳素，在医药和工业上均有广阔的用途；从甲壳质中提炼的 ACOS-6 物质具有低毒性免疫激活性质，可抑制癌细胞的增殖和转移。

虾蟹类生物学是制定养殖技术的依据，也是发展虾蟹养殖业的重要理论基础；主要内容包括：栖息习性、对环境条件的适应、摄食、生长、繁殖生物学特征。

第一节　养殖种类及其分布

世界上养殖的虾蟹约数十种，其中养殖最多的是对虾类、新对虾类、沼虾类、梭子蟹类和方蟹类等，以及少数虾蛄类和龙虾类。

我国虾蟹类资源很丰富(约 601 种)，绝大部分的种类均有食用价值。目前，我国养殖的虾类有中国明对虾、墨吉明对虾、长毛明对虾、斑节对虾、短沟对虾、细角滨对虾、凡纳滨对虾、日本囊对虾、中型新对虾、近缘新对虾、刀额新对虾、日本沼虾、罗氏沼虾、克氏原螯虾、中国龙虾等 15 种；蟹类有中华绒螯蟹、锯缘青蟹、三疣梭子蟹、日本蟳等 4 种，以及虾蛄类口虾蛄，总计约 20 种。

一、分类地位

(一)虾蟹类

虾蟹类隶属于节肢动物门(Arthropoda)真节肢动物亚门(Euarthropoda；体分

节，附肢也分节）甲壳纲（Crustacea；身体分头胸部和腹部；头胸部有 13 对附肢，头部 5 对，胸部 8 对）软甲亚纲（Malacostraca；甲壳坚硬，头胸甲特别发达，体节数恒定）十足目（Decapoda；头部和胸节全部愈合成头胸部，胸肢前 3 对形成颚足，后 5 对为步足）。

1. 虾类

虾类属于十足目游泳亚目（Natantia），擅于游泳，身体修长左右侧扁，甲壳较软而透明，具有发达的额角，第二触角外肢大，呈鳞片状；腹部强壮，肌肉发达；腹肢为游泳足，划水有力；尾肢和尾节组成尾扇。

虾类分为游泳虾类和爬行虾类。前者包括对虾科（Penaeidae）的对虾属、新对虾属和长臂虾科（Palaemonidae）的沼虾属；后者主要包括螯虾科（Astacidae）、海螯虾科（Nephropidae）和龙虾科（Palinuridae）的少数种类。在 Isabel Perez Farfante 和 Brian Kensley（1997）所著的《世界对虾类和樱虾类》中，将原对虾属（*Penaeus*）的 6 个亚属提升为属级阶元，即对虾属、美对虾属（*Farfantepenaeus*）、明对虾属（*Fenneropenaeus*）、滨对虾属（*Litopenaeus*）、囊对虾属（*Marsupenaeus*）和沟对虾属（*Melicertus*）。

我国养殖的游泳虾类：中国明对虾、墨吉明对虾和长毛明对虾隶属于对虾科（Penaeidae）明对虾属（*Fenneropenaeus*），斑节对虾和短沟对虾隶属于对虾属（*Penaeus*），细角滨对虾和凡纳滨对虾隶属于滨对虾属（*Litopenaeus*），日本囊对虾隶属于囊对虾属（*Marsupenaeus*），中型新对虾、近缘新对虾、刀额新对虾及周氏新对虾隶属于新对虾属（*Metapenaeus*）；沼虾类的日本沼虾和罗氏沼虾隶属于真虾派（Carider）长臂虾科（Palaemonidae）沼虾属（*Macrobrachium*）。

我国养殖的爬行虾类（长尾类，近似游泳亚目，腹部发达，向后伸展，有尾扇）：克氏原螯虾隶属于爬行亚目（Reptantia）螯虾科（Cambaridae）原螯虾属（*Procambarus*）；中国龙虾隶属于龙虾科（Palinuridae）龙虾属（*Panulirus*）。

2. 蟹类

蟹类属于十足目爬行亚目（Reptantia），一般不游泳而只爬行；身体背腹扁平，甲壳高度钙化而较坚硬；额角和第二触角鳞片退化或全无；腹部多退化，无尾扇；腹肢消失或残存而不用于游泳。

我国养殖的蟹类：中华绒螯蟹隶属于爬行亚目方蟹科（Grapsidae）绒螯蟹属（*Eriocheir*）；锯缘青蟹隶属于梭子蟹科（Portunidae）青蟹属（*Scylla*）；三疣梭子蟹隶属于梭子蟹科梭子蟹属（*Portunus*）；日本蟳隶属于梭子蟹科蟳属（*Charybdis*）。

（二）虾蛄类（mantis shrimp）

口虾蛄隶属于软甲亚纲口足目（Stomapoda，身体扁平，头部与前 4 个胸节愈合）虾蛄科（Gonodactylidae）口虾蛄属（*Oratosquilla*）。

二、主要形态特征与分布

（一）虾类

（1）中国明对虾【*Fenneropenaeus chinensis*（Osbeck，1765）】 旧称中国对虾、东方虾，俗称明虾、对虾等（图 4-1）。虾体大，身体透明、无色带，额角细长且前端上翘，上缘 7~9 齿，下缘 3~5 齿，壳薄；肉质鲜嫩，适应性强、生长快，属于上等虾类。

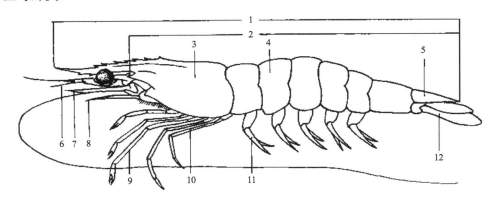

图 4-1　中国明对虾体形及各部名称（刘焕亮和黄樟翰，2008）

1.全长；2.体长；3.头胸部；4.腹部；5.尾节；6.第一触角外鞭；7.第二触角触鞭；8.第三颚足；9.第三步足（螯状）；10.第五步足（爪状）；11.第一游泳足；12.尾肢

该虾主要分布于渤海、黄海和东海，南海珠江口近海也有少量分布；是我国养殖最早、产量较大的虾类，朝鲜半岛亦有少量养殖。2012 年，我国海水养殖中国对虾产量达 4.12 万 t。

（2）墨吉明对虾【*Fenneropenaeus meiguiensis*（Osbeck，1765）】 旧称墨吉对虾，俗称白虾、白刺虾等（图 4-2b）。体形与中国对虾相似，最显著的差别是额角基部背脊隆起呈鸡冠状，上缘 6~9 齿，下缘 4~5 齿。

该虾主要分布于福建以南的东南亚、印度沿海等；我国广东东部等南方沿海养殖的较多。

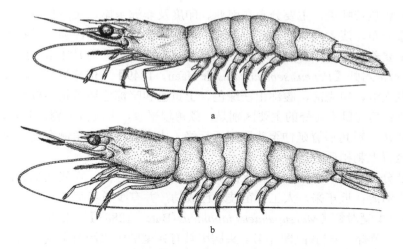

图 4-2 长毛明对虾与墨吉明对虾形态比较（刘焕亮和黄樟翰，2008）

a.长毛明对虾；b.墨吉明对虾

（3）长毛明对虾【*Fenneropenaeus penicillatus*（Alcock，1905）】 旧称长毛对虾，俗称明虾（图 4-2a）。体形酷似中国明对虾，但额角较平直，上缘齿 7~9 个，下缘齿很小，在后半部 4~5 个。

该虾分布于福建以南的西太平洋及印度洋；我国浙江以南沿海均有养殖，但以福建、广东西部及广西沿海养殖较多。

此外，可养的明对虾还有印度明对虾，其形态与中国明对虾相似，额角基部背脊略高于中国明对虾而低于长毛明对虾。

（4）斑节对虾【*Penaeus monodon* Fabricius，1798】 又名草虾、鬼虾、金刚虾（图 4-3）。个体大（是养殖对虾中个体最大的种类），最大者体重可达 600g，额角较平直，上缘 7~8 齿，下缘 2~3 齿，其后脊可达头胸甲后缘，具一浅而窄的中央沟，体呈灰蓝色，有蓝色及浅黄色相间的横向色带，故又称花虾。

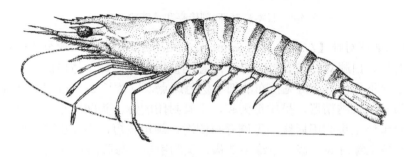

图 4-3 斑节对虾（刘焕亮和黄樟翰，2008）

该虾属热带虾类，主要分布在南亚、印度及非洲东岸，我国台湾、广东、海南有少量分布，澳大利亚北部亦有分布；其耐盐度广、适应性强，是我国及南亚国家的主要养殖种类。2012 年，我国海水养殖斑节对虾产量达 6.46 万 t。

(5)短沟对虾【*Peneus semisulcatus* de Haan，1849】　俗称凤虾、丰虾、花虾等。体表光滑，甲壳薄，腹部由浅绿色、土黄色和暗棕色环带相间排列，构成鲜艳的斑纹；其与日本对虾的主要区别是，额角较平直，尖端微上翘，上缘 6~8 齿，下缘 2~4 齿，额角后脊延伸至头胸甲近后缘，中央沟浅，额角侧脊高而锐，侧沟较深，至胃上刺稍后方消失。

该虾分布较广，印度—西太平洋亚热带沿海均有分布，在我国主要是分布于福建以南沿海；近年来，人工育苗技术已成功，并有少量养殖。

(6)日本囊对虾【*Marsupenaeus japonicus*（Bate，1888）】　旧称日本对虾，俗称车虾、竹节虾、斑马虾(图 4-4)。头胸甲具有典型的中央沟及侧沟并延伸至头胸甲后缘，额角较平直，上缘具 8~10 齿，下缘 1~2 齿；体色鲜艳，有褐色和黄色相间的色带；雌虾的纳精囊呈袋状，开口于前方。

该虾为广温性虾类，温带及热带均有分布，分布于印度—西太平洋的亚洲及非洲沿海，日本及我国江苏以南沿海广为分布。该虾肉质佳、抗逆力强、耐干力强，可以活虾上市，价格较高，是日本及我国重要的养殖虾类。2012 年，我国海水养殖日本囊对虾产量达 4.94 万 t。

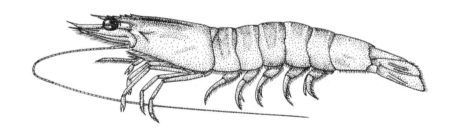

图 4-4　日本囊对虾(刘焕亮和黄樟翰，2008)

(7)凡纳滨对虾【*Litopenaeus vannamei*（Boone，1931）】　原称南美白对虾，俗称白对虾、白腿对虾等(图 4-5a)。形态酷似中国明对虾，体白而透明，步足白垩色，全身不具色带，可见密布的细小棕色斑点，以体长 2~5cm 时尤明显；雌性交接器为开放式纳精器、呈桃形突起，不具封闭的囊；头胸部小于中国明对虾，额角后脊延伸至头胸甲后缘，无侧脊与侧沟；额角较短，不超出第一触角柄的第二节，额角上缘有 8~9 齿，下缘 1~2 齿；头胸甲短，与腹部长度之比为 1∶3；体长侧高，略呈梭形；额角侧沟短，止于胃上刺下方；头胸甲具肝刺和鳃角刺；第一触角具双鞭,内鞭较外鞭纤细,长度大致相等,约为第一触角柄长度的 1/3;第 1~3 对步足的上肢十分发达,第 4~5 对步足无上肢,第 5 对步足具雏形外肢;尾节具中央沟,但不具侧缘刺。

图 4-5 凡纳滨对虾和细角滨对虾(蓝对虾)头部的形态区别(刘焕亮和黄樟翰,2008)
a.凡纳滨对虾;b.细角滨对虾(蓝对虾)

该虾原产于美洲太平洋沿海,中心分布区在赤道的厄瓜多尔近海,向北分布到墨西哥沿海,向南分布到智利北部沿海,大致分布在南北回归线以内;1988 年由中国科学院海洋研究所引入国内,经过多年研究,育苗及养殖成功。由于其抗逆力强、广盐性,耐高密度养殖,近年在我国南北方广泛养殖,其产量居养殖虾类之首。2012 年,我国海水养殖凡纳滨对虾产量达 76.25 万 t,淡水养殖产量为 69.07 万 t。

(8)细角滨对虾【*Litopenaeus stylirostris*(Stimpson,1874)】 俗称蓝对虾。额角比凡纳滨对虾细长,尖端上翘,但成体虾较平直,超出第一触角柄的第 2 节,上缘 7~8 齿,下缘 3~6 齿(图 4-5b);成熟个体身体及步足背侧呈蓝色,腹部具不明显暗色斑纹;雌性具开放型纳精器,雄性交接器略呈卷筒状。

该虾分布于拉丁美洲的太平洋沿岸,集中于墨西哥沿海,为广盐性热带虾种;是美洲第二养殖虾类,产量占西半球的 1/3;2000 年由中国科学院海洋研究所从夏威夷海洋研究所引入我国,并取得育苗和养殖的成功。该虾生长较快,但抗病力较差,与凡纳滨对虾相比,更适合于低密度养殖,具有推广价值。

此外,在世界范围内已进行养殖的对虾类还有欧洲沟对虾,分布于大西洋欧洲近海及地中海。宽沟对虾在南亚沿海也有少量养殖。

(9)新对虾类 新对虾属的种类是对虾科重要组成部分。我国常见种类有近缘新对虾[*Metapenaeus affinis*(H. Milne-Edwards,1837)]、刀额新对虾[*Metapenaeus ensis*(de Haan,1850)]、中型新对虾[*Metapenaeus intermedius*(Kishinouye,1900)]和周氏新对虾[*Metapenaeus joyneri*(Miers,1880)]等。新对虾类体形类似明对虾类,但个体较小,属中型虾类,其形态特点是额角下缘均无齿。种的鉴别特征是:①近缘新对虾第 1 步足无座节刺,第一触角上鞭短于头胸甲长的 1/2,雄性交接器末端呈“V”字形,雌虾交接器的中板呈舌状,侧板呈“C”字形,额角上缘具 7~8 齿;②刀额新对虾第一对步足具座节刺,腹部第 1~6 节背面均具纵脊,尾节无侧刺,额角上缘具 6~9 齿;③中型新对虾第 1 对步足亦具座节刺,但腹部背面仅 4~6 节有纵脊，尾节有三对活动刺；④周氏新对虾第 1 对步足无座节刺，第一触角上鞭较长，为头胸甲长的 3/4，额角上缘具 6~8 齿。

新对虾类多数为热带及亚热带种，多分布在台湾海峡以南海域，在我国只有周氏新对虾可分布于黄海以南沿海。新对虾类多为近岸广盐性虾类，分布于近海和内湾，多在河口区域繁殖，仔幼虾分布于河口、内湾，是鱼塭中常见的养殖虾类，近年亦有进行小池塘海水和半咸水养殖，淡水养殖试验成功。

（10）沼虾类 沼虾类隶属于真虾派（Carider）长臂虾科（Palaemonidae）沼虾属。本属在我国有罗氏沼虾[*Macrobrachium rosenbergii*(de Man)]（图 4-6，图 4-7），由马来西亚引入国内，故又称马来西亚大虾，台湾省称为淡水长脚大虾。该虾是世界上最大的淡水虾，也是养殖最多的淡水虾类。2012 年，我国淡水养殖罗氏沼虾产量达 12.47 万 t。

图 4-6　罗氏沼虾（雄）

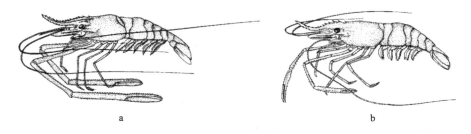

图 4-7　罗氏沼虾（刘焕亮和黄樟翰，2008）

a.雄；b.雌

日本沼虾（*Macrobrachium niponense*）又称青虾，全国均有分布，是淡水水域常见种类，也是鱼塘混养或单养的虾类。养殖种类尚有海南沼虾（*Macrobrachium hainanense*）等。

真虾派与对虾派不同点是：腹部第 2 节侧甲覆盖在第一节侧甲之外。长臂虾科的特征是步足无外肢，大颚通常有门齿突，如无门齿突，第 3 颚足不扩大呈叶片状。沼虾属的特点是大颚须 3 节，后 3 对步足趾节单爪形。

日本沼虾与罗氏沼虾的形态区别是：前者额角上缘平直，末端尖锐，下缘齿 2~4 个；后者额角上缘尖锐、上翘，下缘齿 10~13 个。

（11）螯虾类　螯虾类隶属十足目爬行亚目螯虾总科（Astacura），又分为螯虾科（Cambaridae）、河虾科（Astacigae）、拟河虾科（Parastacidae）和海螯虾科（Homaridae）。其中前 3 科是淡水种，螯虾科和河虾科分布于北半球，以欧洲和美洲较多，拟河虾科分布于南半球。海螯虾科为海水种，40 余种，分布于世界各大洋。生活于大西洋沿岸的美洲龙螯虾（*Homarus americanus*）、欧洲龙螯虾（*Homarus gammarus*）和挪威海螯虾（*Nephrops norvegicus*）是欧美经济价值较大的大型虾类。我国有淡水螯虾 2 属 4 种，即东北螯虾（*Cambarus dauricus*）、朝鲜螯虾（*Cambarus similis*）、许郎螯虾（*Cambarus schrenkii*）均分布在北纬 42° 以北地区；另一种是 20 世纪 30 年代由日本传入我国的克氏原螯虾（*Procambarus clarkii*），最初仅限于江苏省，后因人工养殖和自然扩散，已分布到许多省份。海螯虾科的新海螯虾属在我国也有分布。

目前，我国养殖的螯虾类有克氏原螯虾，俗称小龙虾（图 4-8，图 4-9）。近几年，克氏原螯虾养殖业在江苏和湖北等地发展迅速，2012 年，我国淡水养殖克氏原螯虾产量高达 55.48 万 t。近年来，又从澳洲引进一种大型红螯螯虾（*Cherax quadricarinalus*）（图 4-10），已在广东、山东等省试养成功。

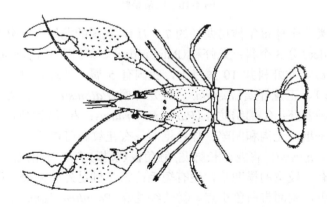

图 4-8　克氏原螯虾（堵南山，1993）

图 4-9　克氏原螯虾

图 4-10　红螯螯虾

　　(12) 龙虾类　全球每年捕捞龙虾约 7.7 万 t，我国的龙虾大部分为进口。龙虾总科 (Palinuroidea) 分 3 个科：龙虾科 (Palinuridae)、蝉虾科 (Scyllaridae) 和多螯虾科 (Polychelidae)。龙虾科共 10 属以上，我国有 5 属：龙虾属 (*Panulirus*)、脊龙虾属 (*Linuparus*)、正龙虾属 (*Justitia*)、钝龙虾属 (*Palinustus*)、游龙虾属 (*Jasus*)。

　　我国产 8 种龙虾：①锦绣龙虾 (*Panulirus ornatus*；花龙) 触角板有 2 对大刺；腹部背面光滑平坦，无沟和凹陷；体色艳丽，有花纹和斑块 (图 4-11)。②中国龙虾 (*Panulirus stimpsoni*；青龙、长脚龙) 触角板 (额板) 有 2 对粗短的大刺；第 2~6 腹节点背甲各有一较宽的横凹陷，生有短毛；第 2 颚足外肢无鞭，第 3 颚足无外肢；体橄榄绿色，侧面带白色小点。③波纹龙虾 (*Panulirus homarus*；青龙、短脚龙) 触角板有 2 对大刺，其间有 1~2 对小刺；第 2~6 腹节背甲近后缘各有一横沟，横沟前缘波纹状，有短毛，腹部背甲和侧甲有颗粒或弯月形凹点。第 3 颚足没有外肢，第 2 颚足外肢无鞭。④日本龙虾 (*Panulirus japonicus*) 触角板有 1 对大刺，其后无小刺或有少量分散的微小刺。头胸甲后缘沟窄而深，宽度约为其后缘处的 1/20，第 2~5 腹节背面近后缘处具横沟，其中第 2、第 3 节横沟的前缘中间有浅缺刻。⑤密毛龙虾（*Panulirus penicillatus*）额板有 2 对大刺，前后刺的基部连在一起。头胸甲上小刺较多。腹部背甲第 2~6 腹节横沟深而宽，前缘直，有密毛。第 2 颚足外肢具鞭，第 3 颚足外肢无鞭。⑥长足龙虾（*Panulirus longipes*）触角板有 1 对大刺，其后各有 2~3 个小刺，斜向外排成一行。第 2~5 腹节的横沟与侧甲沟相连，背甲上有许多大的黄色小圆点。第 2 步足最长，雄性第 2 腹肢无内肢。⑦黄斑龙虾（*Panulirus polyphagus*）触角板有 1 对大刺，眼上刺粗短；腹部背甲无横沟，其上有许多粒状刻点，以第 2、第 3 节最为密集，各节间有宽的浅黄绿色带。第 2 颚足外肢具鞭，第 3 颚足无外肢。⑧杂色龙虾（*Panulirus versicolor*）触角板具 2 对大刺；头胸甲背面各区域间的纵横沟深而宽；腹节背甲无横沟，腹肢竹叶状，末端较尖，头胸甲具有棕紫色大花斑，腹节后缘紫色，其间贯穿黄色横带。

第 2 触角　　　第 1 触角

眼　　　　　　　眼上刺

步足　　　　　　头胸甲

腹肢　　　　　　腹部

尾扇

图 4-11　锦绣龙虾（梁华芳和何建国，2012）

（二）蟹类

蟹类属于十足目爬行亚目（Reptantia），一般不游泳而只爬行；身体背腹扁平，甲壳高度钙化而较坚硬；额角和第 2 触角鳞片退化或全无；腹部多退化，无尾扇；

腹肢消失或残存而不用于游泳。

我国养殖的蟹类主要有方蟹科的中华绒螯蟹，梭子蟹科的锯缘青蟹(又称拟穴青蟹)、三疣梭子蟹和日本蚂等种类。

(1)中华绒螯蟹【*Eriocheir sinensis* H. Milne-Edward】(图 4-12) 俗称河蟹、毛蟹、大闸蟹。该属在我国尚有日本绒螯蟹(*Eriocheir japonicus* de Haan)、狭额绒螯蟹(*Eriocheir leptognathus* Rathbun)和直额绒螯蟹(*Eriocheir rectus* Stimpson)，但大量养殖的只有中华绒螯蟹。中华绒螯蟹的头胸甲呈圆方形，后半部宽于前半部，胃区有 6 个对称的突起，额缘具 4 齿，前侧沿具 4 齿，末齿最小；雄性螯足比雌性大，掌节内外均密生绒毛，故称绒螯蟹。

图 4-12 中华绒螯蟹(刘焕亮和黄樟翰，2008)

中华绒螯蟹和日本绒螯蟹为个体较大的经济种类；狭额绒螯蟹和直额绒螯蟹为小型非经济种类，4 种蟹的形态区别见表 4-1。与河蟹相似的尚有天津厚蟹(俗称稍莱子)，二者的区别是后者的胸甲额前缘没有锯齿。

表 4-1 绒螯蟹属 4 个种的检索表

1(4)螯足的跗、趾节的内外侧均着生致密的绒毛，头胸甲的额前缘具 4 枚锯齿，缺刻明显

2(3)头胸甲额前缘 4 枚锯齿中，中间二锯齿间的缺刻最深，其夹角小于或等于 90°，呈锐角或直角 .... 中华绒螯蟹

3(2)头胸甲额前缘 4 枚锯齿中，中间二额齿钝圆，其夹角为远大于 90°的钝角........ 日本绒螯蟹

4(1)螯足仅内或外一侧面着生致密的绒毛，头胸甲的额前缘具 4 或 3 枚锯齿，缺刻不明显

5(6)头胸甲的额前缘具 4 枚锯齿，最后 1 对步足趾节爪状或尖锥状........................ 狭额绒螯蟹

6(5)头胸甲的额前缘具 3 枚锯齿，最后 1 对步足趾节宽扁呈桨状........................... 直额绒螯蟹

中华绒螯蟹在我国主要分布于黄渤海、东海流域，浙江以北的江河均有分布，在长江可溯至湖北东部；可分为长江水系、黄河水系、海河水系及辽河水系等地

方种群。随着航运事业的发展，该蟹于 19 世纪流传至欧洲各沿海国家，如德国、英国、法国、荷兰、比利时、挪威、芬兰及沿黑海诸国，分布中心在易北河与威悉河流域；近年来在北美洲亦有发现，由于气候条件与我国相似，有可能形成河蟹新的分布区域。河蟹营养丰富、味道独特，具有滋补、保健功能，自古以来就被视为水产珍品。2012 年，我国淡水养殖中华绒螯蟹产量达 71.44 万 t。

(2)锯缘青蟹【*Scylla serrata*(Forskål)】(图 4-13，图 4-14)　俗称青蟹，市场上称肉质丰满的雄蟹为肉蟹，卵巢丰满的雌蟹为膏蟹；其头胸部呈圆橄榄状，厚而丰满，绿色而稍黄，表面较平滑，但中央可看出"H"形凹痕，螯足强大，第五对步足桨状。

图 4-13　青蟹(刘焕亮和黄樟翰，2008)　　　　　图 4-14　青蟹

本种适应性强，亚洲、大洋洲、美洲、非洲的温带至热带均有分布；亚洲从日本到东南亚诸国均有大量分布；在我国分布于江苏南部以南沿海，以福建、广东、广西和海南沿海较多，是该地区珍贵的经济蟹类。其适应性强、生长快、品质高，早已成为我国沿海重要的养殖对象。近年由于育苗技术的突破，可以人工生产小批量蟹苗，北方三省也进行养殖试验，预期会有进一步的发展。2012 年，我国海水养殖青蟹产量达 12.90 万 t。

(3)三疣梭子蟹【*Portunus trituberculatus* Miers】　大型蟹类，体呈梭子形，背甲呈绿色或褐绿色，在某些海域，其背甲和螯足背侧呈浅紫色并有白色圆点，头胸甲具 3 个疣，胃区 1 个，心区 2 个(图 4-15a)。

主要产于日本至我国近海，在我国多分布于黄、渤海及东海。本种适应性强，是广温、广盐性种类(适应盐度 10~35)，生长适宜水温为 15~30℃；生长极快，在饵料充足的情况下，5 个月体重可达 200~300g；好斗，相互残食，养殖密度不能太大，单位产量多在 750kg/hm² 左右，高者 1695kg/hm²。2012 年，我国海水养殖三疣梭子蟹产量达 9.96 万 t。

此外，我国东海以南还有远海梭子蟹[*Portunus pelagicus*(Linnaeus)]（图4-15c），头胸甲有紫色花纹，人工繁殖成功。福建以南海域还有红星梭子蟹（*Portunus sanguinolentus* Herbst）（图4-15b）等多种梭子蟹分布。

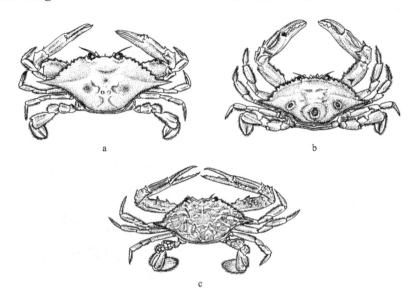

图 4-15　三种梭子蟹形态特征（刘焕亮和黄樟翰，2008）

a.三疣梭子蟹；b.红星梭子蟹；c.远海梭子蟹

（4）日本蟳【*Charybdis japonica* A. Milne-Edwards】　有些地方开始养殖日本蟳（图 4-16）和中华虎头蟹（*Orithyia sinica*）（图 4-17）。

图 4-16　日本蟳　　　　　　　图 4-17　中华虎头蟹（*Orithyia sinica*）

（三）虾蛄类

虾蛄类（mantis shrimp）俗称虾爬子、琵琶虾，属甲壳纲真软甲亚纲掠虾总目口足目（Stomapoda），我国产 80 多种，进行养殖试验的种类主要是常见种口虾蛄（*Oratosquilla oratoria*）（图 4-18）。

图 4-18　口虾蛄

虾蛄类身体扁平，头部与前 4 个胸节愈合，头胸甲小，不能覆盖胸部后的 4 个胸节。这些胸节能自由活动。头胸甲前缘中央有 1 片能活动的额角，额角前方有 2 个活动关节。第 1 触角为三肢型，第 2 触角为双肢型，复眼大、具眼柄。胸部前 5 对附肢单肢型（无外肢），称为颚足，其中第 2 胸肢特别强大，称掠肢（raptorial claw），后 3 对胸肢为双肢型，为步足。腹肢 5 对，内外肢均呈宽大的叶片状，其中尾肢 1 对、叶状双肢型，与尾部共同组成尾扇。

第二节　栖息习性与对环境条件的适应

一、栖息习性与运动

（一）栖息习性

经济虾蟹类多数栖息于近岸浅海或河口地区及红树林地带，部分种类栖息于淡水环境中；多属底栖种类，栖息的底质有岩礁、泥底、沙底及各种中间类型的泥沙底质。有些种类喜穴居，有的喜潜入泥沙中，有些种类则喜栖居于水草、藻类生长的地区。虾蟹类多数喜夜间活动，白天通常隐蔽、潜居，以躲避捕食者及减少能量消耗。绝大多数对虾具有潜底的习性，潜底的深度随种类及个体大小而有不同。日本囊对虾仔虾就具有潜沙习性，成虾潜沙深度可达 3~4cm，其腹部趋于水平，而头胸部偏向上方，眼完全潜入底质，呼吸管在底质表面下 1cm 处。中国明对虾通常不潜底，仅在水温较低时将身体潜入底质中，而将额剑、眼和触须置于底质之外。斑节对虾仔虾具有附着于水草的习性，成虾潜底与中国明对虾类似。墨吉对虾很少潜底。

蟹类喜穴居或潜入遮蔽物之下。虾蟹类的潜底习性受光线、温度和底质条件的影响，多在日落后由底质中浮现，进行觅食活动。绝大多数蟹类生活在海洋中，小部分生活在半咸水中，少数的如方蟹科的河蟹在淡水中生长育肥，到河口浅海的半咸水处繁殖，更有少数的蟹类，如溪蟹，终生生活在淡水中，常是吸虫的中间宿主。河蟹等在不利条件下或不能适时入海时即打洞、穴居。

梭子蟹科的种类常昼匿夜出，夜间觅食，夜间有明显的趋光性。梭子蟹运动活泼，末对步足划水力强，游动迅速，具有穴居、占有领地和互相攻击的习性，不适宜密养。遇到障碍物或受惊时，即向后退或迅速潜入下层。

锯缘青蟹栖息于潮间带的泥滩或泥沙底的海滩。多在夜间活动，白天穴居。锯缘青蟹和梭子蟹的第 5 步足即游泳足发达，呈桨状，而不像河蟹呈指状，游泳能力比河蟹强。

淡水螯虾科(蝲蛄科)的克氏螯虾脱离母体后广泛生活于湖泊、河流、池塘、水沟及稻田中。它挖穴栖息，躲藏在砾石、水草丰盛的隐匿处。虾穴在大水面周岸黏土丰厚的沼泽芦苇丛生的滩岸地带。虾穴一般圆形，向下倾斜，曲折方向不一，深 30cm 左右，虾穴多成群分布。每穴少则栖息一只，多则达数只。春季水温上升，克氏螯虾和日本沼虾在浅水处活动，盛夏水温高时，游向深水处。克氏螯虾在穴中越冬。

(二)运动

虾蟹类的运动方式有游泳、后跃和爬行等形式。虾类利用腹部附肢(游泳足)摆动进行游泳。对虾类、真虾类的游泳足发达，游泳能力较强，如中国明对虾洄游时游动距离可达数百千米。龙虾类、螯虾类及蟹类腹肢退化，一般不善游泳或游泳能力极弱，少数蟹类步足特化成桨片状，游动迅速，如梭子蟹科的种类。腹部发达的虾类可张开尾扇，腹部迅速向前弯曲，使身体向后上方突然跃起，随即重新伸直腹部，并展开步足与触角，使身体缓缓下沉，有时可进行连续的后跃运动。这种后跃方式可起到逃避敌害的作用。爬行以步足交替活动完成，使身体前进或后退。腹部发达的虾类向前爬行，蟹类的爬行则由于步足的位置及活动方式而大多向两侧横行。螯足一般不参与爬行。

二、对环境条件的适应

(一)对温度的适应

虾蟹类为变温动物，其生长、发育、繁殖及行为等直接受环境水温的影响。虾蟹类多分布于热带、亚热带地区，少数分布于温度较低的温带地区。依据虾蟹类对水温的适应程度可分为广温性种类和狭温性种类。热带种类的适宜生长温度为 25℃ 以上，水温低于 20℃ 时生长缓慢，致死温度为 12~14℃，如凡纳滨对虾和罗氏沼虾。温带的虾蟹类可耐受较低的温度，如中国明对虾可耐受 4~6℃ 的低温，日本对虾也可耐受 5℃ 左右的低温；三疣梭子蟹和中华绒螯蟹则可在冰下水体中存活，耐寒性强，适宜生长温度为 18~28℃（表 4-2）。虾蟹类的行为亦受温度影响，在低温下潜底时间延长，摄食强度下降，至温度下限时甚至停止摄食。

表 4-2　主要养殖虾蟹类对温度的适应范围　　　　　　　　　　（单位：℃）

种类	适宜温度	最适温度	致死温度	
			低限	高限
中国明对虾	8~35	18~30	4	39
日本囊对虾	10~32	18~28	5	38
斑节对虾	14~35	25~32	12	38
长毛对虾	14~32	25~30	12	39
墨吉对虾	13~35	25~30	10	40
凡纳滨对虾	16~34	23~30	15	43.5
锯缘青蟹	14~35	15~32	3.5	39
罗氏沼虾	15~34	20~32	11	35
锦绣龙虾	13~32	24~30	—	—

(二)对盐度的适应

虾蟹类对盐度的适应能力因种而异。纯淡水种类和深海种类一般耐盐范围较窄，称狭盐性种类。近岸和河口地区的种类及在海水中繁殖的淡水种类，对盐度的适应范围较广，调节渗透压的能力较强，称广盐性种类。中国明对虾耐盐度范围为 1~46，斑节对虾为 0~70。盐度过高会抑制对虾生长，中国明对虾在盐度 40 以上时生长缓慢。对虾类的仔虾比幼虾和成虾更能适应较低的盐度。Dall 等(1992)发现墨吉对虾、食用对虾(*Penaeus esculentus*)的仔虾和成体耐受低盐度的程度分别为 0~3 和 7~10。锯缘青蟹的耐盐度范围为 5~55，当盐度降至 5 以下时，常打洞穴居，以度过不良环境。Dall 等(1992)报道，当虾蟹类处于低渗介质(体内渗透压高于水环境)时，水不断进入体内，通过鳃吸收盐分，触角腺分泌低渗尿，以调节体内渗透压；而在高渗介质中时，体内水分不断渗出，为了维持渗透压平衡，需从外界吸收大量水分，通过鳃上皮排掉多余的盐分。虾鳃上皮的顶端膜在低渗或高渗环境中均变成折叠，但至今仍未确定排泄位点。因此，虾蟹类渗透压调节机制尚需进一步研究。

(三)对底质的适应

虾蟹类对底质具有选择性。底质的性质包括颗粒分布与大小、pH、有机物含量、氧化还原电位及底质的生物群落组成等。底质的粒度会影响虾蟹类的栖居(潜底与掘穴)和摄食(饵料的种类和数量)。绝大多数的对虾偏好的颗粒大小为 62~1000μm。日本囊对虾偏好砂质底质,中国明对虾、墨吉对虾和白对虾等偏好泥质底质,刀额新对虾喜欢生活在海草和没有海草的泥滩上。某些蟹类则喜栖沙滩或岩石底质。

(四)水深、潮汐对虾蟹类的影响

水深对虾蟹类的分布影响明显,不同种类的栖息水深不同。一般虾蟹类幼体多生活在较浅的水域,成体则向深水移居。潮汐亦影响虾蟹类的行为,许多种类对潮汐变化都有反应。中国明对虾多在大潮期间交配,中华绒螯蟹蟹苗随潮涨而溯江洄游,潮退而止。

(五)溶解氧和氨对虾蟹类的影响

一般来说,随个体增大耗氧量增加而耗氧率降低;耗氧率在一昼夜中有两个高峰(19:00 和 21:00),第一个高峰略高,这与其昼伏夜出的活动习性有关。凡纳滨对虾仔虾和幼虾的窒息点分别为 0.3424mg/L 和 1.0186mg/L,其中仔虾的窒息点低于中国明对虾(0.32~0.48mg/L)、斑节对虾(0.35~0.98mg/L)和刀额新对虾(0.30~0.61mg/L),而幼虾则高于脊尾白虾(0.7764mg/L)。

随着盐度升高,对虾规格增大,耐总氨能力增强(表 4-3)。对虾耗氧率随氨浓度的升高而增加;血淋巴中的蛋白质浓度先是随着氨的浓度升至 1.07mmol/L 而增加,但当氨浓度达 2.14mmol/L 时,却降至对照组水平。当氨浓度达 2.14mmol/L时,氧合血蓝蛋白浓度显著降低,而淋巴液中葡萄糖和乳酸的含量虽有增加,却没有显著差异。当水环境中氨浓度在 2.14mmol/L 时,肝胰脏和肌肉中糖原的含量显著高于低氨和对照组,而肌肉中乳酸的含量却降低,肝中的乳酸含量也有类似的倾向,但差异不显著。氨浓度升高导致能量消耗增加的现象在中国明对虾、斑节对虾和日本囊对虾中也有报道。

表 4-3 几种对虾对总氨和非离子氨的 96h LC$_{50}$

种类	盐度/‰	总氨/(mg/L)	非离子氨/(mg/L)	参考文献
中国对虾	10	28.18	1.94	Chen and Lin,1992
(36.1mm)	20	38.87	2.46	
	30	42.44	2.47	
(39.6mm)	40	37.00	1.53	Chen et al.,1990
斑节对虾(35.4mm)	20	45.58	1.29	Chen and Lei,1990

续表

种类	盐度/‰	总氨/(mg/L)	非离子氨/(mg/L)	参考文献
圣保罗对虾 (5.45g)	28	38.72	1.10	Ostrensky and Wasielesky，1995
长毛对虾	25	24.88	0.99	Chen and Lin, 1991
	24	29.77	1.11	
短沟对虾		23.7		Wajsbrot et al., 1990
凡纳滨对虾	15	24.39	1.20	Lin and Chen, 2001
	25	35.40	1.57	
	35	39.54	1.60	
刀额新对虾	25	35.59	0.87	Nan and Chen, 1991

(六)虾蟹类对几种消毒剂的反应

凡纳滨对虾对高锰酸钾和孔雀石绿的耐受力比罗氏沼虾和中国明对虾稍强，而对甲醛的耐受力较弱(表 4-4)。

表 4-4　几种养殖虾类对五种化学消毒剂的 LC_{50}($\times 10^{-6}$)和安全浓度($\times 10^{-6}$)

试验药物	试验时间/h	凡纳滨对虾幼虾		罗氏沼虾仔虾		中国对虾仔虾	
		LC_{50}	安全浓度	LC_{50}	安全浓度	LC_{50}	安全浓度
高锰酸钾	24	6.23	0.93	2.17	1.04	1.75	0.25
	48	4.93		1.38		1.13	
无敌消毒液	24	163.70	27.39				
	48	134.75					
孔雀石绿	24	0.582	0.07	1.97	0.0033	0.113	0.0235
	48	0.430		0.35		0.100	
强氯精	24	0.82	0.15				
	48	0.70					
甲醛	24	93.44	15.0	263.9	27.58		
	48	75.86		185.7			

资料来源：李广丽和朱春华，2000；叶星等，1998；宋吉德，1993；刘如雷，1993；郭平和徐美美，1993

第三节　摄食生物学

一、摄食方式、影响因素及其对食物的选择性

虾蟹类的摄食方式在个体发育中发生规律性变化。虾蟹类幼体以附肢划动水流滤食水中微型浮游生物及悬浮颗粒，亦具有一定的捕食能力；发育至后期幼体时由滤食为主逐渐转向捕食为主，其生活方式也由浮游生活转向底栖生活。幼虾和幼蟹的摄食方式为捕食，营底栖生活。

虾蟹类的觅食主要靠嗅觉和触觉。墨吉对虾在 $10^{-6}\sim 10^{-5}$ mol/L 的氨基酸条件下有进食反应，行动速度加快(达 3cm/s)，在底层的寻食深度增加，各肢的伸展幅度加宽；其中 L-异亮氨酸对其诱发进食反应最明显；在 $10^{-2}\sim 10^{-1}$ mol/L 的氨基酸条件下，可诱

发其口器产生咀嚼运动。因此对虾具有两个水平的食物刺激灵敏度：一种是可在远距离探测到食物的低浓度化学感受器，另一种是高浓度或接触式化学感受器。虾蟹类一般以螯足探测、摄取食物，发现食物后即会以螯足及颚足抱持食物送进口中。大颚用于撕扯、切割及磨碎食物，小颚则用来协助抱持、咀嚼食物。有些虾蟹类还会掘沙寻找食物，墨吉对虾能利用腹足有力的拍击，扇走底层物质，捕食所发现的食物。蟹类捕食双壳贝类或腹足类，以螯足钳碎贝壳而食之。游泳能力强的蟹类如梭子蟹还会追捕鱼类、乌贼及游泳虾类。虾蟹类均有相互残食的习性，饥饿时尤为明显。一般虾类的后期幼体相互残食现象都很明显，成虾期残食的多为蜕皮、病弱者；还有强烈占地盘习性。沼虾类、蟹类相互残食程度高于一般虾类。

虾蟹类的摄食受多种因素的影响，如年龄、季节、水质和生理状况等。虾蟹类在适温期摄食强度大，水温较低时摄食强度很低；在交尾、疾病和不良环境下，摄食强度大幅下降，甚至停止摄食，交尾结束后则会强烈索饵；水质好则摄食强度大。

虾蟹类摄食具有明显的日周期变化，如日本对虾、梭子蟹等仅在夜间觅食，日落前后摄食旺盛；而中国对虾、南美白对虾白天也可摄食。日本大眼蟹、沙蟹、招潮蟹等种类是在退潮后出穴觅食，涨潮时入穴避敌。虾蟹类在蜕皮时一般不摄食，通常在蜕皮前后的数小时内停止摄食。

虾蟹类对食物的选择性不强，一般没有明显的偏食性。在实验室和人工饲养条件下，对虾表现出一定的嗜食性，如长期投喂某种饵料后，更换其他饵料种类时摄食强度明显下降；喜欢摄食新鲜饵料，不喜欢摄取在水中浸泡已久的食物。某些种类兼有腐食性，喜食动物尸体，但有些虾类不摄食动物尸体。

二、食性与饵料组成

虾蟹类大多数为杂食性或腐食性，少数为肉食性或植食性。由于栖息环境、季节变化和生长发育期等不同，虾蟹类的食性和饵料组成均有变化。虾蟹类的食性和饵料组成的鉴定，主要是通过分析胃肠的内含物。近年来，已采用稳定性碳同位素和免疫生物学技术分析食谱。

虾蟹类幼体的食性较难确定，许多研究者通过分析幼体消化酶活力变化来研究幼体的食性。虾蟹类幼体消化酶活力的变化与幼体生长发育阶段的新陈代谢密切相关。分析幼体发育过程中消化酶活力的变化规律，有助于了解各期幼体的食性变化。虾类幼体不同发育期消化酶活性变化与虾的食性相一致(刘焕亮和黄樟翰，2008)。当锯额长臂虾(*Palamon serratus*)食性由浮游植物转为浮游动物时，蛋白酶活力明显上升(刘焕亮和黄樟翰，2008)。许多学者试图建立酶活力与饵料之间的某种关系，作为幼体的食性指标来指导投饵。采用淀粉酶/蛋白酶活力(A/P)值或淀粉酶/类胰蛋白酶(A/T)值作为甲壳动物幼体的食性指标，比值高为植物食性或偏植物食性，比值低则为肉食性或偏肉食性(刘焕亮和黄樟翰，2008)。食肉虾类如美洲龙螯虾（*Homarus americanus*）的 A/P 值明显较低，这与它们的食性相符（刘焕亮和黄樟翰，2008）。在 4 种虾蟹类幼体发育过程中，中国对虾和日本囊对虾的 A/T 值在 $Z_1 \rightarrow Z_3$ 时逐渐升高，且 Z_3 达最大值，以后显著降低；而中华绒螯蟹的 A/T 值在 $Z_1 \rightarrow Z_2$ 时逐渐增大，从 Z_2 开始明显减小；三疣梭子蟹的 A/T 值明显下降。这进一步表明，中国明对虾、日本囊对虾和中华绒螯蟹在幼体发育过程中的食性转化规律，是由植物性向肉食性转变，而三疣梭子蟹在整个幼体发育过程中的食性都为肉食性或偏肉食性（潘鲁青，1997）（表 4-5）。但锯缘青蟹幼体的 A/P 值在发育过程中有较大波动，与其食性不符（刘焕亮和黄樟翰，2008）。因此，采用 A/P 值或 A/T 值作为虾蟹类幼体的食性指标，尚需进一步验证。

表 4-5　几种虾蟹类幼体发育过程中 A/P 或 A/T 值以及脂肪酶/酯酶的变化

种类	发育期	A/P 或 A/T	脂肪酶/酯酶
中国明对虾	Z_1	1.92	
	Z_2	2.16	
	Z_3	2.51	
	$M_1 \sim M_3$	0.95	
	P_1	0.44	
日本囊对虾	Z_1	1.92	
	Z_2	1.58	
	Z_3	2.00	
	$M_1 \sim M_3$	0.58	
	P_1	0.27	
斑节对虾	$Z_1 \rightarrow M_1$	0.03[*]	2.0
	$M_2 \sim M_3$	0.10[*]	1.0
	P_1	0.19[*]	6.3
白对虾	Z	0.08[*]	0.6
	M	0.34[*]	0.1
	$P_1 \sim P_4$	0.40[*]	4.3
罗氏沼虾	$Z_1 \sim Z_4$	0.07[*]	20.8
	$Z_5 \sim Z_{11}$	0.38[*]	11.1
	P_1	0.41[*]	8.5
美洲龙螯虾	$Z_1 \sim Z_3$	7.71[*]	0.6
	Z_4	4.60[*]	0.3
	Z_5	13.6[*]	0.3
真蟹	$Z_1 \sim Z_3$	0.58[*]	
	Z_4	0.82[*]	
	M	0.84[*]	
中华绒螯蟹	Z_1	1.30	
	Z_2	1.40	
	$Z_3 \sim Z_5$	0.82	
	M_1	0.82	
	M_5	0.73	

续表

种类	发育期	A/P 或 A/T	脂肪酶/酯酶
三疣梭子蟹	Z_1~Z_3	1.06	
	Z_4~Z_5	0.80	
	M	0.78	
	C_1	0.43	

资料来源：刘焕亮和黄樟翰，2008

Z 为潘状幼体期，M 为糠虾幼体期或大眼幼体期，P 为仔虾，C 为幼蟹；A/P 或 A/T 栏中，数据上带"*"为 A/P 值，不带的为 A/T 值

虾蟹类的食谱很广，通常可分为微生物及碎屑、植物、动物等三个类型。微生物在虾蟹类饵料中所占比例很小，通常作为碎屑和植物的附着物而被摄食。有研究表明，细菌量在成虾的饵料中还不足有机物含量的 2%。碎屑是虾蟹类的一种重要的食物源。碎屑物质的营养作用难以估计，它是一种由植物碎片与有机小颗粒相互包裹而形成的颗粒状复杂物质。这种颗粒物质常与硅藻颗粒及细菌相结合。植物性饵料包括微型藻类、大型藻类、高等水生植物和某些陆生植物。有时，植物在虾蟹类胃中出现的频率相当高。某些虾蟹类在发育期的特定阶段大量摄食植物性饵料，如对虾的潘状幼体。动物性饵料包括多种动物类群，主要有甲壳动物、软体动物、多毛纲动物和有孔虫，以及一些小型鱼类等。甲壳动物主要有桡足类、端足类、异足类、糠虾类、毛虾类、真虾类和对虾类及小型蟹类等，软体动物主要有双壳类和腹足类动物、蛇尾类。虾蟹类也常捕食棘皮动物。

虾蟹类幼体多营浮游生活，一般以浮游藻类、原生动物、浮游动物及悬浮颗粒为食。中国对虾潘状幼体、糠虾幼体饵料组成为 10μm 左右的多甲藻（86.19%）、硅藻（13.30%），其他占 0.51%；硅藻中以 20~70μm 舟形藻为主，其次是圆筛藻、曲舟藻和菱形藻。体长 6~9mm 的仔虾以舟形藻为主，约占食物组成的 71.50%，其次为曲舟藻、圆筛藻，也摄食少量的桡足类及其幼体、双壳类幼体等。幼虾由浮游生活向底栖生活转变时期，主要以小型甲壳类为食，如介形类、糠虾类、桡足类、小型多毛类和软体动物的幼贝等。

成虾主要以底栖甲壳动物（出现频率 80%以上）为食，亦喜食双壳贝类、多毛类、蛇尾类和小鱼及沉积物碎屑、藻类，甚至砂粒亦常出现在虾胃中；食物中的甲壳动物包括介形类、钩虾类和桡足类等。分析 31 种 765 尾对虾前肠的内含物，发现小型甲壳动物出现频率为 49%，植物性饵料为 39%，大型甲壳动物为 27%，多毛类为 26%，软体动物为 18%（Hall，1962）。大多数蟹类为杂食性，食性与虾类相近，但是有些已经特化。梭子蟹科的种类多为肉食性，主要摄食双壳类和单壳类软体动物，亦捕食小型甲壳动物和小鱼。某些蟹类为腐食性、植食性或沉积物食性，腐食者主要摄食腐叶和腐肉，植食者主要摄食藻类、维管束植物，沉积物食者主要摄食从泥沙中分选的有机物碎片。

第四节　生长生物学

甲壳动物的生长通过蜕皮来完成，其体长的增加呈阶梯式，即蜕皮时快速增长，蜕皮后至下一次蜕皮前体长几乎很少增加。甲壳动物在不蜕皮的情况下，体长的增加仅为 0.3%~0.4%，因此，虾蟹类的生长模式可描述为：两次蜕皮之间基本维持体长不变，体重略有增长；蜕皮后新甲壳柔软而有韧性，通过大量吸水使甲壳扩展至最大限度，随后甲壳硬化完成身体的线性增长，再以组织的生长替换体内的水分，完成真正的生长（Barclay，1983）。

一、蜕皮

（一）蜕皮分期

虾蟹类一生中要进行多次蜕皮，蜕皮是虾蟹类生长发育的必需过程。虾蟹类的表皮层（甲壳）由真皮层的上皮细胞分泌而来，包括上表皮层、外表皮层和内表皮层3层。根据蜕皮过程的形态结构、生理和行为变化，将蜕皮过程分为5个时期。

Ⅰ期（蜕皮后期）：此期为虾蟹类自旧壳中刚蜕出至新甲壳硬化前的时期。新壳柔软有弹性，仅有上表皮、外表皮，开始分泌内表皮，上皮细胞缩小，机体大量吸水使新壳伸展至最大限度。在刚蜕皮后的短时间内，身体活力弱，不摄食。

Ⅱ期（后续期）：表皮开始钙化，新壳逐渐硬化，体长不再增加，内表皮继续分泌，上皮细胞开始静息；体内水分逐渐排出，开始摄食。

Ⅲ期（蜕皮间期）：表皮继续钙化，内表皮分泌完成，新壳形成，上皮细胞静息；大量摄食进行物质积累，体内血钙水平和水分含量逐渐恢复正常，完成组织生长并为下次蜕皮进行物质准备。

Ⅳ期（蜕皮前期）：此期表皮层的形态变化最大，真皮层与旧表皮层脱离，旧壳的钙质被吸收，体内血钙水平上升，新壳开始分泌。依据旧壳分离与吸收的程度和新壳的层数，此期又分为几个亚期。

a期：真皮层与表皮层开始分离，上皮细胞开始增大。

b期：上皮细胞增生，出现贮藏细胞。

c期：旧壳的内表皮开始被吸收，血钙水平上升，新壳（上表皮）开始分泌，摄食量减少。

d期：新壳继续分泌，旧壳吸收完成，新表皮与旧壳分离明显，摄食停止。

e期：新壳的外表皮分泌完成，开始吸水，准备蜕皮。

Ⅴ期（蜕皮期）：机体大量吸水，旧壳涨大破裂，身体弹动自旧壳中蜕出。此期一般在数秒或数分钟内完成。

对虾的蜕皮期分为两个生理阶段，一是停止活动，侧卧水底，大量吸水；二是在头胸甲和腹部的第一节甲壳的背面关节膜出现裂口至一定程度，柔软的虾体经过几次突发性的连续跳动而脱离旧壳。

虾蟹类的蜕皮可分为幼体阶段的变态蜕皮、成体的生长蜕皮和生殖蜕皮及病理性蜕皮。幼体变态蜕皮，不仅伴随着生长，而且形态上也发生变化；成体生长蜕皮，伴随着体长和体重的增加；生殖蜕皮，在交尾季节性腺成熟的雄体在雌体蜕皮后新壳尚未硬化前进行交尾，雌体交尾后直到产卵不再蜕皮；病理性蜕皮，虾蟹类因营养不良或水环境恶化发生异常蜕皮现象，即在蜕皮过程中死亡或蜕皮后死亡，有时虽然存活下来，但体长不增加或体长缩短。

甲壳较厚的虾蟹类如龙虾、螯虾，其幼体一般每年蜕皮 8~12 次，成体一年内只蜕皮一次或二次，大部分时间处于蜕皮间期；而甲壳较薄的对虾一生蜕皮 50 次左右，每隔几天或几周蜕皮一次，如中国对虾从无节幼体到仔虾蜕皮 12 次，仔虾到幼虾蜕皮 14~22 次，从幼虾到成虾大约还要蜕皮 18 次。

虾蟹类的蜕皮多发生在夜间，其蜕皮不仅从外表甲壳蜕下，而且食道、胃和后肠的表皮亦同时蜕下。蜕皮期间新的甲壳在旧壳下呈皱褶状，在幼体变态蜕皮过程中，可以观察到新壳在旧壳下折叠、增长，蜕皮后充分伸展的系列状况。

虾蟹类蜕皮是个复杂的生理过程，需要消耗大量的能量。在蜕皮过程中，其形态结构、物质代谢和行为等皆发生变化。如体内水分的吸收和排出、血液中钙的水平和成分变化、组织生长及各个相关内分泌器官的活动等，都能使动物体内发生生理性周期变化。新的表皮物质来源于外源营养物质和从旧壳中的再吸收。消化腺中贮存有大量的脂类物质，真皮层在蜕皮前出现大量贮藏细胞，因此，消化腺和真皮层是主要的物质贮藏场所；旧壳在蜕皮前被大量吸收。Dall 等(1992)报道，对虾头胸部和腹部的内表皮约有 75%在蜕皮中被吸收。

(二)影响蜕皮的因素

1. 神经内分泌调控

虾蟹类的蜕皮受内分泌激素的调控。甲壳动物的 Y-器官是由上皮细胞分化而成的内分泌器官(位于头胸部)，分泌的蜕皮激素——蜕皮固醇对蜕皮起着促进作用；位于眼柄的 X-器官-窦腺复合体分泌蜕皮抑制激素(moulting inhibiting hormone MIH)。这两种激素互相起拮抗作用，共同控制虾蟹类的蜕皮活动。X-器官-窦腺复合体，还分泌性腺抑制激素(gonadotropin inhibiting hormone, GIH)，切除眼柄可促进雌体的性腺发育，缩短虾蟹类的蜕皮周期。

2. 环境因子对蜕皮的影响

　　温度、盐度和光照等环境因子对虾蟹类的蜕皮均有一定的影响。温度升高可缩短蜕皮周期，低温可延长蜕皮期。这主要是因为环境温度对虾蟹类体内物质代谢强度的作用，从而影响动物蜕皮活动。盐度对蜕皮的影响也很明显，在适宜范围内高盐度会抑制虾蟹类的蜕皮，而低盐度则使蜕皮间隔缩短，其作用机制还需进一步研究。光线的强弱对蜕皮活动也有影响，持续光照或持续黑暗抑制滑背新对虾（*Metapenaeus bennttae*）的蜕皮（Dall et al.，1992）；中国对虾产卵后在黑暗和正常条件下蜕皮率分别为 60%和 18.8%。

3. 疾病对蜕壳的影响

　　疾病可导致虾蟹蜕皮异常，有的因蜕皮受阻而死亡，如患肝胰腺细小病毒的对虾，其甲壳变软而延长蜕壳周期。

二、生长

　　虾蟹类的生长需要通过蜕皮来完成，其生长速度取决于蜕皮次数和蜕皮时体长与体重的增加程度。虾蟹类的生长不连续，生长量是指其体长和体重的增加量，每次蜕皮的生长量与种类及个体大小有关。中华绒螯蟹每次蜕皮后头胸甲长可增加1/6~1/4，幼小个体甚至可增加 1/2（堵南山，1993）。锯缘青蟹（甲宽 8.8cm）一次蜕皮平均增重率为 115%（赖庆生，1990）。新对虾属的种类头胸甲的增长速度为0.5~0.7mm/周，生物学体长平均增长 0.3~0.7mm/d。目前，许多研究者认为，对虾属的种类在生长期中生物学体长平均增长速度为 0.7~1.1mm/d。中国对虾的生长速度（黄、渤海），8 月体长平均日增长为 1.9mm（最快），9、10 月体长平均日增长为 1mm。

　　测定虾蟹大小的指标包括线性指标和重量指标。

1. 线性指标

　　1）虾类的线性测量指标
　　总长：额剑前端至尾节末端的长度。
　　头胸甲长：眼窝后缘连线中央至头胸甲中线后缘的长度。
　　生物学体长：眼柄基部或额角基部眼眶缘至尾节末端的长度。
　　2）蟹类的线性测量指标
　　甲长：头胸甲前缘至后缘中线的长度。
　　甲宽：头胸甲最宽处的长度，最宽处若为齿时则自齿的基部量起。

2. 重量指标

湿重：动物的总湿重。

干重：将动物置于 60~100℃烘箱中，烘干至恒重，称其质量。

还可用体长与体重对时间的增长来描述虾蟹类的生长。寿命较短的种类多用月龄，寿命较长的则多用年龄。对虾类个体生长多用月龄描述，一般采用 von Bertarlanffy（1938）生长模型（Tytler and Calow，1985）：

$$L_t = L_\infty [1 - e^{-k(t-t_0)}]$$

L_t 为时间 t 时的长度；L_∞ 为渐近长度；k 为生长系数；t_0 为生长开始的年（月）龄。

中国对虾在自然条件下体长、体重生长与月龄的关系为

$$L_t = 190.8[1 - e^{-0.47(t-0.54)}]$$

$$W_t = 77.3[1 - e^{-0.47(t-0.54)}]^3$$

虾蟹类体长与体重的关系大致呈立方关系，可用公式 $W = aL^b$ 来表示，式中 W 为体重（g）；L 为体长（cm 或 mm）；a、b 分别为系数（依种类和性别各异）。我国常见的养殖虾类的体长、体重关系式中 a、b 系数见表 4-6。

表 4-6　我国常见的养殖虾类的体长、体重关系式中 a、b 系数值

种类	性别	a	b	参考文献
中国对虾	♀	11.000×10^{-6}	3.001	
	♂	11.300×10^{-6}	2.999	
中国对虾(养殖)	♀ + ♂	9.672×10^{-6}	3.038 1	陈宗尧和王克行，1987
斑节对虾	♀	22.909×10^{-4}	2.650	
	♂	18.621×10^{-4}	2.710	
日本对虾	♀	6.387×10^{-6}	3.116	
	♂	9.949×10^{-6}	3.029 5	
长毛对虾	♀	2.106×10^{-5}	2.881	
	♂	6.564×10^{-5}	2.643	
墨吉对虾	♀	8.083×10^{-6}	3.094 34	
	♂	1.082×10^{-5}	3.030 56	刘瑞玉，1986
短沟对虾	♀ + ♂	1.272×10^{-5}	2.990	
宽沟对虾	♀	1.529×10^{-5}	2.942	
	♂	1.265×10^{-5}	2.979	
刀额新对虾	♀	2.819×10^{-5}	2.835	
	♂	4.661×10^{-5}	2.704	

续表

种类	性别	a	b	参考文献
中型新对虾	♀	7.968×10⁻⁵	2.629 8	
	♂	6.082×10⁻⁴	2.166 5	刘瑞玉，1986
周氏新对虾	♀	4.480×10⁻⁵	2.645 6	
	♂	3.011×10⁻⁴	2.151	

体长 8cm 以下时，同体长的凡纳滨对虾略重于中国明对虾，体长 8cm 以上时，二者的体重相近，可采用同一体长-体重公式：$W=0.012L^3$，推算这两种对虾的体长和体重。

在人工养殖条件下，体长与体重的关系多受养殖环境和饲养条件的影响，可能与上述关系不相符，可用以下关系式衡量虾类的肥满度：

$$肥满度=体重(g)/体长(cm)^3×100$$

中国对虾正常的肥满度在仔虾期为 1；体长 5~10cm 为 1.1；10cm 以上可达 1.2~1.3。若肥满度小于正常值则表示饲养效果不佳，对虾生长不良。

三、自切与再生

虾蟹类的附肢具有自行断落的功能，这种现象称为自切。自切是一种反射作用，是当虾蟹类受困时或外界环境刺激强烈时，迅速逃逸或保护机体不受更大损伤的保护性适应。自切有固定的部位，折断点总是在附肢的基节和座节之间的关节处，从腹面向背面裂开、断落，在断落处由几丁质薄膜的封闭及血液的凝集而将创面封闭。

自切的附肢经过一段时间大多可以重新生出，称为再生。新生的附肢由断落处的上皮形成，初时为细管状，逐渐长成附肢各节，弯曲折叠在几丁质表皮下，形成再生的小附肢，经 2~3 次蜕皮后可恢复原来的大小或小于原有的附肢。附肢的再生仅限于个体生长期性腺未成熟阶段，再生的程度和速度与虾蟹类个体和生活的环境有关。

第五节　繁殖生物学

一、副性征

虾蟹类雌雄异体，一般从外形上易于辨别。对虾类雌性大于雄性，沼虾类则是雄性大于雌性。雌、雄个体的体色亦有差异，如成熟的中国对虾雌虾的体色呈青绿色，俗称青虾；雄虾则呈黄褐色，俗称黄虾。

虾蟹类第二性征明显，其形态、结构等是分类的主要依据。虾类的雌性交接器又称纳精囊，交配时用于接纳精荚；根据外表是否有甲壳、骨片可分为封闭式和开放式两种类型。封闭式纳精囊为一袋状或囊状结构，大多数对虾属种类为封闭式纳精囊，如中国明对虾、斑节对虾、日本囊对虾、墨吉对虾等。日本对虾的纳精囊结构较为特殊，其外具一环形突起形成向前方开口的袋状纳精囊。开放式纳精囊无甲壳等形成囊状结构，仅在腹甲上有甲壳皱褶、突起及刚毛等结构用以接纳精荚，精荚多黏附于其上。在对虾属中，只有分布于西半球的种类才具有开放式纳精囊，如凡纳滨对虾、蓝对虾等。雄性交接器由第 1 腹肢特化形成，交配时用于传递精荚。

蟹类的第二性征可由腹部形态和腹肢来辨别。雄蟹腹部呈窄长三角形，第 1、第 2 腹肢特化为交接器。雌蟹性成熟后，腹部宽大呈半圆形或卵圆形，第 2~5 对腹肢双肢型，刚毛多，用以抱持卵群。

二、性腺发育

(一)性腺发育分期

目前，关于虾蟹类的精巢发育因分期比较困难，尚无统一的分期标准。雄虾精巢未成熟时呈无色透明状，成熟后呈乳白状。对于虾蟹类卵巢的发育分期，各学者分法不一，比较混乱。王克行(1997)提出，对虾卵巢发育分期应以卵巢的细胞学为依据，结合卵巢的形态变化进行分期。根据上述原则，可将虾蟹类卵巢发育分为 6 期。

Ⅰ形成期：指卵巢的形成阶段。中国明对虾在体长 15mm 的仔虾阶段，从组织切片中可见背大动脉两侧各有一团小于 10μm 的细胞群，由此细胞群逐渐发育为卵巢。

Ⅱ增殖期：卵原细胞经过多次分裂，数量迅速增多，发育为卵母细胞，卵巢缓慢增大，呈无色透明状。

Ⅲ小生长期：此期为卵母细胞的发育期。卵母细胞不分裂，细胞核不断增大，细胞质增多，卵细胞缓慢增大，卵巢体积也逐渐增大，呈半透明或白浊色。

Ⅳ大生长期：卵母细胞积累卵黄的时期。由于卵母细胞内卵黄颗粒逐渐增多，卵径逐渐增大，卵巢体积迅速增加，颜色逐渐加深；对虾类卵巢由浅绿色逐渐变为深绿色，蟹类则为红黄色。中国对虾此期卵径由 75μm 增至 240μm，卵巢指数(卵巢质量/体重)由 1%增至 15%左右。此期是亲体培育的关键时期，此期又可人为地分为大生长初期、大生长中期和大生长末期(近成熟期)。以中国明对虾为例，大生长初期的卵巢呈浅绿色，占体重的 1%~5%，卵径 75~125μm；中期卵巢呈绿色，占体重的 5%~10%，卵径 125~175μm；末期卵巢呈深绿色，占体重的 10%~15%以上，卵径 175~240μm。

V成熟期：卵黄积累终止，包围卵子的滤泡消失，卵细胞内形成周边体(皮质棒)，卵进入成熟分裂，卵腔内出现游离的卵子。对虾类卵巢呈灰绿色或褐绿色，南美白对虾卵巢外观呈粉红色，蟹类则呈橙红色。当外界环境条件适宜时，虾、蟹便发情产卵。

VI恢复期：虾蟹类具有多次产卵的习性。当卵子排出后，卵巢内还有处于发育早期的小型卵母细胞(小生长期)。在适宜的条件下，小型卵母细胞迅速发育而进入大生长期，完成卵黄积累，再次成熟、产卵。

(二)影响性腺发育的因素

影响性腺发育的因素有温度、日照、饵料、内分泌激素等。温度是影响性腺发育的主要因子，在适应范围内，温度愈高，性腺发育愈快。如在人工条件下提高培育温度，中国对虾可比自然海区提前40~60d产卵。春季日照逐渐增长，通过神经调节促进性腺的发育。营养条件是虾蟹类性腺发育的物质保证。在人工培育条件下，饵料充足，对虾日摄食率高达12%~15%，性腺发育较快，否则发育较慢，甚至发育不良；饵料的种类也很重要，投喂富含脂类营养物的沙蚕，性腺发育很快。另外，X-器官-窦腺复合体分泌性腺抑制激素(GIH)，抑制性腺发育；Y-器官-大颚腺分泌促性腺激素，促进性腺发育和卵黄生成。两者共同调控性腺的发育。

三、性成熟年龄

我国养殖虾蟹类的性成熟年龄、繁殖季节、产卵量和卵径等繁殖生物学特点见表4-7。

表4-7　几种养殖虾蟹的性成熟年龄、生殖季节、产卵量和卵径

种类名称	成熟年龄	繁殖季节	产卵量/(万粒/尾)	卵径/mm
中国明对虾	当年	10~11月交配，4~6月产卵	50~100	0.2~03
日本囊对虾	当年	5~9月	40~100	0.6
斑节对虾	当年	8~11月，全年产卵	30~100	0.30~0.31
凡纳滨对虾	当年	4~9月，几乎全年产卵	10~15	0.2~0.3
罗氏沼虾	1龄	5~8月	1~10	
日本沼虾	当年	5~7月，多次产卵	数百至数千	
克氏原螯虾	1~1.5龄	10月至翌年3月	0.02~0.03	
河蟹	1~1.5龄	11~1月交配，4~6月排幼	10~80	0.3~0.4
青蟹	1~2龄	5~7月	40~400	0.2~0.4
梭子蟹	1~2龄	9~10月交配，4~5月排幼	50~500	0.3~0.4

四、交配与产卵

虾蟹类一般在夜间交配。开放式纳精囊的虾类，雌雄个体同时性成熟，一般在交配后数小时或数天内产卵。具封闭式纳精囊的虾类，在交配时仅雄性成熟，雌性的卵巢尚未成熟，交配前进行一次生殖蜕皮，在新甲壳尚未完全硬化之前进行交配，以利于植入精荚；交配后卵巢才发育成熟、产卵，这一过程往往需要数十天，甚至数月的时间。对虾类的交配行为大致相同。首先是雄虾追逐雌虾，然后雄虾在下，腹面向上与雌虾相抱，不久雄虾横转 90°与雌虾呈十字形拥抱，以交接器将精荚输送到雌虾的纳精囊内。蟹类交配前，通常雄蟹伏在雌蟹背上与其同行，交配时雄蟹以交接器将精荚送入雌蟹腹甲的受精囊内。

虾蟹类通常在夜间产卵，产卵盛期在 21：00~0：00，并逐渐延迟至早晨0：00~4：00。对虾类产卵前多静伏于水底，临近产卵前游向水体表层，游动缓慢，时有躬身躯背的动作，卵子在游动中产出，呈雾状由生殖孔喷出，在腹肢的急速划动下分散于水中。抱卵的虾蟹类，产卵前先清理腹部，卵在经过受精囊时与精子相遇，排出体外后完成受精并黏附于附肢刚毛上。

五、繁殖方式与卵的附着机制

(一)繁殖方式

虾类为体外受精、体外发育。对虾类的纳精囊在产卵时排出精子，在水中受精、发育、孵化，其他虾类则抱卵于雌体的腹肢上发育，孵化后脱离雌体。有人认为，蟹类繁殖为体内受精、体外发育；交配后精荚贮于雌蟹的受精囊中，产出的卵与受精囊释放的精子相遇受精，再产出体外，抱持于雌蟹腹肢上发育、孵化。但堵南山(2000)研究指出，中华绒螯蟹的卵由卵巢中排出经输卵管，在通过纳精囊时与精子相遇，再经阴道排出体外，精卵在体外经过较长的时间，才能完成受精的全过程，因此，属体外受精。

(二)卵的附着机制

蟹类、真虾、龙虾和淡水螯虾的卵，排出体外后附着于原肢底节和内肢刚毛上(图 4-19)。这对于卵的保护和受精卵的孵化，以及幼体散布都具有一定的生物学意义。关于蟹类卵的附着机制主要有两种观点：一是认为蟹类抱卵腹肢具有黏液腺，其分泌物形成外层卵膜和卵柄而附着到刚毛上，如日本沼虾、真蟹(*Carcinides maenas*)和三疣梭子蟹等；二是认为外层卵膜和卵柄来源于卵本身，卵由携卵刚毛周围的外层卵膜融合而附着到刚毛上。

扫描电子显微镜观察发现：中华绒螯蟹雌蟹腹肢 4 对、双肢型，原肢底节、内肢和外肢呈背腹扁圆状，具有致密的刚毛。内肢和外肢基部的刚毛比末端密，紧贴腹部的一侧没有刚毛。繁殖期间，卵附着于原肢底节和内肢的刚毛上孵化，外肢刚毛上无卵附着。外肢刚毛为羽状，呈三叉的形式分布在外腹肢上；内肢刚毛光滑，辐射排列，不具羽状分枝，且长于外肢刚毛。

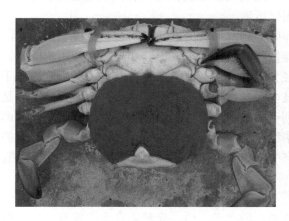

图 4-19　抱卵的三疣梭子蟹

　　由雌性生殖孔排出的卵并不附着于靠近生殖孔附近的腹肢原肢底节和内肢刚毛上，而是被转运到远离生殖孔的刚毛上，后来随着卵的逐渐排出，卵的附着才由远端向生殖孔附近推进。中华绒螯蟹雌蟹腹肢上分布大量黏液腺和分泌管开孔。卵排出后在向刚毛移动过程中，与腹肢表面和刚毛上的黏液接触后，卵的表面逐渐被黏液包被。随着卵的移动，黏液黏稠部分产生一柄，多个卵扭动逐渐形成绳状结构。

　　刚产出的卵外层卵膜软而透明，黏附到刚毛上以后开始变硬。中华绒螯蟹卵通过卵柄附着到刚毛上的方式主要为两种：一是"一卵一刚毛"，即一粒卵只附着于一根刚毛上，1 根刚毛的不同部位可有多粒卵；二是"多卵多刚毛"的形式，即多粒卵的卵柄基部聚合在一起，缠绕在多根刚毛上。第二种方式比较少见。

　　中华绒螯蟹的卵附着到刚毛上的机制，大家一致认为是卵外黏膜所起的作用，但外层卵膜(黏液)和卵柄的来源及卵如何通过卵柄附着到刚毛上，目前尚无明确的看法。有的研究者认为，卵外黏膜是由卵巢分泌的，由于卵球的重力作用产生卵柄而附着到刚毛上。中华绒螯蟹雌性腹肢原肢底节和内肢有黏液腺及其开孔，所分泌的黏液布满附卵腹肢，形成外层卵膜和卵柄。

　　有关卵的附着过程，早期研究认为是携卵刚毛刺穿卵膜，摆动拉长黏液膜形成卵柄(类似"拔丝地瓜")，而缠绕到刚毛上。由于一直未观察到直接证据，后来有学者认为卵附着是通过卵压迫刚毛而黏贴到刚毛上。上述理论可解释一卵一刚毛和多卵一刚毛的附着方式，但无法解释一卵附着到多根刚毛上的附着方式。此外，携卵刚毛刺穿卵膜或卵压迫刚毛而黏贴到刚毛上，必然是卵膜厚薄不均，但实际上是卵膜上有皱折，而且厚薄均匀。观察发现，刚产出的卵膜软而无黏性，黏附到刚毛上后，开始变硬，卵膜表面褶皱深。这些都表明，中华绒螯蟹卵的附着应是随机黏附固化所致。

中华绒螯蟹卵附着到刚毛上的方式基本与三疣梭子蟹相似，但也存在一些差异。中华绒螯蟹雌蟹腹肢原肢底节、内肢和外肢呈背腹扁圆状，而不是扁平状，即内、外肢的直径大于三疣梭子蟹的内、外肢直径，而刚毛短于三疣梭子蟹。中华绒螯蟹雌蟹腹肢内、外肢上的刚毛不是单行、平面排列，而是在同一根刚毛成三叉状排列，有利于卵的附着和清洗卵上的脏物，增加了附着面积。从携卵刚毛的结构上看，中华绒螯蟹的携卵刚毛间距较大，摆动有力，卵的孵化环境相对优越，因此，在生产中中华绒螯蟹的离体孵化效果好于三疣梭子蟹。

六、胚胎发育

不抱卵的对虾类，卵产于水中，受精卵在水中发育；抱卵的虾蟹类卵附于雌体腹肢上发育。虾类的胚胎发育期较短，一般仅十几小时至数十小时；蟹类的胚胎孵育时间则往往长达数十天。

虾蟹类的卵富含卵黄，受精后的卵裂方式有表面卵裂和完全卵裂。对虾类和中华绒螯蟹为完全卵裂，并有螺旋卵裂的特征（图 4-20a）；真虾类则为表面卵裂。卵在受精后 1~2h 内开始卵裂，完全卵裂的种类第 1、2 次均为径裂，将卵从垂直方向分裂成 4 个分裂球，此时出现螺旋卵裂的特征，4 个分裂球交错排列；第 3 次分裂为纬裂，形成 8 个等大的分裂球；以后继续分裂，由于螺旋卵裂的影响，分裂球排列不规则，但大小大致相等；至受精后 5~6h，发育为圆球形的囊胚。螯虾类、真虾类等表面卵裂的种类，卵裂后在胚胎表面形成一层细胞，中央的卵黄不分裂，在每个囊胚细胞下形成放射状排列的卵黄锥。

对虾类于 64 细胞末期以内陷的方式形成原肠，两个内胚层细胞陷入囊胚腔内，中胚层细胞的内陷发生于 128 细胞的末期，在受精 15~16h 形成原肠，不久胚孔闭合。随后，胚胎依次出现第 2 触角原基、大颚原基及第 1 触角原基，此时，具有 3 对原基突起的胚胎，称为肢芽期。以后肢芽分化出内外肢，肢端生出刚毛；胚体前端中央出现红色眼点，此时，胚体在卵膜内可以转动，称为膜内无节幼体；不久破膜而出。

对虾类幼体发育至膜内无节幼体后便破膜孵出（图 4-20a），抱卵虾蟹类的胚胎则要发育至溞状幼体后孵出，海螯虾类要发育至糠虾幼体后才孵出。虾蟹类的孵化过程类似，幼体在膜内不停地转动，以身体的刺和刚毛刺破卵膜，甩掉卵膜而进入水中，成为自由生活的幼体。

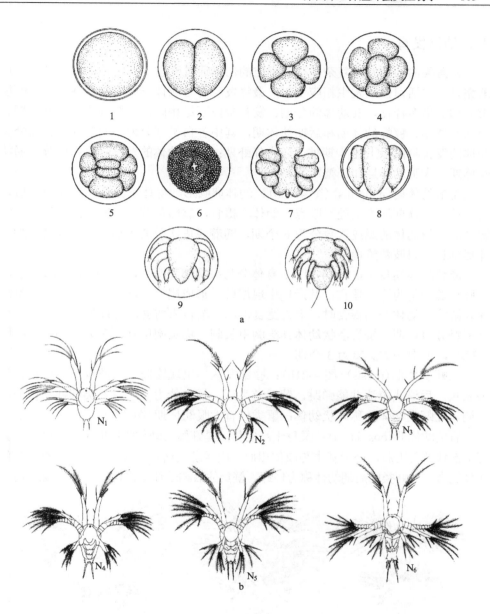

图 4-20　中国对虾的胚胎发育(赵法箴，1965)

a.胚胎发育；1.受精卵；2.2 细胞期；3.4 细胞期；4.8 细胞期；5.16 细胞期；6.囊胚期；

7.肢芽期；8.膜内无节幼体；9.即将孵化的无节幼体；10.破膜而出

b.无节幼体：N_1~N_6

七、幼体发育

虾蟹类的胚后发育复杂多样，孵出的幼体通过变态发育，在形态、结构上逐渐完善，生活习性也发生相应变化，最终发育为与成体一样的幼虾或幼蟹。虾蟹类幼体类型多样化，其幼体的分期、发育阶段不尽相同，主要分为无节幼体期、溞状幼体期、糠虾幼体期和后期幼体期，其中各自又划分为不同的期别。对虾类幼体的发育阶段除上述 4 期外，还有仔虾期；蟹类幼体的发育阶段主要分为溞状幼体期、大眼幼体期和仔蟹期等。

无节幼体期（nauplius）（图 4-20b）：幼体卵圆形、身体不分节，具 3 对附肢，有一尾叉，体前端中央处有眼点。幼体不摄食，靠卵黄营养，间歇式游泳，营浮游生活。依幼体的蜕皮次数分为 6 个期，随着蜕皮次数的增加，幼体体节增加，体形延长，附肢数量增多。

溞状幼体期（zoea）（图 4-21a）：身体分为头胸部和腹部，分节明显，出现复眼，双肢型的颚足为运动器官；其后期出现尾肢，形成尾扇。幼体营浮游生活，呈蝶泳式游泳。幼体开始摄食时，多为滤食性，逐渐转为捕食。对虾类分 3 个期，罗氏沼虾分 11 期。蟹类溞状幼体具头胸甲长刺，称头胸甲刺，多为 4~5 个期（图 4-22Z），但中华虎头蟹为 3 个期。

糠虾幼体期（mysis）（图 4-21b）：腹部发达，出现腹肢，胸肢双肢型；身体呈倒立状，后退式游泳并能弹跳，营浮游生活，捕食能力强。对虾类糠虾幼体分 3 个期，龙虾类幼体又称叶状幼体；蟹类仅有大眼幼体期（图 4-22M）。

后期幼体期（post-larva）：又称十足幼体，是虾蟹类幼体阶段的最末期幼体，具有全部体节与附肢，外形基本与成体相似，由浮游生活转向底栖生活，具有较强的捕食能力。对虾类的后期幼体称为仔虾，蟹类的后期幼体称稚（仔）蟹（图 4-22C）。

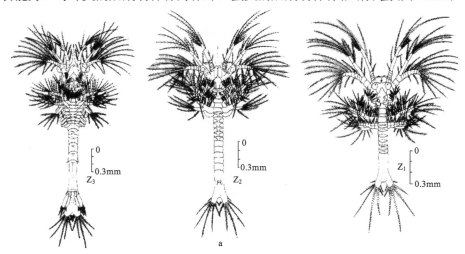

a

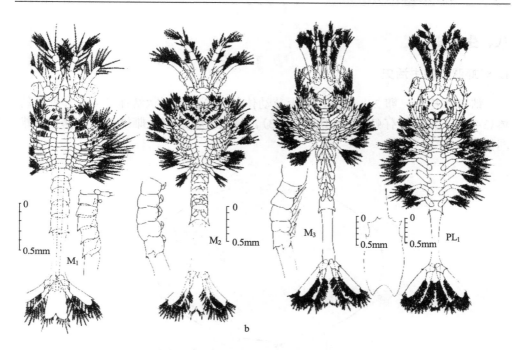

图 4-21　中国对虾的幼体发育（赵法箴，1965）

a.溞状幼体($Z_1 \sim Z_3$); b.糠虾幼体($M_1 \sim M_3$); PL_1. 1 期仔虾

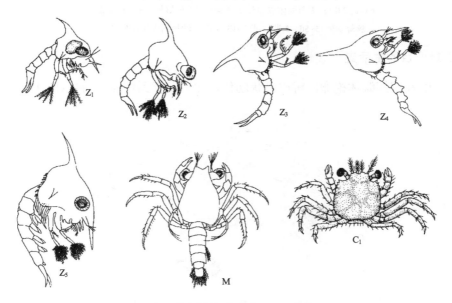

图 4-22　中华绒螯蟹的幼体发育（刘焕亮和黄樟翰，2008）

Z.溞状幼体；M.大眼幼体；C.稚蟹

八、生活史

1. 对虾亚目的生活史

雌虾不抱卵。卵 24h 孵出，经无节幼体(2~3d)、原溞状幼体(3~4d)和糠虾幼体(3~5d)，发育至仔虾(3~35d)(图 4-23)。绝大多数虾蟹为雌雄异体，偶见雌雄同体。

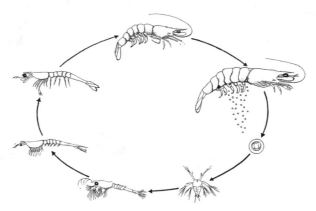

图 4-23　对虾类的生活史

卵(达 24h)；无节幼体(2~3d，5~6 期)；原溞状幼体(3~4d，3 期)；

糠虾幼体(3~5d，3 期)；仔虾(3~35d)；幼虾到成虾(180~300d)

2. 真虾亚目的生活史

真虾和沼虾雌体抱卵，孵出溞状幼体，然后发育到仔虾、幼虾(图 4-24)。

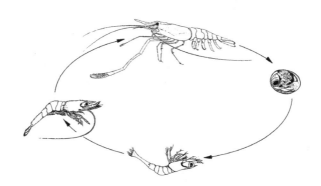

图 4-24　真虾和沼虾的生活史

卵(雌体孵化 21~25d)；溞状幼体(20~40d，5~12 期)；仔虾/幼虾到成虾(120~210d)

3. 龙虾的生活史

各种雌龙虾抱卵 7~180d 不等, 孵出叶状幼体, 经 65~391d 培育发育成稚龙虾, 然后发育成幼龙虾 (图 4-25)。

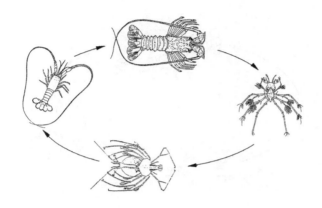

图 4-25 龙虾的生活史

棘龙虾: 雌体孵卵 (7~180d); 早期和晚期叶状幼体 (65~391d, 9~25 期);

龙虾幼体 (7~56d, 1 期); 幼虾到成虾 (730~1460d)

4. 蟹类的生活史

雌蟹抱卵、孵卵, 经 12~24d (4~7 期) 孵出为溞状幼体 (不同种类期数各异), 变态为大眼幼体, 发育为仔蟹 (图 4-26)。

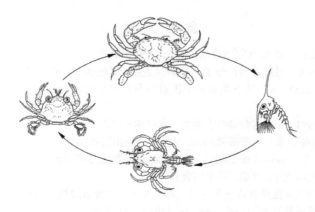

图 4-26 蟹类的的生活史

雌蟹抱卵 (6~25d); 溞状幼体 (12~24d, 3~7 期); 大眼幼体 (5~7d, 1 期); 仔蟹到成熟 (120~5460d)

5. 淡水螯虾生活史

雌螯虾孵卵 7~180d 不等，孵出的幼虾附着在雌体身上，通常附着 7~30d，直至第 2、第 3 次蜕皮(图 4-27)。

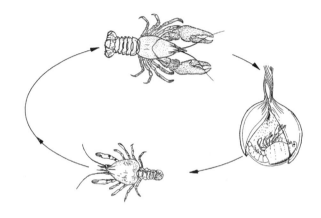

图 4.27　淡水螯虾生活史

雌体孵卵(7~180d)；幼虾(附着到雌体上，第 2 或第 3 次蜕皮，一般 7~30d)；幼虾到成虾(90~1095d)

6. 虾蛄的的生活史

雌虾蛄抱卵，孵出为溞状幼体(或称伪溞状幼体，不同种类期数各异)，发育为仔虾蛄。

(王吉桥)

参 考 文 献

卞伯仲. 1990. 实用卤虫养殖及应用技术. 北京：农业出版社

蔡生力, 杨从海. 1995. 对虾繁殖内分泌调控研究进展. 国外水产, (4)：1~3

蔡生力, 杨丛海. 2000. 体外注射激素对中国对虾卵巢发育的影响. 中山大学学报, 39(增刊)：91~95

陈柏云, 易建生. 1991. 长毛对虾幼体的食性. 水产学报, 15(3)：219~226

陈宗尧, 王克行. 1987. 实用对虾养殖技术. 北京：农业出版社：167

邓景耀, 赵传纲. 1991. 海洋渔业生物学. 北京：农业出版社：519~589

堵南山. 1993. 甲壳动物学. 北京：科学出版社

堵南山. 2000. 中华绒螯蟹是体内还是体外受精. 水产科技情报, 27(5)：217~218

高洪绪. 1980. 中国对虾交配的初步观察. 海洋科学, (3)：5~7

郭平, 许美美. 1993. 孔雀绿对中国对虾各期幼体急性毒性试验. 海洋科学, (4)：7~9

黄胜南, 李婉丽. 1965. 锯缘青蟹 Saylla serrata(Forskål)幼体发育. 水产学报, 2(4)：24~34

纪成林. 1996. 关于新对虾属幼体发育分期的探讨. 水产科技情报, 23(4): 163~165

蒋静南, 吴湛霞. 1993. 刀额新对虾耗氧率、呼吸商和窒息点的研究. 海洋渔业, (2): 63~66

赖庆生. 1990. 青蟹养殖. 北京: 农业出版社.

李广丽, 朱春华. 2000. 五种化学消毒剂对南美白对虾的急性毒性试验. 水产科技情报, 27(6): 243~245, 261

李明云. 1995. 温度对中国对虾越冬亲虾性腺发育与存活率的影响. 生态学报, 15(4): 378~384

李增崇. 1981. 罗氏沼虾. 南宁: 广西人民出版社

梁华芳, 何建国. 2012. 锦绣龙虾生物学和人工养殖技术. 北京: 海洋出版社

梁羡园, 张乃禹, 曹登宫, 等. 1983. 摘除眼柄诱导中国对虾性腺成熟和提前产卵的初步试验. 海洋与湖沼, 14(2): 138~147

梁象秋, 严生良, 郑德崇, 等. 1974. 中华绒螯蟹 *Eriocheir sinensis* H. Milne-Edwards 的幼体发育. 动物学报, 20(1): 61~68

林勤武, 刘瑞玉, 相建海. 1991. 中国对虾精子的形态结构、生理生化功能的研究 I. 精子超显微结构. 海洋与湖沼, 22(5): 399~401

林汝榕, 何进金, 丘虎三. 1990. 诱导池养斑节对虾的性腺发育与产卵. 水产学报, 14(4): 277~285

刘焕亮, 黄樟翰. 2008. 中国水产养殖学. 北京: 科学出版社: 633~734

刘凌云, 郑光美. 2009. 普通动物学. 4 版. 北京: 高等教育出版社: 237~253

刘如雷. 1993. TCCA、孔雀绿、福尔马林对中国对虾幼体各期毒性研究. 齐鲁渔业, (4): 37~40

刘瑞玉, 钟振如. 1986. 南海对虾类. 北京: 农业出版社

刘瑞玉. 2003. 关于对虾类(属)学名的改变和统一问题. 甲壳动物学论文集(第四辑). 北京: 科学出版社: 106~124

农业部渔业局. 2013. 中国渔业统计年鉴. 北京: 中国农业出版社

彭文国, 郑建民. 1996. 墨吉对虾幼体耗氧量的初步研究. 水产科技情报, 23(4): 169~172

乔振国, 沈晓民, 张淳良. 1992. 饲料、水温、投饲率对中国对虾摄食与生长的影响. 海洋科学, 16(2): 36~40

施流章. 1981. 温度与长毛对虾卵的孵化及无节幼体的关系. 水产学报, 5(1): 57~63

宋吉德. 1993. 高锰酸钾对中国对虾幼体毒性研究. 齐鲁渔业, (6): 41~44

孙颖民, 高振亮, 刘洪尧, 等. 1982. 三疣梭子蟹池养生物学的初步观察. 海洋科学, (4): 40~43

王吉桥. 2003. 南美白对虾生物学研究与养殖. 北京: 海洋出版社

王克行. 1997. 虾蟹类增养殖学. 北京: 中国农业出版社

许步邵, 何林岗. 1987. 河蟹养殖技术. 北京: 金盾出版社

颜尤明. 1997. 长毛对虾幼体发育与水温和化学因子的关系. 水产科技情报, 24(1): 37~40

叶星, 许淑英, 谢刚, 等. 1998. 常用化学消毒剂对罗氏沼虾的急性致毒试验. 水产科技情报, 25(4): 174~177, 180

张嘉萌, 张伟权. 1989. 中国对虾(*Penaeus orientalis*)存活和生长的初步研究. 青岛海洋大学学报, 19(2): 49~60

张伟权, 曹登宫, 林如杰, 等. 1981. 影响对虾幼虫存活原因的初步商榷III. 生物环境因子对受精卵和各期幼虫的影响. 海洋湖沼通报, (1): 49~57

张伟权. 1990. 世界重要养殖品种——南美白对虾生物学简介. 海洋科学, (3): 69~73

赵法箴. 1965. 对虾（*Penaeus orientalis* Kishininouye）幼体发育形态. 海洋水产研究资料, （9）: 13~109

赵乃刚. 1998. 河蟹的人工繁殖与增养殖. 合肥: 安徽科学出版社

朱小明, 李少菁. 1998. 生态能学与虾蟹幼体培育. 中国水产科学, 5（3）: 99~102

岡正雄. 1964. コウライエビの研究 I 生殖机构に研究関する. 长崎大学水研报, （17）: 55~67

岡正雄. 1965. コウライエビの研究 II 卵巢卵の形態的分类と卵巢成熟度について. 长崎大学水研报, （18）: 30~40

吉田裕. 1949. コウライエビの生活史について. 日本水产学会志, （15）: 245~248

金泽昭夫. 1981. クルマエビの人工的卵巢成熟及び産卵诱导. 養殖, （1）: 94~97

Barday M. C., Dall W., Smith D. M. 1983. Changes in lipid and protein during starvation and the moulting cycle in the tiger prawn *Penaeus esculentus* Haswell. Journal of Experimental Marine Biology and Ecology, 68: 229~244

Chen J. C., Lei S. C. 1990. Toxicity of ammonia and nitrate to *Penaeus monodon* juveniles. J World Aquacult Soc, 21: 300~306

Chen J. C., Lin C. Y. 1991. Lethal effects of ammonia and nitrate on *Penaeus penicillants* juveniles at two salinity levels. Comp Biochem Physiol, 100c: 466~482

Chen J. C., Lin C. Y. 1992. Lethal effects of ammonia on *Penaeus chinensis* Osbeck juveniles at different salinity levels. J Exp Mar Biol Ecol, 156: 139~148

Chen J. C., Ting Y. Y., Lin J. N., et al. 1990. Lethal effects of ammonia and nitrate on *Penaeus chinensis*. Mar Biol, 107: 427~431

Dall W., Hill B. J., Rothlisberg P. C., et al. 1992. 对虾生物学. 陈楠生, 李新正, 刘桓, 等译. 青岛: 青岛海洋大学出版社: 34~50

Greg G. Dubber, George M. Branch, Lara J. Atkinson. 2004. The effects of temperature and diet on the survival, growth and food uptake of aquarium-held postpueruli of the rock lobster *Jasus lalandii*. Aquaculture, 240（1/4）: 249~266

Hall D. N. F. 1962. Observations on the taxonomy and biology of some Indo-West-Pacific Penaeidae （Crustacea, Decapoda）. Colonial Office, Fishery Publication, No. 17: London: Her Majesty's Stationery Office: 1~229

Hamano T., Matsuura S. 1987. Egg size, duration of incubation, and larval development of the Japanese mantis shrimp in the laboratory. Nippo Suisan Gakkaishi, 53（1）: 23~29

Hirokazu Matsuda, Fumihiko Abe, Shinji Tanaka. 2012. Effect of photoperiod on metamorphosis from phyllosoma larvae to puerulus postlarvae in the Japanese spiny lobster *Panulirus japonicus*. Aquaculture, 326/329: 136~140

Isabel Perez Farfante, Brian Kensley. 1997. Penaeoid and Sergestoid Shrimps and Prawns of the World. Keys and Diagnoses for the Families and Genera. Memoires du Museum National d'Histoire Naturelle, Tome 175 Zoologie: 1~233

Lin Y. C., Chen J. C. 2001. Acute toxicity of ammonia to *Litopenaeus vannamei* Boone juveniles at different levels. Journal of Experimental Marine Biology and Ecology, 259: 109~119

Mark A. Jensen, Chris G. Carter, Louise R. Adams, et al. 2013. Growth and biochemistry of the spiny lobster *Sagmariasus verreauxi* cultured at low and high density from hatch to puerulus.

Aquaculture, 376/379: 162~170

Mark A. Jensen, Quinn P. Fitzgibbon, Chris G. Carter, et al. 2013. The effect of stocking density on growth, metabolism and ammonia–N excretion during larval ontogeny of the spiny lobster *Sagmariasus verreauxi*. Aquaculture, 376/ 379: 45~53

Ostrensky A., Wasielesky Jr. W. 1995. Acute toxicity of ammonia to various life stage of the San Paulo shrimp, *Penaeus paulensis* Perez-Parfante, 1967. Aquculture, 132: 339 ~347

Romano N, Zeng C. S. 2012. Osmoregulation in decapod crustaceans: implications to aquaculture productivity, methods for potential improvement and interactions with elevated ammonia exposure. Aquaculture, 334/ 3337: 12~23

Serena L. Cox, Andrew G. Jeffs, Megan Davis. 2008 Developmental changes in the mouthparts of juvenile Caribbean spiny lobster, *Panulirus argus*: Implications for aquaculture. Aquaculture, 283（1/4）: 168~174

Tytler P., Calow P. 1985. Fish Energetics: New Perspectives. Baltimore: John Hopkins University Press

Wajsbrot N., Gasith A., Krom M. D., et al. 1990. Effect of dissolved oxygen and the molt stage on the acute toxicity of ammonia to juvenile green tiger prawn *Penaeus semisulcatus*. Environ. Toxicol. Chem, 9: 497~504

第五章　养殖贝类生物学

　　贝类养殖业是水产养殖业的重要组成部分。2012 年我国贝类养殖产量达 1234.32 万 t，其中海水贝类养殖产量为 1208.44 万 t，占海水养殖总产量 73.51%，在海水养殖业中占第一位；淡水贝类养殖产量为 25.88 万 t。

　　贝类是人类的优质食品，除了掘足类、无板类、单板类和多板类外，几乎都可以食用。主要食用种类有腹足类的鲍、红螺、香螺、玉螺，瓣鳃类的蚶、贻贝、扇贝、江珧、牡蛎、文蛤、蛤仔、青蛤、镜蛤、蛤蜊、西施舌、蛏，以及头足类的乌贼、章鱼和鱿鱼等。贝类味道鲜美，营养价值高，其肉质部分含有丰富的蛋白质、脂肪和维生素。贝类除鲜食外，还可以加工成干制品、罐头和休闲食品。干贝、江珧柱和休闲食品分别为扇贝、江珧和日月贝闭壳肌的干制品，都是珍贵的海味品。贻贝、牡蛎和蛏软体部的干制品分别称"淡菜"、"蚝豉"和"蛏干"，加工贻贝、牡蛎和蛏的汤可浓缩成美味可口的贻贝油、蚝油和蛏油。文蛤可加工成文蛤味精，俗称文蛤粉。海兔的卵群(俗称海粉)和乌贼的缠卵腺(俗称乌鱼蛋)，也都是很有名的海产品。贝类可以制成各种各样的罐头，也可制成各种休闲食品和保健品，如牡蛎等贝壳粉是目前国内外补钙营养品的优质原料。

　　贝壳的主要成分是碳酸钙，它是烧石灰的良好原料。我国东南沿海地区常用牡蛎、泥蚶等的贝壳作为烧石灰的原料。珍珠层较厚的马蹄螺、珍珠贝等可以用来制造扣；马蹄螺和夜光蝾螺的贝壳可以作为油漆的调和剂。

　　贝类在医药上用途也较广。药用贝类较多，如鲍、泥蚶、毛蚶、文蛤、青蛤、牡蛎、宝贝、珍珠贝及其珍珠、贻贝、窗贝，以及乌贼的贝壳等均可作药材，其中乌贼的贝壳(海螵蛸)、鲍的贝壳(石决明)、宝贝的贝壳(海巴)、珍珠贝的贝壳及其珍珠、海兔的卵群(海粉)，都是享有盛名的医药品。

　　贝壳粉是家禽、家畜等经济动物优质饲料原料，也是鱼虾优质饵料原料，有利于骨骼生成，增加家禽产蛋量和家畜产奶量，促进生长发育，提高产品质量。黑偏顶蛤、凸壳肌蛤和蓝蛤等小型贝类是鱼虾类的鲜活饵料，小型双壳类和头足类是养殖鱼类的优质饵料；许多底栖和浮游的贝类是海洋鱼类的天然饵料。

　　很多贝类的贝壳富有光泽，非常鲜艳，惹人喜爱，如宝贝、玉螺、蜀江螺、风螺、夜光蝾螺、珍珠贝、鹦鹉螺等，都是人们玩赏的对象或作贝雕或螺钿的原料。目前，已有 50 余种贝类经常用来制作贝雕。珍珠不仅是贵重药材，而且是珍贵的装饰品。此外，在古代曾用贝壳作货币，称货贝。

　　我国养殖贝类生物学研究工作取得许多优异成绩：①先后引进了太平洋牡蛎、

虾夷扇贝、海湾扇贝、象拔蚌、硬壳蛤、日本盘鲍、日本大鲍和大瓶螺等多种优良种类，增加了养殖种类数量；②杂交育种工作取得初步成果，太平洋牡蛎、栉孔扇贝、皱纹盘鲍和马氏珠母贝三倍体与四倍体育种取得成功，有望形成规模化生产；③栉孔扇贝、皱纹盘鲍和菲律宾蛤仔优良壳色的选择育种获得初步成果，有望形成新品系或新品种；④贝类幼虫附着变态生理生态和人工养殖生态系等多项生态学研究取得一定成果，为鱼、虾、贝、藻和棘皮动物多元化生态系养殖提供了科学依据。

养殖贝类生物学是制定养殖技术的依据，也是发展贝类养殖业的重要理论基础；其主要内容包括：养殖种类与分布、栖息习性、对环境条件的适应、摄食、生长、繁殖生物学特征。

第一节　养殖种类及其分布

一、分类地位及主要形态特征

贝类是软体动物(Mollusca)的通称，其种类数量在动物界仅次于节肢动物门，属第二大门类，包括无板纲、单板纲、多板纲、双壳纲、掘足纲、腹足纲和头足纲七个纲。目前，我国海、淡水养殖的贝类约 50 种，分别隶属于腹足纲(Gastropoda)、双壳纲(Bivalvia)和头足纲(Cephalopoda)。

(一)腹足纲

腹足纲是软体动物中最大的一类，通称螺类，约有 3 万个现生种。腹足纲种类头部发达，具有 1 对或 2 对触角，足在身体的腹面呈块状，头和足是左右对称的；贝壳时，一般是螺旋形的，头、足、内脏囊、外套膜均可缩入壳内。在发育过程中，身体经过扭转(torsion)，致使神经扭成"8"字形，内脏器官也失去了对称性(前鳃亚纲)；一些种类在发育中经过扭转之后又经过反扭转，神经不再成"8"字形(后鳃亚纲，贝壳不发达)，但在扭转中失去的器官不再发生，身体的内脏仍然失去了对称性。

腹足纲分前鳃亚纲(Prosobranchia)、后鳃亚纲(Opisthobr-anchia)及肺螺亚纲(Pulmonata) 3 个亚纲。我国养殖的鲍类、脉红螺、中国圆田螺和大瓶螺分别隶属于前鳃亚纲鲍科(Haliotidae)、瓶螺科(Ampullariidae)、骨螺科(Muricidae)和田螺科(Viriparidae)，泥螺和海兔分别隶属于后鳃亚纲阿地螺科(Atyidae)和海兔科(Aplysiidae)。2012 年，鲍类产量 9.07 万 t、螺类产量 41.83 万 t。

腹足纲动物的分布很广泛，在海洋中从远洋漂浮生活的种类到不同深度及不同性质的海底，各种淡水水域都有它们的分布。特别是腹足纲的肺螺类是真正征服陆地环境的种类，可以在地面上生活。

（1）皱纹盘鲍【*Haliotis discus hannai* Ino】 具有一个大而坚厚的贝壳，螺层三层，缝合线浅，壳顶钝；壳边缘有一列突起，末端有 4~5 个开口；壳外面深褐绿色，生长纹明显，贝壳内面银白色（图 5-1a）。

（2）杂色鲍【*Haliotis diversicolor* Reeve】 螺层三层，基部缝合线深，渐至顶部不明显；壳顶钝、稍低于体螺层的高度，成体多被腐蚀，露出珍珠光泽；由壳顶向下，从第二螺层中部开始至体螺层末端边缘，有一列突起，共 20 余个；靠体螺层边缘具 7~9 个开孔；壳内面银白色，具珍珠光泽（图 5-1b）。

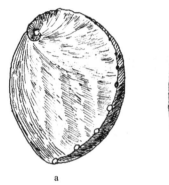

a   b

图 5-1　皱纹盘鲍与杂色鲍（刘焕亮和黄樟翰，2008）

a.皱纹盘鲍；b.杂色鲍

（3）大瓶螺【*Ampullaria gigas* Spix】 又名苹果螺，商品名称福寿螺，为淡水种类；形态与田螺很相似，但比田螺大得多；贝壳右旋，螺旋部 4~5 个螺层，体螺层膨大，壳表呈黄褐色，薄而脆；螺体高大，壳高可达 10cm 左右，宽 8~9cm；脐孔大而深，厣角质，触角一对，发达，足的蹠面广阔（图 5-2）。

（4）泥螺【*Bullacta exarata*（Philippi）】 壳白色，壳口广阔，长度与壳长几乎相等，壳面被褐色外皮；贝壳不能完全包裹软体部，后端和两侧分别被头盘和后叶片、外套膜侧叶及侧足的一部分所覆盖；足发达（图 5-3）。

（5）脉红螺【*Rapana venosa*（Valenciennes）】 贝壳大而坚厚，螺层 6 层，体螺层宽大，缝合线浅，壳表面密生螺肋；各螺层中部和体螺层上部有 1 列螺肋向外突出形成肩角，肩角上具角状突起；壳口大，无缺刻状后沟，外唇和内唇上部薄而狭；具假脐，厣角质，棕色，椭圆形，核位于外侧；壳表面黄褐色，具棕色或紫棕色斑点，壳内面杏红色。1 龄螺壳高 1.5~2.3cm（图 5-4a）。

（6）中国圆田螺【*Cipangopaludina chinensis*（Gray）】 贝壳大，薄而坚实，圆锥形，有 6~7 个螺层，螺旋部高而略尖，体螺层膨圆，壳口完全，厣角质（图 5-4c）。

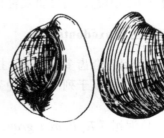

图 5-2　大瓶螺（刘焕亮和黄樟翰，2008）　　　图 5-3　泥螺（刘焕亮和黄樟翰，2008）

（7）海兔【*Notarchus leachii cirrosus* Stimpson】　　身体呈琵琶形，分头颈、胴和足三部分，雌雄同体；体表富有黏液腺，体表有许多蓝色、绿色的色素斑点；依靠足匍匐运动，有时靠侧足游动，有时分泌黏液将身体垂悬于水面，随流移动（图 5-4b）。

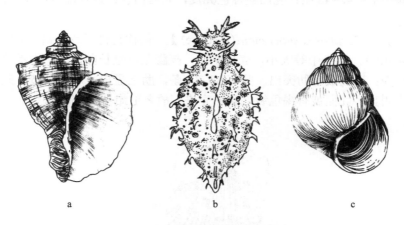

图 5-4　其他匍匐型贝类（刘焕亮和黄樟翰，2008）

a.脉红螺；b.海兔；c.中国圆田螺

（二）双壳纲

双壳纲种类两侧对称，身体侧扁，左右两侧包有外壳，故称双壳纲（Bivalvia）；无头部，也无齿舌或触角等构造，只保留口，故又名无头类（Acephala）；足一般为斧状，故又名斧足纲（Pelecypoda）；外套膜左右两瓣，贴在壳内，由身体背部两侧悬垂向腹部，并与内脏囊构成宽阔的外套腔，腔内有一对或两对鳃，呈瓣状（原始的种类仍为栉鳃），故又称为瓣鳃纲（Lamellibranchia）。瓣鳃的主要功能是收集食物及气体交换。现存种类约有 3 万种，绝大多数为海洋底栖动物（穴居于水底泥沙中），少数侵入咸水或淡水，极少数为寄生，无陆生种类；多数种类可食用。根据铰合齿的形态、闭壳肌发育程度和鳃的结构等，分为三个目。

1. 列齿目（Taxodonta）

列齿目铰合齿多，同形，排列一列；闭壳肌 2 个，均发达；楯鳃或丝鳃。我国养殖贝类隶属于列齿目的种类较少，仅蚶科（Arcidae）3 种；2012 年蚶类产量达 27.80 万 t。

（1）泥蚶【*Tegillarca granosa*（Linnaeus）】 隶属于泥蚶属（*Tegillarca*），贝壳坚厚，卵圆形，两壳相等；壳顶突出，尖端向内卷曲，位置偏于前方；壳表面放射肋发达，18~20 条，肋上具显著的颗粒状结节；双韧带，韧带面宽，呈箭头状；铰合部直，齿多而细密；被褐色壳皮，壳内白色（图 5-5a）。

（2）魁蚶【*Scapharca broughtonii*（Schrenck）】 隶属于毛蚶属（*Scapharca*），贝壳大，斜卵圆形，极膨胀，左右两壳稍不相等；壳顶膨胀突出，放射肋宽，平滑无明显结节，42~48 条；壳面被棕色壳皮，壳内白色；铰合部直，铰合齿 70 枚（图 5-5b）。

（3）毛蚶【*Scapharca subcrenata*（Lischke）】 俗称瓦楞子或毛蛤，隶属于毛蚶属（*Scapharca*），贝壳中等大小，壳质坚厚，壳膨胀、呈长卵形，两壳不等，右壳稍小于左壳；壳面放射肋突出，共有 30~34 条，肋上显出方形小结节，此结节在左壳尤为明显；壳面被有褐色绒毛状的壳皮，故名毛蚶（图 5-5c）。

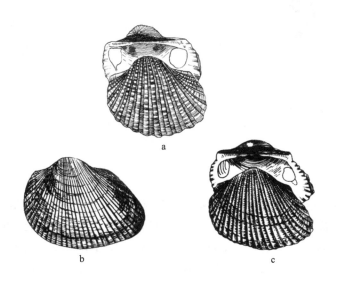

图 5-5 蚶（刘焕亮和黄樟翰，2008）

a.泥蚶；b.魁蚶；c.毛蚶

2. 异柱目（Anisomyaria）

异柱目的铰合齿一般退化成小结节，或无铰合齿；前闭壳肌很小或消失，后闭壳肌发达；鳃丝间以纤毛盘或结缔组织相连接。

我国养殖贝类隶属于异柱目的种类较多，其中贻贝科（Mutilidae）3 种，扇贝科（Pectinidae）4 种，珍珠贝科（Pteriidae）5 种，牡蛎科（Ostridae）4 种，江珧科（Pinnidae）1 种，计 17 种。2012 年产量分别为贻贝类 76.4 万 t、扇贝类 142.00 万 t、牡蛎类 394.88 万 t 和江珧类 1.5 万 t。

（1）贻贝【*Mytilus edulis* Linnaeus】（图 5-6a）　俗称海红，干制品称淡菜；壳呈楔形，前端尖细，壳顶近壳的最前端，壳长不及壳高的两倍，壳腹缘直，背缘呈弧形，后缘圆而高；壳皮发达，壳表黑褐色或紫褐色，生长纹细而明显。

（2）翡翠贻贝【*Perna viridis* Linnaeus】（图 5-6b）　贝壳较大，长度约为高度的两倍，壳顶喙状，位于贝壳的最前端；腹缘直或略弯；壳顶前端具有隆起肋；壳表翠绿色，前半部常呈绿褐色。

（3）厚壳贻贝【*Mytilus coruscus* Gould】（图 5-6c）　贝壳大，长为高的两倍，壳呈楔形，壳质厚；壳顶位于壳的最前端，稍向腹面弯曲，常磨损呈白色；贝壳表面由壳顶向后腹部分极凸，形成隆起面；左右两壳的腹面部分突出形成一个棱状面；壳皮厚，呈黑褐色，内面紫褐色或灰白色，具珍珠光泽。

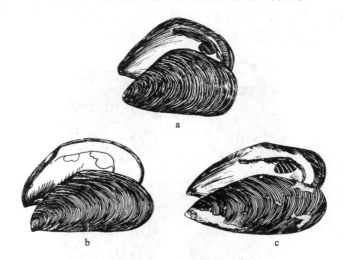

图 5-6　贻贝（刘焕亮和黄樟翰，2008）

a.贻贝；b.翡翠贻贝；c.厚壳贻贝

（4）栉孔扇贝【*Chlamys*（*Azumapecten*）*farreri*（Jones et Prestin）】　贝壳表面有放射肋，其中左壳表面主要放射肋约 10 条，具棘，右壳放射肋较多（图 5-7a）；贝壳一般紫色或淡褐紫，间有黄褐色、杏红色或灰白色；壳高略大于壳长，前耳长度约为后耳的两倍；前耳腹面有一凹陷，形成一孔，即为栉孔；在孔的腹面右上端边缘生有小型栉状齿 6~10 枚；具足丝。

（5）华贵栉孔扇贝【*Chlamys*（*Mimachlamys*）*nobilis*（Reeve）】　放射肋巨大，约 23 条，两肋间夹有 3 条细的放射肋；同心生长轮脉细密，形成相当密而翘起的小鳞片；壳面呈淡紫褐色、黄褐色、淡红色或枣红色云状斑纹；壳高与壳长约略相等；具足丝孔（图 5-7b）。

（6）海湾扇贝【*Argopecten irradians* Lamarck】　海湾扇贝属有 *Argopecten irradians irradians* Lamarck、*Argopecten irradians concentricus*（Say）、*Argopecten irradians amplicostatus*（Dall）和 *Argopecten irradians taylorans*（Petuch，1987）四个地理亚种，均为优良养殖贝类，其中北方亚种和南方亚种是主要养殖对象。20 世纪 80 年代初，海湾扇贝北方亚种（*Argopecten irradians irradians*）首次成功引种到中国，很快成为我国北方海水养殖支柱产业之一；20 世纪 90 年代以来，海湾扇贝北方亚种和南方亚种（*Argopecten irradians concentricus*）的不同地理群体新的种质又多次引到中国。海湾扇贝引种到中国也有 30 年历史，并可在北方自然海区（山东莱州）成熟产卵、受精、发育及附着变态，当年壳高可达 2~3cm，并可在当地虾池越冬养殖到翌年 4 月底。但到目前为止，在自然海区尚未发现野生化群体。

海湾扇贝个体大小中等，壳形较凸，两壳基本等大，贝壳表面放射肋 17~18 条，肋纹较圆滑，肋宽大于肋沟宽，无棘；生长纹较明显；中顶，前耳大，后耳小（图 5-7c）；壳表面黄褐色，具浅足丝孔，成体无足丝。

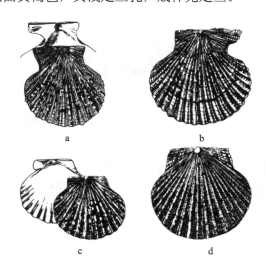

图 5-7　几种养殖的扇贝（刘焕亮和黄樟翰，2008）

a.栉孔扇贝；b.华贵扇贝；c.海湾扇贝；d.虾夷扇贝

海湾扇贝所有亚种均为优良养殖贝类，其左枚贝壳的外部具有橙色、棕色、黄色、紫色、灰色和白色等色彩，壳色呈现出多态性；右枚贝壳为白色。我国自2000 年开始持续 6 年对海湾扇贝北方亚种(1998 年和 1999 年引进)进行定向选择育种，于 2006 年成功获得"中科红"新品种，其壳色纯正、表型性状遗传稳定、99% 的个体壳色为橙色，成活率提高 10% 以上(4.9%~19.2%)，生长速度提高10%~15%。

(7)虾夷扇贝【*Patinopecten* (*Mizuhopecten*) *yesoensis* (Jay)】　1980 年自日本引入我国，个体大，壳高可超过 20cm；壳近圆形，壳表面有 5~20 条放射肋，右壳肋宽而低矮，肋间狭；左壳肋较细，肋间较宽，有的有网纹雕刻(图 5-7d)。右壳较突，黄白色，左壳稍平，较右壳稍小，呈紫黑色；中顶，壳顶两侧前后具有同样大小的耳突起；右壳的前耳有浅的足丝孔。

(8)合浦珠母贝【*Pinctada martensii* Dunker】　又名马氏珠母贝，两壳显著隆起，左壳略比右壳膨大，后耳突较前耳突大；同心生长线细密，腹缘鳞片伸出呈钝棘状；壳内面为银白色带彩虹的珍珠层，为当前养殖珍珠的主要母贝(图 5-8a)。

(9)大珠母贝【*Pinctada maxima* (Jameson)】　又名白碟贝，为本属中最大型者，壳高可达 30cm 以上；壳坚厚，扁平呈圆形，后耳突消失成圆钝状，前耳突较明显；成体没有足丝，壳面较平滑，黄褐色；壳内面珍珠层为银白色，边缘金黄色或银白色(图 5-8b)。

(10)珠母贝【*Pinctada margaritifera* (Linnaeus)】　又名黑碟贝，贝壳体形似大珠母贝，但较小；壳面鳞片覆瓦状排列，暗绿色或黑褐色，间有白色斑点或放射带；壳内面珍珠光泽强，银白色，周缘暗绿色或银灰色(图 5-8c)。

(11)企鹅珍珠贝【*Pteria* (*Magnavicula*) *penguin* (Röding)】　贝体呈斜方形，后耳突出成翼状，左壳自壳顶向后腹缘隆起；壳面黑色，被细绒毛；壳内面珍珠层银白色，具彩虹光泽(图 5-8d)。

(12)长耳珠母贝【*Pinctada chemnitzi* (Philippi)】　体形近似合浦珠母贝，但较扁，俗称扁贝；后耳突也较显著；壳面棕褐色，壳内面珍珠层多呈黄色。

(13)褶牡蛎【*Crassostrea plicatula* Gmelin】　贝壳小型，薄而脆，多为三角形；右壳表面具同心环状鳞片多层，多为淡黄色，间有紫褐色或黑色条纹；左壳表面凸出，顶部固着面较大，具粗壮放射肋，鳞片层较少，颜色比右壳淡些(图 5-9a)。

(14)大连湾牡蛎【*Crassostrea talienwhanensis* Crosse】　壳大型，中等厚度，椭圆形，壳顶部扩张成三角形；右壳扁平，壳面具水波状鳞片；左壳坚厚，凹陷较大，放射肋粗壮(图 5-9b)。

(15)近江牡蛎【*Crassostrea rivularis* Gould】　贝壳大而坚厚，体形多样，有圆形、卵圆形、三角形和延长形；两壳面环生薄而平直的黄褐色或暗紫色鳞片，随年龄增长而变厚(图 5-9c)。

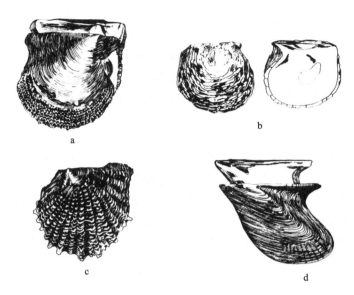

图 5-8　珠母贝（刘焕亮和黄樟翰，2008）

a.合浦珠母贝；b.大珠母贝；c.珠母贝；d.企鹅珍珠贝

（16）太平洋牡蛎【*Crassostrea gigas*（Thunberg）】　贝壳长形，壳较薄，壳长为壳高的 3 倍左右；右壳较平，鳞片坚厚，环生鳞片呈波纹状，排列稀疏，放射肋不明显；左壳深陷，鳞片粗大，壳顶固着面小，外套膜边缘发黑（图 5-9d）。

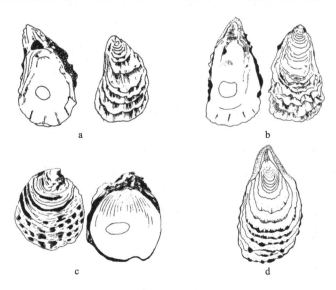

图 5-9　牡蛎（刘焕亮和黄樟翰，2008）

a.褶牡蛎；b.大连湾牡蛎；c.近江牡蛎；d.太平洋牡蛎

(17)栉江珧【*Pinna*(*Atrina*)*pectinata* Linnaeus】　我国北方俗称"大海红"、"海锨"，广东称"割纸刀"，浙江称"海蚌"，贝壳大，呈三角形，壳顶尖细，背缘直或略凹，自壳顶伸向后端 10 余条较细的放射肋，肋上具有斜向后方的三角形小棘；韧带发达，无铰合齿；成体多成黑褐色(图 5-10)。

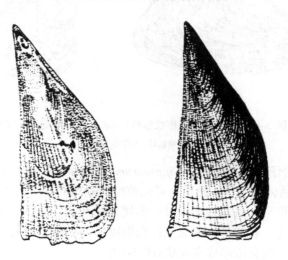

图 5-10　栉江珧(刘焕亮和黄樟翰，2008)

3. 真瓣鳃目(Eulamellibranchia)

真瓣鳃目的铰合齿小或无；前后闭壳肌均发达，大小相等；鳃丝和鳃小瓣间以血管相连接；出水孔和入水孔常形成水管。

我国养殖贝类隶属于真瓣鳃目的种类较多，其中蚌科(Unionidae)2 种，帘蛤科(Veneridae)11 种，竹蛏科(Solenidae)3 种，计 16 种。2012 年产量分别为蚌类 27.80 万 t、蛤类 373.55 万 t 和蛏类 72.05 万 t。

(1)三角帆蚌【*Hyriopsis cumingii*(Lea)】　贝壳大而扁平，壳坚硬，后背缘向上突起呈三角帆状的翼，此翼脆弱易折断；壳面黄褐色，壳内面珍珠层光泽晶莹(图 5-11a)；淡水产，喜栖息于沙质底、硬滩、流水、无污染的河道及周围的大型湖泊中。

(2)褶纹冠蚌【*Cristaria plicata*(Leach)】　贝壳大型，壳比三角帆蚌薄，外形略呈不等边三角形，后背缘向上伸展成冠状，从壳顶向后有十余条粗大纵肋；壳面黄绿色或褐黄色，壳内面珍珠层一般为白色(图 5-11b)；淡水产，喜栖息在沙泥质、松软底的水域中，湖泊、河沟、水库中均有分布。

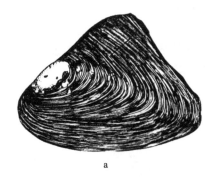

a   b

图 5-11   三角帆蚌与褶纹冠蚌（刘焕亮和黄樟翰，2008）

a.三角帆蚌；b.褶纹冠蚌

（3）菲律宾蛤仔【*Ruditapes philippinarum*（Adams et Reeve）】   其贝壳呈三角卵圆形，具有向前倾的壳顶，壳顶至贝壳前端的距离约等于贝壳全长的 1/3；小月面椭圆形或略呈梭形，盾面梭形；贝壳前端边缘椭圆，后端边缘略呈截形；壳表面灰黄色或深褐色，有的带褐色斑点；壳面除了同心生长轮外，还有细密的放射肋，放射肋与生长线交错形成布纹状（图 5-12）。

（4）文蛤【*Meretrix meretrix* Linnaeus】   贝壳背缘略呈三角形，腹缘圆弧形，两壳大小相等，壳长略大于壳高，壳质坚厚；壳顶突出，位于背部稍靠前方；小月面狭长，呈矛头状，盾面宽大；韧带粗短，黑褐色，凸出于壳面；壳面被有一层浅黄色或红褐色光滑似漆的壳皮，同心生长轮脉清晰。从壳顶开始常有环形褐色带，贝壳近背部有锯齿状或波纹状的褐色花纹（图 5-13）。

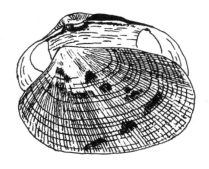

图 5-12   菲律宾蛤仔（刘焕亮和黄樟翰，2008）   图 5-13   文蛤（刘焕亮和黄樟翰，2008）

（5）青蛤【*Cyclina sinensis*（Gmelin）】   贝壳近圆形，壳面极凸出，宽度较大；壳顶突出，尖端弯向前方，无小月面，盾面狭长；韧带黄褐色，不突出壳面；生长纹明显，无放射肋；壳面淡黄色或棕红色，生活标本常为黑色；贝壳内面边缘具整齐的小齿，稀而大，左右两壳各具主齿 3 枚（图 5-14）。

（6）紫石房蛤【*Saxidomus purpuratus*（Sowerby）】 俗称天鹅蛋，贝壳卵圆形，壳顶突出，小月面不明显，盾面被外韧带覆盖；左壳主齿 4 枚，右壳主齿 3 枚，前侧齿 2 枚。生长线粗壮。壳表面灰色、泥土色或杂以铁锈色（图 5-15）。

图 5-14 青蛤（刘焕亮和黄樟翰，2008）　　图 5-15 紫石房蛤（刘焕亮和黄樟翰，2008）

（7）西施舌【*Mactra antiquate* Spengler】 俗称海蚌，壳大而薄，略呈三角形，壳表具黄褐色发亮的壳皮；壳顶部淡紫色，无放射肋，生长纹细密明显；壳内部淡紫色；铰合部宽大，左壳主齿 1 枚，右壳主齿 2 枚，前后侧齿发达，内韧带大（图 5-16）。

（8）四角蛤蜊【*Mactra venriformis* Reeve】 俗称白蚬子，贝壳薄，略呈四角形，两壳极膨胀；顶部为白色，近腹缘为黄褐色；生长线明显；左壳有 1 分叉的主齿，右壳具 2 枚主齿，两壳的前后侧齿发达，外韧带小，内韧带大（图 5-17）。

图 5-16 西施舌（刘焕亮和黄樟翰，2008）　　图 5-17 四角蛤蜊（刘焕亮和黄樟翰，2008）

(9) 杂色蛤仔【*Ruditapes variegate*(Sowerby)】 外形与菲律宾蛤仔近似,壳后缘较尖;由壳顶至前端的距离相当于贝壳长度的 1/4,小月面狭长,楯面不明显;壳表面颜色、花纹变化大,由壳顶至腹面通常有淡色的色带 2、3 条;壳内面淡灰色或肉红色。

(10) 大獭蛤【*Lutraria maxima* Jonas】 壳长椭圆形,壳顶小,且偏前,壳的前后端圆,有开口;壳表有许多细轮脉,壳呈淡白黄色,被有暗褐色壳皮(常脱落),壳内面白色,有光泽;内韧带发达,后侧齿退化,仅留残缺(图 5-18a)。

(11) 滑顶薄壳鸟蛤【*Fulvia mutica* Reeve】 贝壳近圆形,壳长稍大于壳高,壳质薄脆,壳顶突出,尖端稍向前弯;韧带突出,左壳主齿 2 枚前后排列,右壳主齿 2 枚,背腹排列;壳表黄白色或略带黄褐色,放射肋 46~49 条,沿放射肋着生壳皮样绒毛,壳内面白色或肉红色(图 5-18b)。

(12) 红肉河蓝蛤【*Potamocorbula rubromusccula*(Zhang et Cai)】 俗称红肉,壳小呈长卵圆形,壳薄而脆,壳表黄白色,右壳略大于左壳,无小月面、盾面,无放射肋,生长纹致密,内韧带黄褐色(图 5-18e)。

(13) 中国绿螂【*Glaucomya chinensis*(Gray)】 俗称大头蛏,贝壳长卵圆形,两壳相等;贝壳前端圆,后端尖瘦,壳表被有一层薄的绿色或绿褐色角质层,两壳各具主齿 3 枚,无侧齿(图 5-18c)。

(14) 大竹蛏【*Solen grandis* Dunker】 贝壳呈竹筒状,两端开口,壳质薄脆,壳长为壳高 4~5 倍,壳顶位于壳前端,壳背腹缘互相平行,铰合部小,两壳各具主齿 1 枚,壳表被黄褐色壳皮(图 5-18d)。

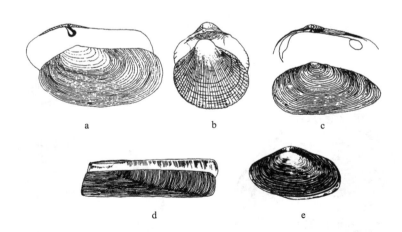

图 5-18 其他埋栖型贝类(刘焕亮和黄樟翰,2008)

a.大獭蛤；b.滑顶薄壳鸟蛤；c.中国绿螂；d.大竹蛏；e.红肉河蓝蛤

(15)长竹蛏【*Solen grandi* Conrad】 贝壳细长，两壳合抱呈竹筒状，前后两端开口；壳质薄脆，两壳相等；贝壳前缘为截形、略倾斜，后缘近圆形；壳顶不明显、位于壳的最前端；壳表光滑，被黄褐色壳皮，有时有淡红色彩带；生长线明显，沿后缘及腹缘方向排列，壳内面白色或淡黄褐色；铰合部小，两壳各具主齿 1 枚；前闭壳肌痕极细长，后闭壳肌痕近拉长的三角形，外套痕明显、前端向背缘凹入，外套窦半圆形。

(16)缢蛏【*Sinonovacula constricta*(Lamarck)】 贝壳呈长圆柱形，壳质脆薄，贝壳前后端开口，足和水管由此伸出；前端稍圆，后端呈截形，背腹面近于平行，壳顶位于背部略靠前端；壳表具黄褐色壳皮，生长纹明显，贝壳中央自壳顶至腹缘有一条微凹的斜沟，形似被绳索勒过的痕迹，故名缢蛏(图 5-19)。

图 5-19 缢蛏(刘焕亮和黄樟翰，2008)

(三)头足纲(Cephalopoda)

头足纲身体左右对称，头部发达，两侧有一对发达的眼，口内有齿舌和颚片。足发达，分为两部分，一部分变为腕，位于头部口周围，并生有吸盘；另一部分在头与胴部之间，即腹部的漏斗状体。贝壳在原始种类，如鹦鹉螺(*Nautilus* sp.)，为外壳；在进化的种类退化形成一角质或石灰质的内骨(海螵蛸)，包被在外套膜内。外套膜肌肉发达，左右愈合成为囊状的外套腔，内脏即容纳其中，外套两侧或后部的皮肤延伸成鳍，可借鳍的波动而游泳。神经系统较为集中，脑神经节、足神经节和脏侧神经节合成发达的脑，外围有软骨包围。心脏很发达，有 2 个或 4 个心耳，相当于鳃的总数。雌雄异体，体内受精。全部海生，现存 700 多种。

根据鳃和腕的数目等特征，分为四鳃亚纲(Tetrabranchia 或鹦鹉螺亚纲 Nautiloiea，具外壳，2 对鳃)和二鳃亚纲(Dibranchia 或蛸亚纲 Coleoidea，具内壳，退化形成内骨，1 对鳃)。我国养殖的金乌贼、曼氏无针乌贼和短蛸、长蛸，分别隶属于二鳃亚纲十腕目(Decapoda)乌贼科(Sepiidae)和八腕目(Octopoda)章鱼科(Octopodidae)。

(1)金乌贼【*Sepia esculenta*】 金乌贼又名墨鱼、乌鱼，属中型乌贼，胴长可达 20cm；头大，圆球状，两侧有眼，顶端中央有口，口的周围及头的前方有腕和触腕；腕 4 对，长度相等，吸盘均 4 行，大小相近，雄性左侧第 4 腕茎化成交接腕，触腕 1 对较长，稍超过胴长，腕穗狭小，吸盘约 10 行，小而密；胴部卵圆形，长为宽的 1.5 倍，背腹略扁平，肉鳍狭窄，位于胴部左右两侧全缘，末端分离；体黄褐色，胴体上有棕紫色和白色相间的细斑，雄体胴背有波状条纹，在阳光下具有金黄色光泽；内壳发达，长椭圆形，壳背面有坚硬的石灰质粒状突出，自后端开始略呈同心环状排列，腹面石灰质松软，中央有 1 条纵沟，横纹面略呈菱形，后端骨针粗壮(图 5-20)。

(2)曼氏无针乌贼【*Sepiella maindroni*】　中型乌贼，个体较金乌贼小，一般胴体长 15cm；胴部椭圆形，略瘦，长度为宽度的 2 倍；眼部后面有一脉孔，常流出近红色的腥臭腺体；肉鳍前段狭窄，向后部渐宽，位于胸部两侧全缘，末端分离；腕 5 对，4 对长度相近，第 4 对腕较其他腕长；各腕吸盘大小相近，其角质环外缘具尖锥形小齿；触腕一般超过胴长，腕穗狭小。眼背白花斑明显。石灰质内骨骼长椭圆形，长度约为宽度的 3 倍，后端无骨针。

(3)短蛸【*Octopus ochellatus*】　一种小型章鱼，一般体长 15~27cm；胴部卵圆形，背面粒状突起密集；背部两眼间具一浅色纺锤形或半月形的斑块，两眼前方在第 2~4 对腕的区域内，各具一椭圆形的金色圈；头足部具有肉腕 4 对，腕长度大体相等，长为胴长的 4~5 倍，腕吸盘 2 行；体黄褐色，背部较浓，腹部较淡；无肉鳍，壳退化。

(4)长蛸【*Octopus variabilis*】　头部狭，眼部呈长椭圆形，眼小；胴部呈长椭圆形，体中型，全长 50~70cm，表面光滑，体褐色，胴背具十分明显的灰白色斑点，背部有疣突起；无肉鳍，壳退化；头足部具有肉腕 4 对，各腕长短悬殊，一般腕的长度相当于胴部的 2~5 倍，其中第 1 对腕最粗最长，长 40~50cm，是第 4 对腕长度的 2 倍；腕上有大小不一的吸盘 2 行(图 5-21)。

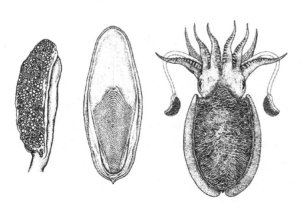

图 5-20　金乌贼

图 5-21　长蛸

二、自然分布与养殖区域分布

(一)腹足纲

皱纹盘鲍分布于我国北部沿海,山东省和辽宁省产量较多,其中山东的长岛、威海,辽宁的金州、长山岛产量最多,尤以渤海中部的长岛所产为贵;日本和朝鲜也有分布。皱纹盘鲍是人工增养殖的重要经济贝类,大连、威海、长岛及长山岛等地已成为皱纹盘鲍养殖基地。

杂色鲍系暖水性种类,分布于印度洋、太平洋的热带海区,我国东南沿海有分布,以海南岛及广东省、福建省产量较多,是该海区的增养殖种类。

脉红螺系暖温性海洋贝类,我国仅分布于黄渤海和东海,以黄海的辽宁省丹东、庄河沿岸分布密度较大。泥螺是太平洋两岸海淡水生活的种类,广泛分布于我国南北沿海,以东海和黄海产量最多。海兔分布于世界暖海区域,中国暖海区也有分布;福建、广东沿海已进行人工养殖。

中国圆田螺广泛分布于我国河流、湖泊、水库、池塘和稻田各淡水水域中;朝鲜、北美等国也有分布。大瓶螺又名福寿螺,原产于南美洲亚马孙河流域,1981年引入中国,南方已进行养殖。

(二)双壳纲

1. 列齿目

泥蚶广泛分布于印度洋和太平洋沿海,我国南北沿海皆有分布;河北、山东、浙江、福建、广东各省均已进行人工养殖。魁蚶分布于我国渤海、黄海和东海,以北部沿海为多,黄海北部大连及丹东沿海是主要产区,山东文登、威海、石岛和河北塘沽等地也有一定产量;日本也有分布。毛蚶分布于西太平洋的日本、朝鲜和中国沿岸;在中国,北起鸭绿江,南至广西均有分布,莱州湾、渤海湾、辽东湾、海州湾等浅水区资源尤为丰富。

2. 异柱目

3种养殖贻贝分布区域有一定差异。贻贝分布于南北两半球较高纬度的海域,特别是在北欧、北美数量最多;中国北部沿海也很多,尤其是在大连沿海的岩岸,以及码头、堤坝的石壁上都可以见到密集的贻贝。翡翠贻贝分布于印度洋和西太平洋,多产于我国东海南部和南海,自厦门以南至广东沿海都有分布,韩国、新加坡、越南、菲律宾、马来西亚、印度尼西亚也都有分布。厚壳贻贝主要分布于西北太平洋,我国黄海、渤海、东海和日本及朝鲜南部均有分布,我国福建、厦门及浙江沿海自然资源丰富，产量较大。

各种养殖扇贝的分布区域差异较大。栉孔扇贝分布于我国北部沿海(黄渤海)，山东省长岛、威海、蓬莱、石岛、文登，辽宁省大连、长山岛是主要产区；朝鲜、日本也有分布。华贵栉孔扇贝属热带或亚热带暖水性贝类，自然分布于日本的本州岛、四国岛、九州岛，以及中国东南沿海和印度尼西亚等地。海湾扇贝分布于美国东海岸和墨西哥湾沿岸，1982年引进我国进行人工养殖，山东省和辽宁省是主要养殖区。虾夷扇贝自然分布于日本北海道及本洲北部、朝鲜北部，以及俄罗斯千岛群岛南部水域，1980年引入我国大连市长山岛；山东、辽宁北方沿海已进行大规模增养殖。

珠母贝类分布于热带和亚热带海域。合浦珠母贝产于我国东海和南海，日本也有分布。大珠母贝分布于中国海南岛、西沙群岛和雷州半岛沿岸，以及西太平洋沿岸的东南亚国家和澳大利亚近岸。珠母贝分布于我国广东、广西和西沙群岛一带，印度洋和太平洋也有分布。企鹅珍珠贝多分布于我国广东沿海，特别是海南周围稍深的海底，在日本、印度尼西亚、澳大利亚和马达加斯加岛均有发现。长耳珠母贝见于我国南海，日本、菲律宾、马达加斯加岛、红海、斯里兰卡、墨吉群岛、澳大利亚也有分布。

几种养殖牡蛎属于广温性种类，分布广泛。褶牡蛎和近江牡蛎分布于我国南北沿海，日本、印度洋、大洋洲、非洲西岸均有分布。太平洋牡蛎于20世纪80年代从日本、澳大利亚引入我国，目前在我国南北方沿海已进行大规模养殖。

大连湾牡蛎是中国特有物种，分布于辽宁、河北、山东等黄渤海沿海；物种模式产地为大连市。

3. 真瓣鳃目

三角帆蚌是我国特有种，广泛分布于湖南、湖北、安徽、江苏、浙江、江西等省，尤以我国洞庭湖及其附属的中型湖泊较多。褶纹冠蚌比三角帆蚌分布广泛，分布于黑龙江、吉林、河北、山东、安徽、江苏、浙江、江西、湖北、湖南等地，日本、俄罗斯和越南也有分布。

菲律宾蛤仔、文蛤、青蛤是我国习见的主要养殖种类，尤其菲律宾蛤仔是我国四大养殖贝类之一，广泛分布于我国南北海域，俄罗斯、日本、朝鲜、菲律宾、越南、印度和巴基斯坦、斯里兰卡和卡拉奇也有分布。

紫石房蛤仅见于我国黄渤海，主要分布在辽东半岛南部与山东半岛北部，以及朝鲜、日本海沿岸与俄罗斯的远东海域。西施舌在我国南北沿海均有分布，以辽宁、山东为最多；印度支那半岛和日本海也有分布。

杂色蛤仔分布很广泛，为世界性种类。四角蛤蜊属广温广盐性贝类，分布于我国沿海；韩国和日本也有分布。大獭蛤见于我国南海，在日本和东南亚沿海也有分布。滑顶薄壳鸟蛤主要分布于中国和韩国。红肉河蓝蛤分布于中国大陆沿海。中国绿螂分布于我国南北沿海；日本、朝鲜、越南、泰国、菲律宾、印度也有分布。

大竹蛏、长竹蛏和缢蛏广泛分布于我国南北沿海，菲律宾、日本、朝鲜也有分布。

（三）头足纲

头足类完全是海产的，绝大多数分布在温暖和盐度较高的海洋中，90%的产量集中在最温暖的太平洋中。金乌贼属世界性近海洄游种类，分布于我国南北沿海，以黄、渤海产量较多；日本群岛、千岛群岛、朝鲜、鄂霍次克海、白令海、小笠原群岛、夏威夷群岛、澳大利亚东部和南部、新西兰、北美太平洋沿岸、马达加斯加岛、西非、地中海、加勒比海、纽芬兰岛海域也有分布。曼氏无针乌贼广泛分布于俄罗斯远东海，日本，朝鲜西南海岸和中国渤海、黄海、东海，以至东南一带海域；在我国分浙北、浙南和闽东两个渔场，浙江省产量居全国之首。

短蛸和长蛸系浅海性底栖种类，广泛分布于我国南北沿海，俄罗斯远东海、日本、朝鲜、印度尼西亚及巴布亚新几内亚，以及印度洋、地中海、红海均有分布；后者在我国辽宁大连、营口，以及山东烟台、青岛的产量较大。

第二节 栖息习性及对环境条件的适应

一、栖息习性

我国养殖贝类的生态类型多种多样，可概分为游泳型、匍匐型、固着型、附着型、埋栖型5种生态类群。不同生态类型的栖息习性及其对环境条件的适应各不相同。

（一）游泳型种类

游泳型贝类的代表类群是一些头足纲动物，如金乌贼和曼氏无针乌贼，具有发达的游泳能力。它们的身体一般呈流线型，两侧鳍具有类似舵的作用，并可以保持身体平衡；在追逐食物或逃避敌害时，鳍部紧贴身体，通过"漏斗"喷水的反冲作用使身体快速游动。这些头足类的耐力非常强，可以作长距离迁徙，尤其是当见到鱼群等饵料生物时便以更快的速度追赶之。有些种类游泳速度极快，甚至可以突然跃出水面在半空中作短距离滑行。

金乌贼系广温性洄游种类，主要生活于外海温暖水域，与暖流水系有密切关系，常随暖水团和温跃层的位置变动而移动。其越冬场位于黄海中、南部水深70~90m 水域，中春季作生殖洄游，进入渤海湾和鸭绿江口附近水域，喜在水深5~10m 盐度较高、水清流缓、底质较硬、藻密礁多的岛屿附近产卵，产卵时有喷沙和穴居习性，生殖后亲体相继死亡，中秋季幼体由沿岸浅水向深水移动，初冬季开始陆续返回越冬场；趋光性强，喜弱光，有明显的昼夜移动，昼间多活动于中下层，夜间上浮，活动于中上层，活动范围从表层至千余米水层。

曼氏无针乌贼是分布很广的浅海种类，最大的群体集中于东海，在黄海和南海也有集群，白天多栖居于中下层，夜间多活跃于中上层。曼氏无针乌贼系暖温性、近距离洄游的种类，是中国东南沿海四大渔业之一，分为两大种群，一群越冬场位于浙江中、南部外海，春季向近海移动，进入沿岸岛礁区域产卵；另一群越冬场在济州岛一带海域，春、夏季向江苏、山东沿海移动，产卵。曼氏无针乌贼的洄游和产卵特性，以及各个发育时期的栖息习性与金乌贼基本相似。

章鱼类属于沿岸底栖种类，不善于游泳，通常是依靠腕上的吸盘吸附，以及腕间膜的收缩作用，在海底作短距离爬行；生活场所多为泥底，少数为沙泥底或礁石底，并喜栖于沙砾、砖、瓦、石块等隐蔽场所，还有钻洞、穴居习性。例如，长蛸营底栖生活，喜栖于砖、瓦、石块下，喜欢泥质底，有钻泥打洞现象；春季多在低潮线以上活动，夏秋两季多在潮间带生活，冬季则深潜于潮下带，具有短距离生殖洄游和越冬洄游习性。它们多利用腕足在海底爬行，也能凭借漏斗喷水的反作用短暂游行于底层海水中。

(二)匍匐型种类

大多数腹足纲动物属于此种类型，如鲍类和各种螺类。它们的足部肌肉非常发达，足的底部比较宽阔，蹠面大而平坦，具有很强的运动能力，而且感觉器官很发达，可以在岩石、石块、泥或沙滩及海藻等基质表面作匍匐式爬行活动，能够自行寻找食物和躲避敌害。

生活在中潮区下层和低潮区上层沙滩及泥沙等基质上的种类，如泥螺足底部具有发达的黏液腺，分泌黏液润滑足面；有的种类如玉螺，常常喜欢把自己浅浅地埋在滩涂中或仅露出壳顶的一部分，以更好地掩护自己，或更便于捕食浅埋于滩涂中的食物；有些种类如鲍类为了觅食和产卵，经常利用足在岩礁或滩涂上作短距离的旅行和移动。匍匐型贝类的贝壳表面常具有与外界环境十分接近的花纹和装饰物，以伪装避敌。

鲍类喜栖息于水质清晰、水流畅通、海藻丰富、水深1~20m 的海区；常群聚在不易被阳光直射、背风、背流的岩礁缝隙、石棚、穴洞等处，有时生活于杂藻丛生和海藻根基处，利用宽大的足部在岩礁上爬行，昼伏夜出。其足部吸附力很强，壳长 15cm 的皱纹盘鲍，充分吸着后需用 100kg 力才能拔掉，特大风浪也难以把它击落；受惊动或遭敌害袭击时足部迅速收缩；移动速度很慢，1min 爬行 50~80cm。鲍的移动有明显的季节变化，冬、春季水温低时向深水移动，初夏水温回升后便逐渐向浅水移动，盛夏表层水温太高时又向深处移动；秋末、冬初水温有所下降时则向浅处移动。

大瓶螺系淡水种类，营匍匐生活，利用足部沿池壁和池底爬行，小螺能沿水面仰爬，成螺能在水中做垂直升降运动。这是大瓶螺最独特的运动特点。

脉红螺生活在潮间带低潮区至 20m 水深处的岩礁区或沙泥、泥沙底质的海底，常与中国蛤蜊、菲律宾蛤仔和竹蛏等混栖在一起，并以其为食。幼螺多生活在低潮线附近，能潜入泥沙中捕食瓣鳃类；成螺多生活在低潮线下数米水深处，冬季常分散活动，水温低于 5℃时潜入底层，进入休眠状态。

中国圆田螺生活在淡水水草茂盛的湖泊、水库、沟渠、稻田、池塘内，以宽大的腹足爬行，对干燥、寒冷、酷暑有极大的适应能力，遇干燥环境时将软体部缩入壳内，以厣将壳口封住或钻入泥中；冬季潜入泥中冬眠，次年春暖时再出土活动。

泥螺是典型的潮间带底栖匍匐动物，多栖息在中底潮带泥沙或沙泥的滩涂上，退潮后在滩涂表面爬行，在阴雨或天气较冷时，潜于泥沙表层 1~3cm 处，不易被人发现，日出后又爬出觅食；在风浪小、潮流缓慢的海湾中尤其密集，行动缓慢；有时靠侧足游动，有时分泌黏液将身体垂悬于水面，随流移动；有时用头盘掘起泥沙与身体分泌的黏液混合，包被在身体表面，酷似一塔凸起的泥沙，起着拟态保护作用。

大多数腹足类遇到敌害时便把软体缩入螺旋形的壳内，利用坚硬的贝壳作为保护的外盾；有厣的种类还可以用厣把壳口封住。鲍类虽然无厣，但能够利用足部紧紧吸附在岩石上，同样可以达到自卫的目的。海兔贝壳退化成内壳，当遇到敌害时能分泌具有强烈臭味的挥发性油类，使敌害动物不敢接近自己。

(三)固着型种类

固着型贝类隶属于瓣鳃纲的牡蛎科、海菊蛤科、猿头蛤科和襞蛤科，以及腹足纲的蛇螺科的种类，用贝壳固定在岩石和其他物体上，固定后就终身不能移动。在自然海区中幼体常常固着在成体上，出现不同大小个体相互群聚的现象。

双壳类是用其中一个贝壳固着在其他物体上，而且固着的一片贝壳一般较大。牡蛎是以左壳固着，海菊蛤是以右壳固着；猿头蛤的多数是以右壳固着，但有的则以左壳固着。

固着型贝类的体形极不规则；一般固着的那片贝壳较大，如牡蛎的左壳大，右壳小；左壳大可以容纳肥满的软体，右壳小有利于贝壳的开闭活动。它们的固着时间都是从浮游幼虫末期开始的，固着之日，也就是完成变态之时。

固着型贝类的成体无需运动，因此稚贝一旦固着，足部便逐步退化或消失（如牡蛎）；贝壳比较坚厚、发达，两壳关闭也较严密，壳的表面具有粗糙的多棘刺，用来防御敌害；没有水管，但外套膜缘上有发达的触手，以阻止大型物体进入体内。

经济意义较大的主要固着型贝类，属于牡蛎科巨蛎属的种类，如褶牡蛎、大连湾牡蛎、近江牡蛎、太平洋牡蛎。褶牡蛎多集中在潮间带的中下区域，太平洋牡蛎和近江牡蛎主要栖息于低潮线附近至 10 余米深的浅海区；大连湾牡蛎生活于低潮线附近至 10 余米深处。

牡蛎固着后不再移动，仅靠右壳的开闭进行呼吸与摄食。牡蛎具有群聚的习性，自然栖息或养殖场内的牡蛎都由不同年龄组的个体群聚而生，新一代的个体又以老一代的贝壳为固着基。由于生长空间的限制，牡蛎的壳形一般是很不规则的。

（四）附着型种类

附着型贝类隶属于瓣鳃纲翼形亚纲珍珠贝目扇贝科及珍珠科的种类，以及贻贝目贻贝科及江珧科的种类。它们利用足丝附着在礁石和其他物体上；其附着位置不是终生不变的，可以弃断旧足丝，稍做运动，再重新分泌足丝附着于新的附着基上。

扇贝能够利用双壳的关闭活动作短途的游动，寻找到适宜的环境后再重新附着。也就是说，它们不太喜欢活动，只有在环境条件恶化时或遇到某种刺激时才作移动。其个体之间亦有互相附着的现象，即群聚现象，人们可以利用其群聚习性适当地进行高密度养殖。

附着型贝类的外壳也较发达，没有水管，有退化的足部和发达的足丝腺，分泌足丝，用于附着。其足部不是运动器官，而是输送足丝腺的分泌物形成足丝。

足丝的附着力是有一定限度的，超过其限度足丝就会断裂，动物体就会受到伤害。例如，当遇到大风天气，人工养殖的扇贝就会因足丝被吹断而脱离于养殖笼中，也会出现个体间相互铰合的现象，造成一定损伤。

扇贝与珍珠贝的身体呈扁形，两扁壳的一边用足丝紧贴在附着物上，以减轻水流冲击；足丝分泌较少，附着面亦小。贻贝以腹面贴附在附着基上，身体较高，受水流的冲击力较大；分泌的足丝也比扇贝和珍珠贝的多而长，附着面也较大。

扇贝类的栖息习性：栉孔扇贝栖息在低潮线以下，水流较急、盐度较高、透明度较大、水深 10~30m 的岩礁或有贝壳沙砾的硬质海底，以足丝附着、侧卧于附着基上，右壳在下。正常生活时，通常张开两壳，滤食海水中的单细胞藻类和有机碎屑，以及其他小型微生物；在进行闭壳运动时能脱落足丝到水中游动，开闭双壳排水(反作用力)作短距离游泳，并能发出清脆的声响。若环境不适合，能自动切断足丝，急剧地伸缩闭壳肌使贝壳迅速张开和关闭，借助其排水的力量及海流的流动作短距离移动，附着到新的附着物上。

华贵栉孔扇贝栖息于低潮线以下至浅海的水清流急的岩礁、碎石块及沙砾较多的海底(水深可达 300m)，以足丝附着于岩礁石块或沙砾碎壳上，生活习性与栉孔扇贝类相似。

虾夷扇贝仅在稚贝时期营附着生活，成体无足丝；左壳较平，一般以左壳在下，平卧于水底；为冷水性贝类，生长在俄罗斯千岛群岛的南部水域和日本北海道及本州北部的原产海域，通常栖息于盐度较高、无淡水注入的沙砾及坚硬底质，水深 6~60m 处，或淤沙少、水深不超过 40m 的沿岸海区。

海湾扇贝也仅在稚贝时期营附着生活，成体无足丝；喜栖息于水深 3~10m 的海底，对环境条件的适应力较强，适温范围较广，但对盐度的变化比较敏感，很少分布在盐度少于 20 的海区；也能开闭两壳击水进行快速移动，一次击水可跃进 1~2m。

珠母贝类的栖息习性：珠母贝类均分布于热带和亚热带海洋中，利用足丝附着在岩礁、珊瑚、沙或沙泥及石砾的混合物上生活。珠母贝和合浦珠母贝一般栖息于低潮线附近至水深 20 多米处，以水深 5~7m 为多，幼贝多栖息于水深 3m 处，水深超过 5m 的水域较少见；大珠母贝栖息于低潮线至水深 100m 或更深处，以水深 20~50m 为多；企鹅珠母贝一般在潮下带浅水区或港湾里大量栖息。

贻贝类的栖息习性：贻贝系冷水种类，栖息于低潮线下至水深 2m 处。翡翠贻贝是暖水种，栖息于低潮线下 1.5~8m 的水层。厚壳贻贝栖息于低潮线下至水深 20m 处。

贻贝幼虫阶段浮游，稚贝以后用发达的足丝营附着生活，并具群居的习性。稚贝一般附着在丝状物或丝状藻体上；幼贝和成贝多附在较硬的固体表面上，如低潮线以下的岩礁或石砾等。贻贝的耐干力强，在夏天可干露 1~2d，冬天 3~4d；13~15℃时，可阴干 60h；苗种干运时，只要保持足够的湿度，一般可确保 100%的运输成活率。贻贝足丝发达，具较强的韧性，因而抗风力较强。

栉江珧的栖息习性：栉江珧系广温性种类，栖息于我国南北沿海低潮线以下至水深 20m 的海底，多栖息在水流不急、风浪平静、泥沙质的内湾，以壳顶插入泥沙中，用足丝附着在粗沙粒、碎壳和石砾上，后部露出滩面，耐干露。

(五)埋栖型种类

瓣鳃纲动物中大多数是典型的埋栖型种类，分别隶属于翼形亚纲列齿目和真瓣鳃目。它们一般具有发达的足和水管，依靠足的挖掘将身体的全部或前端埋在泥沙中，依靠身体后端水管的伸缩，纳进及排出海水，进行摄食、呼吸和排泄作用。

由于适应埋栖生活，其体形、贝壳、足部和水管等均有不同程度的变化。也就是说，埋栖越深者，体形就越细长，有利于身体上下活动和进行呼吸与取食；与此相反，埋栖浅者，体形宽短。埋栖深者，壳光滑且薄；埋栖浅者，壳则变厚。足是运动器官，还具有挖掘泥沙的功能，埋栖越深者，足部越发达；埋栖浅者，足部的发达程度较差。水管也与埋栖生活习性密切相关，埋栖越深，水管就越长，相反，埋栖浅者水管较短或无水管；水管具有伸缩性，其边缘还生有许多小触手，以避免较大颗粒进入水管中，有利于呼吸和取食；水管的顶端还生有感觉突起，具有辨别及选择水质等功能。

埋栖型贝类还具有抵抗海水浑浊的能力。栖息在泥质海区的种类对抵抗海水浑浊的能力强于栖息在沙质海区的种类。埋栖生活习性，也与防御敌害有一定关系。

1. 蚶类的栖息习性

(1)泥蚶属于热带和温带贝类，泥蚶无水管，活动能力差，不能很深地潜滩；多栖息于中、低潮区，尤以中低潮区交界处为多。成蚶营埋栖生活，稚蚶用足丝营附着生活；随着泥蚶的生长发育逐渐失去分泌足丝的能力，转为半埋栖生活。稚蚶多栖息在表层下1~2mm的泥中，成蚶埋栖在1~3cm深的滩中。在北方冬季，泥蚶埋栖在泥层深处，双壳紧闭冬眠；到3~4月再爬上滩面进行呼吸和摄食。

泥蚶的活动力较弱，1mm以下的个体，可在水中作垂直运动，有的分泌黏液成丝状物将自身悬挂在水中，个别的还会漂浮在水面；2~5mm个体垂直运动的能力明显变弱，但水平移动比较活跃，一夜间运动几十厘米。成蚶极少作水平运动，只在泥层中作垂直运动。

泥蚶抗混浊力较强，多生活在软泥底质中；含有较多腐殖质软泥的滩涂更适于泥蚶的栖息及生长。它可以将软泥形成假粪排出体外。

(2)魁蚶具有发达的斧状足，以斧足挖掘泥沙，使部分或者整个身体进入泥沙内生活；一般栖息在3~50m水深的软泥或泥沙质海底，用足丝附着在石砾或贝壳上；无水管，潜居后仅后端部分露出海底。

魁蚶的潜沙埋栖过程可大致分为伸出斧足、竖壳、钻潜泥沙几个过程。即魁蚶张开两扇贝壳并不断摆动逐渐潜入沙层，最终以壳的后缘在沙层表面形成水孔，竖立埋栖在底质中。魁蚶潜沙的深度较浅，潜埋的深度近似于自身的壳长。魁蚶的潜沙行为与菲律宾蛤仔相似，但有所不同的是菲律宾蛤仔具有水管，其潜沙时先伸出水管，而后伸出斧足并停留一段时间，当其完成潜沙行为后，会在沙层上留下两个靠得很近的出水管孔和入水管孔，且潜埋的深度较深，一般在沙层下

8.0~9.0cm。

魁蚶的潜沙能力及潜沙率与身体大小有关，0.50cm 的小魁蚶（1.0cm 以下时具有附着习性）30min 以上才能完成潜沙行为，潜沙率为 10%左右；1.5~3.0cm 时潜沙率达 90%以上，而且 10min 就完成了潜沙过程。因此，魁蚶的底播增殖规格应确定为 1.0~1.5cm，日本放流魁蚶的规格为 4.0~6.0cm。

（3）毛蚶主要栖息在低潮线以下至 7m 水深的海区，尤以 4~5m 处数量最多；有时在潮间带及水深 21m 处也可发现。毛蚶的栖息地一般是受淡水影响的内湾和较平静的浅海，富有可作为天然附着基的大叶藻等藻类的分布，底质要求软泥或含沙的泥质海底。

毛蚶变态后并不立即转入底栖生活，而要在大叶藻等物体上经过 3~6 个月的附着生活，至壳长 12~15mm 时转入底栖生活；在埋栖生活时，也用足丝附着在泥中的沙粒或碎贝壳等物体上。

毛蚶在生长过程中，有逐渐向深水移动的习性。毛蚶的生长速度以 18~23℃时最快。毛蚶的寿命为 4~5 年，个别可活 10 年。

2. 缢蛏的栖息习性

缢蛏多栖息在软泥或沙泥底质的中低潮区和低潮区；幼苗多在中潮区以上及高潮区边缘生活，在 2m 深处也能生活。

营穴居生活。蛏洞与滩面约垂直成 90°，洞穴深度为体长的 5~8 倍；涨潮时依靠足的伸缩弹压和壳的闭合，外套腔内海水从足孔喷射出，从而上升至穴顶，伸出进出水管至穴口，摄食食物和排泄废物；退潮或遇敌害生物袭击时，缢蛏收缩闭壳肌，两壳闭合，或靠足的伸缩，贝体迅速下降。

缢蛏体长为两孔距离的 2.5~3 倍，随着缢蛏的长大，洞穴也扩大加深。缢蛏在一般情况下不离开自己的洞穴，但在不适宜的环境条件下，也会离穴；喜栖息在中、低潮区沙泥底的海滩上，在埋面稳定的泥沙质、沙泥质和软泥质的滩涂上均能生活。

缢蛏受精卵经过卵裂、孵化发育成 D 形幼虫，经过一段时间的浮游生活，完成变态，再经短暂的附着生活后，转入埋栖生活；在 20~24℃条件下，从受精到转入底栖营穴居生活需 7~10d。

3. 蛤仔的栖息习性

蛤仔栖息在中、低潮区域的最多，在潮间带、高潮区及数米深的浅海中也有分布；喜栖息于内湾风浪平静、水流畅通并有淡水注入的中低潮区的泥沙滩涂上，以底质含沙量在 70%~80%的海区最多。50d 左右入水管形成的幼苗，开始进入埋栖生活；多栖息在风平浪静、潮流缓慢、流速为 10~40cm/s、底质含沙量在50%~80%（个别在 90%以上）的地方。

蛤仔的生物敌害种类很多，肉食性的鱼类、贝类、蟹类、海星及海鸟等都能直接捕食蛤仔；凸壳肌蛤、藤壶、沙蚕等能与蛤仔争夺生存空间及食物，影响其生活。此外，洪水、台风及烈日曝晒都会引起蛤仔的死亡。

4. 文蛤的栖息习性

文蛤营埋栖生活，栖息于潮间带及潮下带水深 5~6m 处的沙质滩涂，一些内湾和河口附近几乎都有分布；埋栖深度数厘米至十几厘米。文蛤有"迁移"习性，能分泌黏液形成袋状胶质浮囊，借助水的浮力顺潮流迁移；迁移常发生在升温期及降温期；成贝也常借助斧足在海底缓慢爬行作短距离迁移。

5. 青蛤的栖息习性

青蛤栖息于近海沙泥或泥沙质的潮间带，以高潮区的中、下部为多。营埋栖生活，埋栖深度与个体大小、季节及底质有关：肉眼可见的幼苗仅埋栖在表层0.5cm以内，2~3 龄的可达 6~8cm，大的个体甚至深达 15cm；炎夏或严冬则栖息较深；含沙量较大的底质，埋栖较浅。青蛤的水管较长，伸展时是体长的 2~3 倍；退潮后，滩面上只有一个椭圆形小孔。

6. 紫石房蛤的栖息习性

紫石房蛤栖息于低潮线附近或低潮线以下的浅海，泥沙或沙砾底质。

7. 西施舌的栖息习性

西施舌栖息于低潮区至水深 7m 处的细沙或泥沙底质，成体埋栖深度为7~10cm。

8. 四角蛤蜊的栖息习性

四角蛤蜊埋栖于潮间带中下区及浅海的泥沙底中，埋栖深度为 5~10cm。

9. 河蚌的栖息习性

①三角帆蚌喜栖息于沙质底、硬滩、流水、无污染的大型湖泊及周围的河道中。受精卵在雌蚌的鳃叶腔（育儿囊）内孵化为钩介幼虫，以黄颡鱼、鳙或其他鱼作为钩介幼虫的寄主鱼，用足丝和钩勾在鱼的鳍条和鳃上营寄生生活，鱼体分泌黏液形成包囊，把钩介幼虫包住，钩介钩虫发育变态成稚蚌后，便破囊而掉落水底，转入底

栖生活。②褶纹冠蚌喜栖息在湖泊、河沟、水库等水域的沙泥质、松软底质中。

10. 杂色蛤仔、大獭蛤、中国绿螂、大竹蛏和红肉河蓝蛤的栖息习性

杂色蛤仔栖息于我国南方沿海，埋栖于中、低潮区泥沙质滩涂中。大獭蛤栖息于潮间带至水深 10m 的细沙底。滑顶薄壳鸟蛤自然栖息于潮间带至水深 50m 泥底中，初期稚贝附着在沙粒等物体上，进而转入埋栖生活。中国绿螂营埋栖生活，生活于河口附近盐度较低的潮间带泥沙中。大竹蛏埋栖于潮间带中下区和浅海泥沙底质中。红肉河蓝蛤栖息于潮间带或浅海泥质海底，喜群居，栖息密度较大。

二、对环境条件的适应

影响养殖贝类生存及生长发育的生态环境因子包括水温、盐度、pH、溶氧量、潮汐、水流、干露、饵料生物和敌害生物。

(一)对水温的适应

温度对贝类的生存及其生长发育具有重要影响，是限制贝类纬度分布的决定性因素。贝类对水温的适应能力主要表现在是否能够存活，以及摄食程度和生长速度诸方面；其具体指标为生存温度、适宜温度和最适温度。生存温度系指贝类能够存活的温度，低于和高于该温度则会死亡；适宜温度是贝类正常摄食和生长发育的温度，其低限又称生物学零度；最适温度系贝类摄食旺盛和生长最快的温度。

根据贝类对温度的适应能力，可将 50 多种养殖贝类概括分为狭温性贝类(冷水性和暖水性)和广温性贝类两种类型；前者多生活在外海区，后者多生活在潮间带和沿岸区。

1. 狭温性类型

(1)冷水性种类：冷水性贝类分布于纬度较高的海区和只分布于寒带、栖息在夏季水温低于 30℃的海域。它们的生存温度高限一般低于 30℃，如皱纹盘鲍的生存温度为 0~30℃(高于 30℃死亡)、适宜温度 7~28℃和最适温度 15~23℃；脉红螺的最适温度 22~24℃；虾夷扇贝的生存温度为 0~28℃、生长适宜温度 5~23℃、最适温度 15~20℃和产卵水温为 3~10℃；贻贝的生存温度为 -2~28℃、适宜温度 5~23℃和最适温度 10~20℃；大连湾牡蛎的生存温度为 0~25℃；紫石房蛤的生存温度为 0~28℃。

(2)暖水性种类：暖水性贝类分布于纬度较低的海区和只分布于热带、栖息在冬季水温不低于 5~10℃的海域。它们的生存温度低限一般不低于 5~10℃。如杂色鲍的生存温度为 10~36℃、适宜温度 10~28℃、最适温度 24~27℃；中国圆田螺的生存温度为 10~40℃、适宜温度 20~30℃、最适温度 25℃；三角帆蚌的最适温度为 25~27℃；大瓶螺的生存温度为 5~40℃、适宜温度 13~35℃、最适温度 20~30℃；翡翠贻贝的适宜温度为 9~32℃、最适温度 20~25℃；华贵栉孔扇贝的适宜温度为 8~32℃、最适温度 20~25℃；合浦珠母贝的生存温度为 10~31℃、适宜温度 15~30℃、最适温度 23~25℃；大珠母贝的生存温度为 15~40℃、适宜温度 20~35℃、最适温度 25~30℃；三角帆蚌的生存温度约为 38℃、适宜温度 8~35℃、最适温度 26℃；曼氏无针乌贼的生存温度低限为 8℃、适宜温度 10~26℃。

2. 广温性类型

双壳类养殖贝类多属于广温性，其分布广泛，从低纬度到高纬度的海域均有分布。它们对水温的适应能力较强，生存温度低限一般为 0℃ 左右，但有的低到 –3~1℃，如贻贝、栉孔扇贝、海湾扇贝、太平洋牡蛎和缢蛏等；高限一般为 30℃以上，但有的则高达 34~39℃，如泥蚶、栉孔扇贝、海湾扇贝、菲律宾蛤仔和缢蛏等。

养殖贝类中广温性种类的生存温度、适宜温度和最适温度分别为：泥螺的生存温度为 1.5~33℃、适宜温度 15~30℃、最适温度 20~25℃；褶纹冠蚌的最适温度为 17~25℃；毛蚶的适宜温度为 2~28℃；贻贝虽属冷水性贝类，但对低温的适应能力特别强，南移后可以正常生活于东海和南海海区；厚壳贻贝对水温的适应范围接近于贻贝；栉孔扇贝的生存温度为–2~35℃、适宜温度 15~25℃、最适温度 15~20℃；海湾扇贝的生存温度为–1~34℃、适宜温度 8~28℃、最适温度 18~25℃；褶牡蛎的生存温度为–3~32℃；近江牡蛎的生存温度为–3~32℃；太平洋牡蛎的生存温度为–3~32℃、适宜温度 8~28℃、最适温度 15~25℃；菲律宾蛤仔的生存温度为 0~36℃、适宜温度 5~35℃、最适温度 18~30℃；青蛤的生存温度为 5~35℃、适宜温度 22~30℃、最适温度 15~28℃；缢蛏的生存温度为–1~39℃、适宜温度 8~30℃，也就是说，生活在北方的缢蛏，冬季能忍受–3~0℃的低温；生活在南方的，夏季在 39℃条件下仍能生活一段时间。

（二）对盐度的适应

盐度是限制贝类栖息水域的决定性因素，也是影响贝类生长发育的重要因素。海、淡水贝类对盐度的适应范围分别以 35 和 0.5 为基准值。我国主要养殖贝类对盐度的适应参数，包括生存盐度、适宜盐度和最适盐度。

按照贝类自然产卵的水域，分为淡水贝类和海水贝类。根据贝类对盐度的适应能力，可分为广盐性种类和狭盐性种类。

淡水养殖的福寿螺、三角帆蚌和褶纹冠蚌，属于低盐度的狭盐性种类。它们对盐度的适应能力较弱，只能在淡水水域中生活。

海水养殖贝类分为狭盐性种类和广盐性种类两种类型。狭盐性种类对盐度的适应范围较狭，其生存盐度的低限一般高于 10，适宜盐度的低限为 20 左右。如腹足纲的脉红螺的适宜盐度为 29.5~35.5、最适盐度 29.5；皱纹盘鲍和杂色鲍的适宜盐度为 28~35，盐度低于 25 时生活不正常，低于 20 时便死亡。双壳纲的毛蚶的适宜盐度为 20~31、最适盐度 25~30，魁蚶的适宜盐度为 26~32，栉孔扇贝的适宜盐度为 23~34，华贵栉孔扇贝的适宜盐度为 23.6~31.4(34)，虾夷扇贝的适宜盐度为 24~40、最适盐度 23~34，合浦珠母贝的适宜盐度为 18.2~34.8、最适盐度 24.6~31.0，大珠母贝的生存盐度为 24~43、适宜盐度 27.1~28.4，大连湾牡蛎的生存盐度为 25~34，文蛤的适宜盐度为 18.44~31.26，紫石房蛤的适宜盐度为 20~34。头足纲的金乌贼的最适盐度为 30~33。

广盐性种类对盐度的适应范围较广，生存盐度的低限一般低于 10，适宜盐度的低限一般低于 20。例如，腹足纲的海兔对盐度变化的适应能力较强，适宜盐度为 13~24(20.97~32.74)、最适盐度为 16~23(27.65)。双壳纲的泥蚶的适宜盐度为 10.4~32.5、最适盐度为 20.0~26.2，贻贝的适宜盐度为 18~32、最适盐度为 30，翡翠贻贝的适宜盐度为 12~30，厚壳贻贝的生存盐度为 5~35、最适盐度为 20，海湾扇贝的生存盐度为 16~43、适宜盐度为 21~35(20~34)，褶牡蛎的生存盐度为 10~34，近江牡蛎的生存盐度为 10~30，太平洋牡蛎的生存盐度为 6.5(10)~37、最适盐度为 20~31，菲律宾蛤仔适宜盐度为 10.42~35.35、最适盐度为 19.89~26.20，杂色蛤仔的适宜盐度为 11~34、最适盐度为 18.2~24.6，青蛤的生存盐度为 5~34、适宜盐度为 18~29.7、最适盐度为 11.7~31，西施舌的适宜盐度为 17~29，四角蛤蜊的适宜盐度为 17~29，缢蛏的生存盐度为 3.9~29.9、适宜盐度为 5.3~24.6。头足纲的曼氏无针乌贼的生存盐度为 11.73~31.43、适宜盐度为 28~34(19.1~26.16)，短蛸、长蛸的适宜盐度为 16.3~27.3、最适盐度为 18.3~24.3。

海水盐度一般为 33~35，河口入海处的盐度一般为 10~25，有时低到 1 左右(暴雨及洪水流入)。因此，生活在河口地区的贝类能够忍受剧烈的盐度变化，如河蚬、缢蛏等；生活在盐度相对稳定海区的贝类，对盐度的耐受能力就很低，如皱纹盘鲍和杂色鲍及合浦珠母贝和大珠母贝等。

同种贝类不同地理种群及其后代，对盐度的适应能力也不相同。如长期生活在盐度 30~32 海区的贻贝，其 D 形幼虫在盐度 15 的条件下，贝壳关闭、不食不动，当盐度升至 19 时仍没有生长迹象，只有当盐度达到 24 时才开始缓慢生长；而长期生活于低盐水体中的贻贝，其 D 形幼虫在盐度 14~16 的水体中发育正常，当盐度降低到 5 时仍然能够生长。

除温度和盐度生态因子对贝类生长发育有重要影响外，潮区、pH、溶氧量、潮汐、水流、干露、饵料生物、敌害生物等环境条件及其生态因子对贝类垂直分布、生存和生长发育都有一定程度的影响。

1. 潮区与贝类垂直分布

不同潮区栖息着不同习性的贝类。高潮区只有一些小型贝类，如滨螺、笠贝等。中潮区（典型潮间带）是滩涂贝类主要生活区，如泥蚶、蛤仔、缢蛏、牡蛎、蛤蜊等。低潮区生活的主要贝类有牡蛎、西施舌、文蛤、蛤仔等。浅海区栖息的贝类主要有鲍类、扇贝类、珠母贝类和贻贝类。

泥蚶的生长与潮区有关，随着潮区的升高生长速度显著下降，即便相隔 100m 的距离，生长的差异也很显著；低潮区上层 1 龄泥蚶的重量是中潮区上层的 8 倍。一般内湾有软泥的海滩，有机物质多，底栖硅藻也多，泥蚶生长得好；相反，靠近湾口的沙质海滩，虽有蚶苗的分布，但生长缓慢。

2. pH 对贝类的影响

海水贝类和淡水贝类对 pH 的适应能力有一定差异。淡水贝类对 pH 的适应能力（6.5~9.5）通常强于海水贝类（7.0~8.7）。这是因为它们长期适应不同生态环境而形成的生物学特性，即海水贝类长期生活在 pH 较稳定（7.0~8.7）的海洋中，而淡水贝类长期生活在 pH 昼夜波动较大（夏季 5:00~7:00 pH 为 6.5~7.0，12:00~14:00 pH 为 9.5~10.0）的淡水中。如厚壳贻贝的适宜 pH 为 7.0~8.5，湾泥螺（*Bullacta exarata*）的适宜 pH 为 6.5~9、最适 pH 为 8.38，彩虹明樱蛤（*Moerella iridescens*）的适宜 pH 为 6~9、最适 pH 为 7.98，墨西哥湾扇贝（*Argopecten irradians concentricus*）的适宜 pH 为 6.5~9、最适 pH 为 8，紫彩血蛤（*Nuttallia olivacea*）的适宜 pH 为 6.4~9.5、最适 pH 为 8~8.47，曼氏无针乌贼幼体的适宜 pH 为 7.5~8.5，蛤仔孵化的适宜 pH 为 7.4~8.4，长蛸的适宜 pH 为 6.2~9.7，最适 pH 为 6.7~9。

3. 溶氧量对贝类的影响

贝类对溶解氧的适应能力较游泳动物强，生存溶氧量和正常生长发育的适宜溶氧量与鱼类相似，但对缺氧的抵抗力大，特别是牡蛎等在无氧情况下还能生存两周；耗氧量一般比游泳动物低得多。因此，自然分布密度大，便于高密度养殖。

4. 潮汐和水流对贝类影响

潮汐、波浪和海流是滩涂的创造者，为贝类提供了良好的生活条件；带来了丰富的营养物质、氧气和饵料；促使营养物质上升，有利于浮游生物繁殖，有利于贝类生长；也影响着贝类幼虫的分布，以及人工采苗效果。扇贝浮游幼虫的密度(水体表面)，退潮时比其他时间要高出数倍；低潮期间幼虫出现数量最多，幼苗的附着量也最大。

海流可以携带贝幼苗到适当的地方安家落户，扩大种族分布。海水运动对移动性不大的贝类具有十分重要的意义。

各种贝类对海流运动的适应能力不同。鲍和扇贝等喜欢生活在潮汐动荡较大，浪大、流急的海区。泥蚶、缢蛏、蛤子等埋栖贝类，喜欢生活在潮汐动荡不大，浪不大、流缓的海区。

5. 干露对贝类的影响

贝类不仅比游泳动物耐缺氧，而且还特别耐干燥。如贻贝在夏天可干露 2d，冬天 3~4d；13~15℃时，可阴干 60h。栉江珧干露时气温 1℃不致冻死。所以，干法运输贝类及其苗种时，只要保持足够的湿度，成活率一般可达 100%。

6. 饵料生物对贝类的影响

饵料生物是贝类生长发育的物质基础，特别是浮游生物等饵料生物对附着贝类和埋栖贝类的生长发育尤为重要。营养盐含量高及饵料生物丰富的海区，贝类生长快，发育好。

7. 敌害生物及自然灾害对贝类的影响

贝类的敌害生物很多，主要有以下几种。

(1)捕食动物：肉食性鱼类(鲨鱼、鲷类、鲆鲽类、杜父鱼、蛇鳗、鰕虎鱼、无斑鳐鲼、海鲶)、棘皮动物(海星、海胆)、蟹类、软体动物腹足类(壳蛞蝓、荔枝螺、红螺、玉螺等)及头足类(乌贼、章鱼)，均能捕食各种养殖贝类，如扇贝类、珠母贝类、蛤仔类；它们摄食贝类的卵子、稚贝和幼贝，因此对其卵和幼虫的危害更大。

(2)固着生物，如藤壶、石灰虫、海鞘、牡蛎、贻贝、金蛤、苔藓虫、海绵等附着生物不仅与扇贝、珠母贝争夺食物，还常附在牡蛎、扇贝等的贝壳及养殖网笼上，堵塞水流，影响贝类活动、争夺食料，严重影响摄食及生长发育。

(3)穿孔动物，如多毛类的才女虫及穿孔海绵，以及石蛏、肠蛤、海笋、开腹蛤都能在扇贝和珠母贝壳上钻孔穴居，有的能穿透贝壳及软体部分，间接地危害珠母贝的生命；有的虽然不能直接使贝类死亡，但可使贝类受伤，严重影响贝类生长。

(4)寄居豆蟹，如寄居豆蟹可损伤贝类鳃部，妨碍贝类摄食，并夺取扇贝的食物，致使贝体瘦弱。

(5)凸壳肌蛤、藤壶、沙蚕等与蛤仔争夺生存空间及食物，影响其生活。

(6)某些浮游生物特别是双鞭毛藻类的大量出现,海水中有害微生物大量繁殖及形成赤潮等均可造成扇贝死亡。

(7)洪水、台风及烈日曝晒都会引起蛤仔的死亡。

第三节　摄食生物学

养殖贝类摄食生物学，包括摄食方式、摄食机制、食性及其食物组成。

一、摄食方式

我国海、淡水养殖贝类的摄食方式可综合分为舐食、吮食、滤食和捕食等 4 种类型。

(一)舐食方式

鲍类、泥螺、田螺、苹果螺、蜗牛等腹足动物的摄食方式属于舐食。它们具有比较特殊的舐食和磨碎食物的器官(齿舌)，舌面上生有像锉一样的小齿。舐食时，齿舌作前后伸缩活动来舐食(刮取)和磨(锉)碎食物。如鲍用像锉一样的齿舌舐食(刮取)岩石上的藻类；泥螺舐食底泥表面的底栖硅藻。

(二)吮食方式

脉红螺、福氏玉螺的摄食方式属于吮食。脉红螺在摄食贻贝和青蛤等贝类时，用肥大的足部将食物包裹住并使其窒息死亡，随后分泌消化液将贝肉融化成透明胶质状而吸食之。福氏玉螺摄食时用足部将食物包裹住后，首先分泌酸性物质腐蚀贝壳，穿孔后再吸食，因此在剩余的贝壳壳顶上留下明显的小孔，而被脉红螺食后的贝壳上则无孔。

人工饲养脉红螺，同时投喂青蛤、四角蛤蜊、文蛤、小蓝蛤 4 种贝类，首先被脉红螺摄食的是青蛤，个体最小的蓝蛤没有被摄食。这说明，脉红螺对食物种类具有一定的选择性，且喜食同种饵料生物中的小个体。脉红螺在繁殖前期摄食数量显著增多，进入交配期和产卵高峰期，停止进食。

某些寄生的种类，如短口螺等在贻贝等体内吮食其体液，因此它们的消化器官和消化腺通常会有不同程度的退化。

(三)滤食方式

滤食方式是瓣鳃纲贝类(固着型、附着型和埋栖型种类)的主要摄食方式，有水管的种类还能依靠水管摄取底栖藻类及沉淀下来的有机碎屑。滤食过程比较复杂，由外套膜、鳃和唇瓣三者共同协调完成。

滤食贝类的消化器官一般发生相应的变化。如口腔无齿舌、颚片和唾液腺，口呈简单的横裂状，较大；鳃下具有食物运送沟。

滤食方式的贝类分两种类型：一类是摄取海水中悬浮的食物，此类动物一般无水管或只具有短小的水管，如牡蛎、扇贝和海螂等。牡蛎通过鳃纤毛的摆动产生水流，水和食物进入鳃腔中，食物和悬浮的大小颗粒被黏液粘住，然后把小颗粒送到嘴边，大颗粒运到外套膜边缘排出体外；对食物的重量和颗粒大小具有相对的选择性，但对食物质量无选择能力，因此，在其消化器官中可以找到大量沙粒和各种不容易消化的物质。

另一类是摄取沉积于底层的食物，此类动物一般具有长的水管，依靠进水管的延伸将水管口放置在泥面或沙面上，用来收集水管口周围的食物，如樱蛤、斧蛤和大多数的双壳类。它们只能摄食缺乏或没有运动能力的饵料生物。文蛤等有水管的种类，依靠自身的出入水管进行呼吸与摄食，涨潮时，将出入水管伸出沙面，利用海水通过鳃小孔的机会达到呼吸与摄食的目的；退潮后，才把水管缩回壳内。

摄食节律：潮下带生活的贝类，摄食率具有节律性，与潮汐和环境因子有关。实验表明，在饵料比较适宜的情况下，潮下带的贝类一直是开口摄食的；而潮间带的贝类，随着潮汐变化表现出一定的摄食节律，当涨潮时贝类加快滤食速度，以补偿干露时段的饵料损失。这种补偿是有一定限度的，这就是潮上带的贝类比潮下带的贝类生长缓慢的原因。

滤食机制：滤食性贝类的滤食作用是依靠外套膜、鳃丝及其着生的 3 种纤毛（前纤毛、前侧纤毛、侧纤毛）和唇瓣的协调运动完成的。外套膜调节水流的出入，水流和食物等悬浮颗粒进入鳃区后，鳃丝侧纤毛摆动进而推进进水水流，前侧纤毛以重力作用及阻挡等方式过滤颗粒或把颗粒截取下来并将其被裹以黏液，在前纤毛摆动下食物经过鳃腹部运送沟送到唇瓣，经唇瓣筛选大小适宜的食物颗粒后吞入消化道中；不适宜的颗粒则以假粪的形式排出体外。

(四)捕食方式

捕食是章鱼、乌贼等头足类的主要摄食方式，以捕食小杂鱼、虾为主。章鱼通常用腕试探洞穴，并可掘穴，用腕上的吸盘吸住双壳类的贝壳，打开贝壳摄食软体部；有时还可分泌毒液，杀死或麻醉食物后再摄食之。

二、食性及食物组成

贝类的食性及其食物组成与摄食方式密切相关，分为滤食性、草食性、肉食性和杂食性。

(一)滤食性及食物组成

滤食方式的贝类都属于滤食性，主要食物是一些硅藻、原生动物、藻类的孢子、有孔虫，以及各种小型的卵子及腐屑等。

固着型贝类牡蛎的食物组成较复杂，有硅藻、鞭毛藻、藻类孢子、动物卵子、原生动物及细菌和有机碎屑等，其中以硅藻和有机碎屑为主；食物组成与栖息海区有关，并具有季节性变化。

附着型贝类扇贝和贻贝，摄食浮游植物、浮游动物、细菌及有机碎屑等。在浮游植物食物中以硅藻为主，其次为鞭毛藻；浮游动物食物包括桡足类、无脊椎动物卵子及浮游幼虫等；食物组成因海区而异，也有季节变化。

埋栖型贝类的食物组成，以底栖硅藻为主。如泥蚶的食物，硅藻约占97.7%，尚有少量的桡足类、海绵、放射虫、植物孢子及有机碎屑和细菌等。魁蚶的食物包括舟形藻、圆筛藻、直链藻、双菱藻、曲舟藻和骨条藻等。缢蛏的食物种类，骨条藻有时占91.5%，其次为舟形藻、圆筛藻、摄氏藻、重轮藻；除了活饵料外，缢蛏还摄食有机碎屑、泥沙颗粒等；摄食活动受潮汐的限制。蛤仔的食物组成，常见的有舟形藻、菱形藻、圆筛藻等。文蛤也以微小的底栖或浮游硅藻为主要饵料，也摄食一些浮游植物、原生动物、无脊椎动物幼虫及有机碎屑等。青蛤的食物组成包括圆筛藻、直链藻、曲舟藻和三角藻等硅藻，此外，还有一些有机碎屑及细菌等。三角帆蚌食物组成以浮游植物为主，也滤食轮虫、枝角类、桡足类幼体及小型原生动物和有机碎屑。褶纹冠蚌滤食有机碎屑、单细胞藻类、小型原生动物，以及枝角类、桡足类幼体及轮虫的幼体。

(二)草食性及食物组成

鲍科、马蹄螺科、蝾螺科的绝大多数种类舐食大型的海藻，如海带、裙带菜、紫菜、龙须菜等。鲍类舐食的食物，以褐藻为主，如海带、裙带菜、羊栖菜，兼有绿藻、红藻、硅藻等植物，以及少量的小型动物，如球房虫、水螅虫等。大瓶螺为植物食性种类，食物组成以水生植物和叶菜类为主，咬食水稻等农作植物。中国圆田螺摄食水生植物的叶和低等藻类等。

(三)肉食性及食物组成

脉红螺常与中国蛤蜊、菲律宾蛤仔和竹蛏等混栖在一起，并以其为食；浮游稚螺摄食单细胞藻类，变态底栖后转为动物食性。幼螺多生活在低潮线附近，能潜入泥沙中捕食瓣鳃类；成螺多生活在低潮线下数米水深处，主要摄食瓣鳃类和水生动物尸体。

玉螺科的种类能够分泌酸液来腐蚀猎物的外壳，同时将齿舌从溶解出的洞里伸入进去，直接杀死猎物，并注入消化酶使食物分解。芋螺科动物则具有非常发达的毒液系统，其齿舌虽然很简单且数量少，但是形状像箭头一样，猎物一旦被刺中是很难逃脱的，同时将毒液注入猎物体内并将之杀死或麻痹；芋螺还具有非常发达的吻，能够伸长并绕过障碍物来杀死猎物。

金乌贼主要猎食大型浮游动物、甲壳类和中上层鱼类，本身为抹香鲸和海鸟的重要食饵。它们的运动能力非常强，而且具有良好的感觉器官，可以有效地追捕猎物。章鱼主要捕食底栖蟹类，也捕食双壳类。

(四)杂食性及食物组成

鲍的主要食物为多种藻类，但也摄食一些底栖小型动物，故有人认为其属杂食性。

泥螺为舐食性腹足类，饵料的主要种类为底栖硅藻，此外，还有有机碎屑、小型甲壳类、无脊椎动物的卵等，对食物种类没有严格的选择性。

第四节　生长生物学

一、贝类的个体大小

贝类的个体大小系指每种贝一生中最终达到的最大壳长或胴长(体重)。各种贝类的个体大小有很大差异。瓣鳃类中如克氏新薄蛤(*Neolepton clarkiae*)的壳长不超过 3mm；微粒古德蛤(*Gouldia micronodulosa*)壳长仅 5~6mm；而驰名江珧(*Pinna nobilis*)长达 70cm；体积最大的大砗磲，壳长可达 2m，体重超过 250kg。

腹足类中麂眼螺(*Rissoa fulgida*)壳高只有 1mm；而唐冠螺(*Cassis cornuta*)的贝壳呈帽状，壳高可达 32cm；法螺(*Charonia tritonis*)贝壳呈号角状，壳高可达 40cm。

头足类的微鳍乌贼(*Idiosepius* sp.)身体相当小，胴长仅 1cm；较大的章鱼如酢蛸(*Octopus dofleini*)全长达 3m，重 25kg；大王乌贼(*Architeuthis dux*)的胴长达 6m，腕长 10m 多，全长超过 16m，体重达 30t，是最大的无脊椎动物。

贝类的个体大小是由遗传性决定的，是物种的主要属性之一。个体大小与其生长速度密切相关，通常是体形大的种类生长速度比体形小的快。绝大多数养殖种类都属于中型贝类。

二、生长基本规律

养殖贝类生长具有一定的规律性，通常与寿命类型、年龄及发育阶段、环境生态因子、饵料条件等有关。

(一)寿命类型及其生长特点

贝类的生长特点与其寿命类型密切相关。也就是说，一年生贝类和多年生贝类的生长特点不同。

一年生贝类的生长特点：褶牡蛎、海湾扇贝等一年生贝类，当年完成生长任务，生长速度均较快。

褶牡蛎贝壳第一年就已长成，即前3个月贝壳生长极为迅速，可达5cm左右，以后的8、9个月，平均月增长0.1cm左右，满一年后壳长约达7cm；其软体部的增长，主要在后一阶段。因此，褶牡蛎软体部每年冬季至翌年春季最为肥满，在6~9月繁殖期前后比较消瘦。

海湾扇贝生长速度较快，从4月人工培育的贝苗壳高为5mm，当年11月下旬平均壳高达5.3cm(大者壳高超过6cm)，平均体重34.5g，养殖时间仅6~7个月；高温期壳长月增长约1cm，后期软体部仍能继续增长。

多年生贝类的生长特点：多年生贝类在有生之年连续不断生长，但一般1~3龄时生长速度较快，3龄以后生长速度逐渐减慢。栉孔扇贝、虾夷扇贝、太平洋牡蛎、近江牡蛎、大连湾牡蛎、菲律宾蛤仔、文蛤、鲍等都是多年生贝类。如近江牡蛎幼体固着初壳长约300μm，固着后生长很快，在南方沿海半个月后，壳长和壳高都相当于初固着时的20倍，达到0.7cm左右，一个月后壳长达到1cm；半年后壳长达到5cm。以后随年龄的增长，生长速度逐渐减慢，一周年壳长达到7~8cm，两周年最大的可达15cm，三周年最大的可达20cm，以后每年继续生长，满九年的个体壳长约40cm。

(二)生长在个体发育过程中的变化规律

贝类在一生中各发育阶段的生长速度是不同的，通常是前期快于后期，性成熟前快于性成熟后。皱纹盘鲍的生长较慢，壳长1.5cm的幼鲍，筏式养殖需2.5~3年才能达到6.5cm。杂色鲍的生长速度较皱纹盘鲍快，鲍苗一般9个月至1年可达到5cm。

海兔的生长很快，体长 1cm 的幼苗，5d 壳长达 2.5cm，15d 5.5cm，20d 7cm，30d 10cm。

魁蚶的生长速度较快，日本福冈湾的魁蚶 1 年壳长达 6.1cm，2 年 7.8cm，3 年 9.0cm，4 年 10.5cm，最大壳长达 15.0cm、体重 800g 以上。

珠母贝第 1 年生长最快，第 2、3 年较快，第 4、5 年生长迅速下降，第 6 年以后生长几乎停止。

贻贝的生长，1~2 龄最快，即 1 龄壳长 6cm、体重 20g；2 龄壳长 8cm、体重 41g，壳长和体重的年增长率分别为 33% 和 105%；3 龄壳长 9.5cm、体重 56g，壳长和体重的年增长率分别为 18.7% 和 36.6%。

菲律宾蛤仔的生长，1~2 龄最快，年龄越大生长越慢。文蛤生长速度较慢，1 龄壳长为 2cm 左右，2 龄 4cm 左右，3 龄 5~6cm，4 龄达 7~8cm。

青蛤的生长，1 年壳长达 2.6cm，2 年 3.6cm，3 年 4.2cm；已采集到的最大壳长为 5.85cm，体重达 73.2g。

人工养殖的缢蛏，1 龄壳长 4~5cm，最大 6cm；2 龄 6~7cm，重 10g 左右。自然生长的缢蛏 4 龄壳长 8cm，5 龄以上达 12cm。缢蛏满 1 龄后，体长增长明显下降，但软体部的增长加快。

紫石房蛤 3 龄以前生长较快，1 龄个体壳长可达 3.6cm，2 龄 6.2cm，3 龄达 7.7cm。

四角蛤蜊生长较快，当年苗到 9 月中旬壳长可达 1.5cm，1 龄壳长 2.1cm，2 龄 3cm 以上。

滑顶薄壳鸟蛤生长很快，一年可达到商品规格，壳长达 6~7cm。

(三)生态因子对生长的影响

环境生态条件对贝类生长的影响明显大于哺乳动物。这些条件包括水域类型、水温、营养条件、水质(溶氧、pH、盐度等)，以及人工养殖方式及措施等。

牡蛎生长具有季节性变化，软体部生长迟于贝壳的生长，低温时期及繁殖期之前侧重于软体部生长，高温期和繁殖期之后侧重于贝壳的生长。

扇贝的生长速度随着年龄、季节及海区环境条件的不同而变化。幼龄个体生长较快，成体生长较慢；一般来说，第 1 年生长最快，第 2 年次之，以后生长变慢；人工培育的栉孔扇贝当年壳长一般达 3cm 左右，第 2 年可达 5~6cm。华贵栉孔扇贝生长较快，1 龄壳长达 7.4cm，重 68.4g。

影响扇贝生长的主要因素是水温和饵料。水温是扇贝新陈代谢的重要条件，在适温范围内贝壳生长迅速；饵料是扇贝发育的物质基础，在营养丰富和饵料生物多的海区，生长迅速。

珠母贝在高水温期生长较快，每年 3~5 月和 9~11 月是合浦珠母贝生长最快的时期。

贻贝的生长在适温范围内，水温越高，生长越快；饵料、养殖密度、养殖水深及风浪等因素对贻贝的生长都有很大的影响。

翡翠贻贝幼贝在广东快速生长期在 7~9 月，水温 25~30℃，月增长达 1cm 以上；10 月水温下降到 25℃ 以下，壳的生长逐渐变慢，进入越冬期停止生长。翌年 5 月中下旬水温逐渐升至 25℃ 以上，便又进入快速生长期。

魁蚶生长主要受水温的影响，4~10 月高水温季节生长快，10 月至翌年 3 月水温低生长缓慢或停止生长。

泥蚶生长较为缓慢，一般生长 3~4 年才能达到商品规格；生长速度与水温密切相关，在山东沿海冬季停止生长，翌年 5 月中旬前后（水温 14℃）开始生长，8~10 月生长迅速，11 月初水温低于 14℃ 时生长迅速减慢；生长与潮区的关系明显，随着潮区的升高，生长速度明显下降，低潮区上层的泥蚶 1 龄重量是中潮区上层的 8 倍，即便相隔 100m 的距离，生长的差异也很显著；生长与海滩底质的关系也很明显，生活在有机物质丰富和底栖硅藻多的内湾滩上的，要比生活在靠近湾口沙质滩上的生长快得多；养殖方式及其密度对泥蚶的生长也有明显影响，在北方海区蓄水稀养的 3 龄个体可达到商品规格，但人工密养的往往需要 4~5 年才能达到出售规格。

蛤仔的生长受环境水温、盐度、底质、潮区、饵料等综合因素影响，其中水温和饵料生物是最主要的因子；春夏生长快，冬季生长慢。

文蛤的生长受水温、饵料等海况条件影响，一般春季从水温 11℃ 开始生长，秋季水温降至 10℃ 以下便停止生长。

青蛤的生长与水温、饵料生物的关系密切，在福建南部海区生长期为 4~9 月，5~7 月生长最快，具有典型的季节性。

三、贝类的寿命

贝类的寿命系指在正常环境条件下自受精卵开始到衰老死亡为止的年龄或日龄。贝类的寿命长短是由遗传性决定的。各种贝类成活的时间长短，除与遗传因素有关外，还与环境条件和人为因素有关。

瓣鳃类的寿命，个别种类较短，海湾扇贝的寿命仅 1 年左右；大多数种类的寿命较长：毛蚶的寿命为 4~5 年，个别可活 10 年；菲律宾蛤仔的寿命为 8~9 年，泥蚶、贻贝和海螂的寿命为 10 年左右，魁蚶的寿命为 10~15 年，马氏珠母贝和食用牡蛎为 11~12 年。蚌类的寿命一般为十多年，其中以珍珠蚌（*Margaritana margaritiferra*）寿命最长，长达 80 年；砗磲的寿命约为 100 年。

腹足类的平均寿命比瓣鳃类短一些。一般前鳃类的寿命为数年，如大马蹄螺为 4~5 年，帽贝长达 16 年，滨螺为 20 年，英雄玉螺（*Natica heros*）寿命较长，能活到 36 年。淡水中生活的田螺寿命为 4 年。后鳃类的寿命似乎比前鳃类短。蓑海牛（*Eolis amaene*）的寿命仅 2 个月，隅海牛（*Goniodoris nodosa*）和斑叶海兔（*Petalifera punctata*）的寿命为 1 年。壳蛞蝓的寿命为 4 年。肺螺类淡水椎实螺和扁卷螺的寿命为 2~3 年，陆生蜗牛、玻璃蛞蝓（*Vitrina*）通常活 1 年，阿勇蛞蝓（*Arion empiricorum*）的寿命为 1~2 年。人工饲养的陆生螺类能延长寿命，如条斑玛瑙螺（*Achatina zebra*）的寿命达 6 年以上，盖罩大蜗牛的寿命为 8 年，卷扁大蜗牛（*Helix spiriplana*）的寿命为 15 年。

多板类的瘤石鳖的寿命为 8~9 年，个别的个体能活到 12 年。头足类的寿命较短，太平洋斯氏柔鱼的寿命仅为 1 年，近岸的小型乌贼类，寿命一般也仅 1 年。有些章鱼和乌贼在水族箱中能饲养 2~3 年，大型头足类的寿命较长。

第五节　繁殖生物学

一、性成熟年龄与雌雄鉴别

（一）性成熟年龄与生物学最小型

贝类的性成熟年龄是指性腺初次发育成熟时的年龄或月龄。生物学最小型是指第一次性成熟的最小个体规格。各种贝类的性成熟年龄和生物学最小型与寿命类型有关，通常是一年生的较小，多年生的较大。

毛蚶一般 2 龄成熟，华贵栉孔扇贝和海湾扇贝 5~6 月龄成熟，中国枪乌贼 7 龄便性成熟。许多贝类 1 龄性成熟，如双壳类的褶牡蛎、栉孔扇贝、贻贝、马氏珠母贝、蛤仔、青蛤、四角蛤蜊、中国蛤蜊、缢蛏等，以及腹足类的大瓶螺、泥螺、散大蜗牛（*Helix aspersa*）、亮大蜗牛（*Helix lucorum*）等。养殖贝类中也有 2 龄以上才成熟的种类，如虾夷扇贝、泥蚶和文蛤 2 龄性成熟，栉江珧和脉红螺一般 2~3 龄性成熟。

广温性贝类的性成熟年龄还与纬度分布及环境条件有关。如南方型泥蚶 1 龄即达到性成熟，而北方型泥蚶 2 龄才性成熟；皱纹盘鲍在自然海区 3 龄达到性成熟，而在人工养殖条件下 2 龄即可性成熟。近年来，受气候温暖化效应影响，许多海洋贝类的生物学最小型规格有变小的趋势。

贝类的性成熟规格差异较大，因种而异。如蛤仔生物学最小型为 0.5cm（室内养殖），栉孔扇贝为 1.8cm，缢蛏为 2.5cm，华贵栉孔扇贝为 2.68cm，皱纹盘鲍为 4.3~4.5cm，脉红螺壳高 7.0~9.0cm 有交配行为，珠母贝雄性和雌性的生物学最小型分别为 1.75cm 和 23.0mm，西施舌生物学最小型为 4.65cm。

(二)性别及其雌雄鉴别

贝类一般为雌雄异体，但在双壳类和腹足类中也有雌雄同体的种类。

1. 雌雄异体及其鉴别

雌雄异体的双壳类在外形上两性同形，无第二性征。有些种类在内部构造上有一定区别，如蚌科的三角帆蚌和褶纹冠蚌，雌蚌外鳃瓣的鳃丝排列较细密，每片鳃瓣有 100~120 条鳃丝；而雄蚌的鳃丝排列较宽疏，每片鳃瓣有 60~80 条鳃丝。

双壳类和原始腹足类多数为雌雄异体，从外部形态无法区分雌雄，但发育成熟的生殖腺则区别明显。一是雌雄生殖腺颜色不同：雌性生殖腺颜色较深，如皱纹盘鲍呈墨绿色、栉孔扇贝为橘红色、贻贝为橙黄色或橘红色、泥蚶为橘黄色或橘红色、毛蚶为淡红色；雄性生殖腺颜色较浅，多数呈乳白色。二是肉眼观察成熟生殖细胞是否能够外溢，成熟较好的精巢，掰开贝壳，弄破软体部，精子能自行溢出；充分成熟的卵巢，弄破软体部，卵细胞仍牢固地附着在生殖腺上，不能外溢。

还有一些雌雄异体的双壳类，成熟的性腺颜色相似，呈浅黄色或乳白色，如牡蛎、文蛤、蛤仔、缢蛏等；但雌性生殖腺外观略粗糙，雄性生殖腺较光滑。根据生殖细胞的形态用显微镜观察，可以准确鉴别贝类的雌、雄。另外，鉴别牡蛎的雌雄，还可以用水滴法鉴别：取一点性腺放入载玻片上滴一滴海水，若呈颗粒状并能散开的(卵子)为雌性；若呈烟雾状延散的(精子)则为雄性。

腹足类中腹足目和新腹足目多数为雌雄异体，并具有第二性征，雄性具有交接突起(阴茎)，位于体前部右侧，距离输精管外孔不远；雌性具有输卵管外孔和交接囊(受精囊)。

有些腹足类雌、雄个体的壳口和厣的形状不同，如大瓶螺雌性的螺壳口呈卵圆形，厣的中间向内凹；雄性壳口略呈喇叭形，厣的中间向外凸出，四周微凹。

头足类均为雌雄异体，雄性具有第二性征，即通常有一个或一对特化交接器(茎化腕)。

自然界雌雄异体的贝类，雌雄比例大致为 1∶1，但有些种类随着年龄的增加，出现雌性多于雄性的现象，这可能是雄性的寿命较短所致。

2. 雌雄同体及其雌雄性腺鉴别

贝类中也有少数种类是雌雄同体。如双壳类的海湾扇贝、牡蛎(*Ostrea*)、球蚬(*Sphaerium*)、豌豆蚬(*Pisidium*)、鸟蛤(*Cardium*)、砗磲(*Tridacna*)、船蛆

(*Teredo*)、孔螂(*Poromya*)和蛏蛤(*Cetoconcha*)等属或属中的某些种属于雌雄同体；但两种性腺的颜色不同，如海湾扇贝的卵巢为褐红色，精巢为乳白色。

腹足类后鳃亚纲和肺螺亚纲都是雌雄同体，前鳃亚纲有许多属、种也是雌雄同体。

还有一些天然贝类具有雌雄同体的现象，如贻贝、栉孔扇贝、光滑河蓝蛤等，其原因往往与性变有关。

二、性别转变

(一)性转换(sex reversal)

某些雌雄异体的贝类性别不稳定，能从一种性别转变成另一种性别，既可以由雌性变为雄性，也可以由雄性变为雌性。这种现象称性转换。某些雌雄异体的贝类存在着个别雌雄同体的现象，被认为是性转换的过渡类型。性转换是某些贝类存在的一种生理现象。

天然雌雄同体的贝类也可以出现雌雄异体，如幼生牡蛎雌雄同体的个体所占比例很高，在营养条件较好的情况下尤为明显。雌雄同体中往往是其中一方(雌或者雄)占优势，有的雌性个体尚留有雄性的痕迹。

贝类的性转换主要是由遗传基因决定的，但也有其他原因导致其性别转变：①有的是雄性先熟，因此第一次性成熟的个体就是雄性；②有的受营养条件影响，即在饵料充足情况下，往往雌性所占的比例较高，反之则雄性较多；③糖原或碳水化合物代谢旺盛时，雄性占优势；④与水温等环境条件有关，水温高时雌性占优势，水温低时雄性占优势；⑤贝类外套腔中寄居有豆蟹者，往往是雄性。

(二)性畸变(imposex)

广义的性畸变，是指贝类受某些化学因子的刺激，性别发生畸形变异，其中多数是雌性个体产生雄性生殖器官，少数是雄性个体产生雌性生殖器官。

20世纪70年代初，Blaber首先在狗岩螺(*Nucella lapillus*)中发现海洋腹足类的性畸变现象，即雌性个体除具有雌性生殖器官外，还长出了阴茎和输精管。Fioroni等报道狗岩螺存在雄性个体的性畸变现象，即雄性前列腺被雌性生殖器官卵囊腺、纳精腺等取代的现象。

有机锡化合物能导致海洋腹足类发生性畸变。由于三丁基锡(tributyltin, TBT)等有机锡类对多种海洋污损生物具有长期有效的杀除效果，因此被大量用作船体外壳的涂层添加物，以防止附着生物在船壳上附着和生长；但与此同时，也对海洋环境造成了污染，使许多非目标生物受到了毒害。

到目前为止，国内外学者已发现 120 多种海洋腹足类存在性畸变现象，其中新腹足目有 50 多种，这一方面与该目螺类的敏感性有关，另一方面与样品易采集有关。资料表明，我国东南沿海的疣荔枝螺(*Thais clavigera*)、黄口荔枝螺(*Thais luteostoma*)、蛎敌荔枝螺(*Thais gradata*)、可变荔枝螺(*Thais mutabilis*)、甲虫螺(*Cantharus cecillei*)、花枕宝贝(*Cypraea eglantina*)、西格织纹螺(*Nassarius siquijorensis*)、瓜螺(*Cymbium melo*)、带鹑螺(*Tonna learium*)、泥东风螺(*Babylonia lutosa*)、方斑东风螺(*Babylonia areolata*)、波部东风螺(*Babylonia formosae*)、红螺(*Rapana bezoar*)、褐棘螺(*Chicoreus brunneus*)、亚洲棘螺(*Chicoreus asianus*)等都存在性畸变现象。

在发生性畸变的种类中对有机锡的敏感程度不同，因而畸变程度也不尽相同。轻者形成阴茎和输精管，重者输卵管被堵塞甚至雌生殖器被雄生殖器代替，阻碍了受精的完成和卵囊的释放，甚至使雌性成体不育。虽然性畸变个体的雄性生殖器官具有雄性功能的潜能，但由于缺少精巢或完整的前列腺，不可能成为具有雄性功能的个体。这与性转换有着本质上的区别。也就是说，性转换是生理现象，而性畸变则是病理现象。

由于海洋腹足类性畸变的易辨认性、不可逆转性和对有机锡反应的特异性，国际上许多国家已把海洋腹足类的性畸变作为监测海洋有机锡污染的一项有效指标。

三、生殖细胞发生与性腺发育

(一)生殖细胞发生

1. 卵细胞发生

卵细胞从卵原细胞经过卵母细胞发育为成熟卵子，分为增殖期、生长期和成熟期 3 个时期。

(1)卵原细胞增殖期：原始生殖细胞进入雌性发育途径后形成卵原细胞，进行频繁的有丝分裂，细胞数目显著增多；体积很小，圆形，细胞核较大，细胞质少，卵黄膜开始形成，无卵黄物质，呈透明状。

(2)卵母细胞生长期：卵原细胞停止分裂后，进入生长期，细胞长大，形成初级卵母细胞。生长期分为小生长期和大生长期。

小生长期：初级卵母细胞的原生质增长，细胞体积增大，细胞核体积几乎不增大。因此，该期又称原生质生长期。该期的后期，卵母细胞外面出现一层滤泡膜。

大生长期：初级卵母细胞的细胞质中开始形成并大量积累卵黄，细胞体积显著增大，该期又称卵黄发生期(营养质生长期)。大生长期开始，在卵母细胞的原生质中出现液泡，随后出现卵黄粒。卵母细胞充满卵黄，体积长到最大时，大生长期便结束。

(3)成熟期：初级卵母细胞中充满了卵黄，体积不再增大，细胞核进行一系列变化，并进行两次成熟分裂，即减数分裂和均等(有丝)分裂。第一次分裂为减数分裂，产生一个体积与初级卵母细胞差不多大的次级卵母细胞和一个只含有极微量原生质的小细胞第一极体；紧接着，次级卵母细胞进行第二次分裂(有丝分裂)，产生一个体积与次级卵母细胞差不多大的卵子(只含有半数染色体)。贝类的第一极体不再分裂，也就是说，由一个初级卵母细胞经过两次成熟分裂，产生一个体积大的成熟卵细胞和两个体积很小的极体。极体的位置总是在卵的动物极上方附近处(细胞核附近)，附在卵的表面，直到囊胚期或原肠胚期才脱落而消失。

2. 精细胞发生

贝类精子的发生分为 4 个时期，即增殖期、生长期、成熟期和精子形成(变态)期。

(1)增殖期：初级精原细胞(spermatogonium Ⅰ)进行多次有丝分裂而成为大量的次级精原细胞(spermatogoniumⅡ)，着生在滤泡壁的基底上。精原细胞进行的有丝分裂比卵原细胞旺盛，因此，产生数目也多。精原细胞近圆形，核大而圆，同一来源的大型精原细胞彼此很靠近。

(2)生长期：次级精原细胞的体积略增大，变为初级精母细胞(spermatocyteⅠ)，已完全脱离滤泡壁的基底膜。初级精母细胞的形状和精原细胞相近，但核内染色质变为线状，准备进入成熟分裂。

(3)成熟期：初级精母细胞体积增大后，进行两次成熟分裂，第一次为减数分裂，产生两个体积较小的次级精母细胞(spermatocyteⅡ)。次级精母细胞的染色体数目减少一半；第二次为有丝分裂，次级精母细胞分裂产生两个体积更小的精细胞(spermatid)。一个初级精母细胞进行两次成熟分裂，产生 4 个精细胞，精细胞的体积比初级精母细胞小得多。

(4)精子变态期：这是雄性生殖细胞发育中特有的时期，整个过程是相当复杂的，包括细胞核的变化，即精母细胞的核变成椭圆形；大部分原生质逐渐向细胞核的后面聚集，并发生一系列变化，如顶体的形成、中心粒的发育和线粒体的变化等，最后形成细长的尾部。

（二）性腺发育分期

根据多数学者的观点，采用肉眼和显微镜观察方法，从宏观和微观两个方面把卵巢和精巢的整个发育过程划分为休止期、增殖期、生长期、成熟期和排放期等 5 个时期(表 5-1)。

表 5-1　菲律宾蛤仔雌雄性腺发育组织学特征比较

性腺发育分期 ＼ 器官	精巢	卵巢
休止期（Ⅰ）	滤泡呈一大空腔，在滤泡上皮上零星分布少量的原生质细胞，在个别滤泡中能见到少量残存的精子	滤泡内生殖细胞已排尽，呈一大空腔，滤泡壁由一层扁平细胞组成，在滤泡上皮上可观察到原生质细胞，滤泡萎缩退化
增殖期（Ⅱ）	滤泡开始出现，体积小，壁薄不规则，滤泡上皮生殖细胞开始增殖，滤泡壁上开始出现精原细胞和少数初级精母细胞，精原细胞呈圆形或三角形，紧贴滤泡壁，不断分化形成精母细胞，该期末滤泡壁由 2~3 层细胞组成	滤泡稀松，数量较少，滤泡腔仍为一空腔，滤泡壁开始增厚，生殖细胞处于活跃分裂期，出现不连续的单层卵原细胞，并有少数初级卵母细胞
生长期（Ⅲ）	滤泡数量增多，体积增大，壁加厚，染色加深，精原细胞迅速增殖和分化，滤泡腔逐渐缩小，到中期时各生精细胞约占滤泡面积的 50%以上，充满整个滤泡腔	初级卵母细胞原生质迅速增加，卵黄颗粒快速积累，多数卵母细胞形成卵柄，呈椭圆形，有的呈倒梨形，后期出现具有卵黄颗粒的初级卵母细胞
成熟期（Ⅳ）	滤泡内精细胞和精子拥挤成簇，密集呈菊花状或放射状，几乎充满整个滤泡腔，滤泡上原生质细胞减少、精子增多，精子为鞭毛型，头部呈圆球形、朝向滤泡壁，尾部朝向滤泡腔，末期整个滤泡腔充满精子，呈云雾状	滤泡饱满，滤泡腔基本消失，滤泡壁上新生的原生质细胞减少，滤泡腔中充满了卵母细胞和成熟卵子，后者已占 40%~80%。成熟卵的核膜和核仁(双质核仁)明显
排放期（Ⅴ）	精细胞分批排出，精巢体积逐渐缩小；由于结缔组织呈放射状排列，滤泡空腔开始呈放射状，腔内精子呈流水状排列，精子数量明显减少	卵子大量排出，体积大大缩小，卵巢松软，出现褶皱；滤泡腔中卵细胞大小不一，排列零乱，欲排出的大型卵细胞在滤泡腔中央，滤泡壁上尚有卵原细胞

肉眼观察的分期依据：内脏团形态及其与性腺大小比例、消化道环可见程度、性腺大小、颜色及弹性、生殖输送管清晰程度、精卵遇水是否能散开。显微镜观察的分期依据：滤泡的结构及其饱满程度，以及生殖细胞的大小、形状和最大一期细胞在滤泡腔中所占比例。以菲律宾蛤仔性腺发育为例，简述各期特征。

1. 卵巢发育分期

休止期（Ⅰ）：内脏团表面透明、消瘦、充满水分，消化道环清晰可见，性腺和周围组织不易分辨；滤泡内生殖细胞已排尽，呈一大空腔，滤泡壁由一层扁平细胞组成，在滤泡上皮上可观察到原生质细胞，滤泡萎缩退化。

增殖期(Ⅱ)：在内脏团表面可见薄而色淡的性腺，呈树枝状，主要分布于消化腺的两侧，性腺以外的部分为透明状，消化道环仍能清晰可见；滤泡稀松，数量较少，内脏团的肌肉层与消化腺之间有较厚的结缔组织，滤泡腔仍为一空腔，大小不一，滤泡壁开始增厚，壁上的生殖细胞处于活跃分裂期，出现不连续的单层卵原细胞，并有少数初级卵母细胞。

生长期(Ⅲ)：性腺覆盖内脏团面积可达 2/3，逐渐连成片，并向腹面扩展，呈树枝状，主要分布于消化腺的两侧，性腺以外的部分为透明状，消化道环仅在接近表面处可见，随后逐渐消失；初级卵母细胞原生质迅速增加及卵黄颗粒快速积累，多数卵母细胞在滤泡细胞连接处形成明显的卵柄，呈椭圆形，有的呈倒梨形，此时滤泡腔还是一个空腔，后期在腔中央出现一些具有卵黄颗粒的初级卵母细胞。

成熟期(Ⅳ)：性腺覆盖内脏团面积已达 3/4，颜色呈乳白色或淡黄色，进一步发育便把内脏团全部覆盖并延伸至足基部，生殖输送管清晰可见，卵巢肥硕饱满，呈豆状突起，卵遇水即散开；滤泡饱满，滤泡腔基本消失，滤泡壁上新生的原生质细胞减少，滤泡腔中充满了卵母细胞和成熟卵子，后者已占 40%~80%，成熟卵的核膜和核仁(双质核仁)明显，在镜下观察分里外两部分，里面着色浅，外面着色深。

排放期(Ⅴ)：卵子大量排出，体积大大缩小，卵巢松软，出现褶皱；滤泡腔中卵细胞大小不一，排列零乱，细胞间出现一些间隙，欲排出的大型卵细胞在中央，滤泡壁上尚有卵原细胞，表明蛤仔是分批成熟、分批产卵的种类。

2. 精巢发育分期

休止期(Ⅰ)：内脏团表面透明，消化道环清晰可见，性腺和周围组织不易分辨；在滤泡上皮上零星分布少量的原生质细胞，个别滤泡能见到少量残存的精子。

增殖期(Ⅱ)：在内脏团表面可见薄而色淡的性腺，分布于消化腺的两侧，消化道环仍能清晰可见；滤泡开始出现，体积小，壁薄不规则，滤泡间结缔组织丰富，随着水温升高，滤泡上皮的生殖细胞开始增殖，滤泡壁上开始出现精原细胞和少数初级精母细胞，精原细胞呈圆形或三角形，紧贴滤泡壁，不断向滤泡空腔分化并形成精母细胞，该期末滤泡壁由 2~3 层细胞组成。

生长期(Ⅲ)：性腺覆盖内脏团的 2/3，主要分布于消化腺的两侧，消化道环仅在接近表面处可见，随后逐渐消失；滤泡数量增多，体积增大，壁加厚，染色加深，随着水温不断升高，滤泡的精原细胞迅速增殖和分化，滤泡腔逐渐缩小，发育到中期时各期生精细胞约占滤泡面积的 50%以上，充满整个滤泡腔。

成熟期(Ⅳ)：性腺覆盖内脏团面积的 3/4，其颜色呈乳白色，进一步发育便把内脏团全部覆盖并延伸至足基部，生殖输送管也清晰可见，精液遇水即散开；精细胞紧贴在结缔组织上，滤泡内精细胞和精子拥挤成簇，密集呈菊花状或放射状，几乎充满整个滤泡腔，细胞间基本无空隙，滤泡壁上新生的原生质细胞减少，而精卵母细胞分化形成精子增多，精子为鞭毛型，头部呈圆球形，精子头部朝向滤泡壁，尾部朝向滤泡腔，在成熟末期充满整个滤泡腔，呈云雾状。

排放期（Ⅴ）：精细胞逐渐分批排出，体积逐渐缩小；滤泡开始呈放射状空腔，这是由于结缔组织呈放射状排列所致，腔内精子呈流水状排列，精子数量明显减少。

四、繁殖方式

贝类的繁殖方式多数是卵生，少数为卵胎生，个别的是类似卵胎生（幼生）。

（一）卵生（oviparity）

卵生系指贝类将成熟卵排出体外，精卵在水中完成受精作用或雌雄交配后精卵在体内受精再排出体外，受精卵依靠卵黄营养进行胚胎发育。

绝大多数双壳类以及缺乏交接器的原始腹足类是属于体外受精、体外发育的类型。精、卵排出体外在海水中受精，胚胎经过浮游生活之后，发育变态为稚贝。这些贝类多数是雌雄异体（个别为雌雄同体），产卵数量多，幼虫发育全程在海水中度过。扇贝、贻贝、珠母贝、大多数种类的牡蛎（太平洋牡蛎、褶牡蛎、近江牡蛎、大连湾牡蛎等）、蚶、蛤仔、文蛤、缢蛏及鲍等，都是这种繁殖方式。

大多数腹足类和头足类是属于体内受精、体外发育的类型。即雌雄交配、卵子在体内受精后产出体外，受精卵在体外进行胚胎发育。这些种类，既有雌雄异体的，也有雌雄同体的。雌雄同体的个体一般为异体受精。雌雄异体的腹足类交配时，雄体将交接突起伸入雌体的交接囊中，将精子输入雌体中，精、卵在外套腔内（或其他特定部位）完成受精作用。如脉红螺在繁殖期多次交配，交配时雄、雌螺的壳口相对并呈 45°，雄性交接突起伸入雌性输卵管外孔中，并将精子送入受精囊。大瓶螺雌雄异体，通常在白天交配，交配时互相拥抱，交配时间长达 3~5h，雌螺一般在交配 2~3d 后的夜间产卵。

雌雄同体的腹足类是异体交配。如后鳃亚纲泥螺一般是个体间交配，同一个体的卵子和精子成熟的时间不同，一般精子比卵子成熟早。肺螺亚纲柄眼目陆生种类褐云玛瑙螺（*Achatina fulica*），两性生殖器官由性腺、输精管、输卵管、阴道及阴茎等组成，只有 1 个雌雄生殖孔；两个个体进行交配时会出现两种情况，一种是互相受精，共同担负雌性和雄性的双重角色；另一种是一方只充当雄体（雌性腺不成熟），另一方充当雌体。

　　头足纲二鳃类的雄性个体，通常有一个或一对特化的茎化腕作为交接器官。其交接方式基本有两种：一种是茎化腕能自动脱落而与雌体交配；另一种是茎化腕不能脱落，作为传递生殖产物的媒介器官。乌贼在交配前活动频繁，并有择偶交配的特点。雄性往往异常活跃，并有追尾现象；而雌性则比较安定，静潜在水底。经过一段时间的追尾后，雌、雄个体进行交配。

　　金乌贼交配时雄性与雌性相对，各自用腕相互交叉紧抱对方的头部；而枪乌贼类有两种交配方式，一种与金乌贼相似，另一种是雄性在雌性的一侧进行交配（图 5-22）。然后，雄性用茎化腕上的吸盘，钩住从漏斗口排出的一束束精荚，并将精荚迅速粘到雌性的口膜附近，而后进入外套腔与卵结合。乌贼每次交配时间一般为 2~15min。

图 5-22　枪乌贼的交配(欧瑞木，1990)

1.雄体与雌体相对交配；2.雄体在雌体一侧交配

　　直接产卵的贝类，精子排入水中时呈白色烟雾状并缓慢散开，卵子往往借助贝壳的闭合力从体内喷出，并很快分散成粒状。

　　交配后产卵的头足类，排出的卵子往往黏集成块状、带状或簇状，称卵群或卵袋(图 5-23)，卵群上的黏胶物质是产卵过程中经过生殖管时附加的膜，为三级卵膜，对卵子有保护作用。

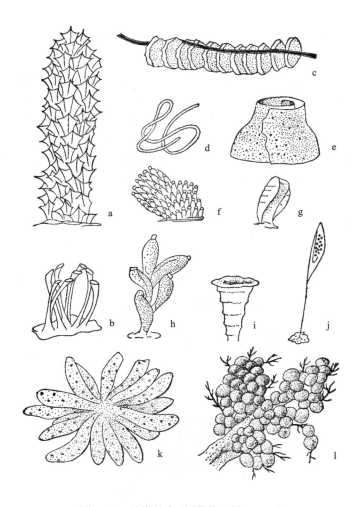

图 5-23 贝类的卵群(蔡英亚等，1995)

a.香螺；b.红螺；c.*Busycon*；d.海兔；e.玉螺；f.阿文绶贝；g.大理石芋螺

h.蛎敌荔枝螺；i.*Pleuroploca gigantea*；j.衲螺；k.日本枪乌贼；l.曼氏无针乌贼

(二)卵胎生(Ovoviviparity)

卵胎生系指动物的受精卵虽然在母体内发育，但仍然以卵黄为营养。也就是说，胚胎与母体没有营养关系，或只有少量的营养关系。

贝类的卵胎生现象，见于多板类和腹足类。多板类如 *Hemiarthrum setulosum* 的幼体，在外沟中发育到八块壳板形成后才离开母体。

腹足类的卵胎生种类依然有交配行为。如田螺科中国圆田螺和螺蛳(*Margarya*

melanioides）为雌雄异体，交配后精子与卵子在雌螺的输卵管顶端受精，胚体在雌螺子宫内发育成仔螺，离开母体进入水中生活。卵胎生的产仔数目很少，一个雌螺每胎的胚螺数目少则几个，多者可达数十个；在雌螺体内可以看到不同发育阶段的胚螺。

（三）幼生

牡蛎科的某些种类和双壳类蚌科的繁殖方式类似于卵胎生，称幼生。幼生贝类的受精作用一般在亲贝体内的某一特定部位中进行。

雌雄同体的密鳞牡蛎和食用牡蛎，成熟的精子和卵排到出水腔中，依靠排水孔附近的外套膜和鳃肌的作用，将生殖细胞压入鳃腔中，精卵在鳃腔中完成受精作用。受精卵在亲体鳃腔中发育成面盘幼虫，离开亲体在海水中经过一段浮游生活，然后固着变态为稚贝。雌雄同体一般为异体受精，但密鳞牡蛎则能自体受精。

三角帆蚌和褶纹冠蚌等是雌雄异体，繁殖时雄蚌将成熟精子排入水中，精子随着雌蚌的呼吸水流进入鳃腔，雌蚌的成熟卵子随着生殖输送管内纤毛的摆动排到外鳃腔中，精子与卵子在鳃腔内完成受精作用。受精卵在雌蚌外鳃腔中发育到钩介幼虫，然后离开雌蚌，所以外鳃腔又称为育儿囊。钩介幼虫先是寄生在鱼的鳃和鳍上，变态为稚蚌后，离开鱼体进入水中，营底栖生活（图5-24）。

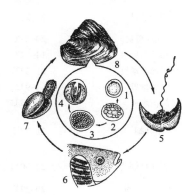

图5-24　河蚌的生活史（邬梅初，1987）
1.受精卵；2.多细胞期；3.原肠期；4.未成熟的钩介幼虫；5.成熟的钩介幼虫；6.寄生在鱼体上；7.从鱼体上脱落的稚蚌；8.成蚌

五、繁殖季节

贝类，尤其是扇贝类大都集中在生物学春季（水温上升的季节）和生物学秋季（水温下降的季节）进行繁殖，其产卵的具体月份因种而异。也就是说，贝类的繁殖季节是由物种的遗传属性决定的，与地区分布和栖息环境也有密切关系。同一种贝类在不同区域和不同环境条件下繁殖季节有一定的差异。我国主要经济贝类的产卵温度、繁殖季节与分布地域的相关情况见表5-2。

一般以繁殖期和繁殖盛期表述贝类的繁殖季节（月份），以适宜温度和最适温度表述产卵温度。如脉红螺的繁殖期为6~8月，繁殖盛期（高峰期）为6月下旬至7月中旬；产卵适温为19~26℃，最适水温22~24℃。褶牡蛎在福建沿海繁殖期为

4~9 月，繁殖盛期为 5~6 月；在青岛、大连沿海繁殖期为为 6~11 月，繁殖盛期为 7~8 月。海南岛沿海的大珠母贝繁殖期为 4~11 月，繁殖盛期 5~8 月。

表 5-2 主要经济贝类的繁殖季节和产卵温度

贝类种名	产卵温度	地域	繁殖季节
泥蚶	25~28℃	山东	7~8 月
		浙江、福建北部	6 月下旬至 8 月
		福建南部	8 月下旬至 10 月
		广东	8~11 月
魁蚶	18~24℃	黄、渤海	6 月下旬至 10 月
毛蚶	27℃	辽宁	7~9 月
贻贝	8~16℃	辽宁	5~6 月
		山东	4~10 月
翡翠贻贝	25~28℃	广东海丰	4~11 月
		福建厦门	4~11 月
马氏珠母贝	20~25℃	广东	5~10 月
栉孔扇贝	14~22℃	辽宁、山东	5 月中旬至 10 月初
华贵栉孔扇贝	21~27℃	福建、广东	5~10 月
虾夷扇贝	4~9℃	辽宁、山东	3 月下旬至 4 月
海湾扇贝	18~23℃	山东	9~10 月
褶牡蛎	21~27℃	山东	6~10 月
		福建	4~9 月
		广东	4~11 月
近江牡蛎	22~30℃	福建	4~7 月
		广东	5~8 月
大连湾牡蛎	20~27℃	辽宁大连	6~9 月
太平洋牡蛎	22~26℃	山东	6 月上旬至 8 月
		浙江乐清	6~9 月
		福建	4 月下旬至 11 月上旬
三角帆蚌	18~30℃	长江中下游、山东、河北	4~9 月
褶纹冠蚌	15~22℃	长江中下游、黄淮、东北	3 月下旬至 4 月，10 月上旬至 11 月下旬
菲律宾蛤仔	20~26℃	辽宁	6~8 月
		山东	7~9 月
		福建	9 月下旬至 11 月
文蛤	20~25℃	辽宁、山东	7~8 月
		江苏启东	6~7 月
		广西	5~7 月
青蛤	25~28℃	江苏	6 月至 9 月上、中旬
滑顶薄壳鸟蛤	17~23℃、22~18℃		春 5~6 月、秋 10 月
栉江珧	28.2~29.6℃		5~9 月
缢蛏	20~25℃	辽宁	7~8 月
		山东	8~9 月
		浙江	9~10 月
		福建	10~11 月
皱纹盘鲍	20~24℃	黄渤海	7~8 月
杂色鲍	24~28℃	福建	5~8 月

续表

贝类种名	产卵温度	地域	繁殖季节
脉红螺	19~26℃	山东	6~8月
中国圆田螺	11~30℃	湖北	3~11月
泥螺		浙江北部	3~11月
褐云玛瑙螺	20~25℃	广东、广西、福建	4~6月，9~10月
曼氏无针乌贼	18~20℃	山东	5~6月

资料来源：常亚青，2007

另外，有些贝类在一年当中繁殖 2~3 次，甚至于多次。如泥螺每年分别在 5~6 月和 9~10 月繁殖 2 次。有些种类的繁殖期较长，一年当中出现 2 个高峰期，如合浦珠母贝的繁殖季节一般在 5~10 月，5~6 月和 9~10 月为产卵高峰期，繁殖水温为 25~30℃。海南岛沿海的大珠母贝繁殖期为 4~11 月，5~8 月为繁殖盛期。

六、产卵习性与繁殖力

各种贝类的产卵习性和繁殖力差异很大。体外受精、体外发育的双壳类，其受精卵、胚胎和幼虫，缺乏母体保护，产卵量较多，少则几十万，多则数百万甚至上千万粒；体内受精并有保护卵群膜的种类，产卵量较少；卵胎生的种类，胚胎受到母体保护，怀胎数量只有几个至数十个。这是动物繁衍后代的一种生态适应性。

(一)双壳类产卵习性及其产卵量

滩涂埋栖型贝类大多在大潮期间排放。如泥蚶产卵、排精多在大潮期黎明潮水上涨时开始排放；每次排卵量依个体大小和性腺成熟度而异，1 龄排卵量为几十万粒，2~3 龄蚶为 1×10^6~4×10^6 粒；人工催产壳长 3cm 雌蚶，一次可产卵 3×10^6 余粒。

蛤仔多在大潮汛的夜间或凌晨滩面潮水即将退干时产卵，尤其是在冷空气来临时产卵更为集中；分批产卵、排精的间隔时间一般为 10~15d；壳长 3~4cm 的怀卵量达 2×10^6~6×10^6 粒，最多高于 10×10^6 粒；一次产卵量：1 龄为 3×10^5~4×10^5 粒，2 龄为 4×10^5~8×10^5 粒，3 龄为 8×10^5~1×10^6 粒。

扇贝产卵和排精的行为状态各不相同。雌贝产卵前显得比较活跃，然后张开双壳又猛烈关闭，卵子便随着水流从贝壳后方喷射出来，呈红色。雄贝排精没有猛烈关闭贝壳的现象，精子从贝壳后端呈烟雾状缕缕排出，呈乳白色。一个雌贝在 30~40min 内能连续排卵 2~3 次，一个雄贝排精时间可持续 30~45min。海湾扇贝雌雄同体，通常是先排放精子，然后排卵，两者相差 15~20min。扇贝通常在 19:00~21:00 集中排放,无论是栉孔扇贝,还是海湾扇贝都有这种特性。扇贝的产卵量很大,个体越大产卵量越大,通常一次产卵量是怀卵量的 20%~30%。雄贝的怀精量一般是雌贝怀卵量的几百倍至几千倍,高的可达数十亿至数千亿,但一次排精量一般为几亿至几百亿;一个壳高 6~7cm 的雄贝排出的精液能使 10L 海水变得像牛奶一样浑浊。

牡蛎往往在繁殖季节水温最高、盐度突然下降(降雨)的时候产卵、排精,渔民俗称"一场雨、一场浆",就是指牡蛎在大雨过后排放的现象。如近江牡蛎在广东深圳湾产卵盛期为 6 月初,此时海水温度从 26℃升至 30℃,盐度从 21 降至 14 左右。卵生型牡蛎产卵量一般为数百万至上亿粒,一个壳长 12cm 的太平洋牡蛎,一次产卵量可达 $6×10^7$ 余粒。

(二)腹足类产卵习性及其产卵量

鲍大多在夜间产卵排精。雌鲍在排卵时,一般先爬至接近水面的槽壁上,而后将贝壳缓慢向上顶起,再作急剧收缩,借以将卵从呼水孔喷射到水中。雄鲍放精不像雌鲍那样作急剧收缩,精液是从呼水孔缓缓溢出,最初呈白色线状,而后慢慢扩散为白色烟雾状。雌鲍的产卵量与个体大小有关,壳长 6cm 左右的个体产卵量一般在 $8×10^5$ 粒左右,8cm 以上的产卵量达 $1.2×10^6$ 粒;最大的产卵量可达 $2×10^6$ 粒以上。雄鲍的排精量很大,一个壳长 6cm 左右的雄鲍,一次可排放几亿精子。

脉红螺交配后 1~2d,受精卵被革质膜和黏液聚集在一起产出,形成菊花状卵群,黏附在基质上;产卵行为较缓慢,常需 1~2d 才能产完一簇卵袋。壳高 8~10cm 的亲螺可产卵袋 78~1036 只,平均产卵袋达 650 多只。脉红螺产的卵袋长度不一,先产的较短,后产的较长,与亲螺大小无明显关系。每只卵袋所含的受精卵数量有明显差异,最短的卵袋 16mm,含受精卵 1080 粒;最长的 26mm,含受精卵 2950 粒;卵袋平均长度为 18mm,每个卵袋平均含受精卵 1100 余粒,每个雌螺平均产卵量为 $7.5×10^5$ 粒。

卵胎生的田螺交配后,每个雌螺怀胎少者仅 3~7 个,多者数十个。

福寿螺白天在水中进行交配,时间长达 3~5h,一次受精可多次产卵,交配后 3~5d 开始产卵,夜间雌螺爬到离水面 15~40cm 的池壁、木桩、水生植物茎叶干燥处产卵,卵群黏附在阴暗处;雌螺每交配一次,可连续产卵 10 多次,每次产卵间隔为 2~3d,产卵历时 20~80min;繁殖力很强,一只雌螺每年可产卵 20~40 次,每次产的卵群(卵粒相互黏连成块状)质量为 5~10g(含卵数量约为 500~1000 粒),一年产卵多达 $2×10^4$~$4×10^4$ 粒;产卵结束后,雌螺腹足收回,掉入水中,间隔 3~5d 后再进行第二次产卵。卵圆形,粉红色,卵径 2mm 左右;受精卵在空气中孵化期为 10~15d,发育成仔螺后破膜而出,掉入水中。福寿螺的受精卵一般 10d 左右孵化出稚螺，稚螺落入水中发育成幼螺。

泥螺雌雄个体在滩涂上交尾、产卵，卵群球形包被透明胶质膜，以胶质柄固着在海滩上，密密麻麻的卵群，随潮涨落在水中波动；交配后约 4d 产卵，整个繁殖季节可产卵 3~4 次，每次产卵群 1 个，卵群体积从 1.6~4.1cm^3 不等，内含卵子 $2×10^3$~$10×10^3$ 粒。泥螺亲体一般产完最后一次卵就死亡。

褐云玛瑙螺交配后经 10~16d 开始产卵，每次产卵 150~250 粒。

（三）头足类产卵习性及其产卵量

乌贼产卵时，先用触腕抱住附着基质，然后将排出体外的串状受精卵均匀地排列在附着基质上。曼氏无针乌贼的交配与产卵是交错进行的。雌乌贼在交配结束后便立即寻找适合产卵的附着基质，雄乌贼总是跟随其后并绝对不允许其他乌贼在此产卵或侵扰，待雌乌贼产完卵后，雌雄乌贼便双双离开附着基质。然后，另一对乌贼又会来到附着基质处产卵。曼氏无针乌贼的产卵速度很慢，一般每分钟产出 1 粒，每次可产 10~20 粒，卵粒呈浅红色，椭圆形，卵径 3~4mm，卵群呈葡萄串状。

太平洋斯氏柔鱼（*Ommastrephes sloani pacificus*）交配后不久，雄柔鱼即死亡，雌柔鱼交配后 3~5 个月在水温 10~20℃、盐度 19 以上的深海海底岩礁带进行产卵。产卵时，雌柔鱼先排出大量云块状缠卵腺物质并附着在岩礁上，再将卵注入其中形成卵块，整个产卵过程约 2h。

七、胚胎与幼虫发育

绝大多数养殖贝类的精子为鞭毛型，分为头部、中段（颈部）和尾部，全长约 60μm，如贻贝精子全长约 47μm、魁蚶 55μm、栉孔扇贝 60~70μm、太平洋牡蛎约 70μm；多数卵子呈圆球形，有的为椭圆形和梨形，大小差异很大，如田螺卵子直径为 18μm、贻贝 68~70μm、栉孔扇贝 65~72μm、脉红螺 180~200μm、乌贼 4.5mm。精卵结合的时机是在第 1 次成熟分裂前（牡蛎、蛤蜊等）或中期（贻贝、珠母贝、蛤仔等），而不是在第 2 次成熟分裂中期（鱼类等脊椎动物）；精子从卵子表面（多数种类）或植物极（贻贝、牡蛎）或动物极卵膜孔（头足类）进入卵内，一般为单精受精（也有多精入卵现象）；精子入卵后卵子相继放出第一、第二极体完成两次成熟分裂便形成雌原核，雌雄核结合完成受精作用进入胚胎发育期。

（一）胚胎发育

贝类的胚胎发育系指受精卵在卵膜内发育的全过程，分为卵裂期、囊胚期、原肠期、担轮幼虫期和孵化期。

养殖贝类受精卵的分裂方式与卵子类型有关，均黄卵(瓣鳃类和原始腹足类)为螺旋型卵裂；间黄卵(大多数腹足类)为螺旋型卵裂，但不出现极叶；端黄卵(头足类)为盘状卵裂。受精卵经过多次分裂，细胞不断增多，进而发育形成多细胞囊胚。

囊胚呈囊状。瓣鳃类和部分腹足类为腔囊胚，绝大多数腹足类为实心囊胚，如脉红螺；头足类为盘状囊胚，如乌贼。

囊胚进一步发育，采取外包方式(鲍、海兔等腹足类、头足类)、内陷方式(河蚌等淡水瓣鳃类)和先外包后内陷方式(绝大部分海水瓣鳃类和红螺等少数腹足类)，形成内外双胚层的原肠胚。

多数海水瓣鳃类和腹足类的原肠胚进一步发育，形成具有纤毛和壳腺的担轮幼虫；淡水瓣鳃类(河蚌)则发育形成钩介幼虫或中介幼虫(南美蚌科)。前者冲破卵膜进入海水中，后者从雌体的出水管排出体外。头足类孵化出膜的幼体形态已接近成体。

(二)幼虫发育

出膜后的担轮幼虫具有趋光性，密集分布于水体上层，沿直线方向行迅速旋转运动，此时仍依靠卵黄营养；进一步发育是壳腺形成幼虫壳，并将前纤毛环推向身体前端，形成面盘，成为面盘幼虫。瓣鳃类先后发育成 D 形幼虫(直线铰合幼虫)、早期壳顶幼虫(壳顶突起、足棒状)、后期壳顶幼虫(壳顶充分隆起、足靴状)；腹足类担轮幼虫先后发育成早期面盘幼虫(幼虫壳透明、面盘发达，鲍仍不摄食，红螺已摄食)和后期面盘幼虫，后者又分为匍匐幼虫(在基面上爬行，失去游泳能力)、围口幼虫(出现围口壳)、上足分化幼虫(上足触手开始分化，壳增厚，足发达)。

八、稚贝发育

双壳类后期面盘幼虫遇到适宜的附着基，足丝腺分泌足丝进行附着生活，面盘退化，产生次生壳，在形态、生理和生态等方面产生一系列变化，变态为稚贝。然后，各生态类型各自向成体方向发展，即分别发育成固着型、附着型、埋栖型。

腹足类的后期面盘幼虫附着后面盘消失，贝壳迅速钙化，足逐渐发达，行匍匐生活。

后期面盘幼虫转变为稚贝后，生长发育迅速，进入幼贝期，性腺发育成熟后成为成贝。

(郝振林)

参 考 文 献

包永波, 尤仲杰. 2004. 几种环境因子对海洋贝类幼虫生长的影响. 水产科学, 23(12): 39~41
蔡英亚, 张英, 魏若飞. 1979. 贝类学概论. 上海: 上海科技出版社: 199~263

常亚青. 2007. 贝类增养殖学. 北京: 中国农业出版社: 5~158

邓景耀, 赵传纲. 1991. 海洋渔业生物学. 北京: 农业出版社: 641~686

董波, 薛钦昭, 李军. 2000. 滤食性贝类摄食生理的研究与进展. 海洋科学, 24(7)32~35

江静波. 1965. 无脊椎动物学. 北京: 高等教育出版社: 200~227

刘焕亮, 黄樟翰. 2008. 中国水产养殖学. 北京: 科学出版社: 739~772

刘吉明, 任福海, 杨辉. 2003. 脉红螺生态习性的初步研究. 水产科学, 22(1): 17~18

刘凌云, 郑光美. 2009. 普通动物学. 4版. 北京: 高等教育出版社: 198~232

楼允东. 2009. 组织胚胎学. 北京: 中国农业出版社: 223~247

农业部渔业局. 2013. 中国渔业统计年鉴. 北京: 中国农业出版社

欧瑞木. 1990. 鱿鱼. 北京: 海洋出版社.

王如才. 1988. 中国水生贝类原色图鉴. 杭州: 浙江科学技术出版社

邬梅初. 1987. 淡水养殖珍珠. 上海: 上海科学技术出版社

夏念丽, 周玮. 2006. 底质粒径对菲律宾蛤仔(*Ruditapes philippina-rum*(Adams et Reeve))潜沙行为的影响. 大连水产学院学报, 25(6): 550~553

张国范, 闫喜武. 2010. 蛤仔养殖学. 北京: 科学出版社: 13~93

张国范, 郑怀平. 2009. 海湾扇贝养殖遗传学. 北京: 科学出版社: 5~33

张玺, 齐钟彦. 1961. 贝类学纲要. 北京: 科学出版社

周玮, 刘一兵, 李坤, 等. 2011. 魁蚶苗种的潜沙行为观察. 大连海洋大学学报, 26(6): 550~553

今井丈夫. 1871. 浅海完全养殖. 東京: 恒星社厚生阁板

Anthony S. I., Katsuaki A. F., Shigeru N. 2004. Mating, development and effects of females size on offspring number and size in the Neogastropod *Buccinum isao* Takii(Kira, 1959). Journal of Molluscan Studies, 70: 277~282

Hao Z.L., Zhang X.M., Kudo H., et al. 2010. Development of the retina in the cuttlefish, *Sepia esculenta*. The Journal of Shellfish Research, 29(2): 463~470

Richard M. M., Roberto C. L., Seiji G. 2008. Copulation behaviour of *Neptunea arthritica*: baseline considerations on broodstocks as the first step for seed production technology development. Aquaculture Research, 39: 283~290

Yan H.W., Li Q., Yu R.H., et al. 2010. Seasonal variations in biochemical composition and reproductive activity of venus clam *Cyclina sinensis*(Gmelin) from the Yellow River delta in Northern China in relation to environmental factors. Journal of Shellfish Research, 29(1): 91~99

Yan H.W., Li Q., Liu W.G., et al. 2010. Seasonal changes in reproductive activity and biochemical composition of the razor clam *Sinonovacula constricta*(Lamarck) from Yellow River Delta in northern China. Marine Biology Research, 6: 78~88

第六章　其他水产养殖经济动物生物学

第一节　养殖海蜇生物学

海蜇增养殖业是我国水产业的新兴事业——海蜇渔业产业，发展较快，2012年海蜇养殖产量已达 6.38 万 t。

海蜇属于巨型食用水母，经济价值很高。我国早在 1700 多年前晋代已有腌渍海蜇为食的记载，20 世纪 50 年代开始商业性开发海蜇食品，用盐、矾加工后畅销国内外。海蜇营养成分独特之处是含脂量极低，蛋白质和无机盐类等含量丰富；可食部分主要为中胶质。海蜇中胶质有阻止伤口扩散作用和促进新上皮形成的功能，作为保健食品，还具有舒张血管、降低血压、消痰散气、润肠消积等功能。

截至 20 世纪 70 年代末，对海蜇生物学所知甚少。1981 年，丁耕芜等首次揭示了海蜇多次变态的生活史，突破了长期以来关于根口水母类在消循腔中受精和早期发育的见解，从而获得了人工繁殖的成功。

多年来，中国学者在海蜇生物学和生态学研究方面取得了显著成果，主要内容包括：海蜇染色体组型和刺胞型、性腺发育组织学及性产物排放、受精和生殖习性，足囊生殖及其与环境生态因子的关系，横裂生殖规律及其人工控制，水螅型和水母型的习性、生长、死亡规律及其生态因子影响等。与此同时，人工育苗技术趋于完善，为海蜇增养殖提供了充分的种苗保证。

自 20 世纪 80 年代中期以来，我国开展了海蜇资源增殖及其人工养殖实践，对放流时间、海域选择、幼体规格、放流方式和放流效果检验等关键技术，以及放流后幼蜇的分布、移动、生长、性成熟后再繁殖及其渔业管理等进行了科学总结。目前，各地区已开展海蜇全人工养殖，在室内水泥池中进行产卵孵化和螅状幼体培育，冬季在室外池塘中进行冰下越冬；春季将螅状幼体移入室内水泥池，进行蝶状幼体培育，养至直径 1cm 幼蜇(海蜇苗)，放入室外池塘中养成食用海蜇。

一、养殖种类及其分布

(一)分类地位及主要形态特征

1. 分类地位

世界腔肠动物有 9000 多种，中国有近 1000 种，绝大多数种类生活于海洋中，少数种类可食用，有的可以作为药用、装饰品和工艺品等的原料。迄今为止，作为水产养殖和增殖对象的主要有海蜇一种。

海蜇(*Rhopilema esculentum* Kishinouye)隶属于腔肠动物门(Coelenterata；辐射对称，具两胚层，有组织分化、原始的消化腔及原始神经系统)，钵水母纲(Scyphomedusae；多为大型水母类，水母型发达，水螅型退化，常以幼虫形式出现)，根口水母目(Rhizostomeae；取食器官及其方式像植物根吸收养料)，根口水母科(Hizostomadae)，海蜇属(*Rhopilema*)。

目前，世界上已有记录的钵水母纲的种类约有 200 种，其中根口水母目约有 70 种。水母科海蜇属的种类有海蜇(*Rhopilema esculentum* Kishinouye)、黄斑海蜇(*Rhopilema hispidum* Vanhoffen)、棒状海蜇(*Rhopilema rhopalophorum* Haeckel)和疣突海蜇(*Rhopilema verrilli* Fewkos)，在我国沿海仅发现前 3 种。

在我国沿海可食用的水母，除了水母科海蜇属种类外，还有口冠水母科(Stomolophidae)的沙海蜇(*Nemopilema nomurai* Kishinouye)、叶腕水母科(Lobonematidae)的叶腕海蜇(*Lobonema smithi* Mayer)和拟叶腕海蜇(*Lobonemoi desgracilis* Light)等海蜇的近缘种类。

2. 主要形态特征

海蜇的体形呈蘑菇状(馒头状)，分为伞部和口柄部两部分(图 6-1)。伞部高，超半球形，表面光滑，中胶层厚，晶莹剔透。伞缘具 8 个感觉器和 110~170 个缘瓣(每 1/8 伞缘有缘瓣 16~22 个)。伞体中央向下为圆柱形口柄(胃柱)，其基部有 8 对加厚的肩板，端部为 8 条三翼形口腕，缺裂成许多瓣片，腕基部愈合使口消失(代之以吸盘的次生口)。肩板和口腕上有许多小吸口、触指和丝状附器，其表层满布刺胞团，能分泌毒液，施捕食与防御功能。吸口是胃腔(消循腔)与外界的通道，兼有摄食、排泄、生殖、循环等多种功能。

内伞部有发达的环状肌，间辐位有 4 个半圆形的生殖下穴，其外侧各有 1 个生殖乳突。胃腔大，椭圆形，内伞中央由胃腔向伞缘伸出 16 条辐管，辐管侧生若干分枝小管，并彼此相连，且各辐管中部由 1 条环管连接，形成复杂的网管系统。胃腔向下延伸并向口腔和肩板分叉形成腕管，与吸口相通。生殖腺位于伞体腹面生殖下穴的上方，在胃丝外侧，褶叠形，宽 5~10mm，共 4 个。生殖腺一端(向心端)，与胶质膜相连，另一端游离，与胶质膜之间形成生殖腔隙。无生殖管，性产物排放经由生殖腔隙通向胃腔，再经吸口排出体外。胃丝上有刺细胞和腺细胞，分泌消化酶行消化功能(图 6-2)。

海蜇体色多样，多数呈紫红色或青蓝色，也有乳白、浅蓝或金黄色个体，触手乳白色。伞部和口柄部(腕部)颜色通常相似，也有两部分颜色完全相异的个体。

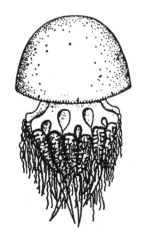

图 6-1　海蜇外部形态（洪惠馨等，1978）

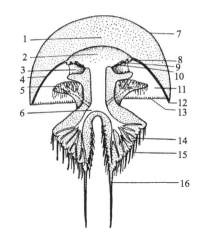

图 6-2　雌性海蜇纵切面模式（陈大元等，1987）

1.中胶层；2.胃腔；3.生殖下腔；间辐管；5.肩板；6.口腕管；
7.外伞；8.生殖乳突；9.生殖腺；10.胃丝；11.内伞；12.感觉器；
13.缘瓣；14.口腕；15.丝状附属器；16.棒状附属器

（二）自然分布

海蜇分布于中国、日本西部、朝鲜半岛沿岸和俄罗斯远东海域；在我国北起鸭绿江口，南止北部湾，南海、东海、黄海和渤海四大海区都有分布，尤其是辽东湾海域资源十分丰富，是该地区的重要渔业资源，已形成海蜇渔业产业。

海蜇的纬度分布，从南到北可分为粤东、闽南、闽中、闽北、浙南、舟山、杭州湾、吕泗、鲁南、莱州湾、渤海湾、辽东湾和大洋河口等群系。

海蜇近缘种类的纬度分布不同，沙海蜇多分布于渤海、黄海和东海，南海较少；叶腕海蜇系热带品种，分布于福建省南部、广东和海南等海区。

二、栖息习性及对环境条件的适应

（一）栖息习性

海蜇系暖水性水母，栖息于近海水域，喜栖半咸水、底质为泥、泥沙的河口附近海域和弱光环境，垂直分布于 3~20m 水层，有时可达 40m；海蜇幼体，栖息于河口咸淡水交汇处的海区。海蜇对淡水较敏感，干旱年份可随潮进入河道；在风平浪静、多云、阴天或黎明、傍晚，一般都浮于水上层或表面；遇有大风、强光照射或夜晚则活动于水的下层。

海蜇水母体营浮游生活，自泳能力较弱，在静水浮游速度为 4~5m/min；其水平分布受风向、风力、海流和潮汐等因素影响。海蜇靠发达的内伞环状肌有节律地伸缩，挤压下伞部的海水而获得前进的动力，依伞顶部的方向作缓慢游动，随波逐流。

海蜇具有预测海洋风暴的能力。海浪与空气摩擦产生次声波，刺激海蜇的周围神经感受器，使海蜇在风暴来临之前的十几个小时就能得到信息，从海面一下子全部消失了。科学家曾经进行海蜇声波发送器官的模拟试验，发现能提前15h测知海洋风暴的有关信息。

(二)对环境条件的适应

1. 温度对海蜇生长发育的影响

海蜇对水温的适应范围为15~32℃，适宜水温为20~24℃。

1)温度对海蜇足囊繁殖的影响

海蜇螅状幼体进行足囊繁殖的适宜温度一般高于10℃。国内外许多学者研究表明：钵水母螅状幼体足囊的形成及萌发的适宜温度为15~30℃；螅状幼体形成足囊率及其平均数目，在适温范围内随着温度的升高而增加，低于10℃则不能形成足囊。

2)温度对海蜇螅状体横裂生殖的影响

陈介康和丁耕芜(1984)研究表明：①海蜇螅状幼体经低温(冬季2~10℃)培养后，当温度升至18~27℃时1~14d发生横裂生殖，100d内重复横裂达8次；在18~22℃条件下培养2~3个月发生横裂生殖，8个月重复横裂达9次。②首次横裂生殖通常产生4~12个碟状幼体，重复横裂形成的碟状幼体减少，最终几乎全部是单碟或双碟型；若降低培养水温，螅状幼体横裂生殖受到抑制，重新得以生长并恢复多碟型横裂生殖。③温度升至22℃可有效诱导螅状幼体在两周内完成横裂生殖，平均产生7~8个碟状幼体。

3)温度对海蜇碟状幼体生长发育的影响

碟状幼体生长发育的适宜温度为10~25℃，最适温度为15~20℃，伞径平均日增长达0.5mm；5~7℃时生长迟缓，0~2℃时碟状幼体休克；30℃时碟状幼体活动缓慢，35℃时出现热休克，24h内全部死亡。

4)温度对海蜇水母体生长的影响

海蜇水母体生长的适宜温度为16~28℃，最适温度为24℃，平均日生长率最大(6.55%~10.00%)。海蜇水母体的存活温度上限为34℃，下限是8℃；水温升至34℃时，48h全部死亡，降至8℃时48h死亡45%。陈介康和丁耕芜(1983)认为，海蜇幼水母的适宜水温为18~22℃。洪惠馨(1978)认为，我国5种食用水母伞径0.5~2.0cm幼海蜇生长发育的适温为14~20℃。

2. 盐度对海蜇生长发育的影响

海蜇对盐度的适应范围为8~32，适宜盐度为18~26。

1）盐度对螅状幼体形成足囊的影响

螅状幼体形成足囊的适宜盐度为16~26，最适盐度为20；盐度高于26和低于16，基本上不能形成足囊。鲁男等（1997）研究发现，在温度15℃、盐度20时螅状幼体可同时形成2个足囊，即从螅状幼体柄部同时伸出2根匍匐茎。

2）盐度对足囊存活和萌发的影响

海蜇足囊存活盐度高于12，成活率达100%；8~10时部分成活，低限为6。足囊萌发的最适盐度为20~22，盐度28时足囊萌发率出现第2次高峰。

3）盐度对海蜇浮浪幼虫发育的影响

浮浪幼虫生存盐度下限为12，60h内个体变态率为4%，无死亡现象；盐度2~4和10时，分别于3h和60h全部死亡。

4）盐度对螅状幼体存活和横裂生殖的影响

螅状幼体生存的适宜盐度为14~20，横裂生殖率均为100%；最宜盐度为16~18，平均产生碟状幼体数最多（9个以上）；盐度小于12和高于22，横裂生殖率均小于100%，如盐度为10和12时成活率分别为85%和100%。

5）盐度对碟状幼体存活和生长的影响

碟状幼体存活的适宜盐度为14~20，成活率为100%；盐度8和盐度10的成活率分别为40%和90%，即生存盐度下限为8。

碟状幼体生长的适宜盐度为14~20，平均日生长率大于12%；当盐度小于1.2和超过24时，平均日生长率均小于12%。

6）盐度对海蜇（水母）幼体的影响

海蜇水母型幼体的存活盐度下限为8，即在盐度8和10条件下，8d内无死亡现象；把幼体放入盐度为2的水中，立刻停止运动，1h内分解；在盐度4时2h内全部死亡，盐度6时6d内全部死亡。

水母型幼体放入高盐度海水中，初期会浮在水面；放入低盐度海水中，初期会沉入水底，但短期（1~6h）内两者都能恢复活力。幼体在盐度13.9~30.2时摄食较快，10min后可见幼体胃丝上沾满轮虫；在盐度34.4和10.3时，幼体摄食较慢，30min后方可见幼蜇胃丝上沾满轮虫。

3. 溶养氧对海蜇螅状幼体和碟状幼体的影响

海蜇螅状幼体耐受低氧的能力较强，当溶氧量降至0.10mg/L时仍能存活。伞径3.4~10.2mm碟状幼体的窒息点为0.17~0.20mg/L，伞径1~3cm幼蜇的窒息点为

0.102~0.251mg/L，比鱼类窒息点(0.42~3.40mg/L)和虾类窒息点(0.32~1.82mg/L)
低。这说明，海蜇螅状幼体和碟状幼体的忍耐低氧能力均很强。

海蜇螅状幼体的个体耗氧量较低，约为 2.93µg/d；初期碟状幼体(直径 3.4mm)
个体耗氧量为 4.77µg/d，直径 4.6mm 和 10.2mm 的碟状幼体个体耗氧量分别为
25.41µg/d 和 79.45µg/d，约相当于初期碟状幼体的 5 倍和 17 倍。

幼海蜇在水中溶解氧达过饱和时，体内产生气泡，活力下降，甚至死亡。如
小球藻密度高达 1160 万/ml、溶氧量达 19.6mg/L(饱和度 270%)时，幼蜇胃腔和水
管中产生气泡，身体上浮，摄食能力及活力下降，直至死亡。光合作用导致高溶
氧的同时，一般都伴随着高 pH，这对海蜇将会造成更大的危害。池塘养殖海蜇时
应密切注意这一点。

4. pH 对海蜇生长发育的影响

幼蜇(伞径 1~3cm)的最适 pH 为 7.91~8.50，伞部收缩及摄食状态最佳，收缩
频率为 150~200 次/min，摄食轮虫 10min 后幼蜇胃丝上沾满轮虫；当 pH 为 6.82
和 9.47 时，伞部收缩频率分别减慢为 80~100 次/min 和 50~100 次/min；当 pH 低
于 6.82 和高于 9.47 时，伞部收缩频率更慢，分别为 50~80 次/min 和 30~40 次/min。

5. 光照对海蜇生长发育的影响

海蜇喜欢栖息于光照强度 2400lx 以下的弱光环境。
1)光照对海蜇浮浪幼虫变态率的影响
一定强度的光刺激是浮浪幼虫变态的重要条件。国外学者报道，海月水母
(*Aurelia aurita*)螅状幼体通常附着在低光照礁石上和贝壳的避光面。
2)光照对海蜇足囊萌发的影响
黑暗有利于足囊萌发。黑暗条件是海蜇足囊萌发长期适应的结果。
3)光照对海蜇横裂生殖的影响
光照是海蜇螅状幼体发生横裂生殖的重要因子，完全无光(黑暗)会使横裂生
殖延迟或受到抑制；在低温培养期间，螅状幼体成活率随光度增强而下降，通常
在黑暗条件下的成活率较高。但是，如果相应的温度条件得不到满足，光照对海
蜇横裂生殖的影响作用便体现不出来。

光照因子影响海蜇螅状幼体成活率的原因尚不清楚。室内实验观察，黑暗条
件下附着板上除螅状幼体外，基本上无其他附着生物；在透光条件下，附着板上
逐渐长满杂藻和其他附着生物，白色附着板变为暗绿色；而且螅状幼体被附着生
物所覆盖致死，在形成足囊过程中还有脱落现象。

三、摄食与生长生物学

(一)摄食生物学

1. 摄食方式

海蜇的口与口腕基部愈合，依靠口腕和肩板上众多的吸口及其周围触手上的刺细胞捕吸食物和防御敌害。海蜇摄食时，由口腕上的刺胞将食物麻醉后，从吸口处进入口腕管，经过垂管再进入胃腔，同时进行细胞内和细胞外消化。

海蜇各个发育时期的捕食方式不同。浮浪幼虫阶段不摄食，四触手螅状体幼虫开始摄食，螅状幼体自由地伸缩触手捕获食物，把食物刺麻后卷曲送入口中吞食之。碟状幼体是以缘叶上的爪和口周围的小触手进行捕食。随着生长发育口腕逐渐形成，伞径20mm幼蜇及成体主要是以肩板和口腕上小吸口周围的小触手进行捕食，而且身体不同部位的刺丝胞放出刺丝，也能刺麻小型动物，以帮助捕食。

2. 食物组成及其大小

食物组成：海蜇水母体的食物组成，包括硅藻类、原生动物、甲壳类、多毛类幼体，以及贝类和鱼虾类的卵及胚胎等，其中以纤毛虫类、小型甲壳类和贝类幼体为主，如纤毛虫、桡足类、枝角类、涟虫类、端足类等。螅状幼体以触手捕食小型浮游动物。直径20mm碟状幼体的食物组成基本上与成体相同。

海蜇摄食的食物大小在个体发育过程中发生一定变化：螅状幼体四触手阶段，吞不下卤虫(*Artermia* sp.)无节幼体；浮浪幼虫可以顺畅吞食下贝类的担轮幼虫，附着几天后的螅状幼体可吞食甲壳类无节幼体、端足类和小型桡足类等。

食物规格：海蜇摄食的食物大小一般不超过1mm，对5~10mm以上的鱼虾类幼体无危害。

3. 摄食量

海蜇水母型的日摄食量与个体发育阶段及其大小有关，以摄食卤虫(*Artermia* sp.)无节幼体为例，5mm碟状幼体日摄食量为100~200只，伞径20~30mm的日摄食量约为0.6万个，70mm的为10万个，110mm的为26万个，230mm的为290万个。有时可见到，在饱食后的海蜇口腕上仍然黏着很多被刺中的食物，但这种现象不多；因为海蜇的摄食量很大，一般达不到饱食程度。

螅状幼体的食物量不大，尤其是四触手和八触手的螅状幼体，日摄食量为50~200只浮浪幼虫或担轮幼虫，或摄食卤虫无节幼体。除越冬外，螅状幼体的日摄食量一般为50~100只卤虫无节幼体。

海蜇贪食，无论是水螅型，还是水母型，昼夜不间断地摄食，无明显的峰值。螅状幼体饱食后，触手还不断捕捉食物，当已经不能再送进口里时，便将食物麻醉后再丢弃；经常会看到，螅状幼体周围堆积一圈完整的死亡饵料。水母型的捕食也十分贪婪，1~2cm 的小海蜇，在饱食时整个胃腔直到原口全部被食物填满；有时被分泌黏液所包围着的食物，一直拖到原口以外。

(二)生长生物学

个体大小： 成体海蜇，伞径一般为 25~60cm；目前发现的最大个体，伞径达 100cm。

生长速度： 海蜇的生长速度与饵料生物丰度密切相关，在饵料丰富海域中生长迅速，3mg 碟状幼体，经 3 个月生长，体重就达 10kg 以上，增重 300 多万倍。

通常采用伞径和体重来衡量海蜇的生长速度。准确测量海蜇伞径比较困难，一般用伞弧长来代替半径，即海蜇生长速度等于单位时间伞弧长或体重增长值，分别以 dx/dt 或者 $\Delta x/\Delta t$ 表示。

辽东湾海蜇的生长自 6 月 20 日开始逐渐加速，至 8 月 10 日左右生长最快，9 月上旬生长速度急剧下降，9 月 10 日之后生长速度为负值，个体开始缩小；在秋季末期全部死亡。

海蜇的再生能力很强。幼蜇的口腕被切除后，一周即能长出；其螅状体被切成数段后，能够成长为多个正常的螅状体。

海蜇的肩板和口腕周围常有水母虾（*Latreutes anoplonyx*）和玉鲳（*Icticus pellucidus*）共生，当有敌害接近时，虾立即躲入其内，引起海蜇伞部收缩，瞬间潜入深水，逃避敌害。

四、繁殖生物学

(一)性成熟规格与雌雄鉴别

性成熟规格： 海蜇水母体的性成熟最小型，其伞径约 23cm。人工繁殖选择的亲海蜇，伞径一般为 40cm 以上。

雌雄鉴别： 海蜇为雌雄异体，其水母体的生殖腺共 4 条，呈折叠带状，其颜色依成熟程度而异，有棕红色、米黄色、乳白色和瓷青色等；在非繁殖季节，肉眼难以从外部形态鉴别其性别；在繁殖季节则较易辨别其雌雄：精巢为乳白色，内含物细小呈均匀糊状，卵巢内的卵粒，则明显可见。

（二）生殖腺结构及其发育

1. 生殖腺形态结构

海蜇属于双胚层动物，生殖腺起源于内胚层，位于伞体部腹面的胃腔膜上，紧靠胃丝带外上方，在胃腔内形成生殖腔隙并与胃腔相通，其外侧被胶质膜所封闭，不与外界相通。成熟卵巢充满许多成熟卵、即将成熟和未发育成熟的各个时相卵母细胞，镶嵌在透明的滋养细胞之间。成熟卵呈圆球形，卵径一般为 80~100μm，含有卵黄颗粒，核较大，并有明显的核仁，无油球，为沉性卵。

精巢内有许多排列非常紧密的精子囊。精子囊内有无数精母细胞，成熟后破裂并释放出精子。精子头部呈圆锥形，长约 3.9μm，尾部细长，约为头长的 8~10 倍，活动能力较强。

2. 性腺发育

海蜇生长快，生命周期（发育、生长、死亡）短（1 周年），群体是由单一世代组成的。黄鸣夏等（1985）报道，以卵径大小和生殖腺宽度及其与胃丝带比例为主要依据，将海蜇生殖腺发育分为 4 个阶段。

1）早期发育期

伞径 15~20cm 的海蜇，生殖腺明显可见，呈棕红色丝带状，宽度约 1mm，为胃丝带的 1/6~1/5；难于区分雌雄。

2）生长发育期

个体伞径 20~30cm 的海蜇，生殖腺迅速增宽为 1~2mm。用显微镜观察：卵细胞透明，排列较紧密，多分布在结缔组织周围，呈圆形、梨形、椭圆形和不规则多角形等早期时相的卵母细胞，卵径一般为 20~30μm。其后期生殖腺宽度为 2~4mm，一般与胃丝的宽度相等，开始积累卵黄，呈米黄色，卵径为 40~70μm；有的生殖腺中出现少数即将成熟的乳黄色大型卵母细胞。

3）成熟产卵期

海蜇伞径达 40~50cm 时，生殖腺开始发育成熟，呈乳白色，宽度为 5~810mm，一般为胃丝带宽的 1~3 倍。大型成熟卵占生殖腺 1/2~2/3。成熟卵为乳白色，卵黄颗粒增多变大，卵径 80~100μm，卵核较大，近核边缘有一明显可见的核仁；此外，还可以看到即将成熟和未成熟的不同时相卵母细胞；生殖腺中的结缔组织显著减少，膜变薄，褶皱也明显减少。

4）产后期

海蜇产卵后，生殖腺松弛，外膜增厚，颜色较暗淡；生殖腺内尚残留部分卵母细胞，排列稀疏，出现许多间隙。即将成熟卵细胞和不同时相的卵母细胞，相继发育成熟，仍可再次进行排卵。

(三) 繁殖方式

海蜇的繁殖方式分为有性生殖和无性生殖，即进行世代交替生殖。水母型为有性生殖世代，产生无性世代水螅型；水螅型为无性生殖世代，产生有性世代水母型。水母型营浮游生活，水螅型营固着生活。通常所说的海蜇，系指水母型成体。

1. 有性生殖

海蜇的有性生殖是由水母型世代完成的，即水母型雌雄个体分别产生卵子和精子，精卵结合、发育成水螅型。

海蜇的有性生殖期多在秋季。辽东湾种群繁殖期为 8 月末至 10 月下旬，9 月上旬和 10 月上旬分别为两个繁殖高峰期。海蜇分批产卵，同一个体可持续排放数日。产卵时间多在凌晨(黎明)。海蜇的排放方式，通常是大量卵子成片地分批排出，也有排放单个卵子的现象。卵子脱离卵巢在海水中完成成熟分裂，具梨形膜，外形与受精卵相似。

海蜇的怀卵量很大。伞径 23~54cm 的个体，怀卵量为 200 万~6700 万粒，平均值为 3000 万粒；其中伞径 20~40cm 的怀卵量为 220 万~783 万粒，伞径 41~53cm 的为 561 万~6779 万粒。也就是说，伞径 40cm 以上的个体，怀卵量显著增大。

海蜇精子的头部为圆锥形，长约 3μm，尾长约 40μm；卵呈圆球形，直径 80~100μm，乳白色，沉性。

精卵在体外受精。受精卵具梨形膜，第一极体和第二极体明显，乳白色，卵径 95~120μm。在 20~25℃下，受精后 30min 左右开始分裂，卵裂为全等型。囊胚为单层腔囊胚。囊胚细胞以内迁方式形成原肠，不久便发育成浮浪幼虫。浮浪幼虫体表布满纤毛，孵出前在卵膜内沿纵轴自右向左转动(图 6-3)。浮浪幼虫孵出后，浮游活泼。自卵裂至浮浪幼虫孵出，需 7~8h。

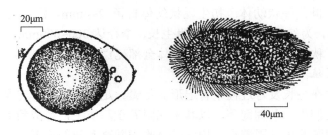

图 6-3　海蜇受精卵和浮浪幼虫(丁耕芜和陈介康，1981)

　　浮浪幼虫为长圆形，两端钝，前端稍宽，长 95~150μm，乳白色，在浮游过程中常变为扁形。多数个体，4d 发育为早期螅状幼体，具 4 条触手，体长 0.2~0.3mm；10d 左右发育为中期螅状幼体，具 8 条触手，体长 0.5~0.8mm；20d 左右螅状幼体发育完全，具 16 条触手，体长 1~3mm（图 6-4）。

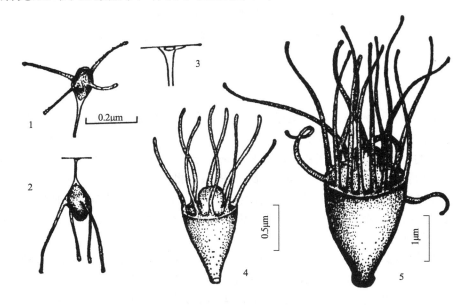

图 6-4　螅状幼体（丁耕芜和陈介康，1981）

2. 无性生殖

　　海蜇的无性生殖是由水螅型世代完成的，即螅状幼体形成足囊，并以横裂方式进一步发育成水母型。

　　螅状幼体营固着生活，从秋季至翌年夏初共 7~8 个月，螅状幼体以足囊生殖方式复制许多新螅状幼体。当自然水温上升到 15℃ 以上时，螅状幼体以横裂生殖方式产生有性世代碟状幼体。初生碟状幼体直径 2~4mm，浮游生活，经 15~20d 伞径达 20mm，为幼蜇；再经 2 个多月生长，伞径达 300~600mm，体重 10~30kg，达到性成熟。秋末冬初，完成生殖的个体全部死亡。

　　1）足囊繁殖

　　螅状幼体在生长发育过程中普遍形成足囊。足囊的形成，先是在螅状幼体的柄和托交界处伸出一条匍匐茎，以其末端附着于基质上，形成新的足盘；然后，原柄部末端逐渐脱离其固着点，螅状幼体收缩并移到新的位置，匍匐茎则变成其新的柄部。于是在原着点留下一团外被角质膜的组织，这就是足囊。水螅体的移位并同时形成足囊的行为，可重复进行多次。足囊在 2~8d 内突破顶部，便产生新的螅状幼体(图 6-5)。

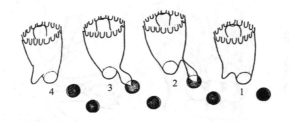

图 6-5 螅状幼体足囊繁殖过程(丁耕芜和陈介康，1981)

2)横裂繁殖

螅状幼体必须经过横裂繁殖，才能从固着生活的无性世代转变为浮游生活的有性世代水母型，即碟状幼体。

横裂繁殖开始，主辐和间辐触手基部膨大，触手下方的托部出现裂节；随着裂节数目不断增加，裂节间凹沟逐渐加深，同时，感觉触手基部更加膨大，从锥形变为扁圆形，进而变为长方形，其两个上角延伸为缘瓣锥形，并在缘瓣之间内侧中央出现感觉棍。随后，感觉触手缩短并被吸收，稍后，8 条从辐触手缩短并被吸收。缘瓣及其基部的缘叶伸长变薄，缘瓣尖端呈爪状，有 4~6 个分叉，感觉棍显著呈深红色，口与口柄由圆形变为方形，肠腔中每间辐部位均有一条胃丝，从上伞表层出现明显的 8 丛刺胞。顶端碟状幼体形成并频繁地颤动，仍附着在横裂体上。其下方的裂节也依次变态为碟状幼体(图 6-6)。当全部碟状幼体释放完毕后，又恢复为螅状幼体形态。形成 7 个碟状幼体，大约需 12d。最后 1 个碟状幼体脱离后，又生长恢复为螅状幼体状态。同一个螅状幼体横裂生殖可多次重复进行，产生的碟状幼体的数目依次逐渐减少，最终仅产生 1~2 个碟状幼体(图 6-7)。

碟状幼体的产生数量，与螅状幼体大小和营养储备有关，同时还受水温、营养、光照等环境生态条件制约。横裂生殖的适温为 13~27℃，最适水温为 18~25℃；最适盐度为 14~20；适宜光照为 1800~2400lx。螅状幼体经横裂生殖后，仍能进行足囊繁殖。

海蜇横裂繁殖规律：①春季水温升至 13℃时开始出现横裂幼体，15℃以上释放碟状幼体；②到秋季水温下降至 15℃以下为止，同一个体每年可重复横裂生殖 6~13 次；③首次横裂产生 5~14 个碟状幼体，随后依次逐渐减少，夏季横裂体仅为 1~2 个裂；④每一碟状幼体的平均发育时间为 2.1(1~4)d，两次横裂生殖的间隔为 3~28d，一般为 10d 左右；⑤畸形横裂个体有发育不全、发育停滞、发育逆转和两端发育等几种类型；⑥放流或放养海蜇幼水母温度应不低于 15℃。

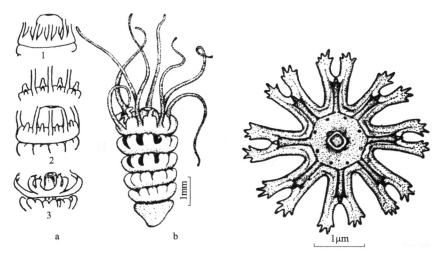

图 6-6　横裂生殖(丁耕芜和陈介康，1981)　图 6-7　碟状幼体(丁耕芜和陈介康，1981)

a.横裂生殖：1.主间辐触手基部膨大呈三角形；

2.触手萎缩，基部呈长方形，内侧形成感觉棍；

3.形成感觉缘瓣，口方形。b.横裂体(五碟)整形侧观

温度对海蜇横裂生殖有重要作用，调节温度可以有效地诱导或抑制海蜇横裂生殖发生。

(四)生活史

海蜇的生活史是营浮游生活的水母型有性世代和营固着生活的水螅型无性世代相互交替组成的，属于双相世代型。

在海蜇生命周期中，水母型有性生殖世代，产生精子和卵子，受精卵经过囊胚、原肠胚、浮浪幼虫发育成螅状幼体；水螅型无性世代产生出足囊，以及不断横裂成多个横裂体至碟状体，以无性生殖方式大量增加个体的数量。

营固着生活的螅状幼体，从秋季至翌年夏初(7~8 个月)以足囊生殖(无性生殖)方式复制许多新螅状幼体；当自然水温上升到 15℃以上时，螅状幼体以横裂生殖方式产生有性世代碟状幼体，初生碟状幼体直径 2~4mm，浮游生活，经 15~20d 伞径达 20mm 为幼蜇；再经 2 个多月生长，伞径达 30.0~60.0cm、体重 10~30kg 的性成熟亲海蜇。秋末冬初，成熟海蜇完成有性生殖后，全部死亡(图 6-8)。

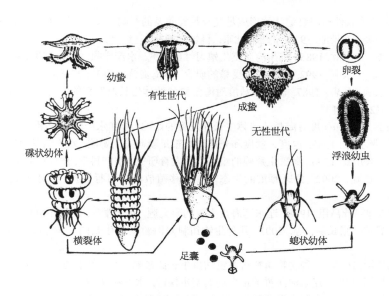

图 6-8　海蜇生活史(丁耕芜和陈介康，1981)

(常亚青)

参 考 文 献

毕远溥, 刘春洋. 2004. 海蜇池塘养殖技术的初步研究. 水产科学, 23(5): 23~25

陈大元, 潘星光, 陈介康, 等. 1987. 海蜇的生殖与受精. 水产学报, 11(6): 143~147

陈介康, 鲁男, 刘春洋, 等. 1994. 黄海北部近岸水域海蜇放流增殖的实验研究. 海洋水产研究, 15: 103~113

陈介康, 丁耕芜, 刘春洋. 1984. 光对海蜇横裂生殖的影响. 海洋与湖沼, 15(4): 310~315

陈介康, 丁耕芜. 1981. 海蜇发育阶段的刺胞. 动物学报, 27(4): 310~217

陈介康, 丁耕芜. 1983. 温度对海蜇横裂生殖的影响. 动物学报, 29(3): 195~206

陈介康, 丁耕芜. 1984. 海蜇横裂生殖的季节规律. 水产学报, 8(1): 55~67

陈介康, 丁耕芜. 1985. 营养条件对海蜇横裂生殖的影响. 水产学报, 9(4): 321~329

陈介康, 刘春洋. 1984. 光对海蜇浮浪幼虫变态率的影响. 水产科学, 3(4): 7~10

陈介康. 1985. 海蜇的培育与应用. 北京: 海洋出版社

陈炜, 蒋双. 1995. 海蜇螅状幼体和碟状幼体窒息点和耗氧量的初步测定. 水产科学, 14(4): 14~16

陈炜, 雷衍之. 1997. 离子铵和非离子氨对海蜇螅状幼体和碟状幼体的毒性研究. 大连水产学院学报, 12(1): 8~14

邓景耀, 赵传绹. 1991. 海洋渔业生物学. 北京: 农业出版社: 613~640

丁耕芜, 陈介康. 1981. 海蜇的生活史. 水产学报, 5(2): 93~102

谷丽, 郭敏. 2005. pH、盐度、溶氧对海蜇幼蜇生长的影响. 大连水产学院学报, 20(1): 41~44

郭平, 刘春洋. 1987. 海蜇早期螅状体的饵料. 水产科学, 6(3): 10

郭平. 1990. 营养条件对海蜇螅状体形成足囊及足囊萌发的影响. 水产学报, 14(3): 206~211

洪惠馨, 张士美, 王景池. 1978. 海蜇. 北京: 科学出版社

黄鸣夏, 胡杰, 王永顺. 1985. 杭州湾海蜇生殖习性的研究. 水产学报, 9(3): 239~246

黄鸣夏, 孙忠, 王永顺. 1992. 海蜇人工受精的研究. 东海海洋, 10(3): 77~80

黄鸣夏, 王永顺, 孙忠. 1987. 温度和盐度对海蜇碟状幼体生长及发育的影响胞. 浙江水产学院学报, 6(2): 8~14

黄鸣夏. 1987. 温度和盐度对海蜇碟状体生长和发育的影响. 浙江水产学院学报, 6(2): 105~109

蒋双, 鲁男, 陈介康. 1983. 温度、盐度和光照对海蜇足囊萌发的影响. 水产科学, 12(9): 1~4

蒋双, 鲁男, 陈介康. 1996. 海蜇生殖腺的组织学及发育研究. 水产科学, 15(2): 3~5

蒋双, 鲁男, 董婕. 2002. 黄斑海蜇的生态习性及移殖放流的可行性探讨. 水产科学, 21(5): 11~13

李培军, 谭克非, 叶昌臣. 1988. 辽东湾海蜇生长的研究胞. 水产学报, 12(3): 243~249

李晓东, 李铁刚, 张长新, 等. 2003. 几种生物饵料对海蜇幼蜇生长的影响. 水产科学, 22(3): 4~6

李晓东, 刘铁刚. 2003. 几种生物饵料对海蜇幼蜇生长的影响. 水产科学, 22(3): 4~6

刘海映, 李培军. 1990. 辽东湾海蜇数量变动的初步探讨. 水产科学, 9(4): 1~5

刘焕亮, 黄樟翰. 2008. 中国水产养殖学. 北京: 科学出版社: 822~835

卢振彬, 颜尤明. 1999. 闽江口海蜇渔业生态学研究. 应用生态学报, 10(3): 341~344

鲁男, 蒋双, 陈介康. 1995. 温度和饵料丰度对海蜇水母体的影响. 海洋与湖沼, 26(2): 186~190

鲁男, 蒋双, 陈介康. 1997. 温度、盐度和光照对海蜇足囊繁殖的影响. 水产科学, 16(1): 3~8

鲁男, 刘春洋, 郭平. 1989. 盐度对海蜇各发育阶段幼体的影响. 生态学报, 9(4): 304~309

农业部渔业局. 2013. 中国渔业统计年鉴. 北京: 中国农业出版社

谭克非. 1987. 用高次方程研究辽东湾海蜇的重量生长. 水产科学, 6(3): 16~18

王绪峨, 宋向军. 1994. 莱州湾海蜇资源消长原因及增殖措施. 齐鲁渔业, 11(5): 18~19

王燕青, 姜连新. 2007. 温盐环境突变对海蜇幼体生存的影响. 上海水产大学学报, 16(3): 259~264

王永顺, 黄鸣夏, 丁耕芜. 1980. 海蜇碟状幼体发育、变态之观察. 浙江海洋水产科技, (1): 29~31.

张鑫磊, 成永旭, 陈四清, 等. 2006. 温度对海蜇横裂生殖和早期生长的影响. 上海水产大学学报, 15(2): 182~185

赵斌, 张秀梅. 2006. 环境因子对海蜇早期幼体发育影响的生态学研究进展. 海洋水产研究, 27(1): 87~92

Berrill N. J. 1949. Developmental analysis of Scyphomedusae. Biol. Rev., 24: 394~410

Berrill N. J. 1961. Growth, Development and Pattern. San Francisco and London: W. H. Freeman and Company: 158~164

Carlder D. R. 1973. Laboratory abservations on the life history of *Rhoplilema verrili* (Scyphoza, Rhizostomeae). Mar. Boil. Berl., 21: 109~114

Carlder D. R. 1982. Life history of the cannonball jellyfish, *Stomolophus meleagris* (Scypiozoa, Rhizostomida). Biol. Bull. Woods Hole., 162(2): 149~162

Castance D. R. N. 1967. Studies on strobilation in the Scyphozoa. Boil. Educ., (1): 79~81

Dong J. 2006. Study on deleterious jellyfish study in Bohai Sea and Sea and the Northern Yellow Sea, China. Proceeding of 3rd International Workshop on Jellyfish Bloom

Dong J., Jiang L. X., Tank F. 2006. Stock enhancement of jellyfish(*Rhopilema esculentum* Kishinouye, 1891)in the Liaoning Bay, China. Proceeding of 2nd International Jellyfish Blooms Symposium

Dong J., Liu C. Y., Wang Y. Q., et al. 2006. Laboratory Observation on the Life Cycle of *Cyanea nozakii* Kishinouye. Acta Zoologica Sinca., 52(2): 389~395

Graham W. M., Pagès F., Hamner W. M. 2001. A physical context for gelatinous zooplankton aggregations: a review. Hydrobiologia., 451: 199~212

Lynam C. P., Hay S. J., Brierley A. S. 2004. Interannual variability in abundance of North Sea jellyfish and links to the North Atlantic Oscillation. Limnology and Oceanology, 49: 637~643

Russell F. S. 1970. The Medusae of the British Isles, Ⅱ. Pelagic Scyphozoa with a Supplement to the First Volume on Hydromedusae. Cambridge: Cambridge Univ. Press: 16~20

Ye C. C. 1984. The prawn(*Penaeus orientalis*)in the Pohai Sea and their fishery. *In*: Penaeid Shrimps– Their Biology and Management. Farnham, Surrey: Fishing News Books Limited: 49~59

第二节　养殖两栖动物生物学

两栖动物养殖业是水产养殖业的一个分支，经营的对象具有较高的经济价值和生态价值。2012 年我国两栖动物养殖产量达 8.33 万 t。

两栖动物(Amphibia)是幼体水生和成体水陆兼栖生活的变温脊椎动物，绝大多数是亦水亦陆的种类。现存的种类多生活在热带、亚热带和温带区域，寒带和海岛上的种类稀少。

两栖动物的繁殖和幼体发育必须在淡水中进行。幼体形态似鱼，用鳃呼吸，有侧线，依靠尾鳍游泳，发育中需经变态才能上陆生活。现存两栖动物成体的体形分为蚓螈型、鲵螈型和蛙蟾型。蚓螈型种类的外观似蚯蚓；鲵螈型种类四肢短小，尾甚发达；蛙蟾型种类的体形短宽，四肢强健，无尾，头部略呈三角形，颈部不明显，躯干部有五指(趾)型的四肢，后肢长，跗部延长并分别与胫蹠部构成可活动关节，适于跳跃或游泳。与爬行动物的主要区别是皮肤裸露无鳞，富于腺体，黏液腺的分泌物经常使皮肤保持湿润状态，以进行皮肤呼吸；没有交尾器，一般都是体外受精；卵产于水中，卵外有胶质膜保护，卵黄多，无胚胎膜的发生，孵出的幼体具鳃，生活在水中，经过变态形成成体，一生中与水生环境极为密切。

我国产两栖动物 280 余种，隶属 3 个目，其中蚓螈目(Caeciliformes)仅版纳鱼螈(*Ichthyophis bannanicus*)1 种；蝾螈目(Salamandriformes 或有尾目 Caudata)约 37 种，隐鳃鲵科(Cryptobranchidae)中国大鲵(*Andrias davidianus*)是仅产于我国的珍稀动物；蛙形目(Raniformes)240 多种，蛙科(Ranidae)94 种，蛙属(*Rana*)约 70 种。

目前，我国养殖的两栖动物主要有蛙属的虎纹蛙、棘胸蛙、中国林蛙和从国外引进的牛蛙、猪蛙 5 种，以及大鲵属的中国大鲵。

两栖动物养殖业是一项投资少、综合效益高、适合于广大农村和林区经营的产业。它具有广泛的社会效益与生态效益，更具有较高的经济效益。经济两栖动物的肉质洁白细嫩、味道甘美、营养丰富，富含优质蛋白质与人类 8 种必需氨基酸、多种维生素和矿物元素，脂肪和胆固醇含量低，不仅是宴席上的珍馐佳肴，而且是优化广大农民食物结构的重要营养食品。广大农村、林区人民，利用坑塘、河沟和稻田养殖蛙类，具有调整与优化农村、林区产业结构和增加人民收入的重要现实意义。

经济两栖动物是一种高级滋养品，并有一定的药用价值。中国林蛙输卵管的阴干品，通称哈士蟆油，含有 56.3%蛋白质、3.5%脂肪、4.7%矿物质，还含有甲状腺素、睾酮、雌二醇、雌酮等 4 种激素，18 种氨基酸和多种维生素，是男女皆宜的保健品。棘胸蛙具有滋补强身、清心润肺、健肝胃、补虚损、解热毒、治痔积等药用，适宜于病后健身食用；棘胸蛙的蝌蚪，可乌发、清毒解疮，蛙卵尚有明目之功效。

两栖动物蛙蟾类是农林业害虫的天敌，是经济作物和树林等植物的生物灭虫大军，是稻田与森林卫士。它们生活于农田、森林、草地，捕食危害作物和树木的蝗虫、蚱蜢、黏虫、稻螟、松毛虫、甲虫、蝽象和蝼蛄、象鼻虫、金花虫、金龟子、蚊、蝇、蛾类等害虫。据统计，每只黑斑蛙一天约捕食 70 只昆虫，一只泽蛙捕虫 50~270 只，一只大蟾蜍 3 个月可捕食万余只昆虫，一只林蛙每年可食 3 万只害虫。福建省莆田县每亩稻田放 60 只蛙捕食稻苍虫和螟虫，防治枯心病的效果达 91.0%。一只牛蛙一年可捕食 1 万余只昆虫，每尾蝌蚪每天吃蚊子幼虫 100 多只，辽宁省兴城市 1 亩稻田放养 500 只牛蛙，未打农药，水稻仍获好收成。

牛蛙等大型蛙类的皮薄而坚韧、柔软光滑、富有弹性，且具有绚丽多彩的花纹，加工的蛙皮革作为钱包、手套、弹性领带、皮鞋等高级皮革制品，畅销东南亚等国际市场。用蛙皮炼制的皮胶可作为珠宝、钻石、翡翠等装饰品的优质胶黏剂。蛙类的内脏等副产品可制成饲料蛋白，是畜禽、毛皮兽和鱼虾等配合饲料的优异蛋白质原料。

我国两栖动物养殖业历史不长，始于牛蛙养殖。台湾自 20 世纪 20 年代开始养殖牛蛙，现年产 1 万多吨。我国内地自 60 年代初，从日本和古巴引进牛蛙，分发至宁波、上海、天津、南京、广州、山东等 11 个省市；1965 年开始，先后在广东、湖南、湖北、江西、云南等省进行野外试养，取得一定成效；80 年代以来，牛蛙养殖业再度兴起，许多高等院校和科学研究单位参加研究与推广工作，取得系列研究成果，很快形成规模化生产。1987 年，广东省肇庆市广利渔场自美国引进猪蛙（沼泽绿牛蛙）和河蛙，俗称美国青蛙，由于个体较大，适应能力强，性情温顺，在我国很快形成产业化，总产量高于牛蛙。

中国林蛙养殖业，自 20 世纪 80 年代以来东北地区形成产业化，山东、河北、江苏等省也移植试养成功，并取得一定成效。90 年代以来，华南、西南、华中等省市先后养殖虎纹蛙、棘胸蛙等较大型土著蛙类，取得很好的经济效益；广东、贵州、四川、湖南、湖北、陕西等省先后开展大鲵生物学研究工作和人工养殖，都取得一定成果，有的已形成产业化生产。

一、养殖种类及其分布

(一)外部形态特征

目前，我国养殖的两栖动物 6 种，其中无尾类蛙科 5 种，有尾类大鲵属 1 种。

蛙属的主要形态特征是舌卵圆形，后端有深缺刻，锄骨有齿，鼓膜明显，指无蹼，趾有蹼。

1. 虎纹蛙

虎纹蛙【*Hoplobatrachus rugulosus*(Wiegmann)】(图 6-9) 又称泥蛙、田鸡、田蛙、水鸡等，国家二级保护野生动物；无背侧褶，鼓膜明显，趾间全蹼，背面皮肤粗糙，且有许多长短不一的纵肤棱，腹面光滑，吻端尖圆；背部土黄色或黑褐色，有不规则的黑色斑纹，似虎纹状。

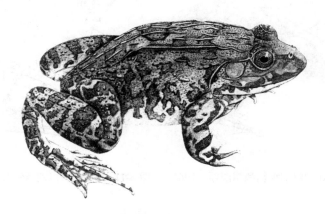

图 6-9 虎纹蛙(刘承钊和胡淑琴，1961)

2. 棘胸蛙

棘胸蛙【*Paa*(*Paa*)*spinosa*(David)】(图 6-10) 又称石蛙、石鸡、石蛤蟆(拐)、

坑蛙、岩蛙等，无背侧褶，鼓膜不明显，指(趾)末端膨大成圆球状，雄性前肢特别强壮；皮肤粗糙，雄性背部有长短不一的纵向窄长疣，断续成行排列，其间有小圆疣；雌性背面都是分散的圆疣，疣上有小黑刺；腹面皮肤有棘，雄性仅胸部有分散的大黑棘；背部黄褐色、深棕色或深褐色，腹面白色，略带黄色并有淡灰色花斑。

3. 中国林蛙

中国林蛙【*Rana chensinensis* David】（图 6-11） 又称哈士蟆、哈什蚂、田鸡等，被列入《中国濒危动物红皮书》；分为 4 个亚种，中国林蛙长白山亚种（*Rana chensinensis changbaishansis*）、中国林蛙指名亚种（*Rana chensinensis chensinensis*）、兰州亚种（*Rana chensinensis lanzhouenosis*）和康定亚种（*Rana chensinensis kangdingensis*），其中长白山亚种的体形大，繁殖率和产油率都很高；有背侧褶，不平直，在鼓膜上方斜向外侧，随即又略折向中线，背侧褶间无斜行黑线纹，鼓膜处有三角形黑色斑；皮肤略粗糙，背部及体侧有大小疣粒，排列不规则；背部灰褐或黄褐色，雌性腹部青黄色或粉红色，雄性腹面乳白色或淡粉色。

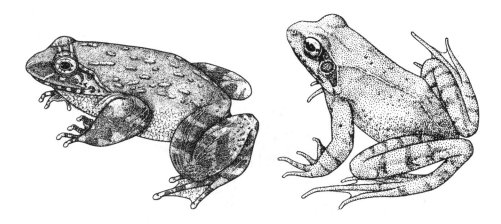

图 6-10　棘胸蛙(刘承钊和胡淑琴，1961)　图 6-11　中国林蛙(刘承钊和胡淑琴，1961)

4. 牛蛙

牛蛙【*Rana catesbeiana* Shaw】（图 6-12） 俗称古巴牛蛙，外形与虎纹蛙相似，但体更大，头大而扁，长宽几乎相等，眼大而突出，鼓膜明显，与眼径相等或略大，趾蹼达趾端，背部皮肤略粗糙，有极细的肤棱或疣粒，无背侧褶，背面绿色或棕绿色，带有暗棕色虎斑纹，腹面白色，有暗灰色细纹；雄性咽喉部鲜黄色，雌性灰白色。

5. 猪蛙

猪蛙【*Rana grylio*】（图 6-13）　又称沼泽绿牛蛙，与河蛙（*Rana heckscheri*）俗称美国青蛙。猪蛙也无背侧褶，其体形似牛蛙，但体略小，与牛蛙外形的主要区别如下：头形宽，但较尖；鼓膜四周有一黑圈；背中部有一明显纵肤沟；后肢发达，肌肉多，趾间蹼膜欠丰满；皮肤较光滑，体色较浅，多显墨绿色、浅绿色、黄绿色，背部有近圆形或椭圆形斑纹。

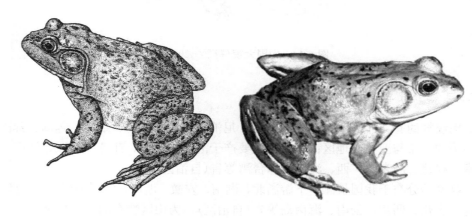

图 6-12　牛蛙（刘凌云和郑光美，1978）　　　图 6-13　猪蛙

6. 中国大鲵

中国大鲵【*Andrias davidianus* 或 *Megalobatrachus davidianus*（Blanchara）】（图 6-14）　俗称娃娃鱼，是现存两栖动物中体形最大的种类，体大，呈扁筒形，头部扁宽，眼小，无活动性眼睑；体侧有 12~15 条肋沟，并有一明显的纵行肤褶；四肢粗壮短小，指（趾）间无蹼，背、腹面有许多成对的小疣粒。尾较短，侧扁，为体长的 1/3 左右，上下方有发达的脂肪质鳍状物（尾褶），尾端钝圆。体表光滑无鳞，皮肤润滑，多皮肤腺；体色多种，与栖息环境密切相关，一般为暗黑色、红棕色、褐色等。

图 6-14　中国大鲵(费梁，2000)

(二)自然分布与养殖区域分布

虎纹蛙约有 4 个亚种，分布于印度、尼泊尔、斯里兰卡、缅甸、越南、泰国和中国的热带与亚热带地区；在我国主要产于河南、安徽、江苏、浙江、江西、湖南、福建、广东、广西、海南岛和台湾等省(自治区)。

棘胸蛙分布于我国长江中下游湖北、湖南、安徽、浙江、江西和广东、广西、福建、贵州、四川、云南、海南岛等省(自治区)，为山区特有的大型种类。

中国林蛙分布于俄罗斯、日本、朝鲜和我国。我国内地主要产于吉林、黑龙江、辽宁，在内蒙古、甘肃、河北、山东、山西、陕西、河南、青海、西藏东部、四川、湖北、江苏、北京、天津等 16 个省(自治区、直辖市)也有一定分布；其中长白山亚种主要分布于长白山脉及附近小兴安岭，指名亚种主要分布于华北、华中、秦岭和甘肃东部，兰州亚种分布于六盘山以西、拉脊山以东、岷山以北和乌梢岭以南地区。长白山区是中国林蛙的主要分布区。

牛蛙原产于美国洛杉矶东部地区，由于人工引种与养殖，已遍及世界各大洲。目前，我国各省市都有牛蛙养殖场。

猪蛙原产美国，主要分布于北纬 25°~33°的佛罗里达州以北至南卡罗来纳州南部，目前已引种到欧洲、亚洲等 30 多个国家，我国已有 15 个省市养殖猪蛙。

中国大鲵自然分布于山西、陕西、广东、广西、四川、湖北、湖南、贵州、青海等 18 个省(自治区)，主要产于黄河、长江和珠江中上游支流的山溪河中。目前，大鲵资源较丰富的地区有贵州、四川、湖南、湖北和陕西等省。

二、栖息习性及对环境条件的适应

(一)栖息习性

1. 蛙类栖息习性

我国养殖的 5 种蛙，成体的栖息习性分为水内生活型和陆地生活类型。虎纹蛙、牛蛙和猪蛙通常栖息在湖泊、水库、沟渠、池塘、沼泽、稻田等静水水域中，称静水内生活类型；棘胸蛙等棘蛙类一般栖息于山林区水流较缓的山洞、小溪、流溪的洄水荡等流水水域中，称流水内生活类型。中国林蛙除了繁殖季节、蝌蚪和越冬期间在水中生活外，一般不到水中或少到水中生活，通常栖息在以水源为中心的潮湿荫凉、植被茂密山地(灌木林)、草地、沼泽等处(离水源 500~1000m)，称陆地草丛生活类型；冬眠后，春季自池水跳出，登陆上山，寻找潮湿多草的阔叶林和针叶与阔叶混交林，定居生活；秋末(<15℃)下山，潜入河沟越冬(群居冬眠)。

蛙类贪安静，惧怕惊吓干扰。白天牛蛙等通常用前肢抓住漂浮物将身体悬浮于水中，仅露出头部呼吸，或躲在阴凉潮湿的草丛、洞穴里休息；遇到惊扰，即刻潜入水中，逃之夭夭。晚间，在没有干扰的情况下则四处活动、寻食。

水内生活的蛙类具有穴居生活习性，虎纹蛙洞穴由泥土堆成，或由石块堆砌而成，蛙藏匿于其中，仅将头部伸出洞口，如有食物活动则迅速捕食之，若遇敌害则隐入洞中。棘胸蛙的洞穴多在溪流两岸靠近水面处，有时开口的一半在水面之下，洞口不大，进、出口合二为一，洞内光滑，潮湿，洞深 15~25cm，洞底略低于洞口，2~3 只或 10 余只共处 1 穴，有时在 1 个洞穴中捕获十多千克的冬眠棘胸蛙；习惯昼伏夜出，白天匿藏在洞口、草地、石缝间，夜间在洞穴附近几十米范围内活动、觅食，黎明前各自返回洞穴。

蛙类喜弱光，畏强光，白天多匿藏在树阴、草丛、洞穴中，夜间外出觅食，突然遇到强光(手电筒、火把等)时便一动不动，使人捉拿。

几种养殖蛙都善于跳跃，其后肢粗壮、长大，平时"Z"字形曲卷，见到食物时跳跃捕食，遇到惊吓时则立即跳跃逃窜，特别是牛蛙善跳，跳高达 1.5~2.0m，跳远达 1.4~2.7m。

几种蛙类在冬季都具有冬眠习性，当秋末水温降到一定程度时，潜入并匍匐水底或水底软泥中(牛蛙、猪蛙)，在洞穴中或深水淤泥中或地下水口处的水坑中(虎纹蛙、棘胸蛙)，在河底石砾、草根和树根下(中国林蛙)，四肢卷曲，头部朝下，不食不动，行皮肤呼吸，代谢水平很低，或分散或群居。这种行为和现象称冬眠。各种蛙冬眠期限、冬眠开始时间和解除冬眠的温度，因种类和所处地理气候条件而异。

2. 中国大鲵的栖息习性

中国大鲵属水内生活的两栖类，一般喜栖息于石灰岩层的阴河、暗泉流水及有水流的山溪洞穴内，洞口不大，进、出口一个，洞内较宽敞，平坦光滑，深浅不一，深的有几十米，多为单独栖居和活动，不集群，在流水环境中性情活泼，白天多隐藏在洞穴内，夜间活动频繁，常逆水或顺水到几公里至几十公里的河岸浅水处觅食，黎明前又回到原洞穴处；仔鲵有集群习性，多成群在浅滩乱石缝中、水草和小土穴、石穴里嬉戏。

(二) 对环境条件的适应

影响两栖动物主要养殖种类生存和发育的非生物因子为盐度、温度、溶解氧、pH、湿度和光照等。

1. 对盐度的适应

两栖类是在淡水与陆地生活的两栖动物，幼体对盐度的适应能力与淡水鱼相同，成体对盐度的适应幅度也较小。主要养殖种类的生存与繁育盐度低于 3，最适盐度为 0.02~0.5，致死盐度高限为 8 左右。

2. 对温度的适应

两栖类属变温动物，温度对幼体和成体的生存、生长发育影响极大。主要养殖种类的致死温度、生存温度、摄食与生长适温、繁殖适宜温度和冬眠温度综合列入表 6-1。由表可知，它们对水温的适应能力有一定差异，其中中国林蛙和中国大鲵的适宜温度较低。

表 6-1　主要养殖两栖类对水温的适应　　　　　　　　（单位：℃）

种类	致死温度		生存温度	摄食与生长		繁殖适温 最适温	开始冬眠 温度
	低限	高限		适温	最适温		
虎纹蛙				20~35	25~30	20~30 25~28	8~15
棘胸蛙	0	35	2~31	15~34	18~23	18~27	8~12
中国林蛙	−2	35	0~33	8~23 10~25	10~20 15~20	5~24 10~16 8~10	10
牛蛙	−1	39~40	6~34	15~32	25~30	18~32 23~28	10
猪蛙	−1	40	1~37	8~35	18~32	20~30 25~28	10
中国大鲵			0~35	15~28	16~24.7	15~25 18~23	10~11.5

3. 对湿度的适应

蛙类除肺呼吸外，还行皮肤呼吸，在适宜的温度范围内，环境的相对湿度达70%，一般可安然生活，温度越高，对湿度的要求也越高；当空气湿度低时，它们便迅速跳入水中，干旱时便迁移到有水的地方或钻入比较潮湿的深土层中休眠；但若把成蛙溺水中，不让其浮到水面来呼吸空气也会窒息死亡，在温度 11.8℃、18.5℃和29.0℃时，在水中存活时间分别为 8h、2h18min 和 12min。

4. 对水中溶解氧、pH 的适应

蛙类成体大部分时间在水中生活，对溶氧量的要求高于 4mg/L；幼体阶段(蝌蚪)在水中生活，对溶氧量的要求与鲤科鱼类相似。蛙类对池水 pH 的要求，一般为6.8~8.0，pH>9 的碱性水和 pH<6 的酸性水都会影响其生长发育，严重时则引起死亡。

5. 对光照的适应

蛙类具畏光性，昼伏夜出，尤其是逃避强烈的阳光照射。但是，光照对蛙类生存与繁育却是至关重要的。光照直接影响牛蛙的性腺发育和繁殖；将牛蛙长期饲养在黑暗环境中，全身变黑，性腺停止发育，不能产卵、排精。

三、摄食生物学

1. 摄食方式

蛙类和大鲵的摄食方式属猎食或捕食。蛙类的摄食器官包括口、上下颌及其齿、舌等。口宽大，口腔中上下颌和犁骨上皆着生圆锥形齿，舌软、多肉、扁阔，富黏液腺，前端固着于口腔底部，后端为舌尖，游离呈叉状，朝向咽部，能够自口腔翻出，捕住食物后再回到口内。蛙类通常栖息于水面或草丛中窥视食物，当发现食物便突然跳跃过去，舌瞬间从口腔中翻出，黏着昆虫等食物，然后迅速返回口腔把食物送入咽部；颌齿和犁齿协助捕食而防止食物逃脱。蛙类的视觉器官已初步具有与陆栖相适应的特点，但视觉调节能力不强，视觉调节方式也不同于改变晶体形状的陆生动物。所以它们在陆地上还是近视动物，只有到水中时，角膜由凸变平，才能适当增阔视野。摄食食物的有效距离为 5~10cm。

中国大鲵的口大，上下颌和锄骨都有着生齿，舌为近圆形，后端不完全游离，不能翻出摄食。当食物接近时，突然袭击，张口咬住食物，然后整个吞咽。

2. 摄食量

蛙类和中国大鲵摄食量较大。1 只中国林蛙每天捕食昆虫数百只，甚至达 3000

余只，摄食旺期，每天捕食 3~5g。1 只牛蛙一夜摄食饵料 43.7g，1 只体重 53g 的牛蛙摄食量为体重的 26.8%；体重 300g 的牛蛙，吞食 4 只蚱蜢后又捕食 31 只重约 20g 的青蛙。中国大鲵的摄食量也较大，日摄食量占体重的 5%~8%，1 尾重约 1.5kg 的大鲵 1 次可吞食 500g 食物，然后约 1 周不吃食。

3. 食物组成

人工养殖的 5 种蛙类的食物组成较广泛，包括环节动物的蚯蚓等，软体动物的各种螺类，节肢动物的蝇类及蛆、蚊类、娥类、蝗虫、蝼蛄、蚱蜢、蜻蜓、蜘蛛、小蜈蚣、甲虫类、白蚁、瓢虫、螨虫和小虾蟹等，鱼类的幼鱼和小型种类，两栖动物的幼体，爬行动物的幼体和小蛇等，以及植物的种子和有机腐屑。其中以昆虫为主要食物，农林业害虫占 80% 左右。

中国大鲵的食物组成也较广泛，包括水生昆虫、虾蟹类、鱼类、蛙类、蛇类、水鸟、水老鼠和植物种子、杂草等。

总之，蛙类和中国大鲵成体的食物组成，以动物性为主，辅以植物性食物。

4. 对食物的选择性

成体对食物的选择性明显。动物性和植物性食物同在的情况下，首先摄食动物性食物；活动物和死动物混在一起时，选食活的，而基本上不吃死的食物。这几种养殖蛙类，仅虎纹蛙可以吃不运动的食物；其他几种蛙，在一般情况下只摄食活动的食物。因此，在培育蛙类苗种过程中需进行食性驯化，使幼蛙逐渐习惯摄食静止的或死的或人工配合饲料等食物。

蛙类和中国大鲵的幼体阶段(蝌蚪期)的摄食方式和食物组成与鱼类相同，而与成体截然不同。它们在卵黄囊消失后，吞食浮游植物、浮游动物、鱼虾幼体、有机腐屑等，属杂食性；当变态成为幼蛙以后才逐渐转向成体食性。

四、生长生物学

目前，我国养殖的蛙类属于大型的、较大型的且生长快的和较快的种类。牛蛙和猪蛙为大型的、生长快的种类。牛蛙的体重一般为 800~1500g，最大可达 2kg，胴体长达 20cm，仅次于非洲西部森林深溪中产的巨蛙或林溪蛙(*Rana goliath* Boulenger)；变态后的稚蛙，一般体重为 10g 左右(大者达 50g)，在适宜的人工生态条件下，饲养 30d 体重达 50g 以上，此后生长速度加快，月增重可达 50~150g，当年达 250g 以上，当体重达 350g 以上(性成熟)，生长速度有所减缓，体重达 500g 以上时生长速度明显变慢。

猪蛙也属大型蛙，但比牛蛙小，一般体重为 250~500g，胴体长 13cm 左右，变态后的蛙 4g 左右，在人工条件下(60~80d)当年体重达 50g 左右(幼蛙)，越冬后第二年饲养 100~150d，体重可达 150~250g；体重 250~300g(达性成熟)的个体，生长速度变慢。

中国林蛙、虎纹蛙和棘胸蛙属较大型蛙类，三者中棘胸蛙最大，中国林蛙最小，其生长速度也与个体大小相关。中国林蛙的最大个体，体长约 10cm，体重 100g 左右，生长速度相应也较慢，在自然条件下，完全变态登陆的幼蛙体长 1.2~1.5cm，生长至当年秋季冬眠时，体长为 3.5~4.8cm；第二年体长达 6.0cm 左右（♂5.2cm）、体重 40g 左右；第 3 年体长可达 7.5cm（♂6.1cm），体重 50~70g；第 4 年体长达 8.2cm（♂6.7cm）；4 龄以上的个体，生长缓慢。

虎纹蛙的最大个体可达 250g 左右，蝌蚪变为稚蛙的时期较短（1 个月左右），变态后生长速度较快，在人工饲养条件下日增重可达 6%，饲养 3 个月左右体重可达 100~150g；平均体重 38.2g 的虎纹蛙，在 30~35℃条件下，以鱼为饲料，平均每只日增重 3.36g。

棘胸蛙体重一般为 200~450g（体长 10~15cm），最大个体可达 0.75~0.9kg，生长速度较快。刚孵出的蝌蚪为 0.05g，变态后的稚蛙 1.5~3g（体长 1.8~2.5cm），在人工条件下，饲养 35d、113d、169d、184d、214d、244d，体重分别增加为 3~4g、12~35g、22~56g、35~96g、40~105g、63~178g；当体重>56g 时，生长速度增快。幼蛙养殖 1 周年，体重可达 85~230g；2 周年达 125~285g，3 周年达性成熟的蛙，生长变慢。

中国大鲵属于大型两栖类，最大个体可达 20kg，但其生长速度并不快；在人工饲养条件下 4~5 龄才能达到商品规格，但生长速度比在自然条件的还快得多（表 6-2）。

表 6-2　中国大鲵在自然条件和池塘中生长比较

年龄	1		2		3		4		5		6		7	
	自然	池塘	自然	池塘	自然	池塘	自然	池塘	自然	池塘	自然	池塘	自然	池塘
体重/g	0.5~1.0	6.0	2~5	59.4	49	264	250	717	400~550	1700	600~900	2666.7	1000~1500	3501.8
体长/cm	3~5	9.3	5~8	20.4	8~20	33.3	35	44.7	45	59.3	55	71.9	60	77.1

资料来源：在自然条件下的生长（卞伟，2001）；在池塘中的生长（王文林等，1999）

五、繁殖生物学

繁殖生物学内容包括：性成熟年龄与规格、怀卵量、产卵场环境条件、产卵季节与水温、产卵类型与每年产卵次数、发情与产卵行为、卵的大小与结构、胚胎发育适温与时间等。

养殖蛙类和中国大鲵都是在水中产卵，体外受精。蛙类产卵前，雌雄个体有拥抱（抱对）现象。在生殖季节，雄蛙选好场所，高声鸣叫，诱引雌蛙，雌蛙随之发出"卡、卡……"声，雄、雌蛙各自向异性靠近，汇合后，雄蛙的鸣叫便戛然而止，迅速跳骑在雌蛙背上，用前肢抱住其腋下，两者四肢及躯干浸没于水中，头部露出水面。抱对持续的时间因种类和个体而异，如棘胸蛙为6~8h或1d，牛蛙为1~2d，中国林蛙为2~3d。

雄、雌蛙拥抱达到高潮时，脑垂体释放性激素促使雄蛙更加用力地拥抱雌蛙，雌蛙在雄蛙的紧抱情况下，腹部的肌肉收缩将腹腔中的卵挤出体外，雄蛙立即排出精液，卵子瞬时受精；每次产卵的时间随产卵量而异，一般持续10~30min。

蛙类产卵场所：要求安静、背风、行人稀少的环境，水草多的浅水处或水底为石块的地方，或水中有树荫的地方。产卵的时间，一般多在夜间，产卵高峰往往在日出前，卵入水呈黏性，卵膜吸水膨大。棘胸蛙的卵粒黏连成片状。链索状或葡萄串状，每簇20~40粒，一端黏附在水中石块、树根或水草上，另一端悬于水层中；中国林蛙的卵粒黏成团状(球形或椭圆形)，直径4~5cm，吸水膨大后达15cm，漂浮于水面；牛蛙和猪蛙卵吸水后的卵块像棉絮状，常黏附在水草、草根、树根须上；虎纹蛙产出的卵黏连成小片，浮于水面，每片十余粒至数十粒。

中国大鲵繁殖时无拥抱现象，产前仍然独居，临产时，雄鲵游到雌性栖息地，选择水深1m左右的隧道状洞穴，并进入洞穴，用足、尾及头部将洞口和洞内打扫清洁，然后诱引雌鲵入洞，雄鲵的前脚爬在雌鲵背的后部，当雌鲵产卵时雄鲵立即排精，精卵瞬间结合受精。卵呈球状，由胶带相连，有时附于水草上。

主要养殖蛙类和中国大鲵的性成熟年龄与规格、产卵季节与水温等繁殖生物学指标见表6-3。

表6-3 两栖类主要养殖种类的繁殖生物学指标(特征)

名称	性成熟			怀卵量		产卵		年产卵次数	卵		胚胎发育	
	年龄/龄	规格		万粒/尾	粒/g	季节/月	水温/℃		结构	直径/mm	水温/℃	时间/h
		体长/cm	体重/kg									
虎纹蛙	2	8.2	0.05	0.18~1.2	32~95	5~9	20~28	多次	黏性胶膜	1.9	27	36
棘胸蛙	2~3		0.1	0.04~0.2	4~6	4~9	>15	3	黏性	3.2~4.0	18~23 25	10~12d 7~8d
中国林蛙	2~3	7.0	0.05	0.07~0.2	10~20	3~5	>5 8~11	1	黏性	1.5~2.0	15~18 5~10	3~4d 15~20d
牛蛙	1~2		>0.35	1.0~5.0	34~129	4~7	20~30	多次	黏性	1.0~1.5	19~27 25~31	3~4d 49~60
猪蛙	1~2	8.5~10.5	>0.3	0.2~3.0	20~50	4~9	20~30	2~3	黏性	1.0~1.5	20~21 24~25	100 72
中国大鲵	4~5	40	0.3~0.45	0.2~0.3	0.2~0.5	5~9 7~8旺季	14~25	分批产卵	微黏性	6~7	14~20	37d 907

六、生活史

两栖动物的个体发育全程(图6-15)分为胚胎发育期、变态期、稚幼期和成体期。

受精卵在水中发育到出现外鳃、口、尾鳍、心脏跳动和血液循环时，冲破卵胶膜，成为独立生活的幼体(蝌蚪)，称胚胎期。刚出卵胶膜的蝌蚪似幼鱼，口的后面有一能分泌黏液的吸盘，以此吸附在水草上，静止不动，2~3d 后吸盘开始退化；有一侧扁的长尾作为运动器官和分支的羽状外鳃行呼吸机能；外鳃不久被鳃盖遮蔽起来，随后萎缩而代之以咽部的 4 对内鳃；两颌外包有角质喙，构成口的上下唇并附生角质唇齿数行，以此啮食水生植物，唇的边缘有许多乳突，行味觉功能。

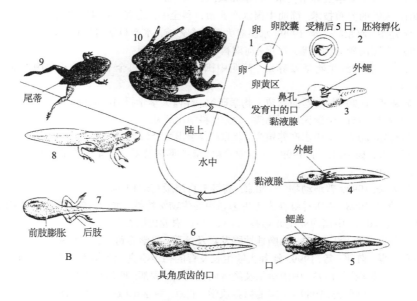

图 6-15　牛蛙生活史(刘凌云和郑光美，1998)

蝌蚪变态为稚蛙或稚鲵，称变态期(中国大鲵的变态期不明显)。蝌蚪的变态一般发生在孵出后 1~3 个月(因种和温度等因素而异)，变态期间其体内外发生一系列变化，各种器官由适应水栖向适应陆生转变。最显著的外形变化是成对附肢的出现，两颌的角质喙及角质唇齿连同表皮一起脱落，蛙类的尾部萎缩消失等；内部器官也有相应变化，当蝌蚪还在以鳃进行呼吸期间，咽部就长出肺芽，并逐渐扩大和形成左、右肺，最终完全代替了鳃；心脏发展成两心房一心室，而血液循环方式也随之由单循环发育成不完全的双循环；肠管由长而螺旋状盘曲(牛蛙蝌蚪的肠长为体长的 9 倍)转变为粗短的直形状(为体长的 2 倍)，胃、肠分化也趋于明显，食性由植物性变为动物性。

稚蛙的外形、体色与内部器官逐渐发育似成体，仅性腺尚未成熟，此时的个体称幼蛙或幼鲵；当性腺发育成熟，第二性征出现，此时已成为成蛙或成鲵。

(刘焕亮　黄樟翰)

参 考 文 献

卞伟. 1996a. 大鲵的生物学及养殖技术(一). 科学养鱼, (10): 15

卞伟. 1996b. 大鲵的生物学及养殖技术(二). 科学养鱼, (11): 12~13

卞伟. 1996c. 大鲵的生物学及养殖技术(三). 科学养鱼, (12): 18~20

卞伟. 1997. 大鲵的生物学及养殖技术(四). 科学养鱼, (1): 14~15

卞伟. 1997. 大鲵生物学及养殖技术. 科学养鱼, (1): 14~15

卞伟. 2001. 大鲵的养殖技术. 简明中国水产养殖百科全书. 北京: 中国农业出版社: 323~332

陈喜斌, 沈建中, 赵京杨, 等. 1999. 水温对大鲵摄食影响. 水产科学, 18(1): 20~22

费梁. 2000. 中国两栖动物图鉴. 郑州: 河南科学技术出版社

胡石柳. 2001. 棘胸蛙生物学及养殖. 简明中国水产养殖百科全书. 北京: 中国农业出版社:
    318~321

林光华, 虞鹏程. 1990. 棘胸蛙的繁殖生物学研究. 江西大学学报, 14(4): 64~71

刘承钊, 胡淑琴. 1961. 中国无尾两栖类. 北京: 科学出版社

刘焕亮, 黄樟翰. 2008. 中国水产养殖学. 北京: 科学出版社: 852~876

刘鉴毅, 肖汉兵, 杨焱清, 等. 1999. 大鲵成熟精、卵的形态及受精孵化中的形态变化. 淡水渔业,
    29(3): 6~9

刘凌云, 郑光美. 1998. 普通动物学. 北京: 高等教育出版社: 417~451

刘玉文, 刘治国. 1998. 中国林蛙在人工生态系中的生物学特性. 水产科学, 17(3): 23~257

农业部渔业局. 2013. 中国渔业统计年鉴. 北京: 中国农业出版社

苏雪红, 纪任宗, 张正江. 2001. 棘胸蛙性腺发育及繁殖. 科学养鱼, (12): 8~9

王文林, 詹克慧, 陈平, 等. 1999. 池养大鲵生长发育的初步研究. 淡水渔业, 29(4): 20~22

叶昌嫒, 费梁, 胡淑琴. 1993. 中国珍稀及经济两栖动物. 成都: 四川科学技术出版社

张扬宗, 谭玉均, 欧阳海. 1989. 中国池塘养鱼学. 北京: 科学出版社: 607-618

第三节　养殖爬行动物生物学

　　爬行动物养殖业是中国水产养殖业的组成部分, 2012 年养殖产量达 36.43 万 t, 其中中华鳖 33.14 万 t, 龟类 3.28 万 t。

　　爬行动物(reptile)是陆地繁殖的外热源(变温)羊膜动物(amniota), 是真正陆栖脊椎动物, 具有两栖动物初步登陆的特性, 并具有防止体内水分蒸发和适应陆地生活与繁殖的器官及特性, 如皮肤被角质鳞或硬甲, 有交尾器, 体内受精, 卵不产于水中, 卵外包裹蛋白质、内外壳膜和坚韧的石灰质或纤维质(无内胶膜和外胶膜)外壳, 孵出的幼体不具鳃, 不经过变态, 生活条件与成体相同, 可以完全摆脱水生环境, 行肺呼吸。

　　我国产爬行动物 380 多 种, 隶属 4 个目, 其中龟鳖目(Testudoformes 或 Chelonia)约 37 种, 蜥蜴目(Lacertiformes)150 余种, 蛇目(Serpentiformes)210 多种, 鳄目(Crocodiliformes)1 种; 基本体形分蜥蜴形(蜥蜴、鳄等)、蛇形和龟鳖形,

除蛇形外，四肢都强健有力，前后肢均为五指(趾)形，末端具爪。目前，我国水产养殖的种类为龟鳖类和鳄类，分别属于龟鳖目和鳄目。

龟鳖类和鳄类具有广泛的经济价值。龟鳖肉质细嫩、味道鲜美、营养价值高，是宴席上的名贵佳肴，也是人们的营养保健食品；蛋白质含量较高(>18%)，必需氨基酸全面且结构优化，赖氨酸(人类主要限制性氨基酸)含量居众食品之首，谷氨酸(鲜味氨基酸)含量达 13.95%；鳖的脂肪中不饱和脂肪酸占 75.43%，其中高度不饱和脂肪酸占 32.4%，是牛肉的 6.54 倍、罗非鱼的 2.54 倍，尤其是 EPA 和 DHA 的含量高达 6.97%和 8.3%，对防止高血压、冠心病、心肌梗死及增进脑功能都有一定作用；同时 B 族维生素和维生素 E 含量较高，对预防细胞老化、体细胞癌变有重要作用；微量元素，如铁、硒含量也较高，是预防贫血、抗抑肿瘤的最佳食品之一。

龟鳖的甲板、骨、肉、皮、血、肝胆、尿等均可入药。甲板与骨骼及其甲胶具有健骨补肾、轻身补肌、补血、消肿等功效，可治疗肝硬化和肝脾肿大等症。龟板是大补阴丸、大活造丸等药的主要原料；肉可滋阴补血，强肾壮阳，治疗肺结核和久咳、小儿生长虚弱、妇女产后体虚、脱肛、子宫下垂及性功能低下等症；龟皮主治血疾及刀箭毒，煮汁饮之可解药毒；龟血有抑制癌细胞的特殊功能。鳖血外敷可治面神经麻痹，内服可缓解白血病，治疗肺结核和脱肛，从血中提取白蛋白，可治疗肺炎、贫血、糖尿病；鳖胆可治疗痔疮与痔漏，龟胆主治痘后目肿和月经不调。

龟类还具有观赏价值，黄喉拟水龟等多种龟可培养成绿毛龟，是颇具观赏价值的高级礼品，出口日本、东南亚及港台，是创汇产品。

鳄类的经济价值巨大，肉的营养丰富，为上等佳肴，也是良好滋补品，内脏、骨骼、血液均可入药，具有治疗哮喘、风湿、咳嗽、心血管等多种疾病，《本草纲目》中提到扬子鳄"大补、微毒、少食"，皮可制革，加工成各种高级皮品(皮鞋、皮包、皮带等)和工艺品，价格昂贵。

我国台湾于自 20 世纪 30 年代末开始人工养殖鳖，大陆各省市养鳖业始于 50年代，80 年代末至 90 年代中期发展迅速。起步较早的有湖南、湖北、浙江、福建等省，常温养殖周期 3~4 年，增温快速养殖周期缩短为 12~16 个月。目前，养鳖业遍及全国各省市(除西藏自治区与青海省外)，2011 年鳖的养殖产量达 28.59万 t，年产 1 万 t 以上的有浙江、广东、江苏、湖北 4 个省，呈现出经营管理制度化、规范化和养殖技术现代化、科学化的大好形势。

养龟业的兴起晚于养鳖业。20 世纪 80 年代中期，随着龟的利用范围不断扩大，由药用扩展为药用、食用、观赏、出口等多种用途，市场价格不断上涨，推动了养龟业的兴起。湖南、湖北、福建、江西、江苏、浙江、山东等省都建起较大规模的养龟基地和养龟场；龟的养殖种类较多，其中养殖规模较大的有乌龟、黄喉拟水龟、三线闭壳龟、黄缘盒盖龟。近几年，自美国引进的鳄龟，养殖规模迅速扩大。

养鳄业在美国、泰国、委内瑞拉等国已形成产业。我国养殖扬子鳄始于1976年(安徽等地),1983年全人工养殖成功,广东省和江苏省先后建成较大规模的扬子鳄养殖观赏园;20世纪90年代以来,广东、海南、北京、哈尔滨等多个省市先后自泰国引进泰国鳄(*Crocodylus siamensis*)和尼罗鳄(*Crocodylus niloticus*)等大型鳄类,进行全人工养殖并形成一定生产规模;海南省三亚市全人工养殖尼罗鳄,取得良好经济效益和社会效益。

我国20世纪50年代以来,先后编写出版《中国经济动物志》爬行动物专著,开展经济爬行类个体生物学研究,中华鳖性腺发育等生物学研究,龟鳖类、鳄类的生态学和主要养殖种的生物学研究等应用基础理论研究,取得许多科研成果,如中华鳖、乌龟等数种龟鳖类个体生物学专著等。

一、养殖种类及其分布

目前,我国养殖的爬行类主要有龟鳖目鳖科(Trionychidae)的中华鳖,龟科(Emydidae)的乌龟、三线闭壳龟、黄喉拟水龟,鳄龟科(Chelydridae)的鳄龟,以及鳄目鼍科(Alligatoridae)的扬子鳄;个别地区和单位还有养殖鳖科的山瑞鳖(*Palea steindachneri*)、龟科的黄缘盒龟(*Cistoclemmys flaomarginats*)和鼍科的泰国鳄及尼罗鳄。

(一)外部形态特征

龟鳖及鳄类的外形分为头、颈、躯、尾和四肢。龟鳖类的显著特点是具有由背甲和腹甲构成的外壳,躯体包涵于外壳内。

1. 中华鳖

中华鳖【*Pelodiscus*(*Trionyx*)*sinensis*(Weiegmann)】(图6-16) 又称鳖、甲鱼、团鱼、圆鱼、王八、脚鱼、老鳖;身体扁平略呈椭圆形,吻长且呈短管状,口大,位于头的腹面,上下颌被坚硬的角质鞘,无齿,眼小且具眼睑与瞬膜;颈长,伸直可达体长80%,能够自由弯曲并缩回体内肉质颈鞘囊中;躯干部由背、腹甲构成硬壳保护腔,背甲25枚,腹甲9枚,背、腹甲外无盾片(与龟类不同),被革质皮肤,其边缘有发达的结缔组织构成的柔软裙边(游泳时起桨和舵的作用);四肢粗且短,较扁,五指(趾)型,具发达蹼,能行走和游泳;尾部短、基部粗、尾端尖细;体表颜色多种,随生活环境而变化,背部有橄榄绿色、橘黄色、玉白色、褐绿色、墨绿色、土黄色,腹部有灰白色、淡黄色、黑花色。

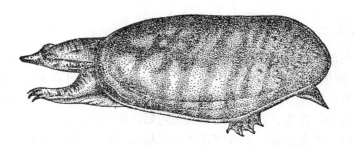

图 6-16 中华鳖(张扬宗等，1989)

2. 乌龟

乌龟【*Chinemys reevesii* Gray】(图 6-17) 又称金龟、草龟、泥龟、水龟、墨龟；身体较扁平呈椭圆形，头小而瘦狭，口位于头的前端且向前凸出，上下颌被坚硬的角质喙，无齿，眼小具睑及瞬膜；颈较长，可自由弯曲并缩入甲壳中；躯干部由背、腹甲构成坚硬的甲壳，背甲两层由 38 枚盾片与 49~51 枚骨板组成，腹甲亦两层由 6 对盾片与 9 枚骨板组成，腹甲向体侧延伸成甲桥，连接背甲与腹甲，使龟壳成为匣状，头、四肢及尾可自由缩入；四肢短呈圆柱状，并被鳞片，五指(趾)型，具蹼及爪；尾部较鳖长；头顶橄榄色，背甲深橄榄色或褐色；腹甲略带黄色，每盾片间呈黑色或暗褐色，有些雄体的腹甲和四肢及尾全为黑色。

图 6-17 乌龟

3. 三线闭壳龟

三线闭壳龟【*Cuora trifasciata* Bell】（图 6-18） 又称金线龟、金头龟、红边龟、红肚龟、断板龟；外形与乌龟等龟类大致相似，其最突出的两点特征是：① 腹甲分前后两节，前者为胸板(盾)，后者为腹板(盾)，之间由韧带组织相连，因而，前后两半可活动，在头、四肢及尾缩入壳内后，腹甲前后两半向内活动，闭合于背甲，形成似一个盒子状。②背甲有 3 条纵棱(纵线)，故名三线闭壳龟。四肢较扁，前肢 5 指，后肢 4 趾，具爪，全蹼，尾长而细尖；背甲玫棕色或红棕色，3 条纵棱呈棕黑色，头顶与背颈为金黄色或灰黄色，头两侧或眼前后有 1 条宽阔的黑色带纹，眼后的黑纹中镶嵌一椭圆形橙黄色斑块；腹甲周围、颈腹面、尾基腹面、四肢基部腹面均呈橘红色，故称红边龟或红肚龟。

4. 黄喉拟水龟

黄喉拟水龟【*Mauremys mutica* Cantor】（图 6-19） 又称黄喉水龟、香乌龟、水龟、蕲龟；吻略突出，超出下颌，头背光滑，无细鳞，有两条黄色纵纹，其一始于眼后，延伸至鼓膜上方，另一始自口角，直达鼓膜下方；背甲有 3 条纵棱，中棱较明显，两侧的纵棱不明显，尤其是成体与老年的个体更不明显；前肢 5 指，后肢 4 趾，具爪，全蹼；尾短；背甲线棕色或黄棕色，腹甲及喉部均黄色，故名黄喉水龟，四肢及尾呈橄榄色。

图 6-18 三线闭壳龟(张扬宗等，1989)　　　　图 6-19 黄喉拟水龟

5. 鳄龟

鳄龟【*Chelydra serpentine*】（图 6-20） 又称鳄鱼龟、小鳄鱼龟、肉龟、美国蛇龟；体形肥大且粗壮，长相奇特，头部呈三角形，不能完全缩入壳内，口裂较大，其后端达眼的后缘，颈长；背甲宽短，长与宽几乎相近，每块盾片均

有突起呈棘状，棘的顶点向左、右、前三个方向形成放射状条纹，背甲后缘呈锯齿状；腹甲较小，四肢不能缩入壳内，腹面有大块鳞片；四肢肥大且粗壮，指、趾间有蹼，尖端有强大的爪；尾部很长，约为背甲长度的一半，其上被环状鳞片，背面形成棘，似鳄鱼的尾；头顶部灰褐色，布有小黑斑点，并有数粒小突起物，颈呈淡黄色，背甲棕褐色（幼体黑色），腹甲淡黄色或白色（幼体黑色）。

图 6-20　鳄龟

6. 扬子鳄

扬子鳄【*Alligator sinesis* Fauve】（图 6-21）　又称鼍；形似大型蜥蜴，吻短而平扁，吻端钝圆，吻背中部凹陷，吻端有鼻孔一对，边缘有鼻瓣，潜水时可闭合；口大，口腔顶壁具发达的次生腭，上下颌均生有锥形槽生齿，新旧齿终生交替，齿鳞利；有肉质舌；眼位于头背部，圆形且向外突出，具上下眼睑和瞬膜；颈部较短，紧连头和躯干，不能活动，颈背具项鳞 3 横列，每列 2 鳞，形大，近方形，具棱嵴；躯干粗阔，背略扁平，皮肤坚韧；表层为方形大角质鳞，纵横成行排列，腹部鳞平滑呈短形，深层为骨质板；四肢短小，前肢 5 指，后肢 4 趾，趾间略具蹼膜；尾侧扁而长，是游泳器官和攻击与自卫的武器；成体暗灰色，头部具浅色斑，腹部米黄色或灰白色，老年体色变浅，幼体颜色较深，背面黑褐色，腹面淡灰色，体背及四肢具明显黄色斑纹，较艳丽。

图 6-21　扬子鳄

（二）自然分布与养殖区域分布

中华鳖自然分布很广泛，我国至今只有青海、新疆、西藏等地未发现以外，其余各地均有分布，尤其以长江中下游地区的江苏、安徽、浙江、江西、湖南、湖北，以及河南、广东、广西等省（自治区）为多；养殖区域已普及到全国各省（市）。

乌龟的自然分布也较广泛，国内除东北、西北地区及西藏自治区以外，其余各省均有分布；国外分布于日本。养殖区域也遍及全国各地区。

三线闭壳龟自然分布于福建、广东、广西、海南等省（自治区）及香港、澳门；我国南方各省（市）多有养殖，是我国传统出口商品。

黄喉拟水龟自然分布于我国南方各省（自治区），如江苏、浙江、安徽、湖南、湖北、福建、广东、广西、云南、台湾等；国外分布于日本。

鳄龟自然分布于北美洲和中美洲，盛产于美国东南部；1997年自美国引入我国，由于其个体大、味鲜美、生长快、产卵多、抗寒性和抗病力强、含肉率高（85%~89%），目前，其养殖区域已扩展至北京、上海、江苏、浙江、江西、海南、广东、广西、湖北、山东、四川等省（自治区、直辖市）。

扬子鳄是我国的特产种，主要自然分布于安徽省长江以南、皖南山系以北的丘陵地带，以及江苏省和皖南交界的浙江省一角；原始分布区为西抵洞庭湖，东达上海，北到黄河，南至湖南、江西、安徽、浙江等省；野生个体已为数不多，为我国一级重点保护动物。目前，南京、广州等市已养殖扬子鳄等鳄类供游人观赏。

二、栖息习性及对环境条件的适应

（一）栖息习性

1. 龟鳖类栖息习性

龟鳖类的栖息习性具有许多突出特点，与科学制定养殖技术措施和提高养殖效率有密切关系，综合概述如下。

栖息环境：龟鳖类的主要养殖种类都属于淡水两栖变温爬行动物（外热源动物 Ectothermes），除鳄龟可以在咸淡水生活外，其他几种皆为典型淡水种类，其生活水域的盐度通常不超过1。中华鳖和乌龟在自然界喜欢栖息于江河、湖泊、水库、山涧溪流及其岸边沙滩、草丛等僻静处，以及池塘与池沼中，乌龟还常栖息在树根下，石缝中、岩石边阴暗的地方。三线闭壳龟和黄喉拟水龟主要栖息于丘陵与山区河流及山涧流地带，常爬上岸到灌木草丛中活动。鳄龟栖息于江河、湖泊、沼泽地带，也可生活在港湾、河湾等咸水域。人工养殖的龟鳖类喜欢水质清澈、干净的泥沙环境。

活动习性：它们白天常爬到岸滩、岩石上晒太阳，夜间在浅水地带、树木草丛中觅食。鳄龟白天常常伏于木头或石块上，有时腹部及四肢朝上漂浮于水面。它们的活动规律还随天气、季节、温度的变化密切相关，阴雨天气活动频繁；一般夏季炎热天气多在深水阴凉处，深秋、冬季则潜入水底泥沙或洞穴内，民间对中华鳖俗有"春天发水走上滩，夏日炎炎潜柳湾，秋天凉凉入石洞，冬季寒冷钻深潭"之说。三线闭壳龟集群挖洞群居。

胆小怕惊又生性好斗：龟鳖类，尤其是中华鳖对声响和物体的移动很敏感，一旦遇到风吹草动就迅速潜入水中，当无法潜逃时，就立即将头、尾及四肢缩入甲壳内。它们还具有好斗的习惯，特别是中华鳖和鳄龟同类间残食严重，常常为争夺食物、配偶及栖息场所，相互咬斗不休，稚鳖也不例外；鳄龟性情暴躁，500g以上个体具有攻击性，能主动攻击人；当人们触怒了中华鳖则会伸长头颈张嘴攻击，并咬住久而不松口。

肺呼吸：龟鳖类在陆地和水面时行肺呼吸，潜入水中时通常定时浮到水面露出吻端的鼻孔吸取空气中氧气(O_2)，排出二氧化碳(CO_2)；呼吸频率随温度的升降而增减，一般 3~5 分钟一次或 10 多分钟一次；当遇到敌害、雷雨天气时，呼吸频率减少，在水中潜伏时间可达 6~16h；冬眠时在水中行水呼吸达数月。

水呼吸：龟鳖类在潜入水中或在水底下冬眠时，暂停或停止肺呼吸，行施水呼吸功能。水呼吸包括口咽呼吸、皮肤呼吸及泄殖腔呼吸 3 种方式，即利用分布于口咽腔黏膜、皮肤和泄殖腔黏膜中的微血管系统在水中进行气体交换，吸收水中的溶解氧(O_2)并把血液中的 CO_2 排入水中。龟鳖类潜入水中时，口咽腔有节律地进行扩张与收缩运动，在其不断充水与排水过程中摄入 O_2 和排出 CO_2。王昭贤等(1989)认为，龟鳖类潜水时的水呼吸主要依靠口咽腔呼吸方式，其次是皮肤呼吸；泄殖腔呼吸所占比例尚未见报道。其试验说明，中华鳖在水温 17~30℃时，口咽腔水呼吸摄入水中的溶解氧为总摄入氧的 67.7%，四肢与躯干的皮肤呼吸摄入氧气占 32.3%。

龟鳖类口咽运动的频率及摄入水中的溶氧量都随水温升降而变化。如中华鳖口咽运动频率(次/min)和摄入氧量[ml/(kg·h)]：在水温 16~18℃时分别为(17.8±3.1)次/min 和(7.53±1.25)ml/(kg·h)，在水温 21~22℃时分别为(27.6±4.0)次/min 和(11.11±1.07)ml/(kg·h)，在水温 28~30℃时分别为(31.3±2.5)次/min 和(12.34±1.02)ml/(kg·h)。

晒背：龟鳖类都有晒背习性，当天气晴朗时，便爬到阳光充足的沙滩、岩石和岸边上晒太阳，行日光浴，通常每天要晒 2~3h；晒背时，头和四肢伸出，背对阳光昂首挺立，展示出一种舒服且神气的状态。晒背是龟鳖类在生长发育过程中的一种生理习性，通过晒背可以杀死附着在体表的寄生虫和微生物病原体，促使背甲皮盾增厚变硬，裙边更加肥大，增强体质和抗逆性能；也可以适当提高体温，加速血液循环，促进新陈代谢；如果满足不了晒背要求，就会因生理失常患病或死亡。

冬眠(冷麻痹)：温带地区的龟鳖类，几乎都通过冬眠来度过寒冷季节，当秋末水温降到一定程度时(10~13℃)时，潜入水底淤泥或泥沙中，或躲在堤边的泥洞、树根下或岸边草叶层下冬眠，不吃食不活动，呼吸微弱，心跳缓慢，代谢水平和体温降到最低水平。乌龟和中华鳖等在冬眠时期代谢率低而稳定，但也消耗一定能量，如每只乌龟(243.69g)在 110d 的冬眠期间，体重减轻 12.95g，即体重下降 5.31%(王培潮，2000)。

2. 鳄类栖息习性

扬子鳄等鳄类的栖息习性与龟鳖类有许多相同之处，属于外热源动物，水陆两栖生活，用肺呼吸等，但也有其许多特殊习性。

栖息环境：栖息于丘陵山塘、水库、湖泊、老河沟、稻田、人口稀少且宁静的浅水沼泽草木丛生地带。

活动习性：鳄类的口大，齿尖锐，性情较凶猛，捕捞时用筒状抄网或用绳套把嘴套住，以免咬伤人。大部分时间在陆地上，只是在炎热、干渴、摄食鱼虾或受惊时才到水中，两个鼻孔露出水面进行肺呼吸，在水下最长忍耐 1h 左右。其活动规律与季节、天气有关，春季(4、5 月)气温较低，主要在白天活动，夜晚在洞穴中栖宿；当气温升高时则逐渐过渡为以夜间活动为主，夏季(7~9 月)气温高，活动频繁，天气炎热时便下水浸泡，泡冷后爬上岸晒太阳，以调节体温；高温时，白天伏在洞口或在岛上阴凉处，晚上在水中到处游动；暴雨来临、天气闷热气压低时，扬子鳄多出洞，降雨时则躲入洞中。平时活动范围不大，一般离开洞穴数十米，觅食时可达 100~200m，不超过 500m，但偶尔也发现有爬行至 20~32km 的个体。

营造洞穴：营造洞穴是扬子鳄的本能，洞穴深且结构复杂，普通的洞道在地下 1.52m 处，长 10~15m，宽 40cm 左右，高 31~36cm，有的长达 20m，洞穴内有洞室(供转身)、卧台(供越冬期趴伏)、水潭(饮水用)，洞口呈圆形或椭圆形，洞底平坦，顶壁呈拱形，切面呈半圆形。洞穴多营建在依水靠山处或小岛上，或开阔地的地势较高处，洞口均贴近水面。扬子鳄造穴时，先用前爪将贴近水面的坚硬表层土掘去，然后用头部钻入土中，来回多次，还可用吻部把多余的泥土推出洞外。营造一个洞穴需 1 周左右，多在夜间营造。

扬子鳄也有晒背和冬眠习性，晒背的地点、行态与龟鳖类相似，但晒背的时间往往更长一些；当气温降至 15~18℃、水温为 10℃左右时开始进入洞穴中进行冬眠，眼睛时张时闭，爬伏不动，不吃不喝，呼吸微弱，随着温度下降，进而双目紧闭，趴伏不动，对刺激无反应，呼吸动作不明显；其代谢水平很低。

(二)对环境条件的适应

几种养殖爬行动物对外界环境条件的适应能力都是较强的,不仅具有水陆两栖生活能力,而且比两栖动物相对陆地生活的适应能力更强,对水的依赖性则较差。因此,人工养殖爬行类除要有适合要求的水域,还要提供一定的陆地及其相应条件。影响龟鳖与鳄类的外界非生物因子包括阳光、温度、水质等,其中盐度、碱度、pH、溶解氧、有机物含量等,只要符合淡水渔业水质标准,就不会影响其生长发育,盐度不应高于 1。在诸因素中,温度是影响它们生存与生长发育的重要生态条件。这与爬行类属外热源动物有关。维持体温的热能是由环境辐射热能提供的。

龟鳖和鳄类与鱼类、两栖类等变温动物相同,体温随环境温度而变化。如乌龟在 5~30℃的 6 个试验温度条件下,其体温与试验温度的相关系数(r)为 0.9990,体温与环境热能交换平衡点为 15~20℃,当乌龟处于热平衡以上环境温度时,体温随环境温度上升而上升,但略低于环境温度;当它们处于热平衡点以下环境温度时,体温随环境温度下降而下降,但略高于环境温度(王培潮,2000)。

几种养殖龟鳖类和扬子鳄的致死温度、生存温度、摄食与生长温度、繁殖适温和冬眠温度综合列于表 6-4。由表可知 5 种主要养殖爬行动物对温度的适应能力较强且基本相似,最适生长温度(优选温度)为 28~30℃;开始冬眠温度为 13~15℃;深度冬眠温度均为 10℃左右;繁殖适温为 20~33℃,最适温度为 25~30℃;最低极限温度为 0~4℃,最高极限温度为 36~41℃。对环境温度的适应范围为 25~35℃;超过 35℃时,在温带地区生活的龟鳖与鳄类将中暑而热死,低于 0℃时,如无防寒措施,将会冻死。

表 6-4　主要养殖爬行类对水温的适应　　　　　　　　　(单位:℃)

种类	致死温度		生存温度	摄食与生长		繁殖适温最适温	冬眠温度
	低限	高限		适温	最适温		
中华鳖	0	36~38	2~35	27~33	30	22~32 25~30	12~13
乌龟	0	36~38	2~35	25~32	28~30	20~31 25~30	10
三线闭壳龟	4	36~41	5~35	24~35	30	23~31 25~30	10~13
黄喉拟水龟	4	36~40	5~35	25~33	30	20~31 25~30	10
扬子鳄	3~4	36~38	4~35	26~31	30	25~33 27~30	10

三、摄食生物学

1. 摄食方式

龟鳖类和鳄类行动迟缓，在水中游泳速度无法与鱼类相比，在陆地上爬行也很缓慢。这就决定了它们的摄食方式基本上属于偷袭性捕食和吞食。鳄类在水中窥视食物的方向和动静，慢慢接近猎物，突然向前一冲，张开大口利用尖锐的颌齿咬住食物吞入腹中；如果食物较大无法吞进时，便利用上下颌及其牙齿调转食物方向，同时将食物压碎而吞食之。人工投喂在食台上的食物，鳄类爬行上去咬住食物潜入水中吞食之。龟鳖的捕食和吞食方式，主要利用锐利的爪和伸缩敏捷、转动灵活自如的头颈猎取食物，返回水中经上下颌角质喙切割、压碎后，吞入腹中。它们还喜欢在水底层蹀步，潜行觅食底栖动物，也喜欢在水生植物群中潜伏，伺机吞食游到近处的鱼、虾，一般不主动追击。

2. 食物组成和摄食量

龟鳖类属杂食性动物(偏动物性)，食物组成种类多且复杂，包括泥鳅等鱼类、虾蟹等甲壳类、水生与陆地昆虫类、螺蚌等软体动物、水蚯蚓与蚯蚓等环节动物及动物尸体，以及各种植物种子，瓜、菜、水草和陆生嫩叶等。

鳄类属凶猛性肉食性动物，食物组成包括蛇类、两栖类、鱼类、甲壳类、昆虫类、蚌螺等软体动物及动物的尸体；幼鳄主要摄食甲壳类和小鱼等。

龟鳖类与鳄类的共同特点是贪食，一次摄食量较大(日摄食量可达自身体重的30%)，耐饥饿能力强，不仅在冬眠期间(几个月)不吃食物，而且在适温范围内长期不摄取食物依然不至于饿死(停止生长)。如 1 只乌龟放在抽屉里一年未吃食物也未喝水仍未死亡，只是饿得皮包骨头(王培潮，2000)。

四、年龄、寿命与生长生物学

(一)年龄与寿命

乌龟和中华鳖的年龄，可以根据背甲盾片和肩胛骨磨片上疏密排列的环纹数目来判断鉴别(适用于 10 龄以内，几十龄的个体环纹不清晰)。

爬行动物是脊椎动物中寿命最长的类群，龟鳖类的生理寿命(自然寿命)平均可达 70 年，俗称"千年王八，万年龟"。我国 1954 年和 1964 年先后在洞庭湖捕获两只分别刻有乾隆十二年(1747 年)和同治三年(1864 年)的乌龟，年龄分别为 207 岁和 99 岁。湖南省新邵县 1991 年 9 月捕到一只体重 11.5kg 乌龟，估计寿命达千年。鳄类的寿命比龟鳖类更长，一般平均寿命为 50~80 岁，最高达 200 岁以上。

(二)生长生物学

中华鳖、乌龟和鳄龟是龟鳖类较大的种类，最大个体分别为 19.5kg(壳甲长 62cm、宽 39.5cm，江苏省吴江市 1993 年捕于太湖)、11.15kg(长 51cm、宽 35cm) 和 38kg。扬子鳄是小型鳄类，但身体还是较大的(体长达 2m 左右，体重 20kg 左右)。

龟鳖类的生长速度较慢。因为它们是外热源动物，摄食和生长的优选温度(最适温度)为 25~30℃(中华鳖为 30℃)，低于 25℃和高于 35℃时生长明显变慢。我国各地池塘水温达 25~30℃的天数，一年一般不足 150d，如辽宁省大连市和鞍山市的池塘水温超过 25℃的天数为 70d 左右，武汉市、南京市和杭州市池塘水温高于 25℃的天数为 140d 左右，其中超过 35℃的日数达 20d 以上。这就是说，全国各地自然池塘水温每年处于龟鳖的优选温度的时间都是较短的(东北地区 50~60d，华东和华中地区 120d 左右)。这是龟鳖类生长慢的主要原因。在自然条件下中华鳖体重达到商品规格(400~500g)的年限，华南地区为 3 年左右，长江流域为 4 年左右，东北地区为 5~6 年。乌龟的生长速度比中华鳖略慢(表 6-5)。

表 6-5　长江流域乌龟、中华鳖、扬子鳄自然生长情况　　　　(单位：g)

年龄	1	2	3	4	5	6	7
中华鳖	5~10	80~100	100~250	560	600~1 000		
乌龟	10	50	100	200	250~300	300~350	
扬子鳄	480	1 100	3 200	8 360	9 650	11 400	13 100

中华鳖的生长规律：体重小于 50g 的生长较慢，50g 以上至性成熟前生长较快；体重小于 400g 的个体，雌性生长略快于雄性；性成熟以后，生长变慢，而且雄性快于雌性。性成熟后，雌体生长慢于雄体的主要原因是卵巢发育消耗的能量大于精巢发育的能量需要量。

通过人工调控温度，使其稳定在 30℃左右的情况下，中华鳖和乌龟可以持续高速生长，12~16 个月便可达到食用规格。

鳄龟生长：比中华鳖及乌龟快，生长速度在个体发育过程中各个发育期不同，稚龟阶段生长缓慢，体重达 250g 以上时生长加快，当规格达 500g 以上时平均每月增重达 200g，生长速度惊人，采取人工调控温度，7g 重的稚龟经一年饲养可达 1500g；而在自然温度下饲养，3 年才能达到 1500g。

鳄类生长：鳄类是大型爬行动物，生长比龟鳖类快。扬子鳄早期(4 龄)生长较快，以后生长逐渐变慢(表 6-5)。泰国鳄较扬子鳄大，生长也快，在自然条件下一般 4~5 年体重可达 30kg 左右(体长 1.5~1.8m)；在人工调控温度情况下生长更快，体重 133g 的幼体饲养 270d 达 57.5kg，450d 达 150kg（体长 1.55m）。

五、繁殖生物学

　　龟鳖类和鳄类的繁殖生物学具有水陆两栖生活的显著特点，在水中发情交配，体内受精，在陆地上筑巢（挖穴）产卵发育。6 种养殖对象的繁殖生物学特征及其指标有相似之处，也各有其特殊性，综合列入表 6-6。

表 6-6　人工养殖的 6 种爬行动物繁殖生物学指标

名称	性成熟		繁殖		年产卵次数	每次产卵个数	卵			胚胎发育	
	年龄	体重/kg	月份	水温/℃			类型	重量/g	长径短径/cm	适宜温度/℃	时间/d
中华鳖	3~7	0.5	4~9	20~28	3~6	5~40	硬壳、圆形	3~7	1.5~3.0	30~34	60~41
乌龟	5~7	0.3	5~8	20~25	2~3	3~6 (1~13)	硬壳、椭圆形	6.8~8.4	3.5~3.7 1.8~2.0	28~32	67~57
三线闭壳龟	4~7	0.7~2.0	5~8	23~28	多	2~6	硬壳、椭圆形	16~36	4.0~5.5 2.4~3.3	28~31	90~67
黄喉拟水龟	5	0.3~0.4	5~10	20~25	1~4	4~7	硬壳、椭圆形	5~8	3~5 1.5~2.0	28~32	60~50
鳄龟	4~5	2.5	5~11	20~30	多	11~83	硬壳、圆形	7~11	2.3~3.3	22~34	125~55
扬子鳄	5~7	9~12	6~7	25~30	多	7~52	硬壳、椭圆形	42.1	5.5~6.0 3.5	28~32	80~60

1. 性成熟年龄

　　从表 6-6 可知，不同种类的性成熟年龄不同，其低限差异为 1~2 年，高限差值为 0~4 年，这反映了物种的特异性。同种的性成熟年龄也有一定差异，其低限和高限的差值分别为 1 年（鳄龟）、2 年（乌龟和扬子鳄）、3 年（三线闭壳龟）、4 年（中华鳖）4 种类型。这既反映了同一物种雌雄个体性成熟年龄的差异（一般雄性比雌性早成熟 1~2 年），也反映了不同分布区域（地理纬度和温度类型）对性成熟年龄的影响。如中华鳖分布广泛，华南地区（低纬度、温度高）的性成熟年龄为 3~4 年，华东和华中地区的性成熟年龄为 4~5 年，华北地区的为 5~6 年，东北地区（高纬度、温度低）的为 6~7 年。

2. 繁殖季节与温度

　　从表 6-6 可知，不同种类的繁殖（发情交配、产卵、胚胎发育）月份有一定差异，但水温基本相似（扬子鳄略高），即繁殖的起始温度都为 20~25℃以上，繁殖适宜温度的高限为 25~30℃。表 6-6 中所示每种的繁殖期（月份）持续时间较长（6~7个月），并不是说它们在每个月份都在交配和产卵，而是表示开始发情交配和结束产卵的期限，一般在炎热的夏季水温高于 33~35℃时不进行发情和产卵。分布区域广泛的中华鳖，各地区的繁殖起止时间和持续期的长短差异很大，即华南地区为 4~9 月，华中和华东地区为 5~8 月，华北地区为 6~8 月。

3. 发情与交配

龟鳖在春季水温上升到 20~23℃（因种而异）以上时开始发情，发情的时间通常在晴天傍晚（黄喉拟水龟也可在白天发情）。发情时雄雌个体在水中相互潜游、戏水，雄体追逐雌体，当发情达到高峰时，咬住雌体的头颈或裙边，或用前爪抓住躯体两侧，进而爬到雌体背上，当雌体停止游动时，雄体将交接器插入雌体泄殖腔中，持续数分钟，将精液射入雌体内，精子在输精管上端与卵结合受精；整个过程通常在水中进行，乌龟尚能在陆地上交配。

扬子鳄的发情多在夜间，特别是在下半夜沿池边或浅水区频繁游动，不断发出洪亮的吼声，雄性比雌性明显，持续发情数日，在下半夜至凌晨当发情达到高峰时在水中侧身拥抱、翻滚并上下浮沉，雄性交接器插入雌体泄殖腔中进行交配。

龟鳖类和扬子鳄的精子在雌体内可活数月，并具有受精能力。如中华鳖每次交配，精子在雌体输卵管中存活 5 个月以上，越冬前交配的雌鳖，第 2 年春季可产下受精卵；三线闭壳龟的精子在输管中可活 8~10 个月，秋季交配过的雌龟于次年不与雄龟交配可产下受精卵；黄喉拟水龟头年交配过的雌体，次年也可产下受精卵。

4. 挖穴（筑巢）与产卵

交配后 2 周左右的龟鳖雌体爬到水域附近的背风向阳、僻静、疏松且较潮湿的（含水 5%~15%）沙泥地，或草丛或靠近树丛处，开始挖穴。先扒出凹坑，用前肢固定身体，两个后肢轮流用力挖土并与尾部相配合，将沙泥向后推，至巢穴挖好。巢穴口大小正好容纳雌体可蹲伏产卵，穴的深度和体积正好容纳所产下的卵。卵穴挖成后，将尾伸入穴中逐一产卵。产完卵后，休息瞬刻，用后肢把挖出来的松土再扒回穴内覆盖卵和穴口，并用尾部扫平，用腹部把泥沙压平，使穴口不留明显痕迹，然后离去，返回水中，无护卵习性。产卵的时间多在后半夜至黎明前，特别是喜欢在雨后的晴天早晨产卵。

交配后 3~4 周的扬子鳄雌体爬到离水源不远的岸边潮湿处筑巢。雌鳄用后肢和尾部挖巢穴（深约 15cm，直径 35cm），挖好后用咬碎的杂草拌以泥土将穴填满，再盖上杂草，似一个圆形小草丘；待 2 周左右产卵，产卵前把巢顶扒开，将巢材堆积四周，然后泄殖孔对准巢中央，四肢覆地，尾部略抬，将卵产于巢穴中，再用后肢将巢材盖于卵上，并用杂草覆盖巢口，返回水中。扬子鳄有护卵习性，每天都要绕巢巡视，当发现有人接近卵巢时，便迅速冲到巢边，张开大口，瞧向人的方向发出"呼呼"的威胁声。尼罗鳄等多种鳄类的产卵行为基本上同中华鳖，在水体附近的沙地、沙砾或泥地挖掘穴洞，深度为 40~60cm，将卵产于其中，再用泥沙覆盖。

5. 年产卵次数

龟鳖类和鳄类为多次产卵类型，群体的产卵次数与分布区纬度相关，如中华鳖的年产卵次数，华北和东北地区的产 2~3 批次，长江流域的产 4~5 批次，海南省和台湾省的产 6~7 批次。不同个体的产卵次数也有较大差异，个体大和壮年的产卵次数多于个体小的、初次成熟产卵的和年老者。

6. 繁殖力和每次产卵数

不同种类产卵枚数的差异明显，其中中华鳖、鳄龟和扬子鳄的产卵数最多，乌龟产卵较多，黄喉拟水龟和三线闭壳龟较少（表 6-6），这与体形大小及遗传性有关。个体的绝对繁殖力和每次产卵数与年龄、身体大小、健康状况等相关，壮年、体形大和肥满健康的繁殖力大，产卵多。如中华鳖每千克平均可产卵 50 枚左右；体重 0.5~0.75kg 的怀成熟卵泡 30~50 个，产卵 2~3 次；2kg 以上的怀卵 70~100 个，产卵 4~5 次。

7. 卵的类型与大小

龟鳖类的卵分为柔性壳卵和硬壳卵。前者钙化程度低，壳有微弱的柔性；后者卵壳的钙化层较厚。几种养殖种类的卵属硬壳卵。卵的形状分为圆形和椭圆形两种，中华鳖和鳄龟的卵为圆形，乌龟、三线闭壳龟、黄喉拟水龟和扬子鳄的卵为椭圆形，与鸡蛋相似（表 6-6）。

各种卵的大小不同（表 6-6），其中，中华鳖、乌龟和黄喉拟水龟的卵较小，鳄龟和三线闭壳龟的卵较大，扬子鳄的卵最大（略小于鸡蛋）。

8. 胚胎发育

龟鳖类和鳄类的受精卵在泥沙中进行发育，其发育的质量和速度受外界温度和湿度等生态因素影响。在自然条件下，胚胎发育成活率较低。几种养殖种类胚胎发育的适宜温度为 22~34℃（因种而异），孵化基质（泥沙）中的适宜含水量为 5%~15%；不同种类之间的发育时间虽有不同，但主要取决于温度，在适宜温度范围内随温度的升高而缩短（表 6-6）。

9. 性别决定

中华鳖具有异型性染色体(♂XY、♀XX)，性别是由性染色体决定的。大多数龟类和鳄类的异型性染色体尚未分化，其性别是在胚胎发育过程中由外界温度决定的。如乌龟受精卵在 23~27℃发育为雄龟，在 32℃(侯陵，1985)和 30~32℃(王培潮，2000)发育为雌龟；鳄龟受精卵在 22~28℃发育为雄性，在 30~34℃发育为雌性(林珠英和周婷，2001)；扬子鳄受精卵在温度较低时(26.5~27.5℃)发育的稚鳄大部分为雌性，在温度较高时发育的雄性比例高于雌性，在 34.5℃孵出的稚鳄几乎全为雄性(陈壁辉等，2003)。

(刘焕亮 黄樟翰)

参 考 文 献

陈壁辉，华田苗，吴孝兵，等. 2003. 扬子鳄研究. 上海: 上海科技教育出版社

崔峰，李参军，王振伟. 2001. 甲鱼最佳养殖温度的探讨. 水利渔业，21(3): 14~16

侯陵. 1985. 孵卵温变与乌龟的性别. 两栖爬行动物学报，4(2): 130

黄正一，宋愉，马积藩. 1998. 中国特产的爬行动物. 上海: 复旦大学出版社

康辰香，闫志民. 2000. 龟鳖. 北京: 中国农业出版社

李贵生，方堃，唐大由. 2001. 3 种龟卵的孵化研究. 水利渔业，21(3): 17~19

林珠英，周婷，李超美. 2002. 闭壳龟的种类及生物学. 淡水渔业，32(1): 38~40

林珠英，周婷. 2001. 鳄龟的人工繁殖和苗种培育. 淡水渔业，31(4): 9~11

刘国安，徐大义，刘纯美. 1988. 乌龟繁殖生态的研究. 水生生物学报，12(3): 230~235

刘焕亮，黄樟翰. 2008. 中国水产养殖学. 北京: 科学出版社: 876~909

刘筠，刘楚吾，陈淑群. 1984. 鳖性腺发育的研究. 水生生物学集刊，8(2): 145~151

刘凌云，郑光美. 1998. 普通动物学. 北京: 高等教育出版社: 452~486

马武松. 1996a. 金钱龟的人工繁殖与饲养技术(一). 科学养鱼，(10): 20

马武松. 1996b. 金钱龟的人工繁殖与饲养技术(二). 科学养鱼，(11): 15~16

马武松. 1996c. 金钱龟的人工繁殖与饲养技术(三)金钱龟的养殖技术. 科学养鱼，(12): 16~17

马武松. 1997a. 金钱龟的人工繁殖与饲养技术(四)——金钱龟的繁殖及人工孵化. 科学养鱼，(1): 11~12

马武松. 1997b. 金钱龟的人工繁殖与饲养技术(五). 科学养鱼，(2): 14~16

马武松. 1997c. 金钱龟的人工繁殖与饲养技术(六). 科学养鱼，(3): 18~19

农业部渔业局. 2013. 中国渔业统计年鉴. 北京: 中国农业出版社

王培潮. 2000. 中国的龟鳖. 上海: 华东师范大学出版社

王秀菊，王克文. 1996. 鳖卵的孵化期与积温试验. 科学养鱼，(9): 7

王秀菊，杨玉琢，王克文. 1996. 鳖的人工孵化受精卵的排列对孵化率的影响. 科学养鱼，(2): 10~11

王昭贤，孙宇珍，梁雨青，等. 1989. 中华鳖陆上呼吸模式的初步研究. 南京师大学报(自然科学版)，12(2): 61~68

谢骏, 黄樟翰, 卢迈新. 1997. 中华鳖培育生态因素的比较研究. 中国水产科学, 4(5): 55~59

徐兴川, 陈延林. 2004. 龟鳖养殖实用大全. 北京: 中国农业出版社

张扬宗, 谭玉钧, 欧杨海. 1989. 中国池塘养鱼学. 北京: 科学出版社: 607~626

周永灿. 2002. 尼罗鳄在我国的引种与人工繁殖. 科学养鱼, (1): 12~13

朱新军, 陈永乐, 魏成清. 1999. 黄喉拟水龟的繁殖. 淡水渔业, 29(8): 31~33

第七章　海水栽培藻类生物学

我国海水藻类栽培业又称海藻养殖业,在海水养殖业中占有要重要地位,2012年产量达 176.47 万 t,仅次于贝类养殖产量,占海水养殖总产量的 10.74%。

全世界可供食用的海水大型藻类有 100 多种,中国沿海有 50 余种,常见的有 20 多种。海水大型藻类不仅是人类的优质食物,还是海藻化学工业、药品工业及海藻胶工业的重要原料,可提取多种化学制品和药物。

随着藻类基础生物学的深入研究和藻类养殖关键技术的突破,海藻栽培业得到迅速发展,不但带动了海洋经济动物养殖业的兴起与发展,而且通过光合作用吸收海水中过剩的 N、P、CO_2,有效降低海区的富营养化,优化了海洋动物的生态环境。有的大型藻类能形成海底森林,为鱼、虾、贝类等海产动物提供了良好的栖息场所。

海藻具有其独特的遗传信息、生化组成和代谢途径,产生大量具有特殊结构和功能的活性物质,其中许多海藻具有极高的营养价值和药学价值。如新型萜类、氨基杂环、大环内酯、维生素、胡萝卜素及其衍生物、多不饱和脂肪酸、多糖及其衍生物、核苷酸、特异蛋白质及多肽等生物活性物质,药用先导化合物及其他物质。充分利用现有海藻资源,研究开发更多的应用领域,不断推出新形式、新特点和新风味的功能食品、保健食品、速食和方便食品等,为社会提供传统海藻产品的同时,提供更为丰富的有药用和其他用途的、高附加值的、形式多样的新型海藻产品。

第一节　栽培种类及其分布

一、分类地位及主要形态特征

(一)分类地位

目前,我国海水栽培的大型藻类 10 余种,其中产量较高的有海带、裙带菜和紫菜、江蓠、麒麟菜等 5 种,分别隶属于褐藻门(Phaeophyta)和红藻门(Rhodophyta)。

1. 褐藻门

褐藻门俗称褐藻,皆为多细胞种类,藻体较大,大多固着生活,颜色各异,有黄褐色、深褐色；细胞内含有叶绿素 a、叶绿素 c、胡萝卜素、墨角藻黄素和大量的叶黄素等，光合作用产物是海带多糖（又名 Fucoidan、褐藻素、褐藻淀粉）和甘露醇；绝大多数海产，现存约 250 属，1500 种，淡水产仅 8 种，中国海产的约 80 属，250 种，淡水产 2 种。

我国普遍栽培的海带（*Laminaria japonica* Aresch）和裙带菜［*Undaria pinnatifida*（Harvey）Suringar］，分别隶属于褐藻纲（Phaeophyceae；无性生殖为孢子生殖，有性生殖均为卵配生殖）海带目（Laminariales；孢子体大于配子体，生长方式为居间生长）海带科（Laminariaceae；藻体具有叶片和柄的分化，单室孢子囊群生长在叶片上）海带属（*Laminaria*）和翅藻科（Arariaceae；叶片具"裂叶"，单室孢子囊群生长在叶片下部孢子叶上）裙带菜属（*Undaria*）。

2. 红藻门

红藻门的藻体通常呈红色，故称红藻（Rhodophceae），细胞内除含有叶绿素 a、叶绿素 d、叶黄素、胡萝卜素外，还含有辅助色素藻红素（phycoerythrin）和藻蓝素（γ-phycocyanin）。红藻大多数为多细胞藻体，少数为单细胞或群体，藻体不像褐藻那样大，外形为膜状体和分枝或不分枝的丝状体；绝大多数海产，营底栖生活，已有记载约 558 属，3470 种，中国海产的约为 138 属，443 种。

我国海水栽培的条斑紫菜（*Porphyra yezoensis* Ueda）和坛紫菜（*Porphyra haitanensis* T. J. Chang et B. F. Zheng）隶属于原红藻纲（Protofllorideae；藻体为单细胞膜状体，散生长，无胞间联系）红毛菜目（Bangiales）红毛菜科（Bangiaceae）紫菜属（*Porphyra*）真紫菜亚属（*Euporphyra*；藻体为一层细胞），江蓠［*Gracilaria verrucosa*（Huclson）Papenf.］和麒麟菜［*Eucheuma muricatum*（Gmel.）Web. V. Bos.）］，分别隶属于真红藻纲（Florideae；藻体为多细胞丝状体，细胞间有孔状联系）杉藻目（Gigartinales；藻体直立，分枝或不分枝）江蓠科（Gracilariaceae；藻体直立，圆柱形或扁平，分枝少而细长，内部结构为单轴型）江蓠属（*Gracilaria*）和红翎（羚）菜科（Solieriaceae；藻体直立，分枝或不分枝，枝扁平或叶状，内部结构为多轴型）麒麟菜属（*Eucheuma*）。

(二)主要形态特征和新品种

1. 海带

海带属在世界上约有 50 种，分布在太平洋西部海区 20 余种，其中分布在日本列岛的 13 种；绝大多数种类是大型藻类，具有较高的经济价值。海带在我国、日本、韩国等国家已进行大规模栽培。日本除栽培海带外，还栽培及增殖长海带（*Laminaria longissima* Miyabe）、利尻海带（*Laminaria ochotensis* Miyabe）、三石海

带 (*Laminaria angustata* Kjellman)、鬼海带 (*Laminaria diabolica* Miyabe) 和狭叶海带 (*Laminaria religiosa* Miyabe)；其产量的高低顺序依次为长海带 (占总产量 50% 以上)、利尻海带、海带、三石海带、鬼海带、狭叶海带。20 世纪 80 年代末，我国从日本引进上述 5 种海带并在大连等北方海区进行栽培试验：长海带、利尻海带、三石海带、狭叶海带生长良好，个体生长指标均达到或超过日本的有关数据，具有推广应用前景；长海带在大连海区有一定的生产规模，产量也较高。

海带是我国人工栽培规模及其产量最大的海藻，2012 年产量为 97.90 万 t，占海藻养殖总产量的 57.2%；也是世界栽培规模最大、产量最高的海藻，约为世界海藻总产量的一半。海带营养丰富，是人们喜欢食用的海藻，每 100g 干品含蛋白质 8.2g、脂肪 0.1g、糖类 57g、粗纤维 9.8g、无机盐 12.9g、钙 2.5g、铁 0.15g、胡萝卜素 0.57mg、硫胺素 0.09mg、维生素 B_2 0.36mg、尼克酸 1.6mg；含有大量的碘，可用来预防和治疗因缺碘引起的甲状腺肿大病，深受内陆地区人们的欢迎。每 100g 干品含有褐藻胶 20.8g、甘露醇 17.7g。褐藻胶可作为经纱、经丝、印花上浆及药膏乳化剂、镶假牙的印模料，以及饮料等食品稳定剂；甘露醇主要用于医药工业。

我国海带栽培业的发展经过 4 个阶段。

(1) 海底自然繁殖阶段 (1927~1945 年)。1927 年，我国首次发现大连海底有自然生长海带，不久就进行了海底自然繁殖试验，结果表明在大连干潮线下 2~3m 深处海底生长很好，但在 10m 深处却不易生长 (日本原产地一般在 10m 深处以下生长最好)。1930 年又从日本青森、岩手等县引进一批种海带进行自然繁殖工作，至 20 世纪 30 年代初期，海带自然繁殖获得了初步成功。1940 年，海带自然繁殖海区由大连寺儿沟扩大到大沙滩、黑石礁，1943 年在烟台市芝罘岛开始简单的筏式试养 (未成功)，至 1945 年海底自然生长的海带年产量达 370t (鲜品)。

(2) 筏式人工栽培方法的创始阶段 (1946~1952 年)。1946 年，烟台市水产试验场从大连移植海带进行筏子与海底岩礁 "人工育苗" 试验，1949 年冬，"人工采苗" 进行筏式栽培获得成功。1950 年，青岛市山东水产养殖场进行海带筏式人工栽培试验，1952 年夏季鲜海带收获量达 62.2t，初步建立了海带栽培产业。

(3) 栽培技术全国性推广阶段 (1952~1976 年)。本阶段主要进行下列几项工作：第一，创建了夏苗培育法，延长了孢子体栽培期 (1~2 个月)，提高单位面积产量 30%~50%；第二，创建了施肥养殖法，解决了贫瘠海区不能栽培海带的问题，扩大了养殖面积；第三，海带栽培南移，打破了北纬 36° 以南不能栽培商品海带的传统观点，扩大了面积，提高了产量；第四，研究并提出应用自交系法和单克隆系法的育种方法，培育出具有经济价值的新品系，提高了单位面积产量；第五，开展海带病害研究并创建防治方法，初步解决了病害问题。

(4) 持续、快速、健康发展阶段 (1977 年至今)。随着我国水产业的迅速发展和海带科技工作的进步，海带生产业也进入了持续、快速、健康发展阶段。

1) 主要形态特征

海带孢子体外部形态：孢子体分为叶片、柄（茎）和固着器三部分。藻体叶片带状、无分枝、褐色富有光泽；有两条浅的纵沟贯穿于叶片中部形成中带部，一年生海带纵沟较明显，二年生海带则不甚明显，凸面称为里面或背光面，凹面称外面或向光面；中带部较厚，叶片边缘薄而软，成波褶状。叶片基部与柄连接的地方是藻体的生长部，其细胞分裂机能很强。我国沿海海带叶片长一般为 2~4m，宽 20~25cm（一年生 15 cm 左右，二年生约 30cm），但大的长度可达 5~6m，宽度达 50cm。

柄部呈扁圆形，长 5~6cm，表面光滑浓褐色；幼期与叶片界线不明显，呈圆柱形。

固着器位于柄的基部，由许多多次双分枝的圆柱形假根组成，假根末端生有吸着盘，附着在岩石或棕绳上，用以固定整个藻体。幼苗的固着器，只有一个或少数几个吸着盘。

2) 新品种和新品系

A. "海青一号" 新品种

中国科学院海洋研究所从 1952 年开始培育耐高温海带品系，1961 年首次培育出 "海青一号" 新品种，耐高温，产量较高。

亲本选用自然界（青岛团岛湾）遗传性混杂种群，经过连续多代自交和选择，育成海带新品系。即采用单棵海带采孢子，雌雄配子体自体受精，以叶片（形态）长度、宽度、厚度、柄长和生长发育速度及耐高温能力等为育种指标，逐代筛选，育成纯合型个体。雌配子体和幼孢子体对高温（24℃）的适应力均较强。

选育耐高温种海带：在 20℃ 或 22℃ 高温条件下培育配子体（约 1 个月），淘汰不能耐受高温的配子体（80%），将存活的配子体移入低温条件下（10℃左右）培育，获得少数幼孢子体，按时移入海里培育成 9 棵成熟孢子体，从中选出两棵健壮的种海带，进行自交（单棵采孢子），至 1961 年获得许多性状有明显分化的自交系，其中一个自交系的性状一致，叶片较宽，抗高温性能好，基本上符合育种的要求，命名为 "海青一号"。

逐代选育亲本，稳定优良性状的遗传性：每年选择个体较大、耐高温的海带作为亲本，单棵采集孢子分别进行培育，到 1964 年一共连续选育 6 代。与普通养殖的海带相比，"海青一号" 的叶片长而宽，柄部长，生长快，生长期较长，能够耐受较高温度。

B. 高产高碘新品种

中国科学院海洋研究所 20 世纪 50 年代末进行海带碘含量遗传性研究探明：海带的碘含量是由多基因控制的数量遗传性状，个体间差异明显（2%~10%，t 值为 2 以上)并能够稳定遗传给后代；1970~1974 年与中国水产科学研究院黄海水产研究所合作进行高产高碘海带新品种育种研究，成功选育出"860 号"和"1170号" 2 个高产高碘新品种。

"860 号"新品种经过 15 代(1959~1974 年)自交选育，主要特点是在较高温度下藻体生长较快、叶片长、产量高、碘含量高。"1170 号"新品种是经过 5 代自交、选育和 X 射线处理育成的，主要特点是在较高温度条件下藻体生长较快、产量高、碘含量高、含水量较少。

1973 年开始在我国北方养殖区推广，新品种的产量和碘含量分别比普通养殖海带高 8%~40% 和 20%~58%。

C. "早厚成一号"新品种

"早厚成一号"新品种是山东省海水养殖研究所于 1981~1987 年通过自交选育方式育成的，已在山东和辽宁等地推广应用。

D. "荣福二号"新品种

"荣福二号"新品种是青岛海洋大学 1997~1998 年通过单克隆系杂交育成的新品种。其特点是晚熟、耐高温、增产 20% 左右；曾在山东荣城和福建等地推广养殖。

E. "海杂一号"新品种

"海杂一号"新品种是中国科学院海洋研究所于 1977~1984 年通过高产高碘海带新品种"860 号"和"1170 号"交配、自交和选育育成的。它兼有"860 号"叶长和"1170 号"叶宽而厚和成熟较好等特点。20 世纪 80 年代曾在山东长岛和威海等地推广，可增产 14% 左右。

F. "901 号"新品种

"901 号"新品种是山东东方海洋科技股份有限公司于 1990~1996 年采用长海带与早厚成品系一号杂交育成的。其特点是厚成较晚、叶片长、耐高温；已在山东、辽宁等省推广应用，可增产 60% 左右。

G. "东方 2 号"新品种

"东方 2 号"新品种是山东东方海洋科技股份有限公司于 2001~2004 年采用自然种群海带克隆系与长海带克隆系杂交后育成的。其特点是叶片较厚、厚成较早；已在山东和辽宁等地推广应用，可增产 20%~30%。

H. "单杂一号"新品种

"单杂一号"新品种是青岛海洋大学于 1979~1983 年通过"单杂一号"孤雌生殖海带 $(2n)$ 雌配子体与自然海带雄配子杂交育成的。其特点是叶片宽，但采孢子困难，尚未推广应用。

I. "202"、"205"新品系

"202"和"205"新品系是 2009~2010 年利用不同地理隔离种群杂交育成的，

具有抗逆性强、高产、褐藻胶和碘含量高等特点。其中"202"品系晚熟，藻体宽大且生长快，抗病烂，适宜收割期为 5~7 月；"205"品系早熟，藻体厚，含水量少，适宜收割期为 4~6 月。两个新品系均比老品种增产 10%。

2. 裙带菜

裙带菜是我国栽培产量较大的广温性大型经济褐藻，2012 年产量达 17.91 万 t，仅次于海带和江蓠。裙带菜的营养丰富，菜质鲜嫩，味美可口，是沿海人民喜欢食用的海藻；营养价值较高，每 100g 干品含粗蛋白 11.16g、粗脂肪 0.32g、糖类 37.81g、灰分 18.93g、水分 31.35g，并含有多种矿物质和维生素 C、维生素 A、维生素 E、维生素 K 及维生素 B 族等，维生素 K 含量达到 $8\mu g/g$；多糖含量丰富，如岩藻糖、半乳糖、3,6-脱氢半乳糖，具有降血压、降血脂和抗氧化的功能，因此，具有一定的保健作用。

1）主要形态特征

孢子体外部形态：裙带菜成体的外形很像一把芭蕉叶扇子，成熟期时柄部形成孢子叶，重叠皱褶，状如裙褶，因此称作裙带菜。藻体呈深褐色或褐绿色，成熟的裙带菜一般长 1.0~2.0m，大的可达 2.5m 以上，宽 0.4~1.0m。柄部着生的木耳状突起，称孢子叶，是裙带菜的繁殖器官（图 7-1）。

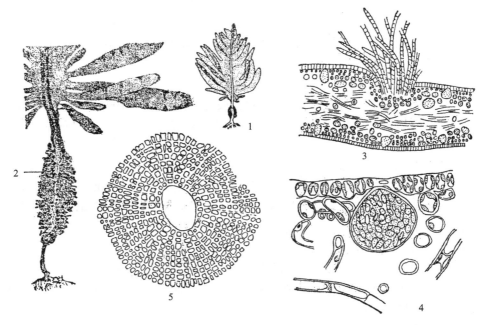

图 7-1　裙带菜孢子体及内部结构（曾呈奎等，1985）

1.外形；2.孢子体；3.内部构造；4.黏液腺横切面；5.黏液腺表面观

裙带菜孢子体分为叶片、柄部和固着器三部分。叶片由中肋和羽状裂叶构成，幼苗期为单叶(边缘光滑)呈椭圆形或披针形，进入裂叶期后在中肋(扁平隆起直达叶片的顶端)两侧形成具有缺刻的羽状裂叶。

柄部(茎)稍扁(幼苗期呈圆柱形)，中间略隆起，边缘有狭长的突起并延长到叶片；随着藻体生长、成熟，突起也逐渐生长，最后呈现出木耳状重叠的结构，成为孢子叶。

固着器位于柄的基部，由多次叉状分枝的圆柱形假根组成，末端略粗大呈吸盘状，附着在岩石和苗绳上。

我国栽培的裙带菜分为北方型种(forma *distans* Miybe et Okam)和南方型种(forma *typica* Yendo)两种类型。北方型种的藻体大而细长，生长周期也较长，长度达 1.5m 以上，宽度为 80~100cm，大的长度达 3m 以上，宽度超过 2m；羽状裂叶多且缺刻深至接近中肋，茎较长，中肋扁形、平直，孢子叶生于茎的下部靠近固着器，片层较大且层数较多，形状呈下宽上窄的塔状；辽宁和山东沿海生长的裙带菜属于北方型种，产量高，丛生毛出现的时间晚，产品质量也较好，市场价格较高。南方型种自然分布于南方沿海，藻体较小，长度一般为 1.0m 左右，藻体较短小、羽状裂叶少且缺刻较浅、茎较短，孢子叶生于茎的上部靠近叶片处，片层较小且层数较少；江苏、浙江沿海生长的裙带菜属于南方种型，藻体较小，叶片色泽及弹性较差，市场价格较低。

2) 良种纯系、优良杂交组合和 3n 孢子体

目前，我国尚没有自己育成的优良新品种，裙带菜种藻是从日本引进的。

A. 孢子体良种纯系

从裙带菜自然种群中筛选优良种菜，通过系统多年定向选育，成功培育出无"白毛"裙带菜孢子体，优良性状稳定；"克隆"育苗比孢子育苗可缩短育苗时间 1/3~2/3，大幅度降低育苗成本。

B. 孢子体优良杂交组合

2008~2009 年，以野生裙带菜和栽培裙带菜种群单倍体种质细胞系为材料，利用全天候无附着基苗种技术，实施多组合单倍体克隆杂交品种选育和跨年度海上栽培，获得经济性状优良、符合产业化推广标准(孢子体形态和产量数据)杂交组合。

C. 3n 孢子体

大连海洋大学裙带菜多倍体育种研究工作取得一定成果，2000 年获得具有一定经济价值的 3n 孢子体。

切除裙带菜幼孢子体(1.0~3.0cm)固着器，在 10~20℃、2000lx 和光照 12h/d 条件下，培养 2 个月，少数细胞体积增大，细胞一端或两端生出小棒状突起，生长形成粗大型丝状体(直径 10μm)和细长型丝状体(直径 3~4μm)；前者枝端形成卵囊及卵(2n)，后者表面形成精子囊及精子(2n)，卵受精后发育成幼孢子体。

$2n$ 雌雄配子体间及其与正常雌雄配子体(n)的正反杂交均显示出较高的受精率，在室内培育出 $3n$、$4n$ 幼孢子体。$3n$ 幼孢子体(染色体数目 90 条)生长优势明显，海区浮筏养殖半年长 4.1m、宽 2.1m，重 2.5kg，而 $2n$ 孢子体(对照组)长仅 1.8m、宽 1.1m，重 1.1kg；产品质量好，叶片表面光滑且具光泽，弹性较好，丛生毛较短。

3. 紫菜属

全世界约有 70 种紫菜，仅日本就有 30 余种。紫菜味道鲜美，是具有调味作用的食品，也是人们特别喜欢食用的海藻，我国 2012 年产量达 11.23 万 t，年产量略低于裙带菜。紫菜的营养丰富，属于营养价值较高的食品，每 100g 干品含蛋白质 24.5g、脂肪 0.9g、糖类 31.0g、灰分 30.3g、核黄素 2.07mg、胡萝卜素 1.36mg、维生素 B_1 0.25mg、维生素 B_2 1.24mg、维生素 C 20mg；由于含有降低血浆胆固醇的有效成分，也是重要的健康食品。

1) 主要形态特征

我国产的紫菜都属于真紫菜亚属，藻类学家曾呈奎等根据藻体边缘的特点，将其分为三个组：全缘紫菜组(section *edentata*)，边缘细胞排列整齐，如条斑紫菜；边缘紫菜组(section *marginata*)，边缘由数排退化细胞所组成，如边紫菜(*Porphyra marginata*)；刺缘紫菜组(section *dentata*)，边缘具有 1 个至数个细胞所组成的锯齿，如坛紫菜(*Porphyra haitanensis*)。

紫菜叶状体分为叶片、柄部和固着器三部分。叶片为薄膜状，一般分为拟圆形、椭圆形、卵形、肾脏形、披针形、竹叶形及长带形(图 7-2)，叶缘平整或呈皱褶，也有裂片状及分叉状；其形状、大小、厚度及颜色等不仅与物种的遗传性有关，而且还与生态环境条件和孢子的采集密度有密切关系。不同种的幼体形状相似，随着生长逐渐显示出种的特征。叶片长度一般为 10~30cm，边缘部位较薄，中间部位较厚，基部更厚；叶片内含有叶绿素 a、藻红蛋白、藻蓝蛋白和类胡萝卜素 4 种色素，构成紫红、紫褐或略显蓝绿色等多种颜色。幼体的色泽艳丽，随着个体的生长色泽逐渐变深，衰老期色泽暗淡；生长在肥沃海区的为浓紫色且具光泽，生长在贫瘠海区的呈黄褐色且无光泽。

各种紫菜叶状体的基部形状通常是固定的，多为楔形、脐形、心脏形及圆形，与叶片的形态相关。叶片为狭长形的，多呈楔形或长椭圆形；叶片为披针形的，多为圆形、心脏形；叶片为卵形、肾脏形的，一般呈心脏形或脐形等。

固着器：叶片的基部细胞向下伸出假根丝构成固着器。根丝的末端集合而成圆盘状，借以固着在基质上。

柄部：柄是叶片基部与固着器之间的部分，由根丝细胞集合而成。有的种类柄部明显，有的种类柄部不明显。

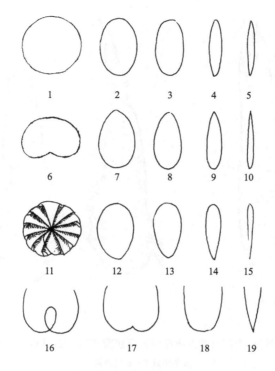

图 7-2　紫菜叶状体的叶形和基部形状模式图(今井丈夫，1973)

1.圆形；2.椭圆形；3.长椭圆形；4.宽线形；5.线形；6.肾脏形；7.卵形；8.长卵形；

9.披针形；10.线状披针形；11.漏斗形；12.倒卵形；13.长倒卵形；14.倒披针形；

15.倒线状披针形；16.脐形；17.心脏形；18.圆形；19.楔形

　　紫菜的栽培种类 10 余种，主要有条斑紫菜和坛紫菜 2 种(图 7-3)，后者产量占我国紫菜总产量的 75%。

　　(1)条斑紫菜叶状体：叶片幼小时为披针形，成体则为椭圆形或卵形，细胞呈多角形，自然生长的长度一般为 10~25cm，人工栽培的一般为 50~70cm，大的可达 1m 以上；紫红、紫黑或紫褐色，边缘有皱褶，细胞排列紧密平整，藻体单层，厚 25~50μm，多数为 25~30μm，色素体单一，星状；染色体 $n=3$，$2n=6$。

　　(2)坛紫菜叶状体：披针形或长卵形，基部为心形，少数圆形或楔形，自然生长的长度一般为 12~18cm，人工栽培的可达 0.5~1m，最大的达 4.44m，藻体厚为 65~110μm，暗绿紫色、稍带褐色或褐红色，边缘平整或有皱褶，具有较稀疏的锯齿，叶片多为一层细胞，局部为两层细胞，多数细胞具单一色素体，少数具双色素体；染色体 $n=5$，$2n=10$。

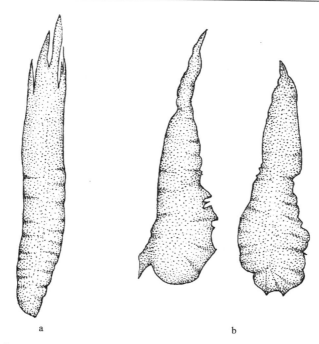

a   b

图 7-3　紫菜的外形（中国科学院海洋研究所藻类实验生态组和藻类分类组，1978）

a.条斑紫菜；b.坛紫菜

2）新品种和新品系

A. 坛紫菜"申福 1 号"（SF-1）

坛紫菜"申福 1 号"是利用现代细胞工程技术，从经过人工诱变处理的野生型坛紫菜体细胞克隆再生群体中选育出来的新品种。壳孢子苗的形态非常一致。叶状体呈细长条形，上下粗细较匀称，藻体比野生种更薄，体色更偏红，边缘含小锯刺，具有坛紫菜的典型特征。藻体由一层细胞构成，细胞内含一个星状色素体；基部为圆形。

主要特点：①室内培养和海区养殖的"申福 1 号"叶状体全为雌性。②叶状体细胞为单倍体核相，染色体数 $n=5$，丝状体细胞为双倍体核相，染色体数 $2n=10$。在"申福 1 号"的叶状体和丝状体中均含有一条非常稳定的特异性微卫星标记带。③海区养殖的壳孢子苗生长快，生长期长，120 日龄的叶状体也不成熟，菜质下降速度慢，而未经选育的野生品种一般在 50 日龄左右就开始成熟，生长速度和菜质明显下降。④比坛紫菜的传统养殖品种更耐高温。⑤适宜闽、浙、粤三省沿海区域养殖。

经过长达 6 年的生产中试和推广结果证明，"申福 1 号"的良种优良性状遗传稳定，产量比传统坛紫菜养殖品种提高 25%~52%。

B. 条斑紫菜叶状体突变品系

用 500Gy^{60}Co-γ 射线辐照处理野生型条斑紫菜的壳孢子萌发体，从单色变异细胞的再生叶状体中分离出橘红、紫红、橘黄和墨绿等颜色的单色变异体，并获得丝状体纯系。各变异品系的 F_1 叶状体均为单色，其颜色与各自的母本叶状体相同，表明它们是稳定突变体。各色素突变品系的叶状体活体吸收光谱不仅与野生型品系有明显的差异，而且各突变品系之间也存在较大的差异。

C. 坛紫菜抗高温品系(YZ–3)

坛紫菜 YZ–3 品系抗高温，不仅壳孢子可以在 29℃下较好地存活和萌发，而且在常温(24℃)下培养的幼苗对高温(28℃和 29℃)也有很强的耐受力，生长较好，不烂苗；在生产上有较大的应用前景。

D. 坛紫菜耐高温品系(Q–1)

利用人工诱变和体细胞再生技术，选育的坛紫菜耐高温品系(Q–1)：在 28℃和 30℃条件下培养 15d，Q–1 品系壳孢子成活率分别为 76.8%和 60.1%，分裂率分别为 100%和 83%；而对照组野生型品系(WT)的壳孢子成活率分别为 15.9%和 6.7%，分裂率分别为 90.4%和 63.8%。Q–1 和 WT 品系壳孢子苗在 24℃(常温)条件下培养 35d，然后再分别在 24℃、28℃和 30℃条件下培养 25d，Q–1 品系苗的平均体长分别是 WT 品系的 2.5 倍、5.8 倍和 1.9 倍；而且在 28℃和 30℃中培养 15d 的 WT 品系幼苗发生大面积腐烂，Q–1 品系幼苗则生长良好。Q–1 品系在海区中试养也表现出具有良好的耐高温特性，2008 年秋季遇到长时间高温天气，坛紫菜野生种苗发生大规模腐烂及脱苗(大幅度减量)，而 Q–1 品系无脱苗现象且生长良好(取得高产)。

E. 坛紫菜"申福 2 号"(SF-2)优良品系

利用室内培养和海区试养方式对 SF-2 优良品系进行优良特性及生产适用性评估：SF-2 品系叶状体的生长速率、藻胆蛋白含量、藻体厚度及单位产量均具有明显的优势，即绝对生长速率(90d、均长 391.64cm)是 WT 的 10 倍，活体吸收光谱明显高于 WT，藻胆蛋白含量是 WT 的 1.95 倍，平均厚度[(31.95±4.16)μm]分别比 WT 与 SF-1 薄 38.7%和 14.0%，壳孢子放散量(约 28.6 万个/壳)比 SF-1 提高 43.0%；海区栽培的前四水鲜菜重量(24 000kg/hm^2)比 WT 和 SF-1 分别增加 30.1%和 6.7%，海区壳孢子放散量可以达到生产要求。

F. 坛紫菜优良品系(XS-1)

坛紫菜 XS-1 品系是一个生长快、颜色及品质好、遗传稳定的优良品系，有望在生产中得到应用。XS-1 品系 F_1 代叶状体的生长速度、成熟期和 3 种主要光合色素含量等均明显优于野生型品系(WT)。在相同条件下培养 80d，XS-1 品系 F_1 代叶状体平均体长达 128.8cm，是 WT 品系的 10.45 倍；F_1 叶状体群体成熟高峰期比 WT 品系推迟 20d；在波长范围为 350~750nm 时，两个品系叶状体活体吸收光谱中均出现 5 个吸收峰,但 XS-1 品系的各峰值均远高于 WT 品系。XS-1 品系叶状体总藻胆蛋白含量高达 80.4mg/g,比 WT 品系提高 188%;叶绿素 a 含量比 WT 品系提高 32%。XS-1 品系叶状体平均厚度为 32.2μm,比 WT 品系减少 15%。

G. 条斑紫菜耐高温品系(T-17)

条斑紫菜 T-17 品系在 18℃条件下,不仅放散壳孢子的能力(数量)与 WT(野生型品系)相同,而且壳孢子及其萌发体的耐高温(23℃)能力也比 WT 强;在 23℃高温条件下,平均每个贝壳在连续 16d 中有 10.6d 大量放散壳孢子,壳孢子及壳孢子萌发体生长正常;对 24℃和 25℃高温也有较强的耐受力。因此,在生产上具有大规模推广的潜力。

4. 江蓠属

世界各大洲约有 100 种江蓠,我国从南到北各个海区已发现 20 多种。江蓠是一种经济价值较高的海藻,我国 2012 年产量达 19.68 万 t,仅次于海带。江蓠含有大量的琼胶质,干品含胶量达 25%以上,是制造琼胶的主要原料。琼胶又称琼脂(冻粉),用途广泛,是一种高级食品,食品工业用它做罐头的填充剂、夹心饼干、软糖、夹心面包、冰糕等;药用可以滑肠泻火、降血压、治便秘,还可以用来做培养细菌的培养基。

1)主要形态特征

江蓠的外形比较复杂,有圆柱状、圆扁状和叶状。圆柱状的种类较多,藻体直立,丛生或单生,体高几厘米至 1m 以上;藻体的分枝疏密不等,常为互生、偏生或分叉,有时在一种藻体上存在几种分枝现象。因此,各种分枝是否缢缩成明显的节及节间,分枝基部是否不同程度的缢缩及枝端尖细或是钝圆等,差异都是很大的。圆扁状的种类很少,藻体肥厚多汁,平卧生长于基质上,有明显的背腹面,外观像麒麟菜,分枝近于扁平和二叉、三叉、四叉以至不规则的分枝。叶状的类型较多,藻体直立,叶片宽窄程度不一;叶缘扭曲,全缘齿状突起或边缘有小育枝;裂片有多有少,顶端舌状、截头或钝头,伸直或向内弯曲。

固着器为盘状,有的边缘比较整齐,有的边缘则呈波状;其底部接触生长基质的那一面常内陷。有些种类,在分枝的顶端和侧面生有吸盘状的附着器,借以附着于生长基质上,匍匐生长。多年生的江蓠,其固着器(庞大的丛生分枝基部)插入基质(泥沙质土)中,而丛生的藻体则大部分悬浮生长于水体中。

我国沿海主要栽培种类有 7 种。

(1)江蓠【*Gracilaria verrucosa*(Huclson)Papenf.】　新鲜藻体多呈紫褐色,有的略带绿色或黄绿色,干燥后变成褐色;藻体软骨质,直立,圆柱状,丛生或单生;一般体长 8~50cm,大的可达 1m 以上;生长方式是由主枝向各方互生或偏生出长短不等的分枝,分枝的基部缢缩,枝端尖细,一般没有分叉现象。

(2)粗江蓠【*Gracilaria gigas* Harvey.】　新鲜藻体呈茶褐色、棕色，也有的呈紫红色；藻体直立，呈圆柱状，单生或丛生，一般体长 20~40cm，分枝互生或偏生，分枝基部不缢缩或略缢缩，直径 2~3mm 甚至可达 4mm，末端尖细；新鲜藻体质脆，肥厚多汁，容易折断。

(3)脆江蓠【*Gracilaria bursa-pasforis*(Gmel.)Silva.】　新鲜藻体为透明的紫红色，体质柔软而脆，肥厚多汁，易折断，干后稍硬；藻体直立，丛生，呈圆柱状，一般高达 10~30cm，有的可达 40cm；固着器盘状，分枝互生、偏生或二叉式分枝；分枝基部较宽，不收缩，顶端尖细，上面生有短的小枝，或裸露伸延成鞭状。

(4)细基江蓠【*Gracilaria tenuistipitata* C. F. Chang et B. M. Xia】　新鲜藻体呈黄褐色或肉红色，藻体直立，呈线形圆柱状，单生或丛生一般高 20~40cm，大者可达 0.8~1.2m，基部非常纤细；固着器呈小盘状，分枝简单，仅分枝 1~2 次，互生、偏生或二叉式；藻体软骨质，分枝基部不收缩，但向基部处逐渐变细，枝延伸长达 10~25cm。

(5)芋根江蓠【*Gracilaria blodgettii* Harv.】　新鲜藻体色泽鲜艳，呈暗红或暗绿色，肥满、很脆容易折断，干燥后色变深，呈软骨质；藻体直立丛生，圆柱状，一般高达 20~55cm，基部有盘状固着器用以固着在各种贝壳和沙砾上；分枝偏生或互生、不规则的叉状，基部骤然收缩成为一个极小的点柄，枝端尖细光滑幼嫩；繁殖力强，是很有开发价值的池塘养殖种类。藻体琼胶质含量达 30%，是一种优质的琼胶原料。

(6)凤尾菜【*Gracilaria eucheumoides* Harv.】　新鲜藻体表面呈蓝紫色至紫红色，腹面颜色较深，暗红色，表面光滑，无突起，常有皱缩，干燥后尤为明显；外部形态似琼枝，有明显的背腹面，分枝扁平，常互相重叠和愈合成为直径 10~20cm 或更大的团块，分枝近似于水平延伸，呈二叉式、三叉式、四叉式或不规则的分枝，枝条两缘具有羽状小枝；分枝的枝端或中部的腹面，具有许多圆盘状固着器。

(7)细基江蓠繁枝变型【*Gracilaria tenuistipitata* Chang et Xia. f. *liui* Zhang et Xia f. nov.】　细基江蓠繁枝变型是近几年在海南岛发现的细基江蓠养殖新类型（中国科学院海洋研究所鉴定）。藻体直立，圆柱状，丛生，主干不明显，枝条纤细，分枝很多，偏生或互生，分枝的基部稍收缩、顶端尖细，在秋冬季发芽盛期还生出小枝丛；藻体之间彼此连接成繁茂丛状的团块，体长 10~15cm；多在鱼塘底部呈半悬浮状态生长，难于找到藻体的固着基（很少在石块上或贝壳上发现藻体），通常采用藻体基部插入基质中固定藻丛。

2)经济杂交种

细基江蓠繁枝变种和细基江蓠正反交的 2 个经济杂交种，琼胶含量介于两个亲本之间，即杂交种的琼胶含量比细基江蓠繁枝变种高（8%~13%），比原细基江蓠含胶量低（10%~12%），属于两者的中间类型；能在咸淡水（半咸淡海水）中正常生长，是一个适合于咸淡水池塘栽培的优良经济杂交种，具有较好的发展前途。

5. 麒麟菜

麒麟菜是热带性经济海藻，我国年栽培产量仅次于海带和江蓠，2012 年产量达 0.96 万 t。麒麟菜含有大量的卡拉胶、多糖和黏液质。卡拉胶被广泛应用于纺织、食品、建筑等工业部门及医药卫生部门。黏液质中含有半乳糖、半乳糖硫酸脂、3，6-去水半乳糖、D-葡萄糖醛酸及 D-木糖等，一般可用于治疗气管炎、咳嗽、痰结、痔疾等。麒麟菜含有的蛋白质和脂肪非常低，但富含纤维素和矿物质，是一种优质保健食品，钙的含量是海带的 5.5 倍、裙带菜的 3.7 倍和紫菜的 9.3 倍；锌的含量是海带的 3.5 倍、裙带菜的 6 倍和紫菜的 1.5 倍。

外部形态：新鲜麒麟菜体色鲜艳，有黄绿、暗红、浅黄、深绿等不同的颜色，腹面多呈鲜红色，背面则因生长的水层深浅不同而颜色各异，鲜艳夺目；肥厚饱满多液汁，柔软易折断，干燥后则变成坚硬的软骨质状。藻体多呈圆柱状或扁平状，有明显的背腹面，腹面底下多处形成盘状固着器，多个固着器牢固地附着在珊瑚基质上；背面分枝互生、对生或叉状，长有乳头状或疣状突起，突起多呈圆锥状，有的种类排列紧密，有的较疏；基部宽而钝，很少单独存在，往往对生或三五个轮生。大多数藻体平卧，繁茂的分枝向水平方四周扩展。由于分枝茂密，常多层互相重叠交织在一起，有的分枝互相愈合构成团块状藻丛。藻体的大小因种类而异，一般为 20~40cm。

栽培种类：目前，麒麟菜属已进行人工栽培的种类有 4 种。

(1) 麒麟菜【*Eucheuma muricatum*（Gmel.）Web. V. Bos.】 外部形特征如上述。

(2) 琼枝麒麟菜【*Eucheuma gelatinae*（Esp.）J. Ag.】 藻体长 10~25cm，平卧在生长基质上，表面多呈紫、红或黄绿等色，夏季藻体的背面往往为黄色，腹面则为红色；腹面及边缘生有短刺，软骨质，不规则的叉状分枝，枝扁平，宽 3~5mm，厚 1~2mm；有时藻体的一面常有圆锥形突起，两缘密生羽状小枝，枝的顶端常具有圆盘状固着器。固着器在藻体腹面较多，用以附着于碎珊瑚上或其他基质上。枝与枝之间常互相附着，形成团块状。

(3) 珍珠麒麟菜【*Eucheuma okamurai* Xamada】 藻体黄绿色至紫红色，腹面暗红色，二叉式或偶有三叉式、四叉式分枝；腹面有相当多的固着器，平卧于生长基质上。

(4) 异枝麒麟菜【*Kappaphycus alvarezii*（Doty.）】 中国科学院海洋所于 1985 年从菲律宾引进，生长速度快，是主要养殖种类，在海南省陵水县黎安港等地大面积养殖，现已实现产业化。

二、自然分布及栽培区域分布

1. 海带

海带自然分布于北半球的寒带和亚寒带地区，南半球分布的种类较少。海带为寒带和亚寒带的冷水性藻类，发源于白令海和鄂霍次克海亲潮寒流流域俄罗斯千岛、日本北海道和本州北部太平洋沿岸，第四纪日本海形成以后又发展到对马暖流末流的北海道西岸和俄罗斯萨哈林岛(库页岛)及日本海西部里门寒流流域，包括朝鲜半岛元山以北地区。海带自然分布于北半球的寒带和亚寒带地区，南半球分布的种类较少。

目前，我国海带人工栽培区域已扩展到：北至辽宁大连(北纬 39°)、山东青岛(北纬 36°)，南到江苏、浙江和福建沿海。

2. 褐带菜

裙带菜是北太平洋西部特有的广温性藻类，自然分布广泛，北限为冬季水温2℃以上，南限为冬季水温 14℃以下的广阔区域内，冷水海域和高温暖流区域均无分布；在亚洲主要分布于中国(辽宁、山东、江苏、浙江等省)、朝鲜、韩国及日本列岛沿海，俄罗斯太平洋沿岸亦有分布的记载。随着海藻栽培业和国际航海业的发展，裙带菜的分布区域逐渐扩大。1971 年，在法国地中海沿岸的塞特港和温德斯港发现了裙带菜；1987 年，在南半球新西兰的个别港口也有发现。

3. 紫菜

紫菜的自然分布范围很广，南、北半球的寒带至亚热带均有分布。我国紫菜的分布区域也很广，渤海、黄海、东海和南海均有分布。

条斑紫菜主要分布于中国长江以北沿海、朝鲜半岛及日本沿海，是我国北部地区的主要栽培种类。坛紫菜主要分布于福建和浙江沿海，是长江以南地区的主要栽培种类。

4. 江蓠

江蓠的分布范围很广，世界各大洲均有自然分布，以南美洲为最多，其次是南非和东南亚各国，广泛分布于热带、亚热带和部分温带地区，约有 100 种。

我国从南到北各个海区已发现 20 多种，其中 6 种栽培种类的分布如下：①真江蓠属温带性种类，广泛分布于世界各地及我国各个海域。②细基江蓠分布于广东省电白、湛江、海丰及广西壮族自治区北海、合浦、防城等地，是广东和广西两省的主要养殖种类。③粗江蓠属亚热带种类，分布于我国台湾及广东的徐闻、海丰，是广东省栽培种类之一；日本、印度尼西亚、斯里兰卡也有分布。④脆江蓠属亚热带种类，分布于中国浙江省南部、台湾、福建、广东及海南沿海，日本、朝鲜、印度尼西亚、印度、斯里兰卡、美国、地中海、西印度群岛、墨西哥湾、加勒比海、巴西等也都有分布。⑤绳江蓠分布于我国台湾省（栽培种类之一）、广东省和海南岛海区，日本也有分布。⑥节江蓠属热带性种类，在广东省湛江及海南岛海域均有发现，是湛江地区栽培种类之一。

5 种试验性栽培种类的分布：①红江蓠为海南岛试验栽培种类。②龙须菜在我国山东沿海分布较多，加拿大、美国也有分布。③地衣江蓠是我国台湾省栽培种类。④提克江蓠是美国的试验栽培种类。⑤可食江蓠是印度的试验栽培江蓠。

5. 麒麟菜

麒麟菜也称琼枝，是热带、亚热带海藻，其分布以赤道为中心向南、北方向延伸。目前，我国见于南海的部分地区，如海南岛的东部及南部海岸、西沙群岛、南沙群岛及台湾省南部等海区，其分布有明显的区域性。琼枝麒麟菜是印度洋-西太平洋热带性海藻，分布于我国海南省文昌、琼海、昌江等地，以及琉球群岛、澳洲的西岸等地。珍珠麒麟菜是北太平洋西部特有的热带性海藻，分布于海南的琼海、文昌和台湾的兰屿等地。异枝麒麟菜是中国科学院海洋所于 1985 年从菲律宾引进的，现已实现产业化养殖。

第二节　繁殖和生活史

一、繁殖

（一）褐藻繁殖

海带和裙带菜的繁殖方式分为无性生殖和有性生殖。无性生殖为孢子繁殖，孢子体形成单室孢子囊群，产生单细胞、梨形和 2 条不等长鞭毛的游孢子；有性生殖为卵配生殖，雌雄配子体分别产生卵和精子，精卵结合形成合子。

1. 无性生殖

1）海带孢子囊发生和游孢子形成

海带孢子体进入成熟期后，叶片表皮细胞膨大并向外突出变为方形，继而横分裂成为上下两层细胞，上面的细胞不断向外延长形成隔丝，下面的细胞形成孢子母细胞，随后由隔丝和孢子母细胞构成单室孢子囊。多个孢子囊组成形状不规则且向外隆起的孢子囊群。孢子囊群最初出现于叶片的背光面，而后向光面也陆续出现。

筏式栽培的海带，夏季 5、6 月间产生的孢子囊群数量较少，分布在叶片尖端中带部，呈不规则的斑点状；秋季产生的孢子囊群数量较多，开始出现于生长部，而后遍及整个叶片。藻体一旦产生孢子囊群，长度生长就完全停止。孢子囊成熟放散游孢子后，藻体衰老死亡。

游孢子是由孢子母细胞分裂形成的。孢子母细胞在隔丝腔内形成后就进行 2 次减数分裂，将细胞核分裂成 4 个，然后连续进行 3 次有丝分裂，共分裂成 32 个子核；在核分裂过程中，周围的色素体也随之分裂。新分裂出来的细胞核位于单室孢子囊中央，然后向四周移动。每个子核分别与一个色素体及四周的原生质构成 1 个游孢子，计 32 个游孢子。这时孢子囊的顶端加厚呈帽状。

海带孢子囊的成熟和游孢子的放出都是持续不断的。成熟的孢子囊经过阴干刺激后再放入水中又可放散游孢子，因此，可以连续数次采集游孢子；每棵海带一般可产生数十亿至上百亿个游孢子。

游孢子为单细胞，梨形[(6.9~8.2) μm×(4.1~5.5) μm]，有两条侧生不等长的鞭毛，长的指向前端，长 17.8~19.6μm，短的指向后端，长 6.9~8.2μm；下腹部有一个杯状色素体。

初放散的游孢子非常活跃，在水中游动(长鞭毛做波浪式运动，短鞭毛伸直几乎不动)数分钟至 2h 左右即大部分附着(附着时间与温度有关)。孢子附着时，长的鞭毛附着在基质上，身体做缓慢的摆动，不久变成球形，旋转一段时间后附着到基质上而成为胚孢子。然后(4h 左右)，胚孢子表面突起(开始萌发)并逐渐延长成萌发管，随后细胞内容物在 2.5~3d 全部注入萌发管的顶端，此时，其膨大的顶端与空的萌发管分开，就形成了配子体；4~5d 后成长为多细胞配子体，6~7d 便可分辨出雌雄。

2) 裙带菜孢子囊发生和游孢子形成

裙带菜的无性生殖方式与海带基本相同，所不同的是单室孢子囊发生在木耳状孢子叶的边缘上。在北方地区大连沿海，每年 2 月下旬开始形成孢子叶，进入 4 月开始形成孢子囊，5 月下旬(水温 13℃左右)逐渐发育成熟并放出游孢子。

孢子叶成熟、孢子囊发生和游孢子放散，一般是先从下部开始，然后逐渐向上蔓延。孢子囊的成熟及游孢子的放出是持续不断的，因此在繁殖期间始终有一定数量的游孢子放出。

海底自然生长的裙带菜，一般在水温 14℃左右(4 月)开始放散游孢子，高峰期为 17~20℃(南方 5 月下旬至 6 月上旬，北方 6 月下旬至 7 月中旬)，结束期为 23℃(北方为 20℃、7 月中旬)。大连海区在海水温度 14~21℃，游孢子放散量为 500~9800 万个/cm²，最多可达 1 亿个/cm² 以上。

孢子放散量的计算方法有两种：一种是按孢子叶重量计算，测定简单，误差较大；另一种是按孢子叶面积计算，测定麻烦，误差较小(生产单位多采用面积计算)。

裙带菜的游孢子形状、大小、游动方式、附着及其萌发与海带基本相似。

游孢子游动速度及持续时间与孢子质量有关。健壮的游孢子游动速度快，持续时间长；体质差的游动速度慢，持续时间短。因此，在采集裙带菜苗时，不要急于向采苗池中投放附着基，待不健壮的孢子无力游动时再投放附着基。这样便可以采集大量的健壮孢子，以提高采苗与育苗质量。

2. 有性生殖

雌雄配子体进入成熟期，分别产生卵和精子，精卵结合形成合子。

1) 海带的有性生殖

海带的雌配子体多为单细胞，呈球形或梨形，当细胞直径由 4.2~10μm 增长为 11~22μm 时开始转化为卵囊。每个卵囊形成 1 个圆形卵子。

雄配子体一般为多细胞的分枝体，细胞比雌配子体小，直径为 5~8μm。雄配子体每个细胞都可以产生精子囊。每个精子囊产生 1 个带有 2 条鞭毛的梨形精子，直径(4.4~6.2)μm×(2.7~3.4)μm，侧生 2 条鞭毛，前面的长 13.7~16μm，后面的长 15~17μm。精子入水后迅速游动并进入卵，形成合子而完成受精作用。

2) 裙带菜的有性生殖

裙带菜的有性生殖与海带相似。雌雄配子体也很微小。

(二)红藻繁殖

条斑紫菜和坛紫菜的繁殖方式有所不同，前者有无性生殖和有性生殖两种，后者则只有有性生殖。江蓠和麒麟菜的繁殖方式包括无性生殖和有性生殖。无性生殖是孢子体形成四分孢子；有性生殖是雌雄配子体分别产生果胞和精子，并结合形成合子(囊果)，附生在雌配子体上。

1. 无性生殖

1) 条斑紫菜的无性生殖

条斑紫菜叶状体进入成熟期，边缘营养细胞发生质的变化转化成单孢子囊，1 个营养细胞形成 1 个单孢子囊，每一个孢子囊只形成一个孢子。单孢子的外形及内部结构均与果孢子和壳孢子相似，直径 11~13μm 或更大；单孢子放散后附着在生长基质上，直接萌发成小紫菜叶状体(图 7-4)。

条斑紫菜无性生殖的盛期在秋季至初冬(水温 10~20℃)，形成并放散单孢子，在其周围形成密集的小紫菜群。因此，其无性生殖是人工栽培群体的重要种苗来源。

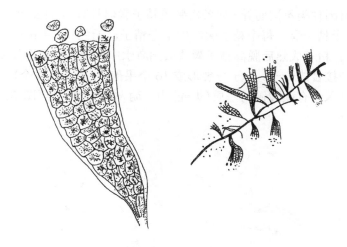

图 7-4　小紫菜与单孢子放散

坛紫菜在雌雄叶状体的细胞再生体中，均能产生"类单孢子"并长成正常叶状体。其他种紫菜只有在幼体期或小紫菜期才能大量形成和放散单孢子。多数种类在秋季产生单孢子，或分别在秋季和春季两次产生单孢子，而圆紫菜却可以在夏季不断形成放散单孢子，并形成小紫菜渡夏群。

2）江蓠和麒麟菜的无性生殖

江蓠和麒麟菜的无性生殖相同，孢子体成熟后表层细胞形成孢子囊母细胞，然后进行减数分裂形成十字形的四分孢子囊(散生在皮层细胞中)，产生四分孢子。成熟的四分孢子脱离母体浮动在水中，遇到适宜的生长基，便附着、萌发为雌雄配子体。

江蓠的四分孢子囊呈紫红色，散生在藻体表面，埋于皮层细胞中。粗江蓠的四分孢子囊呈红色，散生于藻体各处的皮层细胞中。

2. 有性生殖

1）紫菜的有性生殖

条斑紫菜叶状体为雌雄同体，坛紫菜叶状体为雌雄异体兼有雌雄同体。两者的有性生殖基本相同。在人工养殖的坛紫菜群体中雌雄叶状体混合生长，一般雄性叶状体成熟早，个体较小，而雌性叶状体成熟较晚，个体较大。

紫菜叶状体成熟后前端或边缘营养细胞转化形成雌、雄生殖器官，雌的称果胞，雄的称精子囊。果胞成熟后形成一种原始受精丝，协助受精作用；果胞受精后，受精丝便逐渐萎缩。

雄性生殖细胞为精子囊母细胞，经多次分裂形成精子囊器。每个精子囊器中的精子囊数目因种类不同而异。如条斑紫菜精子囊器具有 64~128 个精子囊，而甘紫菜只有 64 个精子囊。每个精子囊产生 1 个精子，无色(产生精子囊部分变为白色或黄白色)。精子成熟后脱离精子囊放散到海水中，随水漂流至果胞受精丝上，进入果孢与卵接合成合子。合子分裂形成 16 个果孢子(表面观 4 个)，果孢子成熟后离开母体钻入含有碳酸钙的基质(贝壳)内，萌发成为丝状体(图 7-5)。

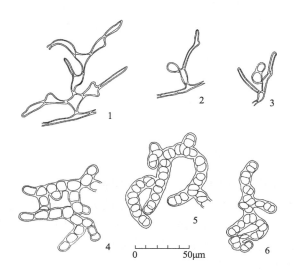

图 7-5　紫菜的丝状体(中国科学院海洋研究所藻类实验生态组和藻类分类组，1978)

1.丝状藻丝；2、3. 丝状藻丝上新长出的孢子囊枝侧枝；4.孢子囊枝；

5、6. 成熟阶段的孢子囊枝，多数孢子囊枝细胞已分裂形成壳孢子囊

2)江蓠和麒麟菜的有性生殖

江蓠和麒麟菜的有性生殖方式基本相同。雄配子体产生精子，雌配子体产生果胞(卵)。精、卵结合成合子，进一步发育成果孢子囊，继而育成囊果(附生在雌配子体上的果孢子体)。

雄配子体成熟时，皮层细胞形成精子囊窠，窠内形成许多精子囊，每个精子囊具有一个精子；精子囊为小球形，无色；精子成熟后便游离水中，接近雌配子体，进行受精作用。

成熟的雌配子体，皮层细胞产生育枝细胞，再分裂成果胞枝。果胞枝由上下两个细胞构成，上面的是果胞，具有一条突出于配子体表面的细长受精丝，协助受精作用；下面的是支持细胞，生出两组不育枝细胞(营养细胞)。精子接触到受精丝后，沿着受精丝进入果胞内，与卵结合成合子。受精后的果胞(合子)，逐渐膨大并与不育枝细胞融合，形成一个多核的大融合胞(胎座)，向配子体表面生出产孢丝。产孢丝分枝，每枝具有几个细胞紧密聚生，并进一步向配子体表面生长，

顶端逐渐变成向外伸出的一排排球形果孢子囊。此时，皮层细胞分裂成囊果被，有的江蓠产孢丝生出滋养丝穿入果被中吸收营养。这样就形成一个球形、半球形或锥形的，并突出藻体表面的囊果，也就是附生在雌配子体上果孢子体(双倍体)。

江蓠的囊果呈球形或半球形，明显地突出藻体表面，一般无喙状突起，基部不缢缩，顶端有一囊果孔。粗江蓠的囊果呈球形，突出藻体表面，有喙状突起，基部不缢缩，囊果孔位于顶端。脆江蓠的囊果呈圆锥形，突出于藻体表面，成熟部分有顶端突起；囊果被与产孢丝之间有明显的滋养丝，果孢子接近圆形。细基江蓠的囊果呈球形，显著地突出在藻体表面，基部收缩，有明显的喙状突起。芋根江蓠成熟的囊果呈球形，亚喙状，基部略收缩，明显地突出于藻体表面。细基江蓠繁枝变型的生殖器官极难找到，但在上千棵藻体中，偶尔也能找到1~2棵带有囊果的藻体。

果孢子成熟后，从囊果孔排到水中，遇到适宜的生长基便附着萌发，形成新藻体，即孢子体(双倍体)。

二、生活史

(一)褐藻生活史

1. 海带的生活史(图 7-6)

海带的生活史是孢子体世代(大型叶状体，2n)和配子体世代(小型丝状体，n)相互交替组成的，属于典型异型世代交替的生活史类型(双相世代型)。无性孢子体世代产生游孢子，附着到基质上形成圆形的胚孢子，萌发为配子体。雌雄配子体成熟后分别产生卵和精子，受精后形成合子，萌发为叶状体。

我国筏式栽培的海带，一年就可以完成一个生活史周期。春夏季孢子体成熟，放散游孢子。游孢子附着几天后便萌发成配子体。然后，雌雄配子体成熟后，分别形成卵和精子。卵受精后形成合子，萌发成幼孢子体。孢子体继续生长，到秋季便生长成小海带苗，再经过一个冬春的栽培，即生长成商品海带。

孢子体世代在筏式栽培海带生活史中占有的时间长达90%~93%，配子体世代占有的时间仅7%~10%。

2. 裙带菜的生活史

裙带菜生活史与海带相同，属于异型世代交替类型。孢子体(2n)在秋冬季开始出现，经过冬季和春季生长成大型藻体；春夏季形成孢子叶，春夏交际时成熟放出游孢子，附着并萌发为雌雄配子体(n)。

雌雄配子体度过夏季高温期，于秋季(水温23℃以下)产生卵和精子，受精后形成合子，萌发为幼孢子体(叶状体)，10月中旬(大连沿海)生长为肉眼可见的幼苗，第二年1月中旬藻体长度可达1m以上。

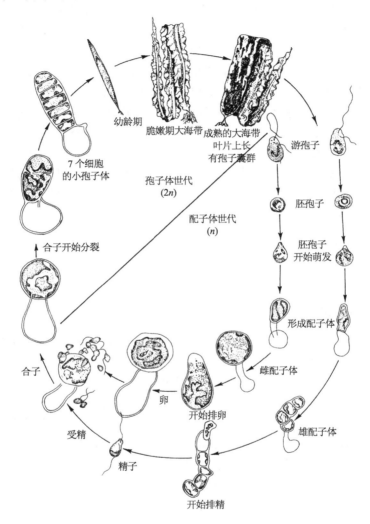

图 7-6　海带生活史（曾呈奎等，1985）

(二)红藻生活史

1. 紫菜的生活史

　　条斑紫菜和斑紫菜的生活史相同，是由大型的叶状体和微型的丝状体世代组成的，属于异型世代交替类型（双相世代型）。叶状体（n）成熟产生雌雄生殖细胞（果胞和精子囊器），精卵结合形成果孢子囊，果孢子钻入含钙的基质内萌发成丝状体

（2n），进而产生壳孢子，壳孢子萌发过程中进行减数分裂，然后形成叶状体幼苗（n）。由此循环往复，代代相传（图7-7，图7-8）。

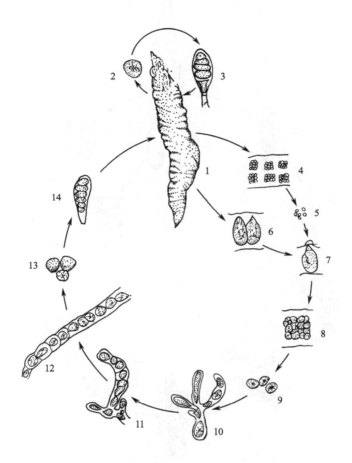

图 7-7　条斑紫菜生活史(山东省水产学校，1979)

1.条斑紫菜叶状体；2.单孢子；3.单孢子萌发的幼苗；4.精子囊器(横切面)；5.精子；
6.果胞(横切面)；7.受精卵；8.果孢子囊；9.果孢子；10.丝状藻丝；11.孢子囊枝；
12.壳孢子囊形成与壳孢子放散；13.壳孢子；14.壳孢子萌发的幼苗

坛紫菜和条斑紫菜的减数分裂发生在壳孢子萌发时最初的两次细胞分裂时期。精子囊细胞、叶状体营养细胞和 2 个细胞的壳孢子萌发体中的核相是单倍的，染色体数 $n=5$；果孢子、丝状体细胞、膨大细胞和壳孢子的核相是双倍的，染色体数 $n=10$。精子囊细胞、果孢子和丝状体细胞的分裂是有丝分裂；壳孢子萌发的第 1 次细胞分裂是减数分裂。

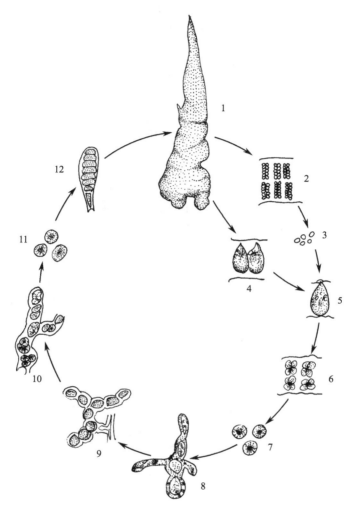

图 7-8　坛紫菜生活史(山东省水产学校，1979)

1.坛紫菜叶状体；2.精子囊器(横切面)；3.精子；4.果胞(横切面)；5.受精卵；6.果孢子囊；7.果孢子；
8.丝状藻丝；9.孢子囊枝；10.壳孢子囊形成与壳孢子放散；11.壳孢子；12.叶状体幼苗

2. 江蓠和麒麟菜的生活史

　　江蓠的生活史是由孢子体(2*n*)、配子体(*n*)和果孢子体(2*n*)三个世代组成的，不同世代相互交替。在非生殖季节，江蓠孢子体和配子体的外部形态没有区别。

　　孢子体的无性生殖进行减数分裂形成四分孢子，附着并萌发为雌雄配子体。雄配子体产生精子，雌配子体产生果胞(卵)。精卵结合成合子，发育成囊果即附生在雌配子体上的果孢子体(图7-9)。

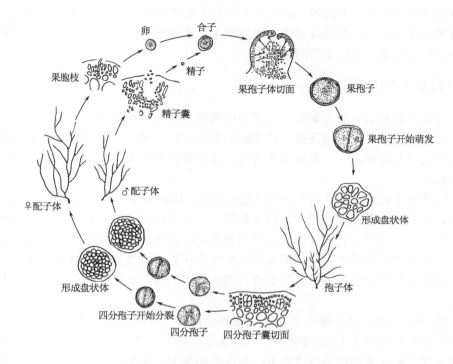

图7-9　江蓠的生活史(曾呈奎等，1985)

麒麟菜的生活史与江蓠相同，同样分为无性生殖和有性生殖，也分孢子体($2n$)、配子体(n)及果孢子体($2n$)三个世代进行周期性交替；孢子体和配子体在外形上也无多大差别。

第三节　栖息习性和生长发育及其对环境条件的适应

一、栖息习性

(一)褐藻的栖息习性

褐藻主要栽培种类为海带和裙带菜。海带为冷温带海藻，固着生活，自然生长在潮下带海底礁石上或其他定形的海底基质上；在干潮线下水深2~5m海底生长很好，也可生长在透明度高的低潮线以下8~20m深处；适宜流速为50~80cm/s，在流速较大的海区生长也良好；适宜生长在风浪及流速都不过大、无污染的肥污海域。

裙带菜为温带性海藻，固着生活，生长在低潮线下 1~5m 深处的岩礁上，垂直分布依海区的透明度而异，透明度大的海区在水深 10 余米的礁石上也有着生；在海浪直接冲击的陡岸或陡岩礁上也能繁生。裙带菜适宜生长在风浪不大、海流畅通、养分较多、无污染的海域。

(二)红藻的栖息习性

红藻主要栽培种类为紫菜、江蓠和麒麟菜。紫菜叶状体多生长在潮间带，适宜生长在风浪较大、潮流通畅、营养盐丰富的海区；耐干性较强。条斑紫菜多生长在中低潮带的岩礁上；坛紫菜多密生于高潮带的岩礁上，向阴，喜风浪，耐干性较强。

江蓠多生长在有河水流入的泥沙底质海湾，从高潮线到低潮线的岩礁、沙砾、石块、贝壳、碎珊瑚及木料、竹料上都能生长。粗江蓠多生长在平静内湾的中低潮带的沙滩、石砾上。脆江蓠属于亚热带种类，多生长在低潮带的碎石块、贝壳上，或有淡水流入的水道中。细基江蓠多生长在有淡水流入的海湾泥沙滩上。芋根江蓠多生长在内湾及港口有淡水流入的沙滩上，也能在泥沙质的土池塘中生长发育。

麒麟菜生长于大干潮线下 1~2m 处和低潮带下 2~5m 深处的珊瑚礁上，有的平卧于生长基质上(琼枝麒麟菜)，少数生长在阴暗的石缝中。我国绝大部分麒麟菜均生长在珊瑚礁群或礁盘上，并以透明度大、水质澄清、比重大、水流湍急的活珊瑚群海区生长最为茂盛。

二、生长发育及其对环境条件的适应

(一)海带的生长发育及其对环境条件的适应

1. 孢子体生长发育

长度生长：合子萌发到 100 个细胞左右的小孢子体，所有细胞都具有分生能力；5cm 左右时在柄与叶片连接处分化出生长部(位置在 2.5cm 左右)，是藻体具有很强分裂能力的部分，新组织不断从叶片基部增长，梢部逐渐衰退并不断脱落；长度达 1m 左右时(生长部位于距基部 10cm 左右)，梢部基本上不脱落。

宽度生长：宽度与长度同时进行生长，快速生长的时间主要集中在 4 月中旬以前，进入厚成期，长度和宽度生长都降低。

生长发育分期：筏式栽培的一年生海带划分为下列若干个时期。

(1)幼龄期：从孢子体形成至 5~10cm 为幼龄时期，叶片薄而平滑、无凹凸、无纵沟、褐色；从幼孢子体的形成到 1~2mm，叶片一般为单层细胞；柄和叶片的界限不明显，柄的长度占藻体的 1/3~1/2。

(2)凹凸期(小海带期)：小孢子体长度达 5~10cm 时，叶片基部即出现方形凹凸，称凹凸期；凹凸分两排，纵列于中带部，其分生组织分裂速度不均匀，有些地方细胞生长很快，而另一些细胞则分裂较慢，因而形成了凹凸不平的现象。凹凸期海带的长度生长较慢。

(3)脆嫩期(薄嫩期)：海带长至 1m 左右，生长部形成的组织使叶片厚度逐渐增加，叶片基部变为平直，边缘波褶程度减轻，叶片的凹凸部分逐渐推向藻体尖端。

(4)厚成期：叶片硬厚老成，有韧性，基部变为扁圆形，色浓褐；长度生长迅速下降，开始积累大量有机物质，含水量相对减少，干制品率逐渐提高，在厚成期的后期可以进行收割。

(5)成熟期：孢子体渡夏后，不再继续生长，叶片表面普遍产生孢子囊群。该期就是海带的繁殖期。

(6)衰老期：海带的孢子囊群大量放散孢子以后，生活机能逐渐减退，叶片表面粗糙，局部细胞开始自然衰老死亡，固着器和柄部出现空腔，逐渐腐烂，最后全部死亡。

二年生和一年生海带(图 7-10)：海底自然繁殖的海带一般两年长成，跨越三个年度；筏式栽培的海带一般一年长成，只跨越两个年度。

二年生海带，一般在 10~11 月成熟产生孢子囊群，游孢子放散后经过两星期左右形成孢子体，孢子体逐渐长大。在一般环境条件下，孢子体生长较慢，夏天来临之前，不能长成肥大藻体，叶片长度一般为半米左右，夏季(水温升高)长度生长速度下降，叶片梢部衰老、脱落；秋季水温下降到 23℃时，叶片产生孢子囊群并放散游孢子，之后，藻体生长速度逐渐加快(新生部和旧叶片之间界限明显)，至第三年 3、4 月达最高峰，6、7 月长度、宽度和重量达到最大值，梢部产生孢子囊群，渡夏后藻体长度减短，秋季(水温下降)叶片全面产生孢子囊群，于 10~11 月大量放散游孢子，然后，叶片迅速衰老，在 12 月左右死亡、流失。

一年生海带，也在 10~11 月大量形成孢子囊群并放散游孢子。新成长的幼孢子体在第二年 3、4 月生长速度达到高峰，长度一般可达 2~3m，至 5、6 月产生孢子囊群并放散游孢子；夏季叶片梢部大量脱落，孢子囊群逐渐破坏，不再继续放散游孢子；秋季水温下降到 21℃以下时叶片表面产生孢子囊群，至 10~11 月大量放散游孢子，随后迅速衰老、死亡流失。因此，筏式栽培的海带只能跨两个年度，生活 13~14 个月。

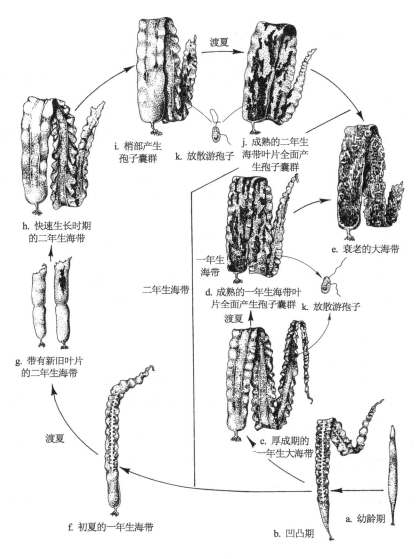

图 7-10　一年生海带和二年生海带(刘焕亮和黄樟翰，2008)

2. 孢子体生长发育对环境条件的适应

1)温度对生长发育的影响

A. 水温对孢子体生长的影响

海带孢子体长度生长的适宜温度为 1~13℃，最适温度是 5~10℃(日生长 3cm 左右)，最高极限水温为 20℃。

大藻体(>2.5m)和小藻体(<2.5m)生长的最适温度相同，但在1~5℃和10~13℃条件下，其生长特点有所不同。也就是说，小藻体不仅在10~13℃时的忍耐能力强于大藻体，而且生长还比在1~5℃时要好一些；相反，大藻体在10~13℃时生长较差，远不如在1~5℃时生长的好。藻体越大，停止生长的温度值就越低。

B. 水温对孢子体发育的影响

海带孢子体发育的适宜温度为5~20℃，最适温度为13~18℃。大连地区海底自然繁殖的二年生海带，在第二年和第三年秋季水温降到20~22℃以下时，叶片上即出现孢子囊群。人工筏式栽培的海带至第二年冬季，两次出现孢子囊群：第一次出现在春夏季(5、6月)，孢子囊群的面积不大；第二次出现在秋冬季。水温接近或达到20℃时基本上就不再形成新的孢子囊群，而且也不再放散游孢子。

浙江沿海地区渡夏的种海带，在人工控制水温13~18℃条件下14d内可以形成孢子囊群；而在自然界高温条件渡夏的种海带，必须在水温降到20~22℃后才能产生孢子囊群。

实验结果证明：海带孢子体发育不一定必须在10℃以下才能形成孢子囊群，浙江、福建和广东海水温度终年在10℃以上，海带可以发育形成孢子囊群。这为海带南移栽培提供了理论根据。

2)光照对生长发育的影响

A. 光照对幼龄期海带生长的影响

孢子体的发生和幼孢子体(1~2cm)生长，需要较强的光照条件；长度超过2cm的孢子体，对光照强度的要求就降低了，光照过强生长速度就会下降。4~20个细胞的幼孢子体最适宜的光照强度为1000~2000lx。

B. 光照对凹凸期、脆嫩期和厚成期藻体生长的影响

自然繁殖的海带固着在海底礁石上，叶片向上漂浮在水中，上中部受光较强，下部和基部(生长部)受光较弱。叶片上中部的主要功能是接受阳光进行光合作用，生长部的主要功能是分生细胞，两者对光照强度的要求是不同的；前者的生长要求强光(2000~4500lx，脆嫩期达10 000lx左右)，后者则要求弱光，甚至于不需要光照。实验结果证明：生长部经适当遮光，生长速度明显增加；遮光面积愈多，长度生长就愈大。也就是说，强光抑制生长部及其附近组织的长度生长。

因此，栽培海带应该按照栽培方式、地区特点、生长发育阶段等具体情况，适时合理地调整培育水层，以满足海带各个生长发育期对光照的要求。

3)营养盐对孢子体生长的影响

海水中氮、磷营养盐及二氧化碳等营养物质，对海带孢子体生长有一定影响，尤其是氮素含量对孢子体生长更为重要。

海带在硝酸氮含量低于0.36μmol/L的贫瘠海区，经常出现生长缓慢、叶片变硬和颜色淡黄等现象，称缺氮饥饿病。

我国北方海区沿岸海水硝酸氮含量较低（5mg/m³ 左右），海带不能正常生长；华东、华南沿海的含量较高，如舟山群岛海区硝酸氮含量为 6.29~8.79μmol/L（1956年），福建连江、霞浦附近为 6.14~8.79μmol/L，海带基本上能够正常生长。

饥饿海带对氮的吸收量，在硝酸氮浓度为 4~71.43μmol/L 时，随着浓度的增加相应加大；在硝酸氮浓度为 0.07mmol/L 时，6h 内吸收迅速，超过 6h 吸收量就显著减少；把浓度提高到 28.57mmol/L 时，浸泡时间可缩短为 15min 左右。采用硝酸铵作肥料，应把溶液 pH 调整到 9 左右、总氮浓度 3.57~7.14mmol/L，浸泡时间 15min；用硫酸铵作肥料，溶液 pH 不必调整，氮素浓度 3.5mmol/L，浸泡时间 30min 左右为适。这样可以提高浸泡施肥的效率，以培育出完全合乎标准的商品海带。

长度 1~2m 的海带在一般肥度的海区（硝酸氮 1.43μmol/L 左右），生长是很快的，平均日生长可达 3~4cm。海带饥饿 3d，用总氮浓度 0.71mmol/L 溶液浸泡一次（3h）；饥饿 6d，总氮浓度应提高为 1.43mmol/L，浸泡 3h 就可以维持正常生长。

长度 1~2m 海带的快速生长，每日需要 6mg 氮素营养。海水硝酸氮含量只有达到 1.43μmol/L 时，海带才能正常生长；在氮含量低于 0.36μmol/L 的贫瘠海区，海带不仅不能自然繁殖，而且长得很慢且非常瘦小。

大连沿海总氮量超过 200mg/m³ 的海区为一类海区，栽培海带、裙带菜即使不施肥也可获得较高的产量和较好的质量；总氮量为 100~200mg/m³ 的海区为二类海区，栽培海带和裙带菜必须适当地施肥；总氮量为 100mg/m³ 以下的海区为三类海区。在三类海区中，含氮量高于 50mg/m³ 的海区，只有大量施肥才能获得较高的产量和较好的质量；含氮量低于 50mg/m³ 的海区，尽管采取施肥措施，也达不到高产和质优的要求。

4）流水对孢子体生长的影响

海带孢子体生长需要有适宜的流水条件。水流可以带来营养物质，带走排泄物和叶片上的附着物；可以改善海带叶片受光条件，增强光合作用强度。生产实践证明，海带在流水通畅的海域中生长快、个体大、产量高、质量好。海带栽培海区的海水流动速度，以 0.3~0.4m/s 为宜。

3. 配子体生长发育对环境条件的适应

1）温度对配子体生长发育的影响

A. 温度对孢子附着及胚孢子萌发的影响

游孢子附着的适宜温度为 10~23℃，最适温度为 15℃左右。游孢子游动的时间随着温度的升高而逐渐缩短，5℃时长时间游动甚至持续游动 48h 而不附着；超过 15℃时，游动时间缩短比较快；当温度升至 20℃左右时，游动时间只有几分钟，但附着能力很低，甚至不能附着。

胚孢子萌发时间随着温度的升高而缩短。胚孢子在 10~20℃条件下培养 3d，大部分萌发为配子体，而在 5℃条件下培养 3d，大部分仍未形成配子体。另外，胚孢子萌发 2d 的萌发管顶端膨大部分直径也是以 20℃时的最大。因此，可以认为胚孢子萌发的适宜温度是较高的。

B. 温度对配子体生长的影响

雌雄配子体生长的最适温度为 15℃，最低温度和最高温度分别为 0℃左右和 25~27℃。实验证明：雌配子体细胞直径的增长和雄配子体的细胞分裂速度，都是在 15℃条件下最快。

C. 温度对配子体发育的影响

在 5℃和 15℃条件下，配子体发育成孢子体的最快时间为 15d 和 14d，平均时间皆为 16d；在 20℃条件下，配子体始终不能发育成孢子体，并逐渐死亡。

据报道，糖海带配子体在水温超过 16℃不能形成卵囊。殖田三郎等（1973）研究证明，*Laminaria religiosa* 配子体在温度高于 12.4℃时不能形成孢子体；其孢子体发育适温为 4~11℃，最适温度为 6~9℃。

2）光照对配子体生长发育的影响

A. 光照强度对配子体生长发育的影响

光照对孢子附着和胚孢子萌发的影响：光照对游孢子附着和胚孢子萌发都没有多大影响。实验证明：在强光、弱光和黑暗条件下，孢子附着和胚孢子萌发速度基本相同。但是，在弱光（1000lx 以下）条件下，光亮处附着的孢子数目比黑暗处的多；在强光（3200lx 以上）条件下，黑暗处附着的孢子数目比光亮处的多。这说明，孢子具有趋光性（黑暗处）和背光性（强光处）。

生产实践证明，采孢子工作完全可以在黑暗条件下进行，避免单面光的照射，防止孢子向一个方向聚集。胚孢子在光照 50~4000lx 和黑暗条件下，经 3d 培养都可萌发成配子体。

光照对配子体生长的影响：光照对雌雄配子体生长的影响明显，光照弱配子体的生长速度慢，光照强配子体的生长速度快。实验证明：配子体生长的适宜光照为 500~4000lx，最适光照强度为 1000~3000lx，生产上通常把光照控制在 800~1500lx。

光照对配子体发育的影响：配子体发育的适宜光照也为 500~4000lx，最低应不低于 200lx。

光照强弱对卵囊、卵和精囊、精子的形成，以及排卵、排精快慢都没有多大影响。实践证明，在 200~1000lx 条件下，卵囊、卵和精囊、精子的形成与排放所持续的时间均为 2~3d。

B. 光照时间对配子体生长发育的影响

光照时间对胚孢子萌发的影响：胚孢子在长光照或短光照的条件下都能正常

萌发，萌发的速度也一样；但在长光照下，所形成的配子体细胞较大。如胚孢子萌发 4d 后的细胞直径，光照时间 1~4h 的为 5.6μm，光照时间 14~24h 的可达 9.7μm。

　　光照时间对配子体生长的影响：配子体生长的速度，随着光照时间的增长而增快。在光照时间 1~24h 的条件下，雌雄配子体都可以生长；光照适宜时间为 7~14h。

　　光照时间对配子体发育的影响：配子体发育速度与生长速度密切相关，生长快，发育也快，但连续光照抑制配子体发育。

　　3）无机营养对配子体生长和发育的影响

　　氮和磷浓度对胚孢子萌发的影响：海水中氮和磷含量对胚孢子萌发并无明显影响。胚孢子在有营养液和无营养液的海水中都可以正常萌发。在不同浓度氮和磷的海水中，胚孢子都可以萌发形成配子体，萌发速度并无不同（曾呈奎等，1985）。

　　氮和磷浓度对配子体生长的影响：加入含有硝酸钠、硝酸钾、硝酸铵和磷酸氢钠的营养液到海水中，可以促进糖海带配子体的生长（Drew，1910）。对糖海带的实验结果证明，一定量的氮和磷对配子体的生长都是需要的，特别是它们之间的比例关系，磷对促进细胞分裂具有较明显作用。

　　氮和磷浓度对配子体发育的影响：对糖海带实验结果说明：糖海带配子体发育也需要一定量的氮和磷，磷含量少而氮含量过多时，发育延缓；磷含量超过氮时，配子体生长成多细胞分枝体，结果不能发育为孢子体。海带实验结果表明：海带配子体发育需要一定量的磷和氮，磷的作用比氮的作用明显得多（曾呈奎等，1985）。

　　海带配子体在缺氮不缺磷的培养液中能够排卵，但发育速度很慢（时间慢一倍）；而在缺磷不缺氮的培养液中，28d 一直不能发育。这说明磷肥对配子体发育起决定性作用，但对幼孢子体生长来说，氮肥起着主要作用。也就是说，配子体阶段缺氮肥生长缓慢，缺磷肥则发育不良。

　　4）盐度对配子体生长发育的影响

　　海带配子体发育成孢子体的适宜盐度为 18~42，最适宜盐度为 24~36；盐度低于 18 和高于 42 时配子体都不能发育成孢子体，但高盐度实验组的配子体存活率比低盐度组的高（曾呈奎等，1985）。*Laminaria religiosa* 幼孢子体发生的适宜盐度为 15.41~38.75，最适盐度是 18.77~24.92（木下祝郎和寿本賢一郎，1974）。

(二)裙带菜的生长发育及其对环境条件的适应

1. 生长发育分期

　　1）孢子体生长发育分期

　　裙带菜孢子体的形态特征在生长发育过程中变化较大，可分为着囊期、出苗期、幼苗期、裂叶期、成熟期、衰老期。

A. 着囊期

幼孢子体的形成至藻体生出假根丝之前,依靠卵囊袋附着在基质上的时期,称着囊期。受精卵横分裂为两个细胞,成为幼孢子体。幼孢子体首先增加长度,即经过 3 次横向分裂形成 7~8 个细胞的单列细胞叶片状藻体;然后,除基部的细胞外,其他细胞开始纵向分裂增加宽度,并持续多次纵横分裂,形成上宽下窄的多细胞藻体(基部由 1~2 个细胞组成)。藻体的长度一般小于 1mm,单层细胞,无叶片、柄和假根之区别,依靠空的卵囊袋附着于基质上,继而基部细胞生出多条透明的假根丝并延伸到基质表面,取代卵囊袋附着在基质上。

此期属于裙带菜育苗前期,是受精卵形成幼孢子体的重要时期。大连海区 9 月上旬水温由 22℃下降至 21℃左右(夏秋交际气温变化比较激烈),幼孢子体比较脆弱,对环境变化(温度、盐度、光照等)条件非常敏感,温度和盐度稍微变化就会造成大量死亡。

B. 出苗期

裙带菜幼孢子体生出假根丝至长度 1.0~10.0mm,称出苗期。幼孢子体基部细胞向下凸出、生出多条透明的假根丝并延伸到基质表面附着在基质上(取代卵囊袋),继而逐渐拉长形成短柄。藻体初步能分出固着器(假根)、柄和叶片。叶片呈椭圆形或披针形,柔软而光滑;柄呈椭圆形,较短;固着器圆球状,生出数条假根丝附着在基质上。

大连海区 9 月中旬至 10 月中旬海水温度降为 20~18℃。此期是育苗管理的重要时期,幼孢子体生长较快,应采取综合措施改善环境条件,以促进生长。

C. 幼苗期

幼苗期的幼孢子体长度达到 1~15cm,叶片呈长叶形,增厚,并分化成表皮、皮层和髓部三层。柄部呈圆形或扁圆形,逐渐拉长、变粗;固着器生出多条具有吸盘的叉状假根,牢牢地固着在基质上。

大连海区 10 月下旬至 11 月中旬水温 16~18℃,开始进行海区浮筏栽培工作,应采取提高水层等措施改善光照等生态条件,以加快幼苗生长。

D. 裂叶期

藻体生出中肋和羽状裂叶至收获之前,称裂叶期。幼苗长度达到 15cm 以上,柄部(茎)拉长变宽,变为扁形,上端延伸至叶片内,形成一条贯穿叶片中央的中肋;随后叶片下部的中肋两侧产生锯齿状翼状膜,继而形成羽状裂叶,原始叶片被推向叶片梢部。短而窄的茎部连同中肋逐渐拉长变宽;羽状裂连同中肋逐渐变长变宽,数量增加很快。藻体长度达 30cm,完全具备了裙带菜的基本形态;长度达 60cm 以上时,茎部产生木耳状皱褶,继而形成了孢子叶。

大连沿海 11 月下旬水温 15℃,裙带菜进入裂叶期,随着水温下降生长速度加快,甚至降至 2℃左右生长仍然很快,每日可增长 2cm 以上;在光照好、营养盐丰富的条件下，经过近 4 个月栽培，3 月下旬长度可达 2m 以上。随后，孢子叶开始发育，生长逐渐减慢，梢部开始溃烂脱落，长度变短，孢子叶逐渐发育成熟，进入成熟期。

E. 成熟期

成熟期又称繁殖期。藻体老化、生长停止，叶片表面出现皱褶并出现大量丛生毛，梢部溃烂、脱落，长度变短。成熟的孢子叶呈深褐色，肉厚且富黏质，孢子叶表面的隔丝腔内有大量的孢子囊，阴干刺激后可放散出大量孢子；放散后的孢子叶表面出现灰白色斑点。

大连海区 5 月中旬水温上升到 12℃左右，裙带菜陆续发育成熟，定期测定孢子的放散数量，以便在孢子放散高峰期进行采苗工作，提高采苗效率。

F. 衰老期

衰老期的主要特征是藻体明显老化，叶片表面皱褶增多，粗糙呈黑褐色，梢部溃烂脱落，长度变短，出现大量白斑（放散完孢子），茎部和假根出现空腔，溃烂后藻体脱落死亡而流失。

2）配子体生长发育分期

裙带菜配子体生长发育可划分为生长期、休眠期、成熟期三个时期。

A. 生长期

孢子萌发刚形成的配子体为单个细胞，雌雄难以区分，随着体积逐渐增大，分化为雌、雄配子体，1 个月左右生长成 3~5 个细胞。雌配子体细胞较长，盘状色素体清晰可见；雄配子体细胞细长，呈浅褐色，枝端细胞尖细。海水温度升高至 22℃左右时，配子体生长速度减慢，颜色逐渐变暗进入休眠期。

B. 休眠期

休眠期又称渡夏期。配子体在水温达 23℃时停止生长，以休眠方式度过夏季高温期，进入休眠期。休眠期的起始时间及长短，因地区纬度而异，纬度越低休眠期越长，纬度越高休眠期越短。大连沿海休眠期约为 1 个月（春夏季海水温度上升到 23℃和夏秋季水温降至 23℃），南方沿海休眠期则长达 3 个月以上。配子体在休眠期间停止生长，细胞长度变短、胶质膜增厚呈椭圆形，失去光泽呈暗褐色，色素体模糊不清，附着能力降低，极易脱落。

为了使配子体顺利度过夏季休眠期，可将苗绳下降水层或置于半黑暗状态下度过高温期，并尽量避免移动苗绳或洗刷苗绳。

C. 成熟期

当水温降至 23℃时雌雄配子体从休眠状态复苏，细胞壁逐渐变薄，颜色由褐色变为浅褐色，长度开始增加；随着水温的继续下降（22℃），配子体逐渐成熟（南方型开始成熟的温度比北方型高 0.5℃），雄配子体比雌配子体早成熟 2~3d。雄配子体细胞逐渐变短，细胞表面产生乳状突起状的多室精子囊；雌配子体的两端细胞膨大，色素体增多并向前端移动，形成卵囊。卵囊和精子囊的数量由少到多，至成熟高峰期(21℃左右)几乎所有的配子体都产生卵囊或精子囊。在显微镜下可看到：精子囊和卵囊，以及挂在卵囊袋上的卵子及其受精后萌发的幼孢子体。未受精卵在排出 2~3d 后便从卵囊袋上脱落死亡，少数孤雌生殖形成畸形幼孢子体，但绝大多数逐渐死亡。

成熟期的配子体和刚萌发的幼孢子体对环境条件的变化非常敏感，温度高于 22℃或光照强度略有降低就会停止排卵、恢复生长，刚形成的幼孢子体也会大量死亡。因此，调整稳定温度、光照强度、营养盐等环境条件，是提高出苗率的重要因素。

2. 生长发育对环境条件的适应

影响裙带菜生长发育的环境条件包括：温度、光照、水流、营养盐、盐度等。

1)温度对生长发育的影响

A. 温度对孢子体生长发育的影响

温度是影响裙带菜生长发育的主要因子：裙带菜渡夏期(夏季)水温过高及持续时间过长，降低配子体的成活率和出苗率，推迟出苗时间；繁殖期的水温低于17℃尤其是高于 21℃的天数增多，影响孢子的放散和萌发；生长期(1~3 月)的水温高于 12℃的天数增多，以及发育期(4~5 月)的水温升高过慢，都会推迟繁殖期。海水温度还明显影响裙带菜的生长和藻场的形成：南方沿海夏季高温期长，适合生长的时间较短，形成的藻场面积较小；北方沿海夏季高温期较短，适合生长的时间较长，形成的藻场面积较大。

裙带菜生长发育的适宜温度，随着藻体的长大逐渐降低：着囊期和出苗期生长的适宜水温为 18~21℃，最适温度为 20℃左右；进入裂叶期后的适宜温度则降为 5~15℃，1m 以上的藻体即使在水温低于 2℃的低温期内也能很好地生长(小藻体停止生长或死亡)。

裙带菜种群对海水温度变化的适应性较差，北方型种群移植到南方海区往往达不到预期效果，南方型种群移植到北方海区效果也不理想。

温度对孢子叶形成和生长的影响不明显，藻体达 1m 以上时即使在低温期内也能形成孢子叶并能很好地生长。温度对孢子囊发育的影响很明显，即使孢子叶已经很大，当温度低于适温时也不会形成孢子囊；相反，孢子叶虽然较小，但温度达到发育适温时，就能够大量形成孢子囊。

裙带菜孢子囊开始发育的温度为 10℃左右，发育成熟的适宜温度为 12~21℃。我国北方沿海裙带菜 5 月上旬开始形成孢子囊，6 月中旬至 7 月中旬(15~18℃)是形成孢子囊的高峰期。海底自然生长的裙带菜孢子囊发育成熟的时间比浮筏栽培的延后 10~15d。

成熟孢子囊正常放散游孢子的适宜温度为12~21℃。在适温范围内，温度越低孢子游动速度越快，游动时间越长；温度越高孢子游动速度越慢，游动时间越短；高于20℃后，游孢子的游动时间只有十几分钟。

胚孢子萌发的适宜温度与其放散的适宜温度相同。胚孢子萌发，温度越高速度越快，温度达20℃时只需1d；低于10℃时萌发速度明显减慢(4~5d)；温度高于23℃时，基本不萌发而陆续死亡。

B. 温度对配子体生长发育的影响

裙带菜配子体生长的适宜温度为10~21℃，最适温度为18~20℃；水温低于10℃和高于22℃生长速度明显减慢，水温超过23℃停止生长并进入休眠期，水温超过28℃开始死亡，超过30℃大量死亡。

配子体发育的适宜温度为10~22℃，最适温度为18~20℃；配子体发育速度，随着温度的升高而加快，随着温度的降低而减慢。如在10℃时配子体发育成熟时间比在20℃时延迟一倍以上。南方型裙带菜配子体发育的温度高限为22℃，北方型的为21℃。

由此可知，夏季水温高于23℃的起始时间与持续时间，是影响裙带菜幼孢子体形成及出苗时间的主要因子。我国北方沿海夏季水温达到23℃的时间越早及持续时间越长，裙带菜出苗的时间就越晚；夏季水温超过23℃的时间越晚和持续的时间越短，出苗的时间就越早。日本南部的海藻栽培场为了早出苗和出大苗，将九州海区裙带菜孢子叶运到北海道东部海区(夏季最高水温22℃)进行采苗和育苗，出苗时间早，幼苗个体大；待水温适宜时再运回九州海区栽培，取得良好结果。

2) 光照对生长发育的影响

光质、光强和光时等光照条件决定裙带菜的自然垂直分布。透明度较高的海区在水深10m以下的海底生有裙带菜，并能形成大型藻场；在透明度较小的浑浊海区则仅分布于水深几米的潮下带，且藻体小而细长，颜色较浅，色泽较差，产品质量较低。

栽培裙带菜的海区透明度要求达到3m以上，适宜透明度为7~10m。透明度过低或过高的海区都不适合栽培裙带菜。在透明度低于3m的海区栽培裙带菜，由于光照过弱而受光不够，藻体的长度、厚度和色泽都达不到出口标准；在透明度超过10m的海区栽培裙带菜，由于光照过强而抑制了生长，藻体小、色泽差，而且过早出现丛生毛，产品质量较低。

各个生长发育阶段对光照的要求不同。着囊期幼孢子体的适宜光照为1500~3500lx，光照过强抑制生长，还会繁衍大量硅藻、蓝藻等杂藻。随着幼苗的生长，其适宜的光照逐渐增高为3000~5000lx。在透明度为7~10m的海区栽培裙带菜，1cm左右幼苗的适宜水层为1m左右，裂叶期以后的适宜水层为0.5m。在适宜水层生长的裙带菜，藻体大，质量好。

裙带菜孢子叶(孢子囊)的形成、生长和成熟需要较高的光照条件。生长在透明度较高的海区或苗绳上半部的藻体,孢子叶的出现时间早,速度快,个体较大;生长在透明度较低海区或苗绳中下部的藻体,孢子叶的出现时间较晚,速度慢,个体也较小。在适温范围内,提高光照强度可以促进孢子囊的形成和成熟。因此,在水层较深的苗绳中间部位增加一个吊浮,以提高苗绳中下部藻体的水层位置(改善受光条件),促进孢子囊的形成和成熟。生长在弱光条件下的裙带菜,即使形成的孢子叶较大也不能形成孢子囊。

孢子的放散和游动要求较弱的光照条件。强光可刺激孢子囊内的成熟孢子游动,导致孢子囊膜在短时间内破裂,促使孢子大量集中放散。放出的孢子具有负趋光性,在暗光下游动时间长且分布均匀;当光照超过2000lx时集中游向背光处并附着,光照超过5000lx时则停止游动立即附着于背光处。因此,采苗池一般设在室内暗光处,室外小船采孢子要用黑布、编织袋等遮盖,以免光照过强导致孢子附着不匀。

光照对胚孢子萌发的影响不明显。受精后的胚孢子,在适温条件下24d一般皆能萌发,形成配子体。

光照对裙带菜配子体生长发育的影响明显。在光照6000lx范围内,配子体生长与光照强度成正比,而且光照时间越长生长越快。配子体进入休眠期便停止生长,要求较弱的光照条件,光照过强会导致杂藻繁衍和配子体死亡。因此,育苗室的屋顶应覆盖竹帘,门窗应遮挡布帘,以降低光照强度和缩短光照时间。全人工育苗的光照控制在300~500lx。

配子体发育的适宜光照为2000~4000lx,光照过强会导致配子体死亡。适当提高光照强度可以促进雌雄配子体成熟,在较短期内形成大量卵囊和精子囊。短日照也能促进裙带菜配子体发育,适当缩短光照时间可以促进卵囊和精子囊的形成。

3)水流对生长发育的影响

水流是影响裙带菜生长发育的重要因子之一。栽培裙带菜的海域应具有一定的水流,流速以20~60cm/s为适。流速低于20cm/s的海区,裙带菜藻体浮泥较多,生长慢,个体小,质量差;流速超过80cm/s,虽然藻体浮泥较少,但个体也较小,产量也低。在流速相同的情况下,裙带菜适应较深的海区环境。大连沿海栽培裙带菜水域的适宜水深为15~30m,藻体个体大、质量好。

海水流动不但有利于孢子传播,增加裙带菜的自然资源量,而且使藻体飘浮于水流中,改善受光条件,冲刷掉藻体上的代谢产物和浮泥,补充营养盐。因此,栽培在海流通畅海区的裙带菜,生长较快,个体大,质量好;栽培在水流较小海区或内湾的裙带菜,生长较慢,个体小,叶片较薄、弹性差,商品价值较低。

胚孢子萌发和配子体生长需要一定的水流。内湾海区水流较小,胚孢子和配子体易被浮泥覆盖，成活率低、生长慢；流速过大，胚孢子和配子体易流失，并影响配子体生长(个体小)和发育(成熟晚)，出苗率较低。

水流对着囊期和幼苗期幼苗根系的发育影响较大。适当的水流可以促进幼苗根系发育和生长。室内全人工育苗后期应给予一定的流水，以促进根系发育；幼苗暂养应选择水流适宜的中排海区。

栽培裙带菜的海区，海水流动方向应稳定且规范，包括稳定规范的沿岸流、涨潮流和退潮流。

4) 干露对生长发育的影响

干露时间对孢子的放散量和成活率都有较大的影响。孢子叶的阴干时间与孢子的放散量成正比，阴干时间越长孢子放散量越大，但阴干时间不能超过 2h；否则，孢子便失去鞭毛和游动能力，降低萌发率。试验结果表明，孢子叶阴干时间长达 5h，不能游动的孢子高达 30%；阴干 10h，不能游动的孢子达 80%；阴干 15h，不能游动的孢子达 90% 以上。因此，长途运输孢子叶的时间应控制在 5h 以内。

气温和天气状况，以及孢子囊成熟程度与孢子叶阴干时间密切相关。在晴朗有风和气温较高的天气，阴干孢子叶的时间要短一些；在阴雨无风的天气，阴干孢子叶的时间可长一些。孢子叶成熟状态好的，阴干时间要短一些；成熟状态差的，阴干时间应长一些。

胚孢子耐干露的能力较弱。附着在苗绳上胚孢子，干露 4~5h 就会大量死亡；暴露在较强的阳光下持续 1~2h，也会大量死亡。

配子体同样不耐干露。干露 2h，配子体明显失水收缩；干露 5h，配子体细胞颜色由褐色变为绿色而死亡。

幼苗对干露具有较强的耐受能力。0.5~1.0cm 幼苗，干露 10h 可以正常生长；干露 15h，2~3d 藻体梢部出现绿烂，短时间内能够恢复生长；干露时间超过 24h，绝大部分幼苗变为绿色，并死亡。不同大小的幼苗，耐受干露的能力明显不同。长度 0.5~3.0cm 的藻体，个体越大耐受干露的能力越强；长度小于 0.3cm 或大于 3.0cm，其耐受干露的能力明显降低。目前，从日本引进裙带菜优良品种，多采用运输幼苗的方式；国内大规模运输幼苗，也采用湿法运输方式。如果距离较远、运输时间较长，则采用冰袋降温方法，以提高幼苗成活率；一般用冰袋将保温箱内的温度降至 5℃左右，运输时间为 15~20h，成活率较高。

5) 营养盐对生长发育的影响

A. 氮对生长发育的影响

我国北方沿海海水中 N、P 比值约为 7∶1，磷的含量基本上可以满足裙带菜生长发育的要求，而氮的含量往往是影响生长发育的限制因子。

海水中氮的含量由 NO_3^{-1}-N、NO_2^{-1}-N 和 NH_4^+-N 三种不同形态的氮素组成。裙带菜可以直接吸收 NO_3^{-1}-N、NH_4^+-N，NO_2^{-1}-N 转化为 NO_3^{-1}-N 才能被吸收。

因此，通常将 NO_2^{-1}–N 含量作为评价海水含氮量的潜力指标。

孢子体幼苗生长发育的适宜含氮量为 300mg/m³。海水中氮总量低于 100mg/m³，必须进行施肥。室内实验表明，$NaNO_3$ 含量在 100g/m³ 范围内，幼苗的生长速度与含氮量成正比，含量低于 20g/m³ 时生长速度明显减慢。因此，室内培养裙带菜幼苗的营养盐配方，规定 $NaNO_3$ 含量为 100g/m³；室内全人工育苗，海水 $NaNO_3$ 含量为 10~40g/m³。

在含氮量超过 200mg/m³ 的海区栽培裙带菜孢子体，即使不施肥也能生长很好，而且生长速度快、个体大、产量高、质量好；含氮量 100~200mg/m³ 的海区，在栽培后期适当施肥也可以获得较高的产量和较好的质量；含氮量 50~100mg/m³ 的海区，必须全程施肥才能达到产品质量要求；含氮量 50mg/m³ 以下的海区，即使施肥也很难栽培出合乎产品质量的裙带菜。

裙带菜丛生毛的形态和出现的时间与海水含氮量密切相关，含氮量高的海区丛生毛较短、较细，出现的时间晚；含氮量较低的贫瘠海区，丛生毛较粗、较长，出现的时间也较早。大连海区有的水域含氮量过低，3 月上旬就开始大量形成丛生毛，3 月下旬丛生毛已经布满叶片表面，失去商品价值。

海水含氮量对孢子叶生长发育也有明显影响。含氮量较高的肥沃海区，孢子叶的个体大，成熟的时间晚，形成的孢子数量多；含氮量较低的贫瘠海区，孢子叶的个体小，成熟较早，形成的孢子数量也较少。

肥沃海区的配子体，生长速度快、个体大、成活率高，渡夏前已达到和接近成熟，秋季水温下降不久便大量成熟，形成卵囊和精子囊，出苗早而整齐；贫瘠海区的配子体，成活率低、生长速度慢且参差不齐，秋季水温下降时成熟时间有早、有晚，出苗率低且不整齐。

室内采用止水培养配子体，对海水含氮量的要求高于自然海区，$NaNO_3$ 含量在 100g/m³ 范围内，含量越高配子体生长速度越快，个体也越大。

B. 磷对生长发育的影响

磷素对裙带菜的生长发育也有一定的影响，尤其是对发育的影响较大。在人工培养液中只加氮素，配子体生长速度慢，而且不能形成卵囊和精子囊；磷素含量低于 10mg/m³，配子体发育时间延长或不能排卵。

影响裙带菜生长发育的微量元素主要有 Cu、Zn、Fe、Mn、Si 和维生素等。自然海区一般都含有一定数量的微量元素，可以满足裙带菜生长发育的需要；人工培养液升温灭菌时会流失部分微量元素，必须及时补充。

6) 碳水化合物对生长发育的影响

游离 CO_2 是海水碳酸盐循环系统的组成部分，也是藻类光合作用的重要原料。海水中 CO_2 的含量一般为 0.3~1.0mg/L，海水中游离 CO_2 与空气中的 CO_2 保持平衡，一般不会缺乏 CO_2。

室内人工育苗后期，由于换水量较小，育苗密度较大，光合作用产生的 CO_2 过多，引起 pH 升高幅度过大，致使幼苗生长缓慢，甚至大量死亡。烧瓶内保存自由配子体，应定期更换培养液，防止 pH 升高，导致大量死亡。

人工培育裙带菜幼苗，定期更换新鲜海水和添加碳酸盐类是解决 CO_2 不足的有效方法。

7）盐度对生长发育的影响

裙带菜孢子体对盐度变化的适应能力较弱，藻体越大适应能力越弱。因此，河口附近盐度变化较大的海域不适合栽培裙带菜。

配子体生长发育对海水盐度变化的适应能力相对较强。实验结果表明，裙带菜配子体生长发育的适宜盐度为 18~42，最适盐度为 28。半人工育苗海区，最好有一定数量淡水流入。

盐度对裙带菜孢子放散也有明显影响。裙带菜孢子囊已经成熟或接近成熟时期，因降雨或淡水流入，海水盐度降低会导致孢子囊的囊膜吸水膨胀破裂，促使大量孢子集中放散；雨后盐度降低，还会影响孢子附着。因此，应在雨后一周再进行人工采苗，以保证采苗绳上的孢子数量。

8）生物因子对生长发育的影响

附着生物类是影响裙带菜生长发育的敌害生物。附着生物对幼苗培育的影响，远大于对栽培期的影响。大连地区等北方沿海，对裙带菜影响较大的敌害生物主要有：紫贻贝、柄海鞘、玻璃海鞘等附着动物，以及海带、节荚藻等大型藻类和水云、蓝藻、硅藻等小型或单细胞藻类。海区育苗期间的主要敌害生物是紫贻贝、柄海鞘和海绵体等，幼虫附着于苗绳上，影响配子体和幼孢子体生长发育，降低出苗率；栽培期间的主要敌害生物是海带、紫贻贝和节荚藻，海带孢子和紫贻贝幼体附着在苗绳和浮筏大缆上影响生长发育、增加浮筏负荷。室内人工育苗期间的主要敌害生物是硅藻和蓝藻，硅藻附着在苗绳上覆盖维尼纶苗绳表面，蓝藻繁衍产生毒素可引起配子体和幼孢子体死亡。海区暂养期间的敌害生物主要是水云（生长速度快），覆盖裙带菜幼孢子体上使其大量死亡。

（三）紫菜的生长发育及其对环境条件的适应

1. 生长发育分期

紫菜的生长发育分为叶状体阶段和丝状体阶段。

1）叶状体生长发育分期

紫菜叶状体自壳孢子萌发到衰老为止，可分为壳孢子萌发期、孢苗期、幼苗期、成叶期和衰老期 5 个时期。

壳孢子萌发期：从贝壳丝状体放散出来的壳孢子稍作变形运动，附着于基质上，略呈倒梨形，两极分化、萌发拉长，形成新的细胞壁，并不断分裂长成肉眼尚难于分辨的叶状体。

孢苗期：细胞继续分裂成长至肉眼能够辨认的小叶状体的时期。

幼苗期：藻体幼苗的形态结构已呈现出紫菜叶状体的雏形且牢固附着在基质上的时期。

成叶期：藻体的形态明显呈现出物种的叶状体特征，直至成熟产生果胞和精子囊。

衰老期：果孢子囊分裂不规则且成堆凸出藻体表面，藻体明显老化，溃烂脱落，死亡而流失。

2) 丝状体生长发育分期

紫菜丝状体的形成与生长发育，分为果孢子萌发期、丝状藻丝生长期、壳孢子囊枝形成期、壳孢子形成及放散期 4 个时期。

果孢子萌发期：果孢子钻入贝壳内变为圆形，不断伸出萌发管并且向水平和垂直方向反复分枝，形成营养藻丝。

丝状藻丝生长期：果孢子萌发后，不断地生长、分枝形成丝状藻落(1 个果孢子形成 1 个藻落，直径数毫米到 1cm)；藻丝之间互相重叠，布满整个贝壳，呈紫黑色。藻丝细胞为圆柱形，长 15~50μm，宽 3~5μm。随着丝状体的生长发育，部分分枝细胞逐渐增大，变成纺锤形或不定形。藻丝细胞的间壁一般都比较狭窄，在间壁上可见到细胞间联系；细胞内有色素体(侧生带状或不规则的块状)、一个细胞核和一个中生液泡。

壳孢子囊枝形成期：藻丝生长到一定程度，侧枝细胞或顶端细胞形成直径较藻丝明显增粗的孢子囊枝。孢子囊枝细胞色素体为单一星状，其中部有一个蛋白核。未成熟的孢子囊枝细胞为长方形，比成熟的细胞显得粗短，内含物饱满，长宽大致相等。

壳孢子形成及放散期：孢子囊枝发育到一定阶段，一部分粗短的孢子囊枝细胞开始分裂，出现两两成双的壳孢子；随后，原细胞壁融化、消失，分枝呈管状，壳孢子依次从孢子囊枝顶端的放散孔(也可以在孢子囊枝细胞中间的细胞壁处形成放散孔)中逸出。

刚放散逸出的壳孢子一般为圆形，无细胞壁，色素体轴生、星状，一般为 8~12.5μm，后期放散的壳孢子，大小相差悬殊。

3) 叶状体单离细胞发育

紫菜壳孢子经 10~80d 室内培养后长成的叶状体，分别被酶解成单个细胞(单离细胞)。各单离细胞在液体培养基中可以发育成长为：正常叶状体、畸形叶状体、细胞团、性细胞囊等 10 种不同类型的再生体。它们的形态与结构、细胞排列与大小、放散单孢子的难易程度及最终发育结果等均不同。这是由于离体细胞再生体在种藻中所处的分化阶段不同所致。

紫菜叶状体细胞从壳孢子开始发育分化成性母细胞的过程可大致分为 8 个阶段。①第 1 个分化阶段是壳孢子细胞发育分化的最原始阶段(最初几次细胞分裂,类似于动物的原胚细胞),被分离出来的细胞在离体培养条件下可以像壳孢子一样发育成正常的叶状体;②随着叶状体的生长发育进入第 2 个分化阶段,在离体培养条件下发育成具假根的畸形叶状体(假根变细长、附着力差),叶片细胞容易放散单孢子;③藻体细胞进入第 3 个分化阶段,在离体培养条件下发育成具类假根的畸形叶状体(假根变长且内含色素、无附着力),叶片细胞更容易放散单孢子;④藻体细胞进入第 4 个分化阶段,在离体培养条件下发育成具类假根且叶片部的细胞排列不正常的畸形叶状体(类假根短、无附着力),叶片细胞极容易放散单孢子;⑤藻体细胞进入第 5 个分化阶段,在离体培养条件下发育成不具假根的畸形叶状体,叶片细胞很容易放散单孢子;⑥藻体细胞进入第 6 个分化阶段,在离体培养条件下只能发育成细胞团,细胞排列不正常,但细胞的大小、色泽和色素体的大小与正常叶状体的细胞相似,细胞很早就变成单孢子并放散掉;⑦藻体细胞进入第 7 个分化阶段,在离体培养条件下发育成细胞团,细胞排列不正常,且细胞的体积变大,色泽变浅,细胞很容易变成单孢子并放散掉;⑧藻体细胞进入第 8 个分化阶段,细胞已分化成性母细胞,在离体培养条件下已受精的雌性母细胞(果胞)发育成果孢子囊,雄性母细胞(第Ⅸ类细胞),形成成熟精子囊。

在条斑紫菜和坛紫菜的叶状体细胞的离体再生发育类型中,均有正常叶状体、具假根和不具假根的畸形叶状体、细胞团等类型;两者的叶状体细胞分化途径大致相似。不同点是条斑紫菜叶状体细胞的前 7 类再生体均具放散单孢子的特性,产生的单孢子数量很多;而坛紫菜只有极少数的细胞团能放散类单孢子长出一些正常苗,其数量远不如条斑紫菜。

2. 生长发育对环境条件的适应

1)叶状体生长发育对环境条件的适应

各个生长发育时期对环境条件的要求不同,主要内容有温度、光照、营养盐、水流和干露等。

A. 温度对生长发育的影响

壳孢子放散、萌发及幼苗与成叶期生长的适宜温度依种类而异。条斑紫菜贝壳丝状体大量放散(日放散量 10 万以上,以贝壳长 6cm 为标准)壳孢子的温度范围很广(12.5~22.5℃),壳孢子萌发和孢苗生长期的适宜温度为 20℃,幼苗期至成叶期的适宜温度为 12~17℃,最适温度为 16℃;随着藻体的增长适宜温度逐渐降低,成叶期的适宜温度为 8~10℃。

坛紫菜壳孢子萌发期和孢苗期的适宜温度为 26~27℃,幼苗期至成叶期为

25~20℃，成叶期为 19℃以下。壳孢子萌发期和孢苗期，在海水温度低于适宜温度时生长速度降低；与此相反，成叶期在海水温度高于适宜温度时，生长速度和产量均降低。另外，夜间温度比白天温度低(4~8℃)，有利于紫菜叶状体的生长；夜间温度高于白天温度，叶状体的生长速度则明显降低。

条斑紫菜单孢子形成的适宜温度为 10~18℃，单孢子萌发和幼苗生长的适宜温度为 20℃。甘紫菜在 15℃和 20℃条件可以形成单孢子，10℃时则不能形成单孢子。

根据条斑紫菜在 10℃时能够形成单孢子的特点，可以进行二次采苗(时间长于甘紫菜)。二次采苗具有重要的应用价值，可以提高紫菜的栽培产量和产品质量。

条斑紫菜、坛紫菜和甘紫菜叶状体快速干燥后(含水量 20%)，具有长期忍耐–20℃低温的特点。冷藏网技术，就是利用紫菜的这种耐低温能力开发成功的，对提高产量和质量，以及抗病害能力都具有重要意义。

坛紫菜叶状体酶解单离体细胞发育的最适温度为 25℃，在 10~25℃范围内，随着温度增高，体细胞发育成正常苗的百分率增高，苗生长加快，苗的假根数目增多。

B. 光照对生长发育的影响

紫菜叶状体生长在潮间带，属于喜光性的种类。幼苗期的最适光照为 4000~5000lx，成叶期为 4000~7000lx。条斑紫菜叶状体生长的适宜光照为 4000~7000lx(光饱和点为 20 000lx)；在低温(5℃)条件下，光补偿点较低(175lx)，呼吸强度也不高，属于高产海藻。

单孢子苗和壳孢子苗的生长在光照 1200~2000lx(温度 20℃)条件下，随光照的增强而加速；单孢子苗的生长快于壳孢子苗。

幼苗生长的适宜光照时间为 15~18h，成叶期生长的适宜光照时间为 12~15h；在人工培养条件下每天的适宜光照时间则为 8~10h。

坛紫菜离体细胞生长发育的适宜光照为 2000~3000lx，过高或过低均会抑制苗根的形成和生长，导致正常苗数量减少。

C. 营养盐对生长发育的影响

紫菜生长需要从海水中吸收一定量的氮和磷，NO_3^--N 的适宜含量为 3mg/L，最适含量为 7mg/L；含量低于 0.7mg/L，紫菜产品质量下降。NO_3^--N 适宜于紫菜的生长，NH_4^+-N 容易被其吸收，但浓度超过 20mg/L 则会抑制生长。海水中磷的含量对紫菜生长也有明显影响，在 0.3mg/L 以内吸收量随着含量的增加而增大。紫菜在营养盐含量较高的河口水域生长快，产量较高，质量较好；但应注意 COD 含量不要高于 33mg/L(河口附近水域和内湾的有机物较多)。

Fe、Mn、Co、Cu 等微量元素，对紫菜叶状体的生长有明显的促进作用；维生素 B2、谷氨酸钠、硫酸钠均能促进其光合作用。

D. 盐度对生长发育的影响

紫菜通常生长在盐度变化较大的潮间带,对盐度变化的适应能力较强。甘紫菜叶状体生长的适宜盐度为 21.6~25.2;大叶甘紫菜的适宜盐度为 25.2 以上,最适盐度为 30.6~32.4,盐度低于 25.2 时,幼苗生长发生异常,但成叶期(忍耐低盐度的能力很强)在盐度低至 13.7 时还能存活数天。低盐度对紫菜单孢子的放散和萌发影响明显,可大幅度降低二次苗的附着率和萌发率。

海水盐度对果孢子钻壳(萌发)和丝状体生长的影响也很明显。条斑紫菜和坛紫菜丝状体生长的适宜盐度均为 26.20~32.74,盐度低于 12.85 时不能生长。

坛紫菜离体细胞生长发育的最适盐度为 33.3;但在 20.3~46.4 范围内,盐度超高,发育成正常苗百分率也超高。

E. 水流对生长发育的影响

水流是紫菜生长的重要生态条件。水流可以带来营养盐,带走代谢产物,防止细菌繁衍,减少疾病发生;但流速不宜过大,以防止藻体脱落。幼苗期的适宜流速为 7cm/s 成叶期为 7~25cm/s;营养盐含量高的海区适宜流速为 10cm/s,营养盐含量低的海区为 30cm/s,普通海区为 20cm/s。紫菜生长在流速 10~20cm/s(适宜流速)时对氮、磷的吸收量最高,生长速度最快;高于或低于适宜流速,都会降低紫菜对氮、磷吸收量及其生长速度;流速低于 3cm/s 时,藻体生长异常,严重时会导致大量死亡。

F. 干露对生长发育的影响

紫菜自然生长在潮间带的中、上地带,每天都被干露几小时,耐干燥的能力较强。紫菜的耐干燥能力,因种类和生长发育时期而有较大差异,同一种的成体比幼苗耐干燥。坛紫菜的藻体较厚,耐干燥的能力强于条斑紫菜。幼苗期每天干露几小时,幼苗不仅健壮,而且还把杂藻和病原性细菌晒死,减少病害发生。支柱式栽培的紫菜,干露时间长,藻体柔软并具有光泽,质量较好。

2)丝状体生长发育对环境条件的适应

紫菜的果孢子和丝状体都能溶解并钻进碳酸钙基质。文蛤壳和牡蛎壳是其优良生长基,新壳更为适宜;壳面大、凹面较平的好,壳面太小、凹陷太深的不好。

A. 温度对生长发育的影响

温度对果孢子萌发的影响:条斑紫菜果孢子萌发的适宜温度为 15~20℃,20 ℃萌发率最高,超过 20℃萌发率显著下降,27.5℃时果孢子大部分死亡。坛紫菜果孢子萌发的适宜温度为 7~26℃,温度低萌发速度较慢,但萌发率较高;温度越高萌发越快,但存活率随温度的升高而下降。

温度对丝状体生长的影响:紫菜丝状体生长的适温范围较广,与叶状体相比具有较强的耐高温能力。条斑紫菜和坛紫菜丝状体的生长温度相近,前者的适宜温度为 5~30℃,最适温度为 20~25℃;后者的适宜温度为 11.4~30.8℃,最适温度为 20~25℃。甘紫菜丝状体生长的适宜温度是 15~24℃。

温度对壳孢子形成的影响：条斑紫菜形成壳孢子的适宜温度为 13~25℃，最适温度为 17~23℃；10℃和 25~27℃都不能形成壳孢子。坛紫菜形成壳孢子的适宜温度为 20~30℃，最适温度为 27~28℃。

温度对壳孢子放散的影响：条斑紫菜壳孢子放散的适宜温度为 12.5~22.5℃，最适温度为 15~20℃。坛紫菜壳孢子放散的适宜温度为 23~25℃，17~18℃也可以放散。甘紫菜壳孢子放散的适宜温度为 18~21℃；低于或高于适宜温度，壳孢子的放散量都会降低。

丝状体和刚萌发的壳孢子的耐低温能力都较强。成熟的丝状体，速冻后放入海水中仍然可以放散壳孢子。刚萌发的壳孢子，速冻后再放入海水中仍然能很好地生长。这表明：丝状体和刚萌发的壳孢子都可以进行速冻保存，紫菜生活史各个阶段的耐低温能力都较强。

B. 光照对生长发育的影响

光照对果孢子萌发的影响：光照强度和光照时间对孢子萌发都有一定的影响。条斑紫菜果孢子萌发的适宜光照为 750~6000lx，最适光照为 3000lx；坛紫菜果孢子萌发的适宜光照为 1000~1500lx。

光照时间对孢子萌发的影响不是非常明显，通常是光照时间长，萌发的丝状体分枝多，生长快；光照时间短，分枝少，生长慢。

光照对丝状体生长的影响：丝状体不耐强光，太阳光直射可使其褪色死亡。条斑紫菜和坛紫菜丝状体生长的适宜光照均为 3000lx 左右。光照时间对紫菜丝状体的生长有明显的影响，在一定范围内光照时间越长，生长越快；人工光源，每天的光照时间不得少于 10h。

光照对壳孢子形成、放散和附着的影响：条斑紫菜壳孢子囊枝形成的适宜光照为 3000~6000lx，坛紫菜的为 1000~1500lx。条斑紫菜壳孢子形成的适宜光照为 3000~4000lx；坛紫菜的为 500~1000lx，低于 100lx 和高于 1000lx 时壳孢子形成的数量都较少；甘紫菜的为 1000~2000lx。

短日照是壳孢子形成的必要条件。条斑紫菜和坛紫菜的适宜光照时间为 8~10h/d，光照时间长达 14~24h/d 时则不能形成壳孢子。壳孢子囊枝形成则需要短日照条件，实验结果表明：在 6~24h/d 范围内，光照时间越短条斑紫菜壳孢子囊枝形成的越多。

条斑紫菜和坛紫菜壳孢子放散都具有日周期性，从上午 7:00 到下午 14:00 左右，高峰期为 10:00~11:00。壳孢子放散的开始时间、结束时间和持续时间，都与天气、温度等因素有关。

条斑紫菜壳孢子放散的适宜光照为 750~6000lx，壳孢子附着的适宜光照为 1500~3000lx。也有实验证明：壳孢子附着最适光照为 2500~5000lx，低于 1500lx 时附着量下降,在黑暗条件下壳孢子基本不附着。室内采苗时一般将光照调为3000lx。

C. 营养盐对生长发育的影响

营养盐对丝状体生长发育的影响,研究资料较少。人工培养丝状体,添加氮肥可明显促进生长;海水缺氮,形成孢子囊枝的数量明显减少。施磷肥,可明显促进坛紫菜孢子囊枝的成熟和壳孢子囊的形成,但对条斑紫菜丝状体的影响不明显。

批量培养条斑紫菜丝状体,施肥量为N 14mg/L和P 3mg/L,前期减半,当藻丝布满壳面时施全量。培养坛紫菜丝状体,初期施加N 5mg/L和P 0.5mg/L;生长旺盛期增至N 10~15mg/L 和 P 2~3mg/L;孢子囊枝形成期,N和P分别增至10~20mg/L 和 2~5mg/L;孢子囊枝成熟及壳孢子囊形成期,N降为 2~5mg/L,P增加至10~15mg/L。

孢子囊枝的形成和壳孢子放散量,对营养盐的要求与丝状体生长相似。

培养坛紫菜叶状体的海水添加4%MES培养基最合适(生长最快),其次是添加 2%;添加更高的营养盐(如 10%)虽然不会导致叶状体的死亡,但叶状体的生长反而变慢。

Fe、Mn、Co、S等微量元素对丝状体的生长发育也有一定的影响,特别是一些氨基酸、维生素和植物激素能明显促进其生长。

D. 盐度对生长发育的影响

盐度对丝状体生长发育的影响,基本上与叶状体相似。实验结果证明:条斑紫菜丝状体和坛紫菜丝状体生长发育的各个时期,对盐度的要求基本相同,适宜盐度为26.20~32.74;低于和高于适宜盐度,对生长发育都有一定影响。

E. pH对生长发育的影响

pH对紫菜丝状体生长发育有一定影响。自然界海水的pH一般比较稳定,育苗室内培养池体积较小,加上人为的各种因素,导致池水的pH发生一定变化,影响丝状体生长发育。

丝状体生长发育的适宜pH为7.8~8.0。低于和高于适宜pH,都会不同程度地影响丝状体生长发育,轻者生长缓慢或停止,重者导致死亡。

F. 海水流动对生长发育的影响

海水流动对条斑紫菜和坛紫菜的壳孢子囊和壳孢子形成及其放散都有重要影响;对坛紫菜的影响要比对条斑紫菜的大。特别是在壳孢子放散期更需要水体流动,以满足对溶解氧的需求。

(四)江蓠生长发育对环境条件的适应

1. 孢子放散对环境条件的适应

北方沿海的江蓠,一般6~8月成熟,南方的3~5月成熟。江蓠藻体成熟后,无论是果孢子还是四分孢子都会自然地放散出来。涨潮时放散较多，大潮期放散更多。江蓠放散孢子有明显的昼夜变化，清晨开始，8：00~10：00达最高峰；然后，放散量逐渐减少，22：00至翌日早晨6：00最低。四分孢子和果孢子放散与阴干时间和海水温度、盐度都有密切关系。

1）阴干时间对孢子放散的影响

江蓠的成熟藻体，经过2~4h的阴干处理（表面出现干皱），然后浸入海水中，四分孢子和果孢子便会大量放散出来。放散规律与未阴干刺激的藻体相类似，即浸入海水1h左右出现第一次放散高峰，以后逐渐减少，翌日早晨又逐渐增加。

四分孢子囊的放散高峰出现在阴干后2h左右，果孢子放散高峰出现在阴干后2~3h。

2）温度对孢子放散的影响

南北沿海生长的江蓠，放散孢子的适宜水温都是20~25℃。四分孢子放散的适宜水温为20~25℃，最适水温为20~22℃；果孢子放散的适宜水温为12~25℃，最适水温为20~22℃。

3）盐度对孢子放散的影响

江蓠孢子放散的适宜盐度为12.85~32.74，最宜盐度为19.89~26.20，其中在低盐度的放散速度比在高盐度的快；在盐度6.49~19.89时，放散速度变慢且有脱水现象。在实际应用时可先将藻体阴干刺激，然后放入盐度为12.85~19.89的海水中，可以得到大量健壮的孢子。

2. 孢子萌发对环境条件的适应

江蓠孢子一般为30μm左右，因种类而异。孢子离开母体不久即附着、萌发。细胞在原来的孢子内进行分裂，几天后便形成小形盘状体，附着很牢固（用水冲洗也不会脱掉）；然后细胞分化，体积逐渐增大，盘状体直径达80~90μm，以后中心细胞形成分裂组织，逐渐向上隆起形成直立体，一个月后便形成直立的幼苗。

1）温度对孢子萌发的影响

江蓠孢子萌发与水温密切相关。在18℃水温条件下，孢子放散8h后进行第一次分裂，14h进行第二次分裂，第4天形成小盘状体，随后下海培养，第7天成为盘状体，10d后盘状体开始分化，第14天已形成直立体；在22~25℃条件下，附着后即刻进行分裂，2h后分裂为数个细胞，24h达十几个细胞，7d形成盘状体，40d成为0.1mm的直立幼体（肉眼可见）。

附着后8h的江蓠果孢子和四分孢子，在不同温度（7℃、10℃、15℃、20℃、28℃）条件下进行萌发比较实验（50d）。实验结果证明：孢子在20℃以上萌发快，即在15℃、20℃、26℃下培养的四分孢子和20℃、28℃下培养的果孢子盘状体已长成99μm×82μm，而且中心部已向上隆起成直立的幼苗；水温低于15℃和20℃，孢子萌发和生长较慢。

也就是说,江蓠四分孢子萌发的适宜温度为15~26℃,最适温度为26℃;果孢子萌发的适宜温度为10~28℃,最适温度为28℃。

2)光照对孢子萌发的影响

光照对江蓠孢子萌发的影响明显。自然海区的江蓠孢子萌发,是在光照较强的条件下进行的。实验结果(25d)证明:江蓠孢子萌发的适宜光照为1500~3000lx。在3000lx以内,光照越强萌发越快,在弱光或黑暗中萌发很差,最后终于死亡。

光照时间长短对孢子萌发也有影响,每天光照7h左右,可以满足正常萌发要求。

3)盐度对孢子萌发的影响

海水盐度对孢子萌发的影响也很明显。孢子萌发的适宜盐度为23.86~32.74;盐度低于12.85,孢子往往吸水膨胀,色素分布不均匀、变淡,附着2~3d,外缘胶质散失,色素消退呈黄绿色,随后便大量死亡;盐度高于32.74,萌发速度缓慢。

江蓠孢子的萌发,与自然海区的水质肥瘦、透明度大小、天气好坏等都有一定关系。

3. 江蓠生长对环境条件的适应

1)盐度对江蓠生长的影响

盐度对江蓠生长有一定的影响。尽管江蓠在盐度6.49~34.04的海区中都可以生长,但在盐度12.85~26.2的内湾(有河水注入、较肥)生长快、质量好。这说明,江蓠生长的适宜盐度应该是高于12.85,低于26.2。

2)温度对江蓠生长和成熟的影响

江蓠生长的温度范围较广(5~30℃)。综合分析江蓠在南、北方产区的生长和成熟规律,可以确定其生长的最适温度为15~25℃;北方5~8月生长最快,1~2月停止生长;南方冬季和春季(11月下旬至翌年3月)生长最快,夏季停止生长。

江蓠的繁殖期,北方为5~11月,6~7月(17~24℃)是产生四分孢子盛期,7~8月(22~25℃)是产生果孢子盛期;南方3~4月是成熟盛期,大量放散孢子。

3)光照对江蓠生长的影响

江蓠生长对光照要求较高。海水透明度大,藻体生长快而健壮,颜色较深;透明度小,藻体生长慢而短小,颜色较浅。在海水透明度3m条件下,江蓠生长的适宜水层为0.5~1.0m,水层超过1.5m生长变慢。

细基江蓠繁枝变型的生长率,在光照10 000lx、温度25℃时最大;温度与光照的综合实验证明,光照对生长的影响大于温度,在适宜温度范围内,随着温度的升高,生长光饱和点也增高。光强是影响藻红素、叶绿素a及碳水化合物/蛋白质比率的主要环境因子。

(五)麒麟菜生长发育对环境条件的适应

1. 温度对麒麟菜生长的影响

麒麟菜生长的适宜温度为 24~33℃，最适温度为 27℃，极限值为 21℃和 36℃；光合色素的含量在 30℃时最大，卡拉胶含量在 24℃时最大。

异枝麒麟菜生长的适宜温度为 20~30℃。台湾、广东和海南岛沿海，冬季(水温 20℃以上)生长很快；夏季(水温高于 35℃)生长慢或不正常。吴超元等(1988)研究结果：6~7 月生长速度最快，平均日增重达 10%左右，8~9 月平均日增重为6%；随着水温下降，生长速度逐渐减慢，12 月下旬以后，生长基本停止；3 月下旬开始，藻体逐渐恢复生长，4 月中旬以后，平均日增重可达 5%。

2. 光照对麒麟菜生长的影响

麒麟菜对光照的适应范围较广，在 500~11 000lx 条件下生长正常，最适光照为 3000lx，在 2000lx 时叶绿素 a 含量最高，5000lx 时含量最低，但卡拉胶含量最高。

光照对异枝麒麟菜生长的影响很明显，4~9 月海水透明度大(实验海区5~6m)，生长快；9 月以后，强风和台风袭击次数增多，透明度明显下降(2m 左右，有时不到 1m)，生长变慢。实验结果证明：异枝麒麟菜生长速度(平均日增重率)，随着水层的增加(光强下降)而下降：水层 0.5m，增重率 6.72%；0.9m,增重率 6.72%；1.3m，增重率 6.72%；1.7m，增重率 6.72%；2.1m，增重率 6.72%。

3. 盐度对麒麟菜生长的影响

麒麟菜生长的适宜盐度为 23.80~31.3,最适盐度为 29,极限值为 18.44 和 39.5；低于 12.85 藻体发生腐烂，盐度过高颜色由绿变红。

(张泽宇)

参 考 文 献

付春辉, 严兴洪, 黄林彬, 等. 2011. 条斑紫菜(*Vorvhyra yezoensis*)选育品系壳孢子的放散量与耐高温性研究. 海洋与湖沼, 42(30): 460~466

亓庆宝, 严兴洪. 2009. 营养盐浓度对坛紫菜叶状体生长的影响. 上海海洋大学学报, 18(4): 443~446

蒋悦, 严兴洪, 刘长军. 2010. 坛紫菜优良品系的选育与特性分析. 水产学报, 34(9): 1363~1370

李德尚, 朱述渊, 刘焕亮, 等. 1993. 水产养殖手册. 北京: 农业出版社: 181~215

李伟新, 朱仲嘉, 刘风贤. 1982. 藻类学概论. 上海: 上海科学技术出版社

刘焕亮, 黄樟翰. 2008. 中国水产养殖学. 北京: 科学出版社: 910~1045

刘焕亮. 2000. 水产养殖学概论. 青岛: 青岛出版社: 530~597

吕峰, 严兴洪, 刘长军. 2010. 坛紫菜耐高温品系的选育与海区中试. 上海海洋大学学报, 19(4): 457~462

马家海, 蔡守清. 1996. 条斑紫菜的栽培与加工. 北京: 科学出版社: 1~13

农业部渔业局. 2013. 中国渔业统计年鉴. 北京: 中国农业出版社

钱树本, 刘东艳, 孙军. 2005. 藻类学. 青岛: 中国海洋大学出版社

山东海洋学院. 1961. 藻类学. 北京: 农业出版社

山东省水产学校. 1979. 藻类养殖. 北京: 农业出版社

王长青, 严兴洪, 黄林彬, 等. 2011. 坛紫菜优良品系"申福2号"的特性分析与海区中试. 水产学报, 35(11): 1658~1668

吴超元, 李家俊, 夏恩湛, 等. 1988. 异枝麒麟菜的移植和人工栽培. 海洋与湖沼. 19(5): 410~418

严兴洪, 何亮华, 黄健, 等. 2008. 坛紫菜的细胞学观察. 水产学报, 32(1): 131~137

严兴洪, 刘新轶, 张善霹. 2004. 条斑紫菜叶状体细胞的发育与分化. 水产学报, 28(2): 145~154

严兴洪, 刘旭升. 2007. 坛紫菜雌雄叶状体的细胞分化比较. 水产学报, 31(2): 184~192

严兴洪, 马少玉. 2007. 坛紫菜抗高温品系的筛选. 水产学报, 31(1): 112~117

严兴洪, 张淑娟, 黄林彬. 2009. 60Co-γ 射线对条斑紫菜(Porphyra yezoensis)的诱变效果与色素突变体分离. 海洋与湖沼, 40(1): 56~61

杨官品, 李晓捷, 石媛嫄, 等. 2005. 海带属褐藻生物学研究成就与进展. 中国海洋大学学报, 35(4): 564~570

曾呈奎, 王素娟, 刘思俭, 等. 1985. 海藻栽培学. 上海: 上海科学技术出版社

曾淑芳, 刘思俭, 揭振英, 等. 1990. 江蓠新品种培育. 湛江水产学院学报, 10(1): 23~27

赵文. 2005. 水生生物学. 北京: 中国农业出版社: 430~438

中国科学院海洋研究所藻类实验生态组, 藻类分类组. 1978. 条斑紫菜的人工养殖. 北京: 科学出版社

倉掛武雄. 1966. 海苔網冷藏の手引き. 東京: 日本全國海苔貝類漁協同組合連合会

德田廣, 大野正夫, 小河久郎. 1987. 海藻資源養殖学. 東京: 绿書房: 159~178

黑木宗尚. 1953. アマノリ類 の生活史の研究. 第1報. 果胞子の發芽と生長. 東北區水産研究所研究報告, (2): 67~103

今井丈夫. 1973. 淺海完全養殖. 東京: 恒星社厚生阁

堀輝三. 1993. 藻类的生活史集成, 第2卷, 褐藻·红藻类. 東京: 内田老鶴圃: 54~55

馬家海, 三浦昭雄. 1984. スサビノリ殻胞子とその发芽体におげゐ核分裂の觀察. 藻類, 32(4): 373~378

木下祝郎, 寿本賢一郎. 1974. 海苔生態と栽培の科学. 東京: 日本図書会社版

能登谷正浩. 1997. 有用海藻のバイオテクノロジ. 東京: 恒星社厚生阁: 9~20

三浦昭雄. 1992. 食用藻类的栽培. 東京: 恒星社厚生阁: 101~105

西澤一俊, 千原光雄. 1979. 海藻研究法. 東京: 共立出版: 281~293

须藤俊造. 1950. 胞子放出浮游及着生. 日本水产学会志, 15(11): 620~631

殖田三郎, 岩本康三, 三浦昭雄. 1973. 水產植物学. 東京: 恒星社厚生阁